With increasing distance, our knowledge fades, and fades rapidly. Eventually, we reach the dim boundary — the utmost limits of our telescopes. There, we measure shadows, and we search among ghostly errors of measurement for landmarks that are scarcely more substantial. The search will continue. The urge is older than history. It is not satisfied and it will not be suppressed.

——**Edwin P. Hubble（1889—1953）**

随着距离的增加，我们的知识迅速地湮灭。最终，我们到达了昏暗的边界——望远镜所能观测的极限。在那里，我们测量那些朦胧的痕迹，并且在鬼魅般的测量差错中寻找那些几乎不重要的标记。然而，探索仍在继续。激励探索的精神历久弥新，它永远不会得到满足，也永远不会被遏制。

——**埃德温 · P. 哈勃 （1889—1953）**

FROM QUARKS TO THE UNIVERSE

THE ENDLESS SCIENTIFIC EXPLORATION

从夸克到宇宙

永无止境的科学探索

谢一冈　张家铨　赵洪明　刘　倩◎编著

胡红波◎审校

科学出版社

北　京

图书在版编目（CIP）数据

从夸克到宇宙：永无止境的科学探索 / 谢一冈等编著. —北京：科学出版社，2018.9

ISBN 978-7-03-056859-5

Ⅰ. ①从… Ⅱ. ①谢… Ⅲ. ①物理学—通俗读物
Ⅳ. ①O4-49

中国版本图书馆 CIP 数据核字（2018）第 048476 号

责任编辑：牛 玲 张翠霞 / 责任校对：邹慧卿
责任印制：赵 博 / 封面设计：有道文化

科学出版社出版
北京东黄城根北街 16 号
邮政编码：100717
http://www.sciencep.com
北京建宏印刷有限公司印刷
科学出版社发行 各地新华书店经销
*
2018 年 9 月第 一 版 开本：720 × 1000 1/16
2024 年 3 月第三次印刷 印张：25 1/2
字数：400 000

定价：128.00 元

（如有印装质量问题，我社负责调换）

序言一 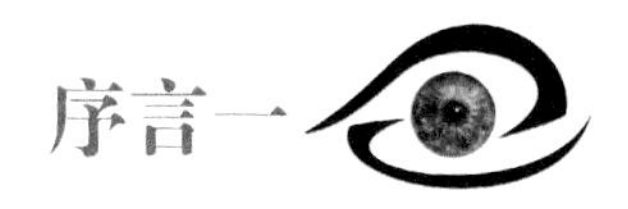

叶铭汉*

我谨推荐《从夸克到宇宙：永无止境的科学探索》这本书给渴望深入了解我们所生存的物质世界的读者。数千年来，人类一步一步地探索着自己的生存环境，依靠所发明的种种工具，观察用肉眼看不清的微小物体或者天上的星星。20 世纪，人类在认识自我生存的物质世界方面取得了非常大的进展，小到微观世界的夸克层次，大到已经存在了约 137 亿年的宇宙。现在进入了 21 世纪，人类面临着更难以理解的一些新问题，如我们时常在报纸或科普读物上提到的“暗物质”“暗能量”等。这本书可以帮助读者了解这些问题的来龙去脉，以及目前人们对这些问题的理解程度和正在进行的有关实验和理论研究的情况等。

本书作者在写作之前，受到一本书的启发。那是欧洲核子研究中心（CERN）实验物理部副主任艾吉尔·里勒斯特（Egil Lillestol）与《欧洲核子研究中心快报》（*CERN Courier*）主编 Gordon Fraser 等在 20 世纪 90 年代撰写的《探索极限：解读奇妙的宇宙》（*The Search for Infinity: Solving the Mysteries of the Universe*）。这本书图文并茂，内容紧跟当时的科学进展，出版后得到了广泛的好评。本书作者很想把那本书翻译出来介绍给中国读者。几年前，本书作者与 Egil Lillestol 博士取得了联系，Egil Lillestol 博士表示“因该书已太老希望重新写，如有需要愿意提供帮助”，并于 2015 年热情地为本书撰写了非常详细的序言。

---

* 叶铭汉，中国工程院院士，曾任中国科学院高能物理研究所所长、高能物理学会理事长，现为中国高等科学技术中心（China Center of Advanced Science and Technology, CCAST）学术主任。

本书作者和审阅者都是对我国高能物理的发展做出了贡献的科学家。编写组是一个老中青结合的群体，多年来在许多大型国际合作或者国内科研工程或大型项目中大都是实地参加者，也有的作者在科学普及战线长期工作。他们结合自己的亲身经历和学识，尽可能地用读者易于理解的语言表述，让读者阅读起来会有新鲜感和亲切感。他们抱着为我国科学发展添砖加瓦的热忱，努力做科普工作，在《探索极限：解读奇妙的宇宙》一书的框架上，添加了大量最新的有关进展的材料，完成了《从夸克到宇宙：永无止境的科学探索》这本书，为读者提供了最新的科学知识。我由衷地钦佩。

应该说本书适合于不同学习和工作领域以及不同年龄段的读者阅读，他们会从此书中有所收获，可以开阔眼界以及不同程度地增加知识；许多经历过其中项目的读者也可以回顾往事；特别是可以启发青年们的兴趣，对有兴趣的青年读者增进探求科学的执著精神和提高创造力都会有所帮助！

2018 年 4 月

序言二 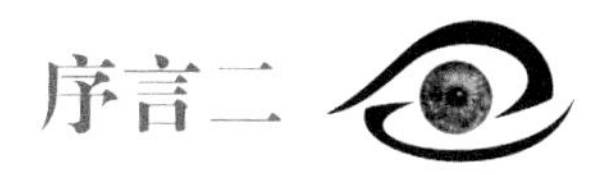

Egil Lillestol*

自20世纪初人们真实地看到科学革命以来，光辉的思想和发现导致出现新技术，继而又反过来发展出新思想和新技术。

1895年，在研究放电现象时，伦琴发现了X射线。一年之后，汤姆生指出，放电是由负的带电粒子——电子形成的。与此同时，在伦琴的鼓励下，贝克勒尔在观察某些荧光物质在太阳照射之后的X射线发射行为时，发现未受到过太阳照射的铀也能够产生辐射。直到皮埃尔·居里和玛丽·居里分离出了元素镭和钋，"铀辐射"之谜才被解开。这两种元素的辐射远比铀辐射为强。这些元素后来被统称为放射性物质。恩斯特·卢瑟福和保尔·维拉德总结后指出这种辐射包括三种成分，并将其命名为α、β和γ辐射，后来分别鉴定为氦核、电子（或正电子）和高能电磁辐射。

20世纪初，普朗克和爱因斯坦提出电磁辐射可以同时具有波动性和粒子性（即量子）。此外，卢瑟福指出每一个原子是由极其微小的重的带正电荷的核和围绕它的电子云组成的。1913年，玻尔受到普朗克的量子概念的启发，发展出第一个有电子轨道的原子模型。

1923年，德布罗意提出如电子这类粒子既有波动性又有粒子性，1927年这种"物质波"确实被观察到了。同时，薛定谔为这种物质波发展了数学模型，并且能非常好地描述氢原子。然而，这个模型还有些不够完善。所有的问题在1927年由马克斯·玻恩和沃纳·海森堡解决了。这种描述微观粒子运动

* Egil Lillestol（艾吉尔·里勒斯特），《探索极限：解读奇妙的宇宙》（*Search for the Infinity: Solving the Mysterious of the Universe*）作者，曾任欧洲核子研究中心实验物理部副主任。序言二的中文版由本书作者翻译。

规律的物理学分支后来被称为量子力学。

1905 年，爱因斯坦已经发展了他的狭义相对论并且提出著名公式 $E=mc^2$，该公式表示能量 E 等于质量 m 和非常大的附加因子 c^2 的乘积。其中 c 为光速（$c=3\times10^8$ m/s）。

1915 年，爱因斯坦发表了他的广义相对论。该理论预见光会环绕着星体发生弯曲，这一效应在 1919 年有关日食的实验中被观测到。

有趣的是，大家可以注意到量子力学以及狭义相对论与广义相对论是从最小层次到最大层次的宇宙全部理论的基础。

长期以来，原子核的组成一直是一个谜。直到 1932 年，杰姆斯·查德威克指出，原子核是由质子和同它质量近似的中性粒子组成。了解了原子核的这种组成后，不久就有科学家提出，核内的中子和质子必须是被一种当时未知极强的力束缚在一起。1938 年，重核裂变被发现，表明核内核子之间具有强结合能。这种强力是同裂变释放的巨大能量直接相关的。这种强力也应该与导致轻核聚合释放的巨大能量有关。1939 年，汉斯·贝特指出质子聚变为氦正是星体中产生能量的来源。这就解释了像太阳这样的星体产生能持续几十亿年的能量。重元素裂变是核反应堆发电的能量来源，可以期望不久的将来，轻核可控聚变可能变成接近于取之不尽的能源。

新的知识导致新技术的发展，进而像加速器、显微镜、微电子与计算机这些技术、设备使科学家们能够不断地透视入物质深处，并且用地面的与卫星上的望远镜观察越来越远的太空，从而在理论上以时间反转的方式观察宇宙诞生最初时刻的景象。

人们也正在利用新技术研究显微镜层次下的生命过程，同时将新技术用于危重疾病（如癌症等）的诊断和治疗。

1924 年，哈勃（Edwin Hubble）观察到的仙女座星系是位于银河系之外的一个星系，由此推论银河系不是宇宙的唯一星系。1927 年，比利时物理学家勒梅特基于爱因斯坦的广义相对论提出：宇宙要么膨胀，要么收缩，不可能是静止的。仅仅两年以后，哈勃就观察到宇宙在膨胀。这些观察可以认为是现代天文学和宇宙学的起点，也由此得出了宇宙有起点的结论。这正如勒梅特所说："没有昨天的今天。"（后来称为大爆炸），表明宇宙至今一直在膨胀，而且将不断地膨胀下去。哈勃当时计算得出的宇宙年龄是 20 亿年，但现在我们知道是接近 140 亿年。

有一些很好的理由让我们相信“演化成星体结构的种子”，也就是在大爆炸后约亿万亿万亿万分之一秒时的种子是如何演化为多个星系的。现在正在揭示出对这一过程明确的了解。

关于微观世界，人们已经观察到质子和中子都是由非常小的粒子即夸克组成的，电子的较重的两兄弟（即 μ 子和 τ 轻子——译者注）各自的出现都同比它们更轻的中微子相联系。同样人们也观察到，亚原子粒子的特性需要引入一种弱力。

从亚原子粒子的大家庭同两种力（指强力与弱力——译者注）加上电磁力和引力方面认识从最小到最大的宇宙尺度的完整图像走了漫长的路。

然而，一些迷惑和未知的问题仍然存在。宇宙似乎还包含大量的看不见的物质，被称为“暗物质”；也包括未知的能量形式，被称为“暗能量”。暗物质可能借助其引力被观测到，宇宙巨大的结构如何演化膨胀需要利用暗物质和暗能量加以解释。让人有兴趣的是，一系列未知的物质粒子也需要探索，以便建立微观世界的完整理论。

宇宙演化需要用暗能量解释宇宙的能量平衡，以及为什么在大距离处宇宙加速膨胀。人们期待新的观察将揭示这些在宇宙中尚未观察到的那些成分的特性（大概是指暗物质等——译者注）。

这本书描述了这一时代的科学革命是如何借助于迄今被全世界科学家合作建造起来的最完整的多种科学仪器才成为可能的。这本书也使人们看到一些科学家的生活和工作，他们参加到这个冒险中，并为不断认识我们生活的世界的事业做出贡献。

2018 年 4 月

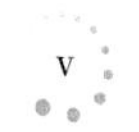

Since the beginning of last century the world has witnessed a scientific revolution. Brilliant ideas and discoveries have led to new technologies, which in turn have led to new ideas and discoveries.

By studying electrical discharges in vacuum Roentgen discovered X-rays in 1895, and the following year J.J.Thomson showed that the electrical discharges were made of negative charged particles, electrons. At the same time, and inspired by Roentgen's discovery, Becquerel, was investigating some heavy, fluorescent materials to see if they also produced X-rays, and discovered that Uranium was emitting radiation without being exposed to sunlight. The "Uranium radiation" remained a mystery until Pierre and Marie Curie, had isolated the elements, Radium and Polonium, and which had much stronger radiation than Uranium. Experimenting with these elements, later known as radioactive materials, Ernest Rutherford and Paul Villard concluded that the radiation had three components, which they named alpha (α), beta (β) and gamma (γ) radiation, later identified as helium nuclei, electrons (or positrons) and high energy electromagnetic radiation, respectively.

At the dawn of the 20th century Planck and Einstein claimed that electromagnetic radiation could behave both as waves and corpuscles (quanta), and Rutherford showed that an atom was made up of a tiny, heavy and positive charged nucleus surrounded by a cloud of electrons. In 1913 Bohr, inspired by Planck's quantum idea, developed the first theoretical model of the atom and the electron orbits.

In 1923 de Broglie suggested that particles like electrons should also behave like waves, and such "matter" waves were in fact seen in 1927. In the meantime Schrödinger had developed a mathematical model for these matter waves, and which seemed to give a good description of the Hydrogen atom. However the model had inconsistencies, which were all resolved in 1927 through the work of Max Born and Werner Heisenberg. The new model describing the atom was called Quantum Mechanics.

In 1905 Einstein had developed his Special Theory of Relativity and came up with his famous equation $E=mc^2$, which says that energy, E, is equivalent to mass, m, but with an enormous conversions factor c^2 where c is the speed of light ($c=3\times10^8$m/s).

In 1915 Einstein published his General Theory of Relativity. The theory predicted that light would bend around celestial objects, an effect which was observed during the solar eclipse in 1919.

It is interesting to note that Quantum Mechanics together with Special and General Relativity are the basis for all theories describing the Universe from the smallest to the largest scales.

For a long time the composition of the atomic nucleus remained a mystery, but in 1932 James Chadwick showed that the nucleus contained neutral particles with about the same mass as protons. With this new understanding of the atomic nucleus it was soon realized that the neutrons and protons in the nucleus had to be bound together by a hitherto unknown and very strong force. In 1938 fission of heavy nuclei was discovered, and it was immediately suggested that the strong nuclear force was responsible for the enormous energy release in such fissions. The strong nuclear force should also lead to enormous energy release in fusions between the lightest nuclei, and in 1939 Hans Bethe showed that fusion of protons to helium nuclei was responsible for the energy production at the centre of stars. This explained how a star like our sun could be producing energy for billions of years. Fission of heavy elements is the power source of nuclear reactors, and sometime in the future it is hoped that controlled fusion of light elements may become a close to inexhaustible energy source.

The new knowledge led to the development of new technologies and tools like accelerators, microscopes, microelectronics and computers, and which allowed scientists to penetrate deeper and deeper into matter, and new telescopes on ground and on satellites to see further and further out in space and back in time to the edge of the theoretically observable Universe and to the first instances when our Universe was born.

The new technologies are also being used to study life processes on a microscopic scale and as tools in diagnosis and therapy of serious illnesses like cancer.

In 1924 Hubble observed that Andromeda was a galaxy separated from our Milky Way, so that the Milky Way was not the only galaxy in the Universe. In 1927 the Belgian priest, Lemaitre, showed that Einstein's general relativity did not allow a static Universe, and only two years later Hubble observed that the Universe was in fact expanding. These observations, which can be considered as starting points of modern Astronomy and Cosmology, led to the conclusions that the Universe had a beginning, "a day without a yesterday" as Lemaitre said (later called the Big Bang), and that the Universe had been expanding and continued to expand ever since.

Hubble calculated that the Universe was 2 billion years old, but today we know that it is close to 14 billion years.

There are good reasons to believe that the seeds of the structures that evolved into stars and galaxies appeared a billionth of a billionth of a billionth of a second after big bang, and a consistent understanding of this evolution is now unfolding.

For the micro world it is observed that protons and neutrons are composed of even smaller particles, called quarks. Also two heavier "brothers" to the electron have been observed, and the electron and its brothers each comes with very light and neutral particle called neutrinos. It is also observed that an additional weak force is needed to explain the behavior of the subatomic particles.

This "zoo" of subatomic particles together with the two nuclear forces plus electromagnetism and gravity comes a long way in giving a complete picture of the Universe from the smallest to the largest scales.

However, a few mysteries and open questions remain; the Universe seems to contain large amounts of invisible matter, called dark matter, and an unknown form of energy called dark energy. The dark matter, which can be observed through its gravitation, is needed in order to explain how the large structures have evolved. Interestingly a set of unknown matter particles is needed in order to arrive at a complete theory for the micro world. The dark energy is necessary to explain the energy balance of the Universe and why the Universe is expanding with an accelerating rate at large distances. It is hoped that new observations will reveal the identity of these so far invisible components of the Universe.

This book describes how this scientific revolution has been possible with the help of the most complex scientific instruments ever built and in collaborations by scientists from all over the world. It gives glimpses of the life and work of some of the scientists who have taken part in this adventure and contributed to the ever-growing understanding of the world in which we live.

Egil Lillestol

April, 2018

前 言

自从出现在这个星球上，人类就在不断地观察和认识自己周围的自然界。一方面是出于好奇，另一方面是要不断扩大和改善自己的生存空间。向小的方面看水滴、沙粒，直到古希腊德谟克利特的朴素的“原子”；向大的方向看遥远的星空，从观测浩瀚的星座直到银河及银河以外的星系。可以说这是人类区别于动物的基本点之一，也是人类文明进步的重要标志之一。1590 年和 1609 年先后出现显微镜和望远镜后，人们才从肉眼观察摆脱出来。到 19 世纪末 20 世纪初，随着科学的进步，科学家对微观世界的观察深入到原子尺度。1911 年卢瑟福的“行星模型”，与地球绕太阳旋转和月亮绕地球旋转的实际情景极为近似。我们将向小的方向看到的世界称为“小宇宙”，包括从原子、原子核、核子到更深层次的夸克和轻子，其尺度小到 10^{-15} 厘米（小数点以后 14 个 0，大致可比喻成一个针尖上有千百万个原子）；将向大的方向看到的世界称为“大宇宙”，大到约 150 亿光年。特别是近几十年来对天体演化过程的探索和研究，使我们了解到宇宙的寿命已经有 138.1 亿年。因此，本书定名为“从夸克到宇宙——永无止境的科学探索”。

早在 1899 年出版的《宇宙之谜》（*Die Welt Rätsel*）一书中，作者恩斯特·海克尔（Ernst Haeckel）就写道：“在所有宇宙之谜中最大、最全面和最困难的就是宇宙的起源和发展之谜。”他根据 19 世纪物理学、天文学和地质学等的发展介绍了那个时代对物质本质和天体演化的一些图景。经过这一百多年来科技的飞速发展，到 20 世纪中期人们已经深刻地认识到天体演化的过程和微观世界的粒子物理学有着越来越密切的关系；到目前，已经形成发展极快的近期新命名的“天体粒子物理学”（侧重从天文学方面研究粒子物理学）和“粒子天体物理学”（侧重从粒子物理学方面研究天文学）。从本书读者可以看到，宇宙演化的过程和物质的最小单元的演变有着密切关系：粒子从它最小的层次夸克－光子辐射逐渐通过各种相互作用转变成核子—原子核—原子、分子，以至万物；而各种“力”，也就是各种相互作用，也是从统一逐步分离成现在的引力—强作用力—弱作用力—电磁力。因此，将大宇宙和小宇宙结合在一本书中介绍，就很有必要了！本书就是按这个思路分为“向内看”和“向外看”两大部分共8章66节。大致按历史脉络，同时出于对内容的内在联系的考虑，故也不尽然。各节相对独立，便于读者阅读。

关于对物质深层次认识的意义和重要性，《2007科学发展报告》（中国科学院编）的代序中的一段话作了很好的阐述：“物质科学仍然是现代科学和技术发展的基础。对相互作用统一理论、宇宙起源和演化、物质基本结构的探索等有可能引发对物质世界认识本质性突破。”这指明了物质科学研究的重要性和对科技发展的推动作用。这也表明，这一领域知识的普及，对推动科学技术发展，提高国民的科学素质和创新能力也是极为迫切和重要的。

本书为一本科学普及读物，图文兼顾，按历史发展用通俗语言对物质的微观本质和宏观宇宙逐一进行扼要但有趣味性的描述，特别是近百年来的重大发现，直到21世纪头十年的进展，涉及最重要的发现和结果，侧重实验方面的内容。作者注意从最简单的高中学生能懂的物理原理引入，一些较为深奥的知识能让读者留有一些印象或只是引起兴趣也是有益处的。愿意深入的读者可参阅本书后附的参考书目和文章。另外，本书注意收集一定的史料，其中有相当的内容和图片是其他书很少见到的，期望达到较高的辅助教学、普及作用并有一定的史料收藏价值。本书内容包含了150多位诺贝尔奖获得者或重大贡献者的成果，特别介绍了9位女科学家。我国前辈科学家和华裔科学家的贡献以及我国近40年来大量科技工作者在国内和国外发展这个领域的活动也有介绍，尽管有些是点滴的。

本书以编著形式出版是有一个过程的（详见后记），重点参考了1995～1996年由英国Reed出版社初版和再版的《探索极限——解读奇妙的宇宙》一书。虽然该书已较老，但是框架不错，内容从最小的微观粒子到广袤的宇宙，并且图文并茂。另外，考虑到要适应国内读者的语言习惯，本书注意语言的通俗化并增加了一些原理性知识，同时增加近20年来国际和国内的发展，内容变动很大。因此，决定将英文原版书作为主要参考书。作者和审校者还参阅了20余本有关书籍和50余篇文章或报告，并联系自身的实际经历，尽可能用通俗语言编著出版。这也符合《探索极限——解读奇妙的宇宙》一书作者关于“该书内容已过于陈旧，不要翻译，建议重新写并增加近十几年来的进展内容”的建议。为方便读者阅读，书后附有英文词首索引、诺贝尔物理学奖年表、中国暨华裔相关部分科研重大贡献人物简表。

借此机会本书作者深深感谢支持本书编著和出版的同事以及国内外大力帮助过的朋友们。

首先感谢支持此书编写出版的主要参考书作者 Egil Lillestol 和 Gordon Fraser，他们建议重写此书并给予了大力支持。Fraser 于 2013 年不幸去世，特借此机会表示深切哀悼。十分感谢 Egil Lillestol 为本书撰写序言。本书在编写过程中得到美籍华裔科学家吴秀兰（Saulan Wu）教授与诺贝尔奖获得者 Jack Steinberger 的大力支持并协助解决困难。Jack 已 94 岁高龄但仍希望读到书稿。感谢 ATLAS 前发言人 Peter Jenni 曾经提供评价中国各研究所和大学参加大型强子对撞机上 4 个大型国际合作的图片，以及对中国联合组的支持；感谢意大利的 Giovanni Bignami 教授在高能天体方面提供的资料图片，意大利弗拉斯卡蒂（Frascati）前国家实验室所长 Mario Calvetti 提供的初期对撞机和实验等方面的图片，以及前 CERN 总所长马亚尼（Luciano Maiani）提供的资料。也借此机会深情感谢华裔科学家李政道、杨振宁、丁肇中、吴秀兰、莫玮，以及美籍 Franzini 夫妇、G. Mikenberg 多年来对培养大批中国年轻高能物理人才所做的巨大努力。深深感谢诺贝尔奖获得者 CERN 前总所长 Carlo Rubbia，以及 CERN 前副所长、CMS 前国际合作实验主席 Lorenzo Foa①。

感谢中国科学院高能物理研究所前所长、中国工程院院士叶铭汉为本书作序，中国科学院院士李惕碚作为顾问审阅本书；曾任中国科学院高能物理研究所天体物理研究室主任的丁林恺和法籍华裔天体粒子物理学家陶嘉琳（Charling Tao）对本书提出了许多宝贵意见并给予了多年的支持和帮助。感谢中国科学院科学传播局对本书的经费支持和科学出版社编辑负责任的工作。最后，感谢本书后面录入的参考书目和参考文章的作者以及《现代物理知识》编辑部和主编厉光烈的支持，感谢中国科学院高能物理研究所科技处关心、管理本书出版工作，并感谢中国科学院大学物理学院郑阳恒教授提供的工作条件。

① Lorenzo Foa 是二位作者谢一冈和张家铨的挚友，他曾多次关心和帮助中国学者。二位作者得知他几年前不幸去世，特表哀悼和怀念。

感谢本书外事联系人 Caitriana Nicholson 数年来与外方人员联系所做的努力。感谢张新民研究员提供的宇宙学、暗物质、暗能量方面的资料，岳骞提供的中国锦屏山地下实验室资料及庄胥爱编写的超对称粒子一节，杨振伟对 5.4 节中 LHCb 实验的增改。感谢为本书作图的李博文、韩红光和主要参考书的绘图者 Julian Baum 与 Keith Williams 的某些启发，以及多项照片来源的单位。感谢中国科学院高能物理研究所所长王贻芳、前所长郑志鹏，副所长李卫国和几方面专家黄涛、张闯、吕才典等提出的宝贵意见。也感谢中国科学院高能物理研究所张华桥和廖红波向国外有关专家等传送此书稿，感谢几位中年或年轻同事杨长根、马欣华、祁辉荣、刘宏邦，以及两位博士研究生陈石、张宇宁等阅读书稿，并提出有益建议。

由于作者水平和阅历有限，不免存在不少缺点、片面性与不足之处，望广大读者批评指正。若是不同领域的不同年龄段的读者们能从此书有所收获或增加兴趣、开阔眼界，作者就足以慰藉。特别希望青年们由此书得到的点滴心得将在这美好的中华民族伟大复兴的黄金时代提高创新能力，贡献力量！

谢一冈　张家铨　赵洪明　刘　倩　胡红波

2018 年 4 月

目 录

第二部分 向外看

第一部分 向内看

第一部分 向内看

从·夸·克·到·宇·宙

第一章

对物质认识的开拓

1.1　大宇宙与小宇宙

在本书的最开始，我们先对全书无限宇宙（无限大和无限小的世界）进行简要地介绍，并对本书中所用物理量的量级等作解释，以便读者更轻松地阅读本书。

20 世纪物理学从大的方向上和小的方向上观察宇宙，进行探索和研究，取得了许多重大的发现。大的方向上，通过望远镜向着宇宙的边缘观察，这个宏观的宇宙被称为大宇宙；另一方向就是从原子和亚原子的微观尺度上探索和研究宇宙，这个微观的宇宙被称为小宇宙。

物质结构的层次

自然界跨越的尺度范围是难以置信的巨大，从原子核里的质子和中子的微小组成成分（小宇宙）到宇宙空间里的亿万星体（大宇宙）。从尺度上看，人类大致上处于这两个宇宙极端的中间位置（图 1-1）。

人们用肉眼向外太空观察可以感受到一个巨大的宇宙，延伸到最暗淡的星体。但是用肉眼观察微观世界就困难得多。用肉眼能够清晰观察的最小尺度就是一根头发丝直径的宽度，稍小于 0.01 毫米，小于这个尺度的物体看起来就模糊了。

物体发射的光或者反射的光射入眼睛，转变成脑细胞可感知的信号，然后大脑对接收到的信号进行解释，形成物体的图像。然而，即使是视力最好的眼睛都不可能区别尺度小于视网膜敏感细胞之间的距离的物体，要想看见这样小的物体就需要使用放大镜或者显微镜。

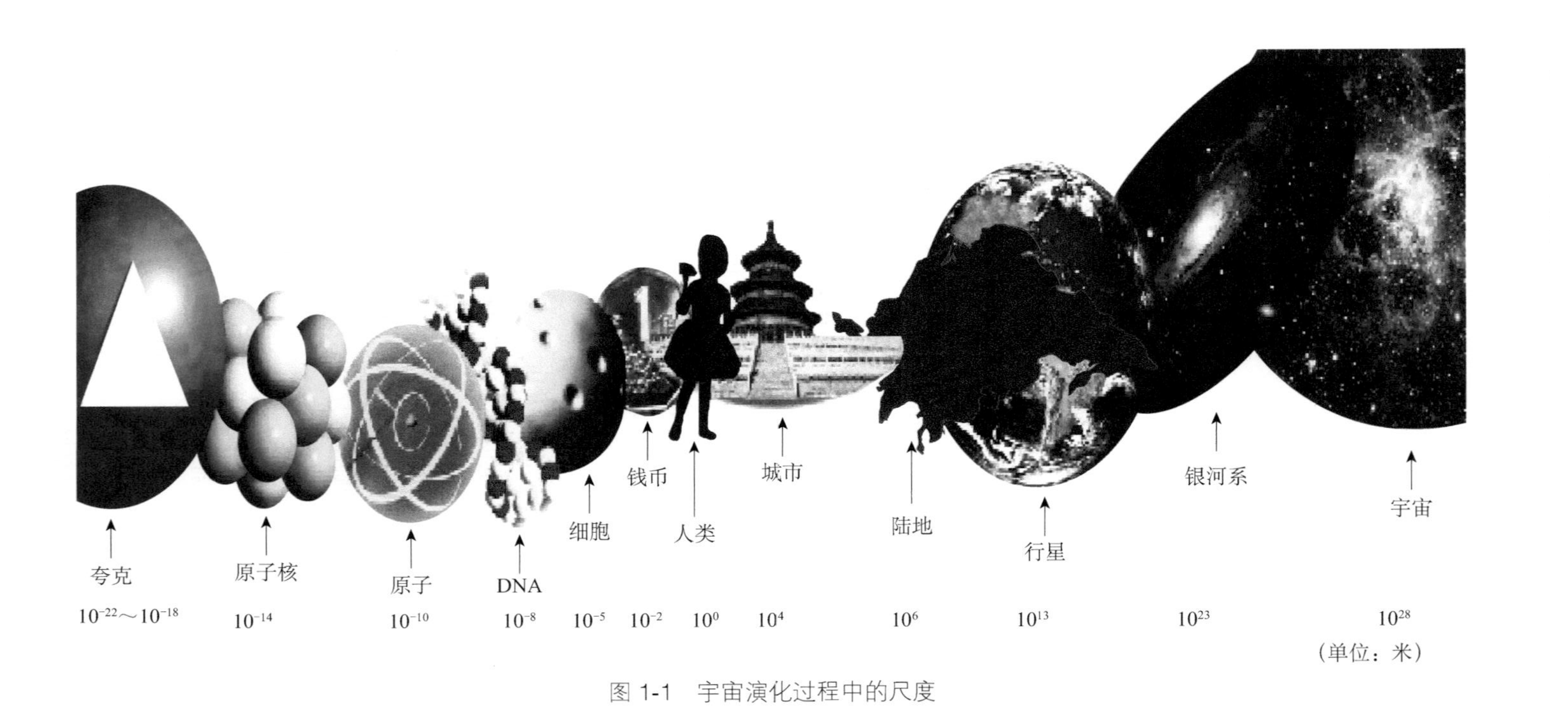

图 1-1 宇宙演化过程中的尺度

资料来源：李博文绘制

注：这里的尺度是依据“宇宙圈图景”标注的

第一台显微镜是荷兰人安东·范·列文虎克（Anton van Leeuwenhoek）发明的，他当时是一个没有受过科学训练的服装销售员，他的爱好就是制作透镜。他制造了一台能够放大200倍的仪器，这在当时是最先进的。1683年，列文虎克在研究雨滴的过程中第一次发现了微生物，他将其称作“小动物”。随后不久，列文虎克发现了许多小生物。尽管他的发现都用资料做了仔细的证明，但是当时的科学界对此仍然持有怀疑。在当时，人们认为上帝创造的最小生物就是奶酪里的小虫子。后来，从列文虎克的描述中可以推论，他可能是第一个看见细菌的人。

空间尺度以10为底的指数表示

有一种简便的方法表示很大或者很小的数，避免写很多0。这就是以10为底的指数表示方法。1微米可以写成10的−6次方米，即10^{-6}米。1亿可以写成10的8次方，即10^{8}。例如，10^{32}有32个0。

细菌是能够用光学显微镜看见的最小普通生物体，它的典型尺寸约为1微米。1微米是1米的百万分之一，或者写为0.000 001米。

小宇宙

第一台电子显微镜是在1931年制造的，它开启了我们观察微观世界（大约10^{-6}米）之门。今天的电子显微镜可以观测分子的结构（大约10^{-9}米），还可以扫描各个原子的表面。一个原子的典型尺寸大约是10^{-10}米，1平方毫米的面积内大约包含10^{14}个原子。原子的内部是空的。原子里的深处是密度很大的原子核（原子核的尺寸大约为10^{-14}米），原子核的外围是比原子核大10 000倍的电子云，但是电子云的质量只有原子质量的1/2000。电子显微镜的诞生开启了“微宇宙”（希腊语“小世界”）时代。物理学家为了观察微宇宙使用了另一类“显微镜”——一种被称为粒子加速器的机器，它可以产生更短波长的粒子作为探测仪器，就像显微镜一样。

20世纪30年代以前，物理学家们就知道原子核是由质子和中子组成的，并且相信这就是最终的微宇宙（图1-2、图1-3）。但是，对从外太空投射来的宇宙射线的研究结果和更强大的加速器实验揭示了物质组成的更深层次：质子和中子是由名为夸克的更小的粒子组成的。夸克和电子就是现代物理学的“铺路小卵石”。

夸克和电子的尺寸小于 10^{-18} 米，而且微观世界可能比这个尺度还小得多。有一种新理论认为，粒子不是点，而是长度只有 10^{-33} 米的小弦。这样小的距离与宇宙在大爆炸之后在远小于第 1 秒钟时形成的物质的尺度差不多。这样，微宇宙的结构又回到了宇宙产生的开始，可以帮助我们揭示大宇宙的奥秘（参见本书 5.5 节、6.6 节）。

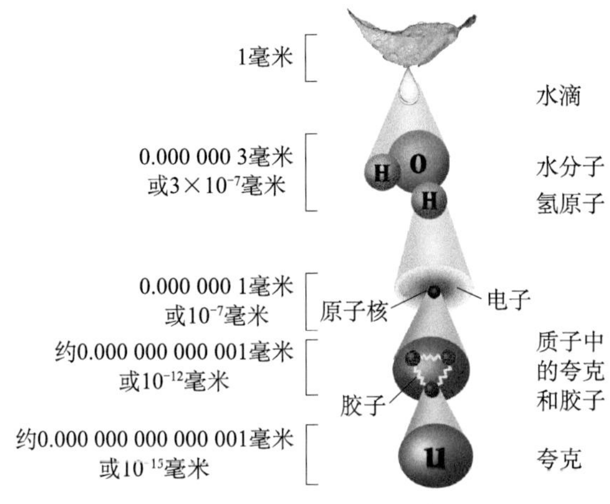

图 1-2　宇宙中各种物质的组成

资料来源：李博文绘制

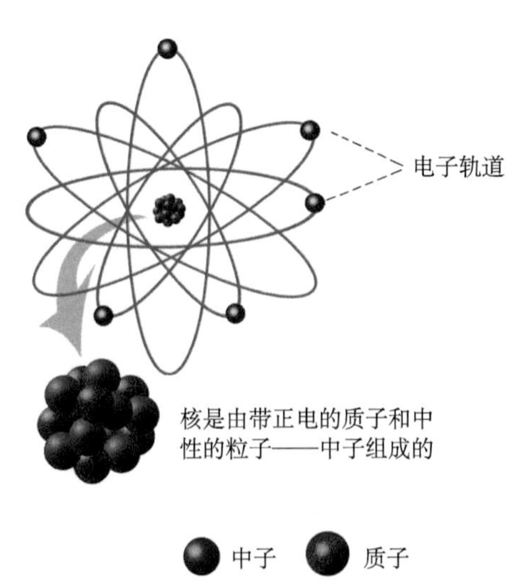

图 1-3　原子的组成

资料来源：李博文绘制

大宇宙

在我们的头顶上，天空如一张由星体的闪烁光点编织成的“挂毯”。在晴空万里的夜里，人们用肉眼可以看见大约 3000 颗星体，这仅仅是宇宙最靠近我们的一个极小空间。我们生活的太阳系也只是巨大的银河系里的一个小星系。银河系包括 1000 亿颗星体，一个星体就像是一个大房间里的一粒沙子。在整个宇宙空间里至少有 1000 亿个银河系。

宇宙空间是如此之大，以致不能用普通的尺度来度量，而是要用“光年”来度量。1 光年就是光在真空里传播 1 年的距离，即 9.5×10^{15} 米。从太阳系外离地球最近的“比邻星”（半人半马 α，Centaurio-Alpha）发射出来的光传播到地球需要 4 年时间，著名的昴星团（希腊神话中的七姊妹星）到地球的距离为 400 光年，仙女座（以希腊神话中安德罗墨达女神命名）到地球的距离为 230 万光年。

因为光从外太空传播到地球需要如此长的时间，我们今天看到的星光实际上是很早以前发射出来的，所以我们观察外太空就意味着在时间上往回看。使用功能强大的望远镜，天体物理学家可以探测到一些非常明亮的“类星体”物体，神秘的类星体离我们的距离为 100 亿光年以上，每颗类星体每一次爆炸释放出的能量比普通的星系高几百倍。这几乎把我们带回到了宇宙诞生的时刻。

总之，从大的方向上探索宇宙能够把我们带回到很久以前的时间；从小的方向上探索微观世界，使我们能够了解早期宇宙的微观机制。两个不同的方向又汇聚在一点，这就是自然的规律吧！

光是观测小宇宙和大宇宙的重要手段，不同的观测对象需要应用不同波长的光源（电磁波或光子），如图 1-4 所示，可见光只是其中的一小段。各波段除了对观测宇宙有极为重要的作用外（参见本书 7.8 节、7.9 节和 7.10 节），在人们的日常生活和国民经济中有更广泛的应用。图 1-4 中从右至左依次为：无线电波（射频波段），即米波和更长的短波、中波、长波，用于电视、收音机等；微波，波长在厘米、毫米波段，用于通信、测距、加热等；红外线，用于医疗、夜视等；可见光波段；紫外线，用于消毒、科研应用（图 1-4 中为同步辐射真空紫外线站）；X 射线与 γ 射线（波长很短，即光子能量更大），用于医疗 CT（即计算机断层扫描）、科学研究等。

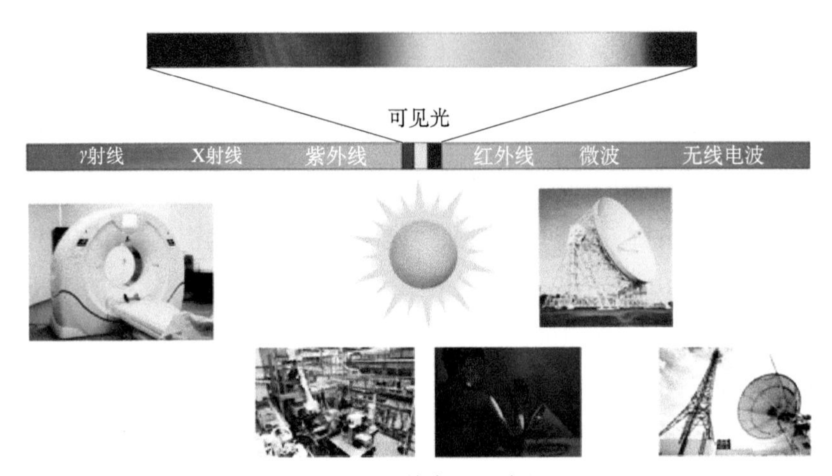

图 1-4　不同的光源及其应用

资料来源：李博文绘制

表 1-1 给出了对各种微小对象的研究与测量方法。图 1-5 中进一步定量地介绍各种光源的电磁波波长与其相应光子能量成反比的对应关系、与温度的关系，以及光源设备与应用。

表 1-1　微观世界的观测方法

观测对象	尺度 / 厘米	探针能量	实验工具
细胞 / 细菌	10^{-3}～10^{-5}	0.1～10 eV	光学显微镜
分子	约 10^{-7}	约 1 KeV	电子显微镜同步辐射等
原子	约 10^{-8}	约 10 KeV	同步辐射等
原子核	约 10^{-12}	＞100 MeV	低中能加速器
强子	约 10^{-13}	＞1 GeV	高能加速器
夸克、轻子	＜10^{-16}	＞1 TeV	对撞机

这里，先回忆一下各种波长的电磁波和它们相应的光子能量及温度的关系，以便对各种波段有些了解，对本书有关各节的内容有较为明确的理解。本书第一部分的 1.4 节、2.4 节分别介绍了古典波粒二相性和波的量子特性理论。由爱因斯坦光电效应可知，光子的能量 E 同频率成正比，同波长 λ 成反比。图 1-5 中波的长度单位为埃（Å，angstrom，1 埃 =10^{-10} 米），光子能量 E 单位为电子伏（eV）。换算后，二者有简单关系：E=1280/λ。我们的电视波段在 1～100 米范围。微波的波段在 1～10 厘米区域，因此微波也称厘米波。可见光的波段很窄，为 380～750 纳米（1 纳米 =10 埃）。波长越短光子能量

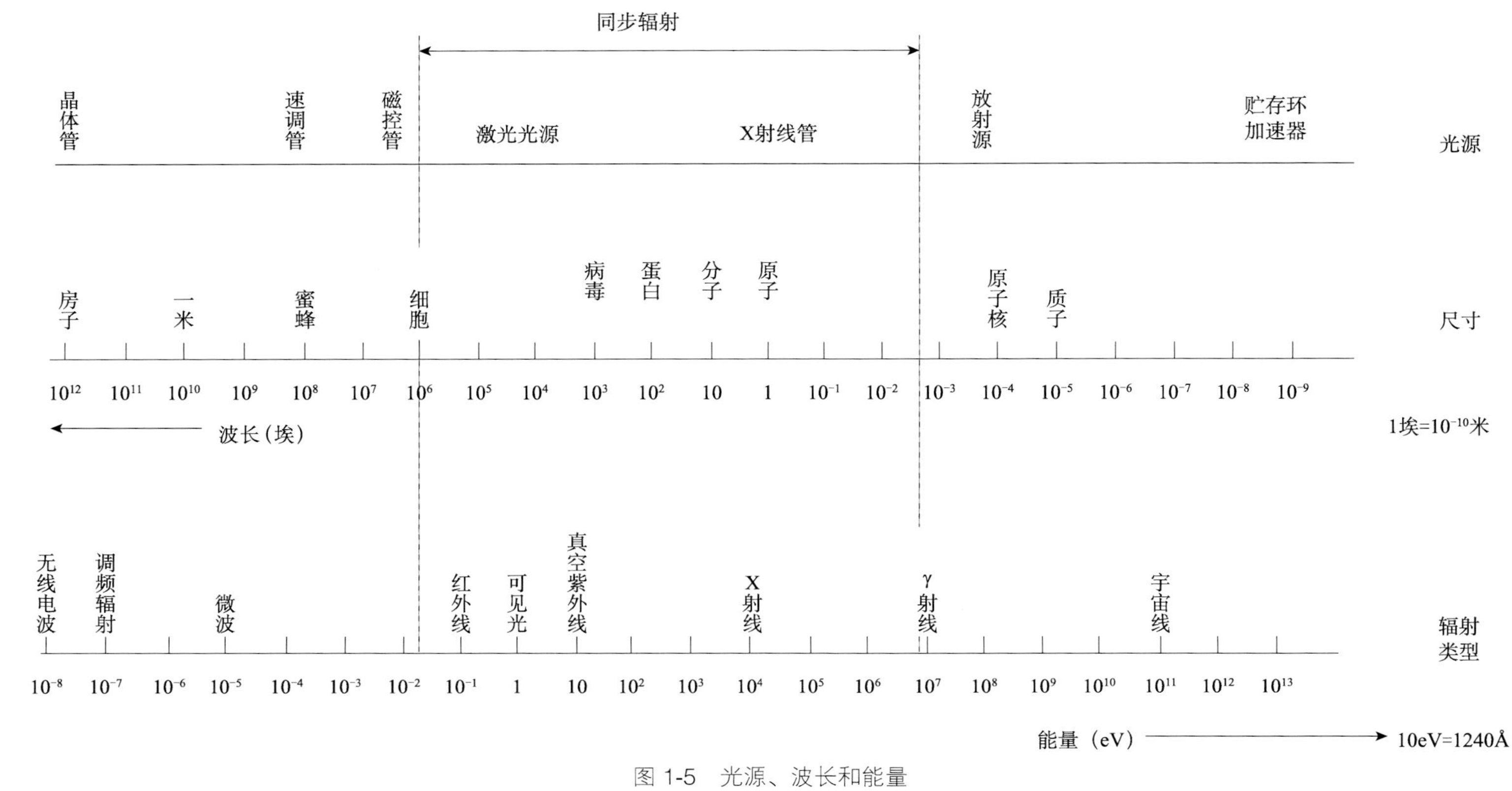

图 1-5　光源、波长和能量

资料来源：谢一冈，陈昌，王曼. 2003. 粒子探测与数据获取. 北京：科学出版社：574

越高，其粒子性也就越强。习惯上，从 X 射线到 γ 射线也就常用千电子伏（keV）和兆电子伏（MeV）表示了。另外，一般杂乱运动的粒子动能同其相应的温度有 $3kT/2$ 关系［k 为玻尔兹曼常量，为 1.3×10^{-23}，T 为热力学温标（K，开尔文）的温度（其零度为 −273℃）］。这些物理量在本书第一部分和第二部分的有关章节中经常用到。例如，在 6.4 节中探测到的咝咝声恰在微波段，相应的辐射温度只有 2.72K，在绝对零度附近；在 6.6 节和 8.5 节中也要用到这些物理量。

宇宙无限，探索无限

宇宙从大的方向看是无限的，从小的方向看也是无限的。

在大的方向上，从宏观上探索和研究构成宇宙的物质世界就是宇宙学、天体物理学探索和研究的课题——宇宙的宏观结构、宇宙的构成和起源。在小的方向上，从微观上探索和研究构成宇宙的物质世界就是粒子物理学探索和研究的课题——物质的微观结构、物质的基本组成。这始终是人类进行科学研究的两个前沿科学研究课题，再加上“生命的起源”，这就构成了人们公认的科学研究的三大具有根本性或本质性的前沿尖端科学研究课题。这三大前沿尖端科学研究课题都能够进一步开拓出新的学科领域和许多尖端学科。

人类对于宇宙的认识是无止境的——因为宇宙无限，人类所进行的探索和研究只是在一定条件下得出的结论，只是相对“真理”，所以人类对宇宙的认识只能是逐层深入，永无止境。

当今人类对宇宙的认识的尺度范围是 $10^{-21}\sim10^{27}$ 米。人类的身高大约处于这尺度范围的中间点位置。人类对宇宙的认识正是从大的和小的两个方向上逐层深入的。

早在 3000 多年前，人们就开始了天文学方面的观察和研究，昼夜交替、四季轮回、风云水火和雷电等自然现象给人们留下了深刻的印象。人们总是满怀敬畏地仰望夜空，寻找能够解释恒星位置、行星运动及太阳升落等天文现象的物理模型。人们通过观测星体的运动规律创立了历法。这就是天文学的开始。

约 2800 年前，我国周朝创立的历法——农历现在看来仍然是非常科学、非常先进的。1000 多年前，我国汉代著名的天文学家张衡就制造出了精密完美的天文仪器——浑天仪、地动仪等。后来，科学家们开始研究地球表面发生的现象，如苹果落地、箭矢飞行、风雨和潮汐有规律的运动等，从而建立起一套“物理定律”。从此由天文学衍生出一门新学科——物理学。

随着时间的推移和生产的发展进步，以及望远镜、显微镜、真空泵和钟表等仪器的发明，科学家的观察和测量能力得到了大大提升，越来越多的现象被更加深入地揭示出来。科学家们用统一的数学语言描述各种自然现象，建立起了一系列经典物理学中的定律和定理，如万有引力定律和牛顿三大运动定律等。

到 20 世纪初，原子成为物理学的前沿研究课题。在 20 世纪 40 年代，原子核成为研究的中心课题。随着工业和技术的发展，观测仪器日益改进，一些科学家在原子物理学和原子核物理学领域进行更深层次的研究。

第二次世界大战时期，由于交战双方对军事武器——原子弹的需求，美国、苏联和欧洲的一些国家投入了巨大的财力和人力研制原子弹，这在客观上大大地促进了对原子核的研究，使原子核物理学得到了快速的发展。科学家开始对物质的微观结构进行更深层次的研究，特别是 20 世纪 50 年代以来建造了很多台高能粒子加速器。随后发现了很多正、反粒子及共振态。这些发现远远超出了原子核物理学的范围。人们将正电子的发现作为粒子物理学成为独立学科的标志。近半个多世纪以来，作为科学研究的前沿，粒子物理学在物质微观结构的研究方面取得了许多重大的进展。

人类对宇宙进行不懈的探索和研究，学习和掌握了自然规律和自然法则，创造出了现代的物质文明世界。即使在大尺度上观测宇宙已经达到 200 亿光年以内，我们还没有看到“边”，宇宙向大的方向的延伸是无限的！在小尺度上观测宇宙已经达到千万万亿分之一厘米，我们依然没有看到“头”，宇宙向小的方向的延伸也是无限的！宇宙无限，探索无止境。人类前进的步伐永远不会停止，未来的世界会更加美好、更加精彩。

1.2 古代的原子论

2500 年前，古希腊的哲学家就开始探索宇宙的构成问题：世界上的各种物质是由什么组成的？古希腊的哲学家从人们的生活（图 1-6）中观察到种种现象，试图找出这个问题的答案，这样逐步导致了自然科学的诞生。

图 1-6　火、水、土壤和空气四元素
资料来源：韩红光提供

四元素论

早在公元前 480 年以前，在伊奥尼亚（即现在的小亚细亚）和大希腊（即现在的意大利南部和西西里岛一带）地区出现了许多重要的哲学家。他们已经开始探索物质的组成这一最重要的对人类之外世界认识的哲学问题。

希腊人在探索中提出了各种假设。赫拉克利特（Heraclitus）虽是伊奥尼亚人，但不属于米丽都学派。他认为火是最高贵的而水是卑贱的，他相信火是原质。由于火的转化，先变成海，而后一半转化成土，另一半变成旋风，这样水、气和土就都有了。他信仰万物在永恒地变化，这一点是值得赞赏的。泰勒斯（Thales）则认为万物是由水构成的。另外，阿那克西美尼（Anaximenes）认为空气无处不在，是组成物质的基本元素。约公元前 495 年出生于西西里岛南岸的阿克拉加斯的哲学家恩培多克勒（Empedocles，也译为伊壁多科斯）以一种妥协态度承认了这四元素（即大地、空气、火和水）论，认为万物都是由四元素组成的，四元素以各种各样的比例结合和再结合或分离和裂解，以形成或破坏事物。

在那个时代，中华大地也早已形成木、火、土、金、水，即五行的五元素论，并且一直是中国哲学甚至医学的基础之一，与之相对应的人体内脏分别为肝、心、脾、肺、肾。大家都知道，物理学中不少成功的理论都是唯象理论，即从大量事实和经验得出的，中医学的五行相生相克论也是通过从远古到 2000 多年前的《黄帝内经》出现的时代观察五行与内脏联系的治疗经验与实效总结出来的。例如，众所周知的玻尔原子模型就是从光谱线归纳出来的。因此，中医的五行理论与近代的玻尔模型，应该说都是唯象理论。

物质的可分性和原子论

阿那克萨戈拉（Anaxagoras，公元前500年左右出生）和恩培多克勒相信，物质具有连续性，能够分割成更小的部分。因此，他们认为组成各种物质的成分是无限可分的。

原子论的创始者是留基伯（Leucippus[①]，来自米丽都，公元前440年前后为其鼎盛时期）和德谟克利特[Democritus，出生于希腊北部色雷斯的海滨城市阿布德拉（Abdera），公元前460—前370，公元前420年前后为其鼎盛时期，图1-7]。他们两个人早期时总是被相提并论，虽然基本观点出于留基伯，但是后人对他知之甚少，而比他年轻的德谟克利特因为极大地发展了原子论，且涉猎极广，成为“十分确定的人物”。德谟克利特认为，四元素就是不可再分割的粒子——原子。他提出物质具有非连续性，所有物质经过一定次数的分割之后就不能再进一步分割了。他把这些不能再进一步分割的粒子称为atom（即原子），希腊语的a意为否定，tomo-为拉丁语“切割”的词根。不同的原子各自具有不同的形态和重量。火是由小球状的原子构成的，原子由于冲撞形成了漩涡，漩涡产生了物体，并且最终产生了世界。此外，他认为原子在无限的虚空中永远杂乱无章地运动着。他是一位彻底的唯物主义者。在他的原子论里没有神存在的空间。他也是一个乐观并极富想象力的人，一个强调经验的自然科学家，游历过波斯、埃及等东方和南方许多国度。著有《小宇宙秩序》（本书最初命名为“探索小宇宙与大宇宙”也受到了该书名的启发），另外还有《论自然》《论人生》等著作，但仅有残篇传世。德谟克利特的著作涉及自然哲学、逻辑学、认识论、伦理学、心理学、政治、法律、数学、天文、地理、物理学、生物和医学，以及社会生活等诸多方面，

图1-7　古希腊思想家德谟克利特
资料来源：Bridgeman Art Library/Garin Graham Gallery，London

① 丹皮尔WC．1975．科学史及其与哲学和宗教的关系．北京：商务印书馆：60．

提出了天体演化学说，在数学方面提出了圆锥体、棱锥体和球体等体积的计算方法。策勒尔称他“在知识的渊博方面要超过古代和当代的哲学家，在思维的尖锐性和逻辑的正确性方面要超过绝大多数的哲学家”。因此，马克思和恩格斯赞美他是古希腊人中“第一个百科全书式的学者”。

可以说，德谟克利特的原子论要比之前所提出过的任何其他理论都更接近于近代科学的理论，后来被伊壁鸠鲁和卢克莱修所继承，再后来被道尔顿所发展，为现代原子科学的发展奠定了基石，形成了近代的科学原子论。这是他在自然科学上最重要的贡献。

关于我国古代几乎与希腊同时期的两派的观点，这里摘录两段我国面向21世纪的《原子物理》教科书[①]中关于两派的扼要的论述：在我国，早在战国时（公元前476～前221年）就出现了与上述类似的两种观点。主张物质不可无限分割的一派，最著名的是战国时期的墨家。《墨经》中曾记载：“端：体之无序最前者也。”意思是说：“端”是组成物体（体）的不可割（无序）的最原始的东西（最前者)。“端”其实就是原子的概念。“端”为什不可分割呢？因为“端是无同也”，意思是说，一个“端”里，没有共合的东西，所以不可分。那时还有一个叫惠施的人，他说过,“其小无内，谓之小一”。意思是说,“小一”这东西不再有内，也就无法再分割了，即是最原始的微粒。

另一派主张物质是可以无限分割的，以战国时期的公孙龙为代表。他说过一句名言：“一尺之棰，日取其半，万世不竭。”近几百年的物理学一直在考验这句话的正确性。公孙龙在两千多年前的臆想，正在不断地得到现代科学的支持。

李约瑟曾专门引述惠施关于无限性和有关原子论的问题[②]：“有关无限性中国古代思想家停顿在原子论的大门口而从来没有进去过。至小无内（原注解：这是对今天原子概念的一个非凡的预见）‘小一’似乎很可以想象为一个原子。同时，这与不可分割性的观念相去不远，因为在《辩者21》[③]中就看到这种思想，虽然是以反原子的形式陈述的，即分割一根杆子的一半过程实质上是永远不会完结的。《墨经》在它对几何学的定义中至少有两条关于几何学原子的命题（《经上61》和《经下60》)。这两条命题很难解释，胡适认为它们是反原子的，而范文澜认为是支持原子论的，和墨家之间一定存在意见分歧。至少可以

① 杨福家．2015．原子物理．北京：科学出版社．

② 李约瑟．中国科学技术史．第二卷科学思想史．第215页，第四卷第一分册，p.3.

③《庄子·天下·辩者二十一事》，即讨论名实关系和正名问题的21个命题，与惠施的“历物十事”相呼应。其中最后一段即“一尺之棰，日取其半，万世不竭”。

肯定他们曾经进行过非常接近于原子论的生动讨论。”在这里李约瑟将无限性和原子一起论述，可见是有其用意的。值得我们更具体地回顾一下。

《墨经》①中说：“非半弗著斤则不动，说在端。”“著斤”指斫破、切割。这也就是说：一条木杖从中点处分为两半，其中一半再分为两半，以此类推，剖分无数次以后，便成为不能再分为两半的至微之物。这种可分到“至微”之物即“端”。这与公孙龙的观点“一尺之棰，日取其半，万世不竭”不同。公孙龙的这种“万世不竭”的论断即是李约瑟在上文中说的惠施与自己的“小一”观点有差异的“反原子思想”，即无限可分的思想。惠施应该是这一思想的最先提出者，他生活在公元前4世纪，公孙龙在公元前3世纪前半叶②。庄子生活的时代可以确定为战国中期③。庄子在惠施去世时曾经哀叹地说：“自从惠施死后，我没有辩论的对象了。”④他们三人先后处于同一时代，有的还是诤友，因此“万世不竭”这一观点在三人著作中都有论述，不过人们对庄子的书可能更熟悉些④⑤。

他们的思想和古希腊的阿那克萨戈拉与恩培多克勒的思想又是异曲同工的。这种突破“端”——即原子可以再分的命题是科学发展到20世纪的后话，也正是本书要介绍的组成物质的原子可以往下再分至少三个层次（原子核、核子、夸克）的故事了。作为中国读者可能会问：李约瑟说的“中国古代思想家一直停在原子论的大门口”的原因是什么⑥。李约瑟在《中国科学技术史》中有关“波和粒子”一节中写到“波在中国人思想中占据这样的支配地位……是与中国哲学的本质完全一致的”⑦。是的，西方侧重于分析，中国侧重于综合，特别是天人合一的谐和与变易。因此，中国人在科学方面则侧重于探索连续地起伏消长的波而不去深究细微的粒子。

雅典学院中的原子论学者

希腊的几位大哲学家对德谟克利特有什么看法呢？在拉斐尔的著名绘画作品《雅典学院》（图1-8）中位居中心的是众所周知的杰出的古希腊自然哲

① 墨子（约公元前479—约前381），《墨经》经上61，经下60.
② 李约瑟．中国科学技术史．第二卷．科学思想史．p.215，p.3.
③ 李约瑟．中国科学技术史．第二卷．科学思想史．p.215，第四卷p.3.
④ 方勇译注．2015．庄子．前言p.2，徐无鬼p.415，天下p.584-585.
⑤ 李约瑟．中国科学技术史．第二卷．科学思想史．p.215，p.3.
⑥ 李约瑟．中国科学技术史．第二卷．科学思想史．p.215.
⑦ 李约瑟．中国科学技术史．第四卷．物理学及相关技术，第一分册，物理学．p.3.

学家柏拉图和亚里士多德。他们对西方哲学和科学的发展有极大的影响。其实，德谟克利特的哲学，在雅典有很长的时期是被人忽视的。他曾说："我到了雅典，没有一个人知道我。"但是亚里士多德是知道他的——他们都是北方的伊奥尼亚人，但曾经对他进行强烈的批评（参见本书 1.3 节）。关于柏拉图对德谟克利特的看法，英国著名的科学史作者 W. C. 丹皮尔说道："柏拉图非常之讨厌他，以至于想把他的全部著作都烧光。"从后世他们代表的哲学思潮分道扬镳来看，这也是不言而喻的。

图 1-8　拉斐尔的《雅典学院》

1.3　近代科学的萌芽

科学是什么？

拉丁文 sciere 的意思是"学"和"知"，从而引申出英语 science（即"科学"）。德语的 Wissenschaft 一词就是"知识的总和"的意思。当今，"科学"的含义是"经过实验检验的系统知识"，既包括自然科学，也包括历史、社会等方面。

神和原子论

欧洲经过 1000 多年的中世纪的"黑暗时代"，流行的是经院哲学。神的影响是可想而知的。希腊哲学一些早期著作甚至还是由阿拉伯语翻译过来的。这样，原子理论虽然在17世纪重新复活了，但是为了得到普遍认可，无神论的原子理论被修改，加进了上帝的思想。

从本书1.2节可以看到，在古希腊时代，大多数古希腊哲学家是排斥原子论的。《雅典学院》画中位于中心的人物——杰出的古希腊自然哲学家柏拉图和亚里士多德主张四元素理论。亚里士多德还引入了第五种元素，即the quintressence，代表纯净，天堂里的各种物体都是由这种元素构成的。因为他的权威和名望，他的五元素论在争论中获得了胜利，并且统治了2000年，而原子图像几乎完全被人们忘记了。

然而，大约在公元前4世纪末，伊壁鸠鲁复活了德谟克利特的原子理论。他在原子理论中引入了唯物主义哲学，其目的是废除对神的敬畏和倡导思想的解放。后来，在17世纪不可分的“建筑砖块”概念重新盛行起来。同时，科学家也开始怀疑四元素的完美性。他们的怀疑动摇了亚里士多德派的世界观，给原子论提供了一个发展机会，促进了现代科学的诞生。

法国神父和哲学家皮埃尔·伽森狄（Pierre Gassendi）出生在法国乡村，父母非常贫穷。在40岁时他成为迪涅（Digne）大教堂的座堂主教（图1-9）。他虽然研究了伊壁鸠鲁的工作，复活了原子论，但是排除了无神论的内涵。他虽然认为物质的实际属性是由原子和它们在空间的运动决定的，但他仍承认上帝创造了万物。1624年，伽森狄写了一本书，对亚里士多德派进行了攻击。但是在当时的法国，反对亚里士多德派的言论是被禁止的，因而伽森狄的物理学思想直到他去世三年后的1658年才允许发表。

伽森狄不仅重新复活了原子论，还第一次提出了万有引力的概念。他认为，下落物体里每个粒子受到连接于地球上的“细绳子”的向下牵拉。大的物体更重一些，因为它包含更多的粒子并有更多的“细绳子”。他设想，吸引力可以延伸到空间，直达宇宙中的所有星系，但是没有成功地解释天体的运动。虽然他没有离开上帝

图1-9　皮埃尔·伽森狄
资料来源：Derby Museum UK 收藏，Joseph Wright 绘

是第一推动力的思想，但是他的原子论和万有引力概念对近代原子论和牛顿的万有引力、伽利略的力学研究方面是有启发或互补意义的，作为近代科学的萌芽是起到了重要作用的。

这里有必要提到一位女士玛格丽特·卡文迪许（Margaret Cavendish），纽卡斯尔（Newcastle）公爵夫人。她得到了一个古怪的绰号——“疯公爵夫人”，因为她常常令她的朋友尴尬和让她的敌人震惊。她是诗人、传记作家和女演员，还写了几本涉及面广泛的自然哲学著作。

在17世纪40年代，原子论获得了很大成功，但仍存有争议。1653年，玛格丽特女士发表了两篇名为“想象力”的文章。在这里她提出了一个近乎异端的主张——原子通过它们自己的运动构成世界。她在书中写道：“无神论者比迷信更好。”她提出存在四种原子，即方的、长的、圆的和尖的。她还把原子概念应用到医学和心理学。她说，疾病是由原子“战斗”导致的结果，而记忆是“大脑里原子着火”的结果。应该说在当时对原子论和有神论占上风的年代，她的鲜明态度和作用是值得一提的。

现代化学的奠基者

罗伯特·玻意耳（Robert Boyle），爱尔兰物理学家和化学家。虽然他是玛格丽特·卡文迪许的同代人，但他总是与伊壁鸠鲁的现代崇拜者们保持距离，因为“这些人把上帝排斥在宇宙之外”。玻意耳是一个虔诚的宗教信奉者，每当提到上帝的名字时，他总是要停顿一下表示尊敬。他喜爱用“微粒子哲学”这样的概念，避免使用词语“原子论”，因为这样的词语有无神论的含义。

玻意耳认为原子是物质化学组成的一个完整部分。他主张，物质作为“基本材料”存在，它是不可分的和不可穿透的，上帝赋予它运动的能力。1661年前后，在他的书《有怀疑的化学家》（后来被认为是第一本真正的科学著作）里，他不接受老的四元素概念。他嘲弄炼金术士们，这些人力图把基本物质转变成黄金，试图最终证明四元素理论是正确的。

玻意耳说，真正的元素不可能分解为更简单的物质。他把混合物与化合物区别开来，证明了四“元素”实际上是由几种元素构成的化合物。他认为以前所说的四“元素”只能称为“要素”或“原质”。化学家们用了几百年时间才弄明白玻意耳的新定义。

另外，他在物理和化学的研究中发现了许多现象，如第一次证明了空气有重量，就一定量的空气，其体积与压力成反比；并发明了一些技术，如将黄金与其他金属一起制成合金。这些直到现在还是很有用的。

归纳起来，玻意耳的最大贡献是既抛弃了柏拉图和亚里士多德的四元素理论，也抛弃了中世纪遗留下来的炼金术（图 1-10），而给元素下了一个符合现代化学的朴实的定义，并为现代科学方法奠定了基础。他坚持认为，所有理论不通过实验验证都是无效的。

图 1-10　炼金术士们在工作

资料来源：Los Angeles County Museum of Art 收藏

实验科学与经典物理学的奠基者

艾萨克·牛顿（1643—1727）爵士，英国皇家学会会长，英国著名的物理学家，百科全书式的“全才”，著有《自然哲学的数学原理》《光学》等（图 1-11）。

他是经典物理学、天体理论和实验科学的奠基者。牛顿第一次对万有引力给出了有效的描述。他认为，因为物体有质量，所以物体之间有相互吸引力。他解释了物体如何落向地球，以及太阳系如何保持在一起。他对伽森狄的工作倍加称赞，并受到其影响。

牛顿在 1687 年发表的论文《自然定律》里，对万有引力和三大运动定律进行了描述。这些描述确立了此后三个世纪物理世界的科学观点，并奠定了现代工程学的基础。他通过论证开普勒行星运动定律与他的引力理论间的一致

图 1-11　牛顿
资料来源：Derby Museum and Art Gallery,UK 收藏，Joseph Wright 绘

性，证实了地面物体与天体的运动都遵循着相同的自然定律，为太阳中心说提供了强有力的理论支持，并推动了科学革命。

伽利略（1564—1642）的著名的比萨斜塔落体实验彻底破除了 1000 多年来对亚里士多德的迷信。1610 年，伽利略在出版《星空使者》一书之后，受到两次宗教裁判的折磨，以致被投进监狱，后来双目失明。他在狱中又写了《运动的法则》一书。1642 年临终时，他说："我认为这是我一切著作最有价值的，因为它是我极端痛苦的果实。"这本书对运动、力学等都起到了启蒙作用。关于原子说的一般观念也被伽利略采纳了[①]，当然，原子论并不是他的动力学所必需的，但是从前述的伊壁鸠鲁的旧说与伽森狄的发展中我们可以看出，原子学说也是从大量动力学和天体现象观察所融合的结果，因为这一学说是建立在同一个宇宙体系之上的。但是在那个时代，它毕竟不像运动和天体那样能够观测，既没有由确定的观察事实，也没有实验来检验这个理论，以至于抵挡不住占主导地位的柏拉图－亚里士多德学派的攻击，使原子学说的科学精神绝迹千年之久。正如一位科学史家[②]所说："柏拉图是一位伟大的哲学家，但是在实验科学史上，我们不能不把他算作一个祸害。"

正如本节所谈到的，在 17 世纪，包括原子论在内的诸多方面，现代自然科学的萌芽正是在拨开这一"祸害"的掩土后快速发展起来的！

1.4　光是粒子还是波？

光特性的古老见解

古希腊哲学家们相信，光从眼睛中发射出来，当它射到物体上时就产生了景象。因为光投射到物体上会形成清晰的阴影，显然光是以直线传播的。希

① 丹尼尔．1975．科学史．北京：商务印书馆：201．
② 丹尼尔．1975．科学史．北京：商务印书馆：62．

腊人清楚地知道，当光从空气里穿过密集的介质像水或玻璃时会发生偏转（折射），平滑的表面会使光发生反射。他们用在玻璃泡里充水的方法做实验来放大光的折射现象。

亚里士多德认为只有在明亮的空间里物体才具有可视性。而在古老的中国，人们不仅仅认为光是波动性的，更广泛地看，科林·罗南（Colin A. Ronan）在他改编李约瑟的著作《中华科学文明史》中明确地阐述道：“主宰中国物理学思想的是波动理论而非粒子观点。因为在中国人眼里，世界是一个有机的整体……在中国人看来，聚成的有形物质和气是物体间作用和反作用力的体现……以波浪或振动方式随阴阳两种基本力的改变而发生有节奏的变化。”他还举例说明了它们的连续性、和谐性和循环性等，并宣称这些特性也适用于万物（包括天文、人体、医学等）。这些特性和粒子性是完全分道扬镳的！

近代光的两种争论不休的理论

在17世纪，引领科学革命的物理学家提出了两个关于光的理论：一个认为光是粒子，另一个认为光是波。两种争论经历了约一百年。后来认为光是波的思想占了上风。

光的粒子特性

在英国，牛顿做了关于光的第一次细心计划的科学实验。他用棱镜分解阳光，发现阳光是由有颜色的光谱合成的（图1-12）。他还研究了肥皂泡表面美丽的颜色。

图1-12是牛顿工作时的图片。1666年他用棱镜拦截太阳光束，棱镜把太

图1-12　牛顿的光谱实验

阳光束分裂成一个彩色带，牛顿把它叫作“光谱”，拉丁文的意思是“外貌”。三年后，他用透镜把光谱重建为白光，说明白光是几种有颜色光线的混合。

关于分光的现象，早在希腊和中国古代都有太阳光照射到雨滴或冰珠上人们看到五彩缤纷颜色的记录。例如，早在中国北周时期，诗人庾信（513—581）的诗歌中就有“雪花开六出，冰珠映九光”的诗句。更加明确的是在宋代程大昌精细观察后指出的“非雨露本身发出有各种颜色，而是日光的‘品行’所致”①。这同500年后牛顿的分光实验多么相似！

牛顿认为，所有物体都是发光物质和不发光物质的组合。他设想，光本身就是由一些微小粒子组成的，这些微小粒子以很高的速度传播。粒子一般是沿着直线传播的，但碰到物体表面后，就从物体表面弹回。光被镜子反射，就像球碰到墙壁会被弹回一样，这就解释了镜面反射。另外，因为粒子速度改变，光进入折射介质如水或玻璃时就会发生偏转。

中国古代对光的直射、反射、折射，以及凹凸透镜对光的汇聚和发散作用等都有不少观测，特别值得一提的是早在《墨经》中就有“塔影倒”的小孔实验，阐述了光沿直线行进的性质②。明代《革象新书》中详细介绍了元代初期赵友钦光学实验室，他用上千支蜡烛研究了小孔成像的物距、像距、孔径、照度、光的叠加等，这可以说是几何光学的雏形，可惜他对光的粒子性并没有深究。

回来再说牛顿深究到光的粒子性。这不过还只是一种假说。牛顿认为，空间充满了光粒子。这样就需要空间有某种介质，牛顿重新引进了经典的以太概念，按照亚里士多德原来的看法，这种不可见的介质——以太充满空间。到1704年，牛顿的关于光学的论著终于发表了。

伽利略对光的粒子性认知有一段反复的过程：他初期认为光是由粒子组成的。他说，太阳海绵③吸引光粒子就像磁铁吸引铁屑一样。最初，伽利略将词语“原子”只用来描述光粒子。他把这些物质粒子称为“最小量子”。然而，后来他放弃了他的原子观和光的粒子理论。

光的波动理论

1609年，基督教信奉者克里斯蒂安·惠更斯（Christian Huygens）——发

① 卢嘉锡总主编．中国科学技术史．戴念祖主编．物理与技术学卷．衍射：252.
② 卢嘉锡总主编．中国科学技术史．戴念祖主编．物理与技术学卷．小孔成像：195.
③ 见本书第25页的解释。

明了第一个摆钟的荷兰物理学家，强调：光是由波组成的，就像声音以波的方式传播一样。他说，如果光是由粒子组成的，从不同方向射过来的光线就会发生碰撞。

惠更斯认为，光从光源传输到观察者是借助于在我们和发光物体之间存在的物质的运动来实现的，这就又回到了以太充满整个空间的思想。与他的理论相左之处是：光以直线传播，而不是如以太图像建议的那样以扩散方式传播。

光的两种理论相互竞争持续了大约一个世纪。牛顿的粒子理论被更多的人接受主要是因为他的名望，其次还因为这个理论对于折射和反射等给出了符合逻辑的解释和说明。

1803 年，由于英国物理学家托马斯・杨（Thomas Young）的双缝实验（图 1-13），人们的观点发生了梦幻般的改变，因为这个实验几乎排除了光是粒子的可能性。从此，光是波动的理论占了统治地位，并且直到 19 世纪。后来，量子理论重新恢复了光的粒子论。实际上，光是粒子又是波，具有波粒二象性。

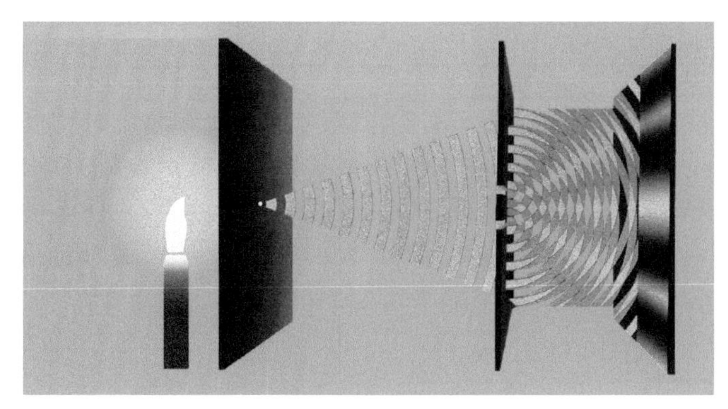

图 1-13　托马斯・杨的双缝实验
资料来源：韩红光绘

托马斯・杨让光线通过挡板上两条靠近的狭缝，像海水的波浪一样相互推涌，光线有时相互抵消，有时加强。两束波在屏上显示为干涉图样。

光的衍射是光的波动性的强有力证明。意大利物理学家格里马尔迪（F. M. Grimaldi，1618—1663）被公认为近代最早观察并精确描述衍射现象的人。他观察到极窄的光束平常只走直线，但是遇到障碍物时就沿障碍物的边角而弯曲。又过了 100 年，法国物理学家菲涅尔（A. J. Fresnel，1788—1827）最早解释了衍射光环现象，这就是光学教科书中所介绍的菲涅尔衍射。在古代中国各种衍射色彩和光环多次被观察到。例如，唐朝武则天时代永乐公主“百鸟裙”的羽毛的五彩衍射现象，宋朝沈括《梦溪笔谈》中描述油漆薄膜干涉而形成的“晕”状衍射色彩。另外，在苏东坡的《物类相感志》中也有利用衍射光环鉴定漆的质量的记述。

光的传播速度？

图 1-14 测定光速实验

丹麦天文学家奥利·罗默尔（Ole Romer）在哥本哈根天文观测台第一次证明了光有一定的速度（图 1-14），传播需要时间，而不是一发即到。1675～1676 年，他注意到，从地球上观察木星的卫星（称为 Io）绕木星旋转出现该卫星被木星遮蔽的过程，这类似于地球的月蚀。当地球运行到太阳与木星之间和地球在太阳－木星的另一侧时所测到的木星“月蚀”出现的时间差（约几分钟）是由于远侧比近测长一段距离所导致的。利用在不同时期地球在太阳系中与木星相对位置的变化，多次测量时间差就计算出了光速。而且，他正确地预言了未来月食发生的时间。后来，人们用他的观测结果计算得到的光速为 225 000 千米 / 秒。这同当代测定的正确的光速 300 000 千米 / 秒已经相差无几了。

光和视觉

关于眼睛如何看见物体，毕达哥拉斯与德谟克利特主张微粒说，而柏拉图与欧几里得则主张眼睛发射的某些东西与物体发射的某些东西相遇而产生视觉的学说。中国一直秉持 2000 年前的墨家认为的“以目见，而目以火见”，即人依靠眼睛见物，而眼睛又依靠光见物。这就是说，人们认识到眼睛是接受光而不是发射光。意大利博洛尼亚的物理学家发现岩石被阳光照射之后在黑暗里仍然会微弱地发光，这就使得亚里士多德“在明亮空间里物体具有可视性”的观点不攻自破。这个发现使他们第一次意识到，有一些物体在没有照明的情况下也可以被眼睛看见。他们把这种有发光记忆的岩石叫做“太阳海绵”。1611

年，意大利物理和天文学家伽利略去罗马演示他的第一台望远镜时就带了一些这样的岩石碎片向人们作展示。

1.5 化学家从困惑到周期律发现

化学反应颠覆了古希腊人的四元素说

在本书 1.3 节中已经谈到玻意耳首先对化学元素作了明确的定义。在放弃了古希腊人的四元素概念之后，科学家们逐步地开始认识化学元素。

1774 年前后，普利斯特利（Joseph Priestley，1733—1804）在加热氧化汞时，制造出氧气，并且发现它有维持燃烧的特性，而且是动物呼吸所必需的。这一发现为化学史揭开了新的一页。1784 年，亨利・卡文迪许（Henry Cavendish，1731—1810）证明了水的复合性，这样就把水从希腊人的四元素的崇高宝座上推了下来。

反应前后物质的总量不变吗？

18 世纪 80 年代中期，法国化学家劳伦特・拉瓦锡（Laurent Lavoisier，1743—1794）在普利斯特利和卡文迪许实验的基础上，做了十分精细的实验。

图 1-15 是拉瓦锡用来分解水的装置示意图。水下滴通过红热的铁桶，桶里的铁被氧化生成氧化铁，氢气从右边出来并被收集。这个实验证明亚里士多德学派的水元素是由两个更基本的元素组成的观点，说明了化合物是怎样由两个或多个元素所构成的。拉瓦锡还用天平细心地测量出氧化铁与氢气的总重量和铁与水的总重量相等。他将汞和一定体积的空气相接触，加热到快要达到沸点时，红色汞灰（即氧化汞）出现，持续 12 天后，原来的空气只剩下 5/6，而且小老鼠很快死去（后来知道是氮气导致的小鼠死亡）。这 1/6 的气体与汞重量之和完全同汞灰的重量相等。通过这些实验，得出了一条重要定律，即在化学反应前和化学反应后物质的总量是相同的，而且没有引入燃素的必要。这样，燃素说就不攻自灭了。拉瓦锡把从水分解出来的两种元素氢和氧分别取名为“成水的元素”和“成酸的元素”，拉丁文词根“生成”为 gen-，hydro- 为水，oxy- 为酸。现在的德语中还是将氢称为水物质（Wasserstoff），将氧称为酸物质（Sauerstoff）呢！

图 1-15　拉瓦锡分解水的化学装置
资料来源：Hulton Deutsch

拉瓦锡是一位十分执著的科学家，在 1789 年法国大革命时期，他站在反对的一方，甚至在法庭判处他死刑时，他还请求给他时间去完成正在研究的人体汗液的实验！法庭副庭长回答他“共和国不需要学者”，还是把他送上了断头台！拉瓦锡提倡实用主义的元素定义，他说，进一步讨论物质的性质是形而上学的，不是真正的科学。他不愿意做更深入的推断，成为一个反原子论者。然而，另一位法国科学家约瑟夫·盖伊－吕萨克（Joseph Gay-Lussac）发现：当氢和氧合成水时，它们的数量的比例总是保持一定值。这个发现告诉人们，元素包含了一些更为基本的单元，这为科学的原子理论的建立开辟了道路。

道尔顿的原子论

图 1-16　道尔顿在收集沼气
资料来源：Manchester City Council

1803 年，英国人约翰·道尔顿（John Dalton，1766—1844）提出了化学的基本单元概念。道尔顿成长在英国湖泊地区，在曼彻斯特度过了他一生的大部分时间。有人称他是一个“笨拙和粗野，固执和不讨人喜欢”的人。但正是他的执著和激情使他毕生一直做地区气象员的工作，从研究气象学直到研究化学中的原子论。他的第一本科学著作是关于气象观察的。他在原子理论方面的一些发现源于他对空气和水蒸气方面的兴趣。他的研究引导他去分析许多种气体。这些气体都是他自己在沼泽地里收集的，正如油画（图 1-16）

所描绘的那样。

他亲自收集沼气，做了许多气体分析方面的实验。他提出，每个不同的元素都有它自己的原子类型，某一种元素的所有原子都是相同的。道尔顿认为原子是硬的，不能破坏的，像台球一样。他说，当元素结合时它们的原子胶合在一起，成为一种新物质。道尔顿发表了第一个这样的“元素表”（图 1-17）。后来，意大利人阿玛迪欧·阿伏伽德罗（Amadeo Avogadro）把这种物质称为分子，并且 19 世纪初他提出，一个分子量（或原子量）的分子（或原子）在同体积、同温度、同压力下有相同的分子（或原子）数目。这就是现在中学生都知道的阿伏伽德罗常数（6.023×10^{23}）。由此，就有可能计算不同元素的原子重量。

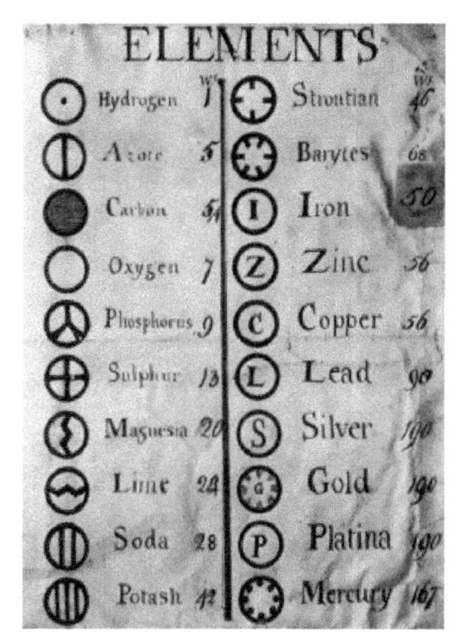

图 1-17　道尔顿的元素表

资料来源：The Science Museum

那时，道尔顿的理论是有争议的。大多数化学家认为不需要去探讨微小的原子，这些原子是看不见的，所以他的理论是无意义的。英国化学家汉弗莱·戴维（Humphrey Davy）爵士带领的研究小组批评了道尔顿。戴维认为，所有物质都是由相同的原子组成的，真正的元素的数目是极少的。看来，当时对元素和原子之间的关系的认识是十分含糊的，各执一词也是自然的。这也是一种困惑吧！

从困惑中解脱出来

到 19 世纪，由原子构成的元素的数目使化学家感到困惑。他们进行了一系列的探索研究。

道尔顿计算出大约 20 种元素，但是元素的数目与时俱增，化学家开始怀疑，是否有某种东西增加了事情的复杂性。特别是，他们可能被某些情况所迷惑。例如，物理形态很不相同的元素（气态硫、液态硼和固态碘），明显地又有类似的化学特性。它们是一种元素还是不同的元素呢？

道尔顿在测量元素的原子重量方面还做了一系列工作。虽然他的元素表有许多错误，但在当时仍然是进行化学研究的有用工具，对化学的发展起到了重要的推动作用。

元素的周期律

图 1-18　门捷列夫
资料来源：Anna Ronan/Image Selection

季米特瑞·伊万诺维奇·门捷列夫（Dimitri Ivanovich Mendeleyev，1834—1907，图 1-18）出生在俄国一个普通农民家庭。作为化学家，他解决了人们关于元素的困惑。1866 年，门捷列夫任圣彼得堡大学教授，1869 年他设计了一个新的分类系统——周期表。根据元素的原子重量的次序按横向的行（或周期）排列，他发现，具有相似性质的元素以一定的间距在纵向（垂直方向）上排成列，即现在化学价相同的“族”。

门捷列夫在他制作的周期表中为尚未发现的元素留了空位，预言这些空缺的元素会被发现，填充空位。后来，三个新元素——锗、镓、钪——很快就被发现了。这个发现对于周期表和道尔顿的原子理论来说都是重大的胜利。1914 年，英国物理学家莫塞莱（Moseley）发现原子序数后进一步明确元素周期表应该按原子序数（即质子数）排列。

2000 年来，科学家在认识物质组成方面存在的疑惑总算是明朗地解决了。但是，还有一些重要问题仍然存在。例如，是什么给了元素如此灵巧完美的周期律？科学不得不再等待 60 年才得到答案，直到尼尔斯·玻尔（Niels Bohr，1885—1962）解释说：元素的周期律是由原子里电子的排列样式所决定的（参见本书第 2 章）。

1889 年，门捷列夫在英国皇家学会发表的演讲中说，新的自然之谜已经被揭开了，这说明了人们对于星球和它们的模式的敬畏。他说：“在我们思考元素的性质和周期律时，我们必须考虑到基本个体的性质，这些基本个体在我们周围无处不在。否则，星空是不可思议的。”他的元素周期表直到现在还是现代化学的路标。

1.6　跨过以太的波——电磁理论

电力和磁力

闪光和罗盘指针的摇摆乍一看是很不同的现象。但是，它们之间有着深刻的关联。1864 年，詹姆斯·克拉克·麦克斯韦（James Clerk Maxwell，1831—1879）提出了一个漂亮的理论——电和磁有共同的潜在力：电磁力。

自古以来，人们知道电力和磁力。大约在公元前 600 年，古希腊哲学家泰勒斯就曾描述电力和磁力现象。他发现，铁矿屑相互吸引，在衣服上摩擦过的琥珀吸引羽毛、毛发、灰尘。这种现象现在被称为静电效应。

电是一种力——它确实能让毛发直立。但是，在麦克斯韦之前很少有人猜想：电与磁有紧密的关联，是一种力——电磁力的两种面貌。

18 世纪，电和磁的研究取得了很大进展。1750 年，本杰明·富兰克林（Benjamin Franklin）提出，闪光是一种电现象。他是第一位提出用实验来证明天空中的闪电就是电的科学家，但第一个付诸实践的却是一位法国科学家。他只是远距离地看到了闪电引起的铁棒上的火花，没有用身体近距离去碰铁棒。设想真的会去碰铁棒，那必定是死路一条！所谓富兰克林第一个做了从雷电中引电的实验并无确凿证据！

可以说关于电流和磁性的关系，在 18 世纪并没有人探索过的记录。第一个记录来自 1819 年。丹麦物理学家汉斯·克里斯蒂安·奥斯特（Hans Kristian Oersted）第一次观察到电流使磁针偏转的效应。当时他在课堂上给学生演示磁针偏转，在磁针旁拉了一根有电流的电线时偶然发现磁针剧烈地摇摆。奥斯特的发现引起了欧洲人的注意。

建造第一台发电机的人——法拉第

迈克尔·法拉第（Michael Faraday，1791—1867）出生在英国一个贫苦铁匠的家庭，年轻时做过图书装订员，是一位自学成才的科学家（图 1-19）。1831 年，他演示了与奥特斯观察到的现象相反的效应：运动的导电体在磁场中产生电流。例如，用一根闭合导线切割磁力线在导线内就会产生电流。就像电池一样，但它是感应出来的电动势。利用这一原理，他建造了第一台发电机，奠定了现代电工学的基础。

图 1-19　法拉第

为了描述电力和磁力怎样发生作用，法拉第引入了一个“场”的新概念。在当时唯一已知的其他的自然作用力是万有引力。牛顿在 1687 年已经描述过在物体的质量之间普遍存在的引力。牛顿说，好像“超距”作用一样，引力瞬时地跨越空间。

一张布满铁屑的纸放在磁体上出现的图样使法拉第（图 1-19）产生了极大的兴趣。铁屑形成了磁力线图（图 1-20）。他看见，磁力就像有张力的松紧带。电力之源的电荷有类似的效应。法拉第的有限的数学知识迫使他用模型来解释物理现象。

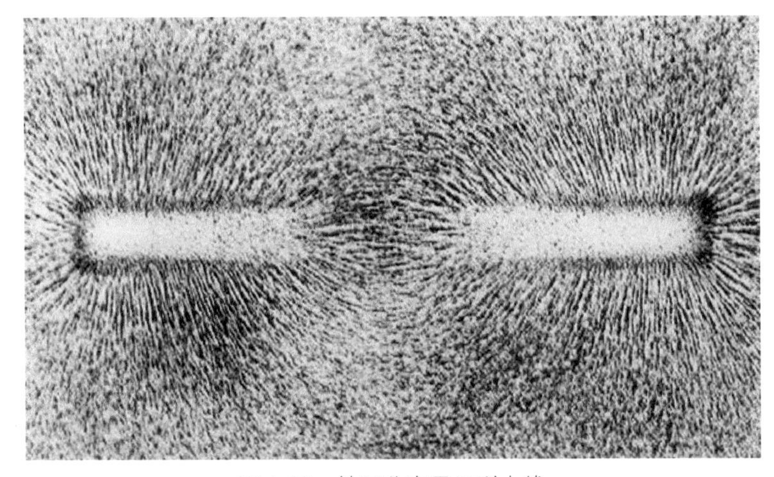

图 1-20　铁屑分布显示磁力线

麦克斯韦——椭圆和土星环

图 1-21　麦克斯韦

詹姆斯·克拉克·麦克斯韦是苏格兰物理学家，小学时他就发明了画椭圆的机械方法，相关的文章发表在爱丁堡皇家学会的期刊上。爱丁堡是他出生和早年生活的地方。在 26 岁时，他成为阿伯丁郡（Aberdeen）的教授，并因在研究土星环的稳定性方面的成就获得了大奖。1860～1865 年，他任职伦敦国王学院的教授，退休后到苏格兰过隐居生活，期间他写了 900 页史诗般的专著《电学和磁学》，并最终在 1873 年出版。1871 年，他成为剑桥大学卡文迪许（Cavendish）实验室的物理学教授（图 1-21）。

电磁波

1864 年，麦克斯韦构想出了一套由四个简练的方程式组成的方程组，用数学形式描述电学和磁学。这组方程表明，电学和磁学是同一种力的两个表示形式，可统称为电磁学。麦克斯韦的理论有着令人吃惊的完全没有预期到的好处。按照他的方程，电磁力像波一样以光速在空间传播。麦克斯韦解释说，电磁力像波一样以光速在空间传播的原因，是光本身必须是由电磁波组成的。这对所有爱好科学的人都是一个巨大的惊喜。

光的新形式

麦克斯韦大胆地预言，电磁波有很宽的波长范围，光的波长小于 10^{-3} 毫米。1887 年，实验证实了这个预言。德国卡尔斯鲁厄（Karlsruhe）的物理学教授海因里希·赫兹（Heinrich Hertz）制造出了第一台无线电波装置，产生了无线电波——一种波长较长的不可见光。

赫兹首创的无线电装置能够把无线电信号发送到 30 米之外。伽利尔摩·马可尼（Guglielmo Marconi，图 1-22）在意大利博洛尼亚附近他父亲的别墅里对实验技术作了很大改进，并于 1901 年首次发射传输了横跨大西洋的无线电信号。图 1-23 是 1901 年 12 月在加拿大东侧组芬兰附近安装天线的实况照片。

图 1-22　马可尼

资料来源：Issue of McClure’s Magazine，1902

图 1-23　马可尼首次发射传输横跨大西洋的无线电信号
资料来源：Issue of McClure's Magazine，1902

为了解释电磁波怎样传播，麦克斯韦假设空间充满了不可见的弹性物质，这让我们回想起之前的“以太”概念——亚里士多德认为以太充满了空间。麦克斯韦说，以太由分子组成，它好像是“比可见物体更巧妙的物质，在真空中都有这种物质存在”。

光的以太的性质引起了热烈的争论。英国的乔治·斯托克斯（George Stokes）坚决主张：以太是一种像果冻一样的胶状物。开尔文勋爵（Lord Kelvin）声称：以太是类空气，所以地球的大气延伸到了宇宙。然而，1905 年爱因斯坦的相对论指出：光在真空中以相同的速度传播，最后消除了对以太的需要。

电磁波的波长范围很宽（参见本书 1.1 节）。电磁波谱的波长从长到短依次为无线电的长波、中波、短波，微波，红外线，可见光线，紫外线，X 射线，γ 射线。不同的波段有不同的用途，这里不一一列举。尤其是可见光和红外辐射（热辐射）很容易穿过地球大气的辐射组分，对人类的生活起着非常重要的作用。

第二章

粒子物理的曙光

2.1 能透视的辐射——X 射线的发现

从阴极射线到 X 射线

19 世纪末许多物理学家被所谓的“阴极射线”所困扰。他们开始研究这些射线，发生了一系列没有预期到的事件，最后终于使人们明白了令人震惊的不可见原子的神奇概念。

19 世纪 50 年代，德国物理学家们试图通过真空送电。他们把密封在玻璃真空管两端的两块金属板连接到电池，在真空管的负极板或阴极，出现绿色的发热的现象。

1886 年，尤金・戈尔德斯坦（Eugene Goldstein）把这种现象称为“阴极射线”。1892 年，菲利普・莱纳德（Philipp Eduard Antonvon Lénárd）发现，这种射线能透过玻璃管的薄铝窗，穿透 8 厘米的空气层。他继续观察，射线穿透不同物质会有什么不同的现象时发现放置在射线通过的路径上的照相底板会吸收这些射线。大家注意，当时还没有发现电子，所以只称为“阴极射线”。

1895 年 11 月 8 日下午，维尔茨堡（Würzburg）大学教授威廉・康拉德・伦琴（Wilhelm Konrad Röntgen，图 2-1）准备了一个实验。他用一张厚的黑纸包裹阴极射线放电管。他听说过莱纳德的发现，希望亲自再做一遍实验。他的实验在暗室里进行。当实验装置工作时，在距离黑纸包裹的阴极射线管 2 米处

图 2-1　伦琴

的荧光屏开始发光。伦琴立即想到，一种新的射线产生了，这是一种比阴极射线有更强穿透能力的射线。在随后几星期，他独自在他的实验室里狂热地工作。他的妻子问他在做什么，他回答：如果有人看见我，他们可能会说“伦琴疯了”。

未知的X射线和人体透视

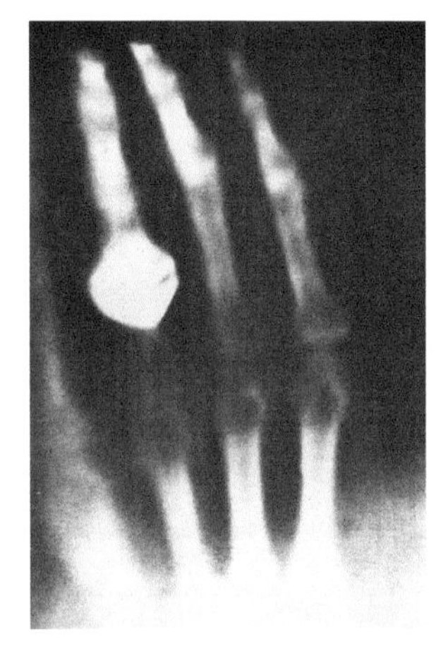

图 2-2　第一张 X 射线图片

这种射线不仅能穿透纸，而且还能穿透厚书、木块、金属箔，甚至人体。伦琴写道：“手放在放电管和荧光屏之间骨骼显现为暗影，周围是手本身的淡影。”

因为当时还不能解释这种射线是什么，所以伦琴把它叫作X射线（X意思是“未知”）。到圣诞节，他已经准备好发表他的发现。他打印了一篇10页的报告，并在1896年的元旦将这几页报告邮寄给了一些重要的物理学家。报告里包括了他妻子的一只手的X射线照片，显示了她的手指骨和戒指的影像（图2-2）。

在X射线发现20年之后，大众对X射线产生了极大的兴趣，X射线装置的图像就曾出现在威尔斯（Wills）公司的很多香烟广告卡片上（图2-3）。

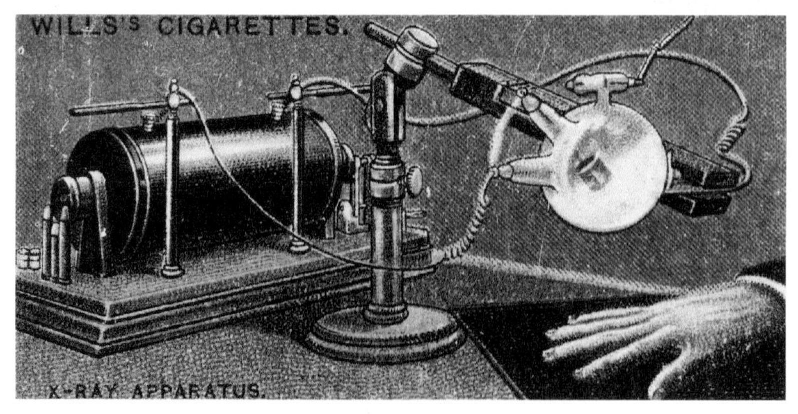

图 2-3　1915 年的 X 射线装置的图像

1896 年 1 月 5 日，关于 X 射线的消息第一次出现在维也纳的报纸上，并像野火一样立即传遍了整个欧洲。这是一次世纪的科学轰动，仅在第一年就出版了 50 多本相关的书和论文，报纸上发表了 1000 多篇新闻文章。一些大众杂志取笑这些“新透视射线”报告，建议妇女穿铅衣以免她们的身体被偷偷地透视出来。

X 射线很快成了医学中有用的工具（图 2-4）。1896 年的春天，牙科医生开始应用 X 射线照片进行诊断牙科疾病，骨科医生用这种新辐射检查破损的骨骼。由于没有认识到辐射的危险性，早期的实验者受到了严重的“灼伤”，甚至是致命的伤害。

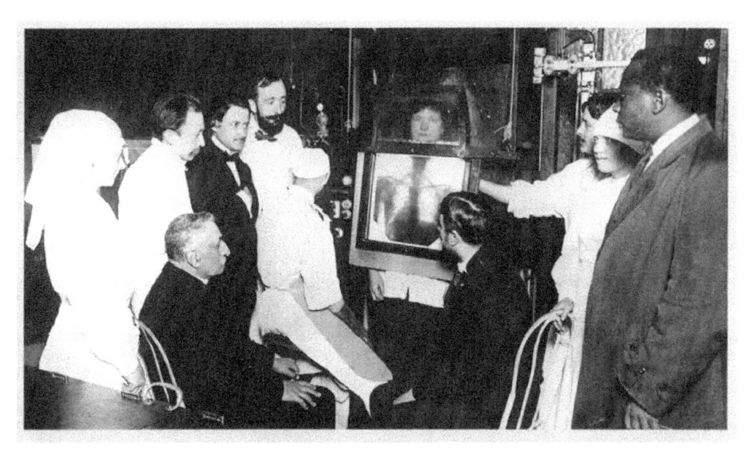

图 2-4　不可见光照相——X 射线透视检查

直到 1912 年，X 射线的真正特性还一直是个谜。在这一年，马克斯·冯·劳厄（Max von Laue）在德国指出，这种射线通过晶体时发生折射或衍射，就是说它们的运动方向会改变，形成一些特殊的花纹。这说明，X 射线是跟光线一样的电磁射线，但它的波长短得多（参见本书 1.1 节）。X 射线更容易被含有原子的密度更大的物质所吸收。例如，骨骼含有较多的矿物质成分，X 射线通过身体时，骨骼会比肌肉吸收更多的 X 射线。某些特殊的 X 射线检查，患者还需要吞服或注射含有较重原子的“示踪物”，如硼或碘。

伦琴的厌恶和高兴

伦琴是纺织品商人莱因兰德（Rhineland）的儿子，在发现 X 射线之后被许多人认为是一位奇才。德国皇帝凯撒·威廉（Kaiser Wilhelm）召唤他进宫演示X射线。关于他的发现有很激烈的争论，伦琴对此深表遗憾，并发表声明说新闻媒体歪曲了他的发现。在一次接待记者采访时他说："这些日子，我对这事感到厌恶"。

然而，伦琴很高兴X射线在医学方面成为有用的工具。他没有继续X射线在医学方面的应用及随后X射线技术的发展。他花在X射线的研究上的时间只有18个月，只发表了3篇论文和1次公开演讲——这次演讲是1896年1月23日在他的家乡维尔茨堡镇举行的。1901年，首届诺贝尔奖颁发，伦琴获得诺贝尔物理学奖，但没有发表获奖演说。他将奖金捐赠给了维尔茨堡大学。

伦琴是19世纪科学思想的完美象征。他是一个坚强、正直的人，把他的一生奉献给了他的工作。

2.2 打开了新窗户——放射性

放射性的发现

在伦琴宣布发现X射线两周后，即1896年1月20日，法国科学院召开了一个特别会议。这次会议是原子世界里又一个惊人的发现的起点，这就是放射性的发现。

1896年1月20日，在巴黎法国科学院召开会议讨论新发现的X射线时，安东尼·亨利·贝克勒尔（Antoine Henri Becquerel）教授是与会者里众多对X射线着迷的科学家之一。阴极射线打在高压管的玻璃壁上产生光点，这样就产生了X射线，他急切地想知道这是怎么一回事。

贝克勒联想到X射线同荧光有什么联系，因为他生在一个研究荧光的家庭。他知道用太阳光照射很多物质后都会发荧光，而荧光也会使被黑纸包着的照相底片感光。1896年的二三月间，他用多种能发荧光的物质中也包括铀盐放在太阳光下照射。凑巧的是，有几天在阴天的条件下，虽然没有太阳光照射，铀盐却使黑纸包着的照相底片强烈地感光，证明它是一种与荧光无关的极强的射线。

由于这个新发现，贝克勒尔的研究方向发生了改变。他指出，铀化合物放射出一些射线，不需要在阳光下曝光或者任何其他源来激活铀。铀金属本身就是一种神秘辐射的源，他把这种射线称为"铀辐射"。

不懈的努力

贝克勒尔发现“铀射线”没有像伦琴发现X射线那样立刻被人们接受。人们对贝克勒尔的铀射线只是怀有一种科学的好奇心。直到两年以后的1895年，一位年轻的波兰女性玛丽·斯克沃多夫斯卡（Maria Skłodowska）来到巴黎做化学研究。她和物理学家皮埃尔·居里（Pierre Curie）结婚之后，选择研究铀射线作为她的博士学位论文。居里夫妇在想要弄清楚其他物质是否也能放射出这种铀射线的时候，发现了金属钍也是具有“放射性的”。随后他们发现了沥青铀矿放射出来的射线比铀本身放射出来的射线强许多倍，而铀就是从沥青铀矿中提取出来的。他们的实验室就是一个简陋的棚子，工作条件十分艰苦。居里夫妇仔细地试验研究了100千克沥青铀矿。1898年他们从沥青铀矿中分离出了两种新的强放射性物质，分别称为钋和镭，它们的放射性比铀分别强300倍和200万倍！

镭和铀

在发现镭之后，很快就有一些报告建议，少量的镭可能对人的健康有益。这导致放射性奶油和放射性药剂很快地生产出来。由于没有人意识到它的危害性，镭使人变得疯狂起来。1903年，有一个人喝了一口镭溶液产生了严重的幻觉；在美国旧金山，舞女穿着涂镭的服装在黑暗的舞台上跳舞。

铀是早在1789年发现的放射性元素，铀的命名与希腊神话乌拉诺斯神有关。铀的密度差不多是铅的两倍，铀除了密度高之外似乎没有什么特别之处。长时期来它排在元素周期表的末位，是已知的所有天然元素里最重的元素。因为它似乎没有实际价值，那个时期，它被称为“无用金属”（图2-5），当今却是重要的战略物资。在天然铀中，铀-238是主要成分，铀-235只占0.7%，铀-235是原子弹和核反应堆的原料。铀存在于天然的微黄色的脂铅铀矿和黑色的沥青铀矿里，里面还含有云母铀矿以及微量的镭和钋。元素钋是以玛丽·居里的祖国波兰命名的。

图2-5 铀矿石

成功和悲剧

经过坚持不懈的努力，居里夫妇在 1902 年终于分离出 0.1 克纯镭。这种金属放射出可怕的浅蓝色光。这个奇特的新元素具有强放射性的消息很快公布于众，得到了人们的认可。

皮埃尔·居里发现放射性之后成为索邦神学院（巴黎大学的前身）的物理学教授。1906 年 4 月 19 日，他在巴黎死于车祸。

图 2-6　居里夫妇

玛丽·居里继她的丈夫之后成为索邦神学院的第一位女教授。在一些实验中，她对辐射对自己的身体所产生的放射性效应进行研究。在第一次世界大战期间，玛丽·居里组织了一辆装有 X 射线的特殊的救护车开往前线。1934 年，她死于白血病，这是多年受到辐射的结果。

1903 年，居里夫妇（图 2-6）与贝克勒尔分享了诺贝尔物理学奖。1911 年，玛丽·居里还获得了诺贝尔化学奖。在巴黎大学建立镭研究所就是为了表彰居里夫妇在放射性学方面的杰出工作和贡献。

2.3　第一个亚原子粒子——电子的发现

阴极射线的真相

关于电流通过真空管时发射出来的神秘的阴极射线的争论持续了很多年，直到 1897 年约瑟夫·汤姆孙（Joseph J. Thomson）确定就是粒子——电子流时才得以平息。

在充有不同气体的透明玻璃管的两端金属电极上加上适当高的电压，玻璃管内就会出现漂亮的不同颜色的光斑，而且这种气体放电现象在阴极附近特别明显（图 2-7），这在当时被称为阴极射线。关于阴极射线，当时存在种种理论争辩。大多数德国物理学家认为，射线与光线类似，是一种形式的电磁辐射。然而，英国科学家认为阴极射线是粒子，因为在射线的路径上放一个物体会显示出清晰的阴影。

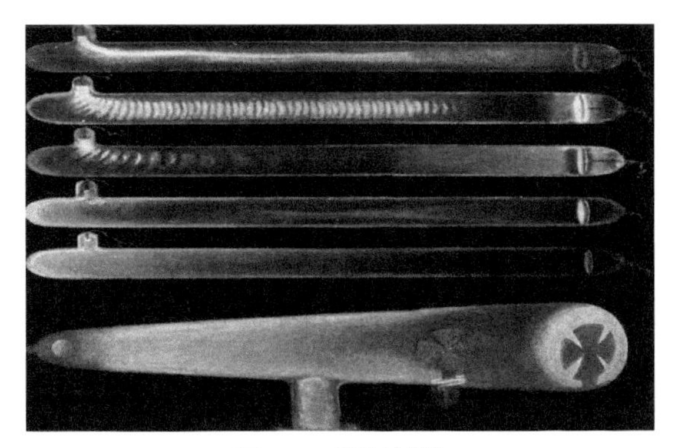

图 2-7　阴极射线

阴极射线管内的不同位置处于不同的电场，形成各式光图样。在我们的日常生活中阴极射线管无处不在。在电视机里电场和磁场控制电子束——阴极射线的运动。电子束打在电视机的荧光屏上产生光点，形成图像。阴极射线给人们的生活带来了前所未有的快乐。

图 2-8　克鲁克斯

1861 年，英国化学家威廉·克鲁克斯（William Crookes）发现了元素铊（图 2-8），他声称阴极射线是一种新的物质，是除固体、液体和气体之外的另一种形态的物质，称为“辐射物质”，是物质的第四种形态，他甚至提出这种形态的物质是在宇宙诞生初期形成的。这种种关于阴极射线在理论上的争辩，表明人们在认识微观世界的过程中经历了一段多么不平凡的时光！

电子发现前的“电子”理论

在电子发现前的 1833 年，法拉第发现了电解定律：电流使物质产生化学变化。这不难使人们想到，电流与物质一样是由许多单个粒子组成的，因为在液体里面的化学物质带着电荷会移动。似乎原子也可以使物质产生化学变化，法拉第把这种带电荷的原子称为“离子”，这种说法一直沿用到现在，即各种带正电荷或负电荷的原子或分子。但是在 1881 年，爱尔兰物理学家斯托尼（G. J. Stony）把最简单的离子称为“电子”。这是不能同现在公认的电子相混淆的。

1892年，荷兰科学家洛伦兹（H. A. Lorentz）提出了一个概念，物质包含有许多很小的带电荷的粒子——电子。他在观察麦克斯韦电磁辐射和产生电磁辐射的物质之间的关系时得出了这个结论，洛伦兹说：光和其他辐射是由电荷振动产生的。洛伦兹把他所设想的电子描绘为一个涂上电荷的硬球。例如，我们现在常说的发射无线电波的天线辐射是由电偶极子来回振动产生的，而向着天空发射的电磁辐射正是同洛伦兹的设想一样。他的理论解释了物质的很多电磁性质，但是他没有进一步研究电子在物质结构的组成方面有什么作用。

发现电子的实验

汤姆孙是书商的儿子。1882年他26岁时，因探索烟圈产生原理获得了科普文章奖。他证明电子存在的伟大发现推翻了人们2400年以来关于原子的旧概念——原子是坚硬不可分的。后来，汤姆孙继麦克斯韦之后成功获任英国剑桥大学卡文迪许实验室教授。1897年，他进行了电场及磁体使阴极射线偏转的实验，用实验证明了阴极射线是粒子，解决了关于阴极射线的困惑。他也从实验上证明了阴极射线是带负电荷的，它们约是最小的原子——氢原子质量的1/2000。最初，汤姆孙把这种粒子叫做“微粒”，但后来又改名叫“电子”。他的历史性的结论是：阴极射线是比普通的气态更加细微可分的新物质形态。这就是汤姆孙在科学上做出的历史性的贡献。

1897年4月30日，汤姆孙向英国皇家学院提交了他发现电子的声明。一些科学家称，这一天就是粒子物理学的诞生日。虽然此前已经发现了放射性和X射线，但是它们与原子结构的关系还没有被人们所认识。电子是第一个被确认的亚原子粒子。

电子带的电荷和油滴实验

1911年，美国人罗伯特·密立根做了一个非常聪明的实验，第一次测量了电子的电荷量，这就是著名的密立根油滴实验。原理是利用电场中带电荷Q的油滴受到电力后测量其运动速度即得到电子电荷量。该实验的基本步骤是，在两个水平的平行电极间用X射线照射使油滴上带有喷以一定电荷Q；油滴受到重力和黏滞阻力按匀速下降，但当加上反方向的电场E时，电场力$F=QE$联合重力和黏滞阻力使油滴向上反向运动，根据在两个电极板间运动的时间所得到的反向速度很容易计算出油滴所带的电荷量 Q。多次测量带不同电荷的油滴，计算得到其 Q 总是 q 的整数倍 $Q=nq$，这个数值 q 就是单电子的电荷量——1.602×10^{-19} 库仑。

五花八门的原子模型

电子带负电，而原子又是中性的，人们设计出了五花八门的原子模型（图 2-9）。

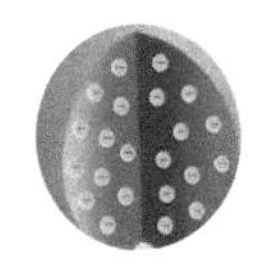

汤姆孙原子模型　长冈原子模型　开尔文原子模型

图 2-9　新原子模型

资料来源：韩红光绘制

1899 年，汤姆孙提出了一个新的原子模型，即一个均匀的带正电荷的球，在它里面嵌入一些负电子。欧美人常将其比喻为嵌入葡萄干的面包，中国人也常将其比喻为嵌入芝麻的烧饼。

1903 年，法国的莱纳德宣称，原子几乎是一个空壳子。这是一个全新的概念，而且很快就被证实了。他提出原子是有结构的，负电力中心与正电荷耦合形成所谓中性动态对。1904 年，日本的长冈（H. Nagaoka）认为正电荷集中在原子中心，像土星一样，负电子在以正电荷为中心的外围轨道上旋转。

在苏格兰有一位多产的原子模型提出者，他就是另外一位汤姆孙（W. Thomson），又名开尔文爵士。他建议的一个原子模型是，原子是无摩擦的液体里的漩涡。后来在 1905 年他又认为，原子是由弹簧连接起来的一些同心球。

在当时的德国，一些有影响的科学家，如马赫（E. Mach）、赫兹和奥斯特瓦尔德（W. Ostwald）等，仍然顽固地坚持虚无的原子主义。他们认为原子只是一种想象的物体，它不是真实的物体，只是用来解释一定现象的一个有用的方法。

2.4 是光线患了神经分裂症吗?——普朗克的能量子和光电效应

黑体辐射与量子革命

1900年，物理学领域诞生了一种革命性思想。在研究热辐射的过程中，马克斯·普朗克（Max Planck，1858—1947）断言，辐射能量不是连续发射出来的，而是以量子流的方式发射的，从而开创了物理学的新时代。后来，阿尔伯特·爱因斯坦发展了这一思想，他说，光的行为就像一串粒子，于是把它叫做光子。新事物总是从理论实验之间的矛盾发展起来的。

到19世纪末，物理学家们一直为多热的物体才辐射热量伤脑筋。实验表明，辐射热只依赖于温度，不依赖于组成物体的材料。根据经典电磁理论计算所谓黑体——“完美辐射体”的能谱分布，发现计算得出的短波波段（即高频波段）的辐射强度远大于实验结果。这个经典理论与实验的矛盾在当时被称为紫外线“灾难”或“悲剧”。一直持续到20世纪初，柏林的物理学教授普朗克才从根本上破解了这个难题，“悲剧”才结束。1900年12月14日，普朗克向德国物理学会报告，辐射能量不是连续无限可分的，而是一串携带能量的量子。辐射的频率越高，每个量子携带的能量越多。量子“quanta”一词源自拉丁语，意思是how much。

早在1872年，19世纪物理学大师、统计力学的开创者路德维希·玻尔兹曼（Ludwig Boltzmann），就已经使用了能量量子的概念，只是没有用这个名词。他把它看作是一种数学技巧，这种方法可能影响了普朗克。

绝望的孤注一掷和“必须是乐观主义者”

普朗克（图2-10）用量子假设解释实验结果被认为是绝望的、孤注一掷的行为。作为一个老派的物理学家，他对发展了约百年的经典电磁理论是毫不怀疑的，对量子这种提法感觉很不舒服。他大约花了10年试图避免使用这个名词，以使理论与经典物理学相协调。的确，要跳出老框框是很不容易的。后来他写道，“我的很多同事亲眼目睹了一些悲剧”。在确凿的实验事实面前，普朗克用“能量子”概念完美地推导出符合实验的分布公式。经过深思熟虑后，普朗克终于完全地认识到了他的发现的意义。他自信地对他的儿子说：“自牛顿以来这个发现也许是科学领域最重大的事情。”过了几年，当爱因斯坦把普朗克的量子概念向前推进一步时（参见本书 2.5 节）后，量子假设的意义就显而易见了。这时的爱因斯坦只有 20 多岁，刚失去了教师职位，在瑞士伯尔尼专利办公室工作。

图 2-10　马克斯·普朗克——永远的乐观主义者

关于对马克斯·普朗克的评价，爱因斯坦写道："他的工作对科学的进步给了最有力的推动。只要有物理科学存在，他的思想就会起作用。"爱因斯坦几乎把普朗克当作上帝一样看待。

尽管普朗克在科学上取得了伟大成功，但他的个人生活是悲惨的。他的长子在第一次世界大战中牺牲在凡尔登，两个女儿在结婚后不久就去世了。他的小儿子欧文（Erwin）参加了 1944 年试图推翻希特勒的政变，后被处决。这些事件给他留下深深的伤痛，但普朗克的格言仍然是"每个人都必须是乐观主义者"。的确，他不仅是一位钢琴能手，而且善于歌唱和指挥，还编过一场歌剧。1918 年，普朗克获得了诺贝尔物理学奖。

光电效应

自从 18 世纪 80 年代以来，光电效应众所周知。光投射到某一些金属表面上打出电子产生微弱的电流。1902 年，菲利普·莱纳德用实验证明：增加光的强度不能使飞出来的电子的能量更大，但可以产生更多的带有相同能量的电子。

如果光是由波组成的，这个实验结果是难以理解的，当时几乎所有物理学家都相信光就是波组成的。爱因斯坦破解了这个难题，指出光的行为就像子弹从机关枪里射出来一样，是一串断断续续的粒子。这样，实验结果就容易理解了。后来他把这种光粒子称为"光子"。光子的能量依赖于辐射的频率（每秒钟振动的次数），频率越高，光子的能量越大。能量与频率之比是一个固定的数值，被称为普朗克常量。

当光照射在光敏金属上时，电子从金属原子里被撞击出来（图 2-11）。如果光只有波的特性，那么调低光的亮度就应该使发射的电子的速度较慢。然而，事实并非如此，甚至于很暗淡的光仍产生快电子。也就是说，频率越高就

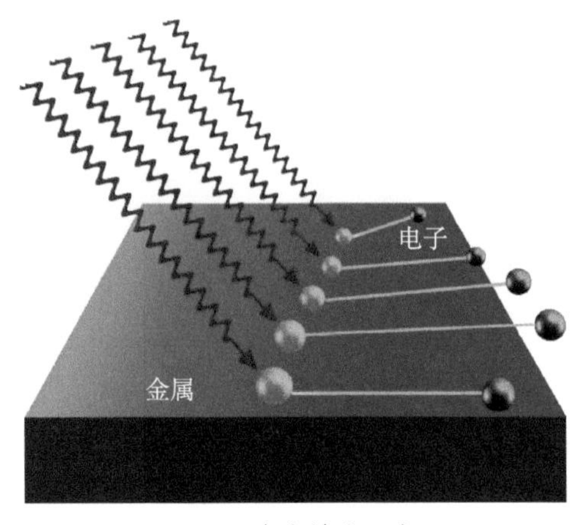

图 2-11　光电效应示意图
资料来源：韩红光绘

能打出越高能量的电子，而同光的强弱没有关系。光的这种行为只能理解为光是由与频率有关的一个一个的能量体组成的。这个效应可以被想象为一个有多个喷嘴的水枪对着装满乒乓球的盒子进行喷射，当只有一个喷嘴起作用时仍然有一个或两个球以高速飞出来。

光的二重性

爱因斯坦的解释比普朗克前进了一步，普朗克坚持认为辐射能量只以量子方式发射和被吸收，他不认为辐射本身是不连续的。普朗克认为量子结合形成波，当被吸收时分裂成量子，也就是说光一般是连续的，而只在发射和吸收的特殊情况下才是断续的，“是光得了精神分裂症了吗？”

爱因斯坦意识到他遭遇了两难的困境。一个世纪以来的仔细实验明确地证明了，光是由波组成的，这些实验得到的结论是不容置疑的。接着，爱因斯坦为了弄明白光的所谓“精神分裂症”特性奋斗了 20 年，才提出了与实验符合的光电效应的正确理论。这也就进一步确立了对光既是粒子同时又是波的光的两重性的认识。这就好像一块石头与它在池塘里形成涟漪是一样的。由于有些神秘，他也推测过，光子可能有“幽灵”波相伴随。

爱因斯坦的三巨著

阿尔伯特·爱因斯坦在 26 岁的时候发表了三篇具有里程碑意义的科学论文，这三篇论文发表在 1905 年德国科学期刊《物理年鉴》（*Annalen der Physik*）的同一卷上（图 2-12）。第一篇论文给出了他对光电效应的解释，证明了光是由粒子（光子）组成的。第二篇论文解

ANNALEN
DER
PHYSIK.
VIERTE FOLGE.
BAND 17.
KURATORIUM:
F. KOHLRAUSCH, M. PLANCK, G. QUINCKE,
W. C. RÖNTGEN, E. WARBURG.
PAUL DRUDE.
LEIPZIG, 1905
VERLAG VON JOHANN AMBROSIUS BARTH

图 2-12　发表三巨著的期刊封面
资料来源：The Science Museum

释了布朗运动，悬浮在水里的粒子作无规则的微观运动——1927 年苏格兰植物学家罗伯特 · 布朗第一次观察到这种运动，因此这种运动被称作布朗运动。爱因斯坦推导出了一个方程式，这个方程式表明布朗运动就是由于水分子无规则地撞击悬浮粒子产生的结果。第三篇论文描述了爱因斯坦的特殊相对论（狭义相对论），推翻通常的时空概念，重新验证了同时发生的事件的运动。可能因为特殊相对论所解释的事件是物体运动速度接近光速时发生的情况，特殊相对论的概念最初难以评价，使爱因斯坦获得 1921 年诺贝尔物理学奖的论文是第一篇关于光电效应的论文，而不是第三篇论文。然而，爱因斯坦的时空观彻底地改变了人们对宇宙的认识，而且还继续在微观和宏观领域起着极为重要的作用。

2.5 发现原子核——卢瑟福实验

注意力从无线电波转向放射性

卢瑟福在 1895 年从新西兰来到英国，当时他 24 岁。他曾经在家乡建造过先进的无线电探测器。在英国剑桥大学卡文迪许实验室的头几个月里在汤姆孙教授的指导下工作，他在无线电波的研究方面取得了显著的进步。卢瑟福在技术上取得了领先于无线电报的发明者马可尼的业绩，并且在一段时期里，他保持着在距离超过 3 千米的发射和接收无线电报的世界纪录。

然而，X 射线和放射性的消息使卢瑟福兴奋不已，他放弃了无线电探测器之梦。在汤姆孙的鼓励下，他的注意力从无线电波转到了放射性，并开始以巨大的智慧和力量投入这个新领域，很快就做出了重要贡献。1898 年，卢瑟福移居加拿大蒙特利尔，在麦吉尔（McGill）大学当教授。在这里他继续研究放射性，并与化学家索迪（F. Soddy）一起研究放射性元素是怎样发生衰变的。一些原子核是稳定的；另一些原子核不稳定（如铀），通过分裂变得稳定。原子核的不稳定性表现在有一些碎片从核里飞出来，这被称为放射性衰变。卢瑟福证明铀不是放射出来一种射线，而是两种射线，并且是具有不同穿透本领的高速带电粒子流。他把这两种射线分别命名为 α 射线和 β 射线（图 2-13）。β 射线很快被确认，它就是电子流，但 α 粒子就更神秘一些。卢瑟福对 α 粒子有特殊的感情，把它们称为他的“幸福快乐的小家伙”。在一段时间内它们被认为是次级 X 射线。1907 年，卢瑟福与汤玛斯 · 洛兹（Thomas Royds）最终证明 α 粒子就是氦离子。实验原理简述如下：将 α 粒子透过极薄的玻璃壁引入真空管，设想为氦离子，接着用电火花使管内形成的电子与氦离子复合形成中性的氦原子气体，进而用光谱学测量确定是氦气。这样就向人们证明了 α 射线其实就是氦原子核。另外用玻璃瓶里装入镭盐 $RaCl_2$，用光谱法测量也可以测定出其衰变产物中有氦元素。

但是，卢瑟福在实验中丢失了一种射线，因为它在通过仪器时没有留下痕迹。这就是 γ 射线。实际上早在 1900 年，法国化学家维拉德（P. Villard）与他的父母一起就发现了这第三种射线。

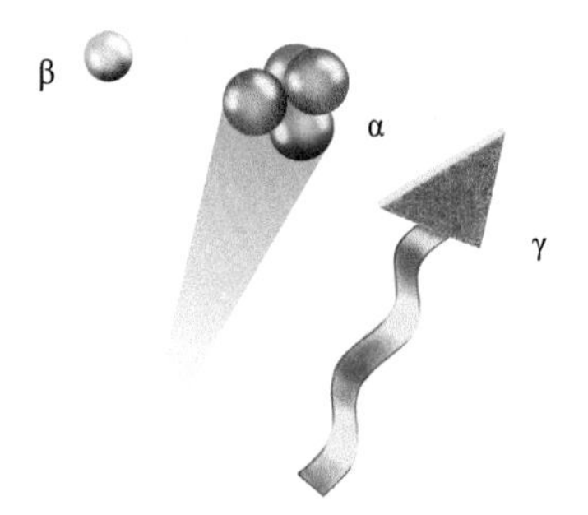

图 2-13　放射性核衰变产生的 α、β 和 γ 粒子
资料来源：李博文绘

人们已经知道 α 射线和 β 射线，维拉德很自然地把他发现的放射性叫做 γ 射线（图 2-13）。前面已经说清楚了 α 射线和 β 射线都是粒子，α 粒子是氦核，β 粒子是电子，只有 γ 射线才是真正的电磁辐射。γ 射线是最强的电磁辐射，它是波长比 X 射线的更短（也就是频率更高）的电磁辐射，当今我们也常通俗地说成是更硬的电磁辐射。它的光子能量高达几个兆电子伏，比 X 射线光子的能量高几千倍（参见本书 1.1 节）。γ 射线常常与 α 射线和 β 射线同时发射出来，使放射性原子核从比较高的能态回到较低的能态。放射性的发现开创了一个新的领域，促进了原子核物理的发展，包括核的结构以及核反应的研究。例如，到了 1932 年，物理学家们就开始利用这些天然的核衰变碎片作为“炮弹”轰击稳定的原子核发生核反应。这是当时能产生核反应的唯一手段（参见本书 2.8 节）。

强反弹——原子核的发现

放射性已经成为卢瑟福手中的有力新工具。1911 年，他用放射性粒子轰击金箔，发现了非常反常的现象。这就是有名的 α 粒子散射实验。

最初，如本书 2.3 节中所描述的，物理学家把原子视为带有正电荷的球，一些电子埋在球里。在 1911 年一个具有划时代意义的实验中，卢瑟福让他的学生把 α 粒子从放射源里激发出来向金箔射击，观测 α 粒子怎样偏转。然后，用显微镜耐心仔细地观测和记录从金箔射出来的粒子打在荧光屏上产生的闪光。

在实验中，大多数 α 粒子沿直线通过金箔［图 2-14（a）］，另有一些发生小的偏转，还有一些向后反弹回来［图 2-14（b）］。α 粒子反弹说明原子质量的 99％以上集中在很小的带正电荷的中心原子核里，而少数发生偏转但是仍然向前方，特别引起他注意的是，甚至有一些向后跳弹回来，好像它们撞到了某种重物一样。卢瑟福说："这种情况就好像是你拿枪向一片纸射击，弹壳反回来打你一样。"他对这种奇怪的结果考虑几个星期之后，得出了一个改变了微观世界概念的解释。他解释说，如果大多数粒子沿直线穿过金箔，那么原子必须是空的空间。但是，在原子的深处是一个很小的中心核，大部分质量集中在原子核里，所以当 α 粒子与原子核相碰撞时会发生一些稀有情况，有一些粒子以大角度反向弹出。根据基础物理学，带电粒子射近带电物体受到电力作用而偏转，称为库仑散射。他经过缜密的计算，精确地证明了每个粒子的偏转度依赖于入射粒子和原子核之间最靠近的距离，因此出现反弹回来［图 2-14（b）］或大角度散射只可能是在原子中心有一个尺度极小的正电荷物体，他称其为原子核。整个原子比原子核大 10 000 倍。电子在原子核外围作轨道运动，好像行星绕太阳作轨道运动一样。从此，人们对极小世界的探索和研究向前迈进了一大步。

这个实验就是著名的"卢瑟福散射"实验。这个实验经过改进后，至今仍然是现代物理学的基本课程。

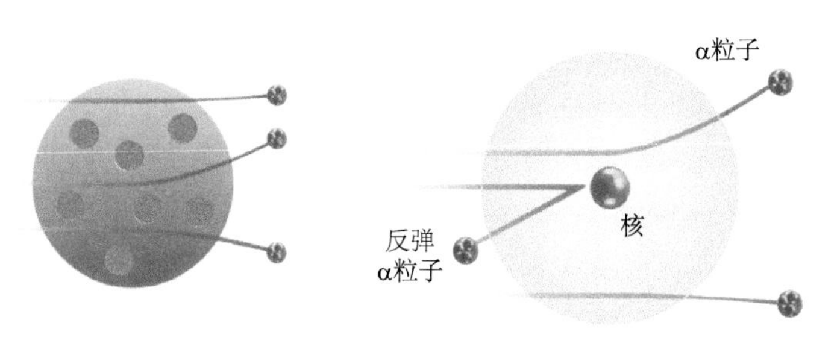

（a）α粒子小偏转　　（b）α粒子、原子核、反弹回来的α粒子

图 2-14　卢瑟福散射

资料来源：韩红光绘

卢瑟福的"月光"隐含着什么？

卢瑟福（图2-15）曾经发表评论说"所有的科学不是物理学就是集邮"[①]。

① 卢瑟福的这句话有些极端，这是因为在他所处的那个时代，除了物理学以外，其他科学定量化研究的程度较低，还主要停留在收集素材的阶段。

图 2-15　卢瑟福在实验室
资料来源：Topham Picture Library

他是一个脚踏实地的新西兰人，身材高大，体强力壮，声音洪亮。当他一边不成调地唱着“向前，基督的士兵们”，一边散步的时候，他的同事们知道，一定是他的工作进行得很顺利。直到 1937 年去世之前他一直在原子核物理学方面占主导地位。卢瑟福的洪亮声音反映了他的高度自信。正如他的学生，诺贝尔奖获得者布莱克特（P. Blackett）后来描述的那样，卢瑟福“没有必要过于谦虚”。的确到 20 世纪前期，他所从事的科学领域没有受到大的冲击。他在晚年对于原子核潜能已经有了深刻而纠结的思想，将原子能说成是 moonshine（英语直译为“月光”，也翻译为“空谈”或“妄想”）。值得一提的是，2011 年约翰 · 简金（John G. Jenkin）发表了长篇专论，题为“卢瑟福的‘原子能是空谈’，到底意味什么？”，指出卢瑟福早在第二次世界大战前的 1930 年就向英国政府强调“要注意这件事”，但在公开场合又说是空谈。他已多次阐述原子能的释放极有可能，而且原子能比化学能大千万倍，但是在两次大战之间紧张的 20 世纪 30 年代，他作为了解核能的科学家，担忧在战争与和平利用两者之间的选择。现在读者对他的忧虑和纠结是完全可以理解了，我们进一步还可以思考“日光”（sunshine）这一词可以同聚变与氢弹相联系（参见本书 2.9 节）。

2.6　玻尔的原子模型——量子跃迁

新视角的模型——原子活梯

尽管卢瑟福提出的革命性的行星式样的原子太阳系模型仍然是以牛顿和麦克斯韦的经典物理学为基础的，但是其有严重的缺点，因为按照电磁学定律，旋转的电子应该连续地产生辐射和损失能量，这样很快就会崩溃落到原子核里。那么，原子如何稳定呢?

也许是原子太阳系模型真的可能有问题，引起各方面的怀疑，甚至连卢瑟福本人也一度想放弃这种原子模型。没多久，尼尔斯 · 玻尔在卢瑟福模型的基础上提出了一个新原子模型。

年轻的丹麦物理学家尼尔斯·玻尔坚持卢瑟福的模型。他猜想，原子世界应该有不同的规律。经过不懈的努力，1913 年他将普朗克的量子理论引进到原子结构并对原子光谱作了精确的解释，从而开启了原子理论的新纪元，他本人也因此获得了 1922 年度诺贝尔物理学奖。按照玻尔的原子唯象理论模型，原子中的电子只能占据一些确定的轨道，这些轨道对应于某些特定的能级，在这些轨道上电子愉快地绕圈而不损失能量；然而，当电子受到撞击时，它就跳到更高能量轨道；随后它又跳回到它的基态，同时放射出光量子（光子），光量子所携带的能量大小相当于两轨道之间的能量差。这些光子可能是可见光、紫外光或者 X 射线。这取决于发生跃迁的轨道。

这就是著名的“量子跃迁”理论。电子奇异的轨道位移引发了大家的想象，就好像是，在城市街道上的一辆汽车受到雷击突然消失在空气中，并且转到快速路上；在暴风雨过后，汽车又回到它原来的路线上，并放射出闪光。

每个原子有它自己特征的量子跃迁图样。一个入射粒子同原子碰撞或光子被原子里一个电子捕获，把电子推到离原子核更远、能量更高的轨道。由于获得能量，原子被激发，然后放射出光子，被激发的原子又回到原初的结构样式，就好像电子又回到离核更近的原初轨道一样。每一种原子，电子可能具有的能量都是固定的，像梯子的一级一级的梯级一样。当电子在能量活梯上向上或向下移动时原子就吸收或者发射光子。这就产生特征谱线图样——原子“指纹”，每一条线对应于轨道电子一个特定的能量跃迁。这就是玻尔的“原子活梯”理论（图 2-16）。

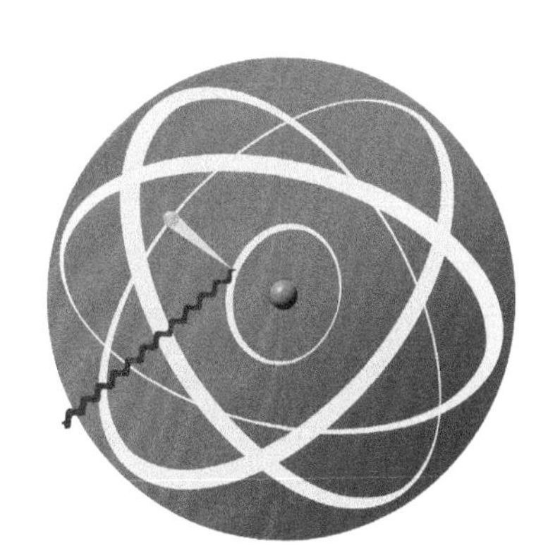

图 2-16 “原子活梯”示意图
资料来源：韩红光绘

强有力的实验证据——光谱线

至于原子为什么是稳定的，玻尔的原子模型用谱线作了解释。当从热气体中发射出来的光通过棱镜时，形成一定的颜色带，精确些看，色带是由一系列分离的谱线所组成的，这就是气体的特征“信号”。玻尔用电子在不同轨道之间的位移解释了这些特征谱线。早在 1887 年，在光谱学中已经观察到非常清晰的氢的可见光区的巴耳末系和后来又观测到的紫外光区的莱曼系以及红外区的帕申、布拉开与蒲芬德系（图 2-17）光谱线。这就说明，即使只有一个电子的最简单的原子——氢仍然有复杂的谱。玻尔证明了，这种谱式样精确地对应于单个电子可能的轨道跃迁序列。

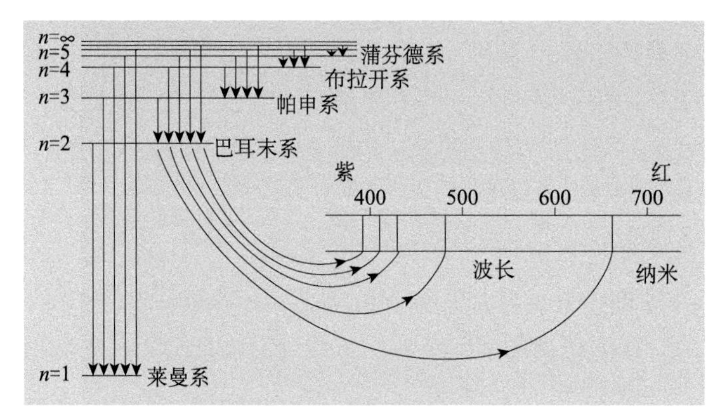

图 2-17　氢原子光谱线

将电子安排在原子的“壳层”里，好像洋葱头的包层一样。这些壳层从里向外用 n 表示。玻尔说每个壳层只能容纳“一定数目”的电子，电子首先填充在较低能量的壳层里，最靠近原子核的壳层的能量最低，即图中 n=1 的基态。

当原子受到外界因素使原子被激发，即电子从低层跃迁到高能级而又回落到低能级时就发出与能级差相当的光谱线。图中跃迁到 n=2 的为图中从紫到红的可见光巴耳末系，到 n=1 为能级差更大波长更短的紫外莱曼系。

原子内电子有序排列遵循的规律

在玻尔的原子图像里，有相同数目外层电子的元素具有相类似的化学性质。利用原子的电子排序理论，门捷列夫元素周期表的有规律的排列样式就容易理解了（参见本书 1.5 节）。因此，分析星光的光谱线就可以知道该星体是由什么元素组成的。

当泡利（W. Pauli）在 1926 年发现“不相容原理”时，玻尔的电子排列解释才变得一目了然，不相容原理说明特定的同类粒子（如电子）在某一个量子狭槽不能共存。泡利发现在一个特定的量子狭槽里，即各种量子条件，如电子所处的特定“主量子数”n 的能级上，其实还有很多次能级（也称为副层）和它们所对应的特征量子数（如后来从量子力学的解中得到的 s、p 及电子自旋等，参见本书 3.3 节），只能放置一个电子。这样，原子中处在一定能态上的电子数目就是有限和有规律的了。说到这里，玻尔的理论还只是一个和一定的光谱实验符合得相当好的根据推想由实验总结出的量子模型，是典型的唯象理论。它虽然跳出了经典的框框，于 1916 年提出“对应原理”，即只是强调原子范畴和宏观范畴内的现象可以遵循各自范畴内的规律，但前者引申到后者的结果应该与后者的经典规律一致。这个理论还只不过是经典理论和量子理论的混合体。当 1923 年物质波理论提出后，1927 年玻尔又提出“互补原理”，也就是说原子模型可以不只由电子的粒子性解释，也可以由电子的波性有效地补充。虽然这些见解并没有能够充分解释原子结构的量子本质，但是也正是在 20 世纪 20 年代，新一代物理学家受玻尔成功的鞭策力图解决这一重大难题，继续探索和研究量子理论的深层含意，并且上演了第二次革命，那就是“量子力学”。

图 2-18　尼尔斯・玻尔、詹姆斯・弗兰克、阿尔伯特・爱因斯坦的合影（沙发上自左至右）

爱好广泛和平易近人的科学家

尼尔斯・玻尔在青年时代踢欧式足球，是丹麦俱乐部球队的一个主要的后备守门员。无论如何，他勉强保住了在第一队里的位置。他的弟弟踢前卫，是丹麦奥林匹克足球队里的明星队员，这支球队在英国 1908 年奥运会上获得了银牌。他也经常同年轻人一起做帆船运动。

在了解和开发新的量子概念方面，个人接触、交流是极其重要的。虽然在哥本哈根学院，玻尔是欧洲乃至世界科学的焦点，但是他总是十分平易近人，经常同青年科学家在喝咖啡时交谈各种见解。他在一次访问莫斯科时在朗道主持的报告会上曾说“我不耻于在我的学生面前承认自己是一个傻瓜”，但是翻译却把这句话翻译倒了，大意是说学生在老师面前这样说才是理所当然的。荣获了1922年诺贝尔物理学奖以后，玻尔长期继续致力于科学研究工作，步入40岁时他提出了很多原子核物理学新概念。第二次世界大战之后，在被战争撕裂的欧洲大陆重振欧洲物理学研究，他起了主要作用。

尽管科学成就辉煌，但是玻尔自认为自己仍然是一个“迟钝”的思想家（也许在后面的章节中可以看到一些端倪）。在和乔治·伽莫夫一同观看电影时，玻尔问了很多很笨的问题。他沉迷于美国西部片，常常还会提出许多问题。从欧洲故乡那里积累的经验使他发展了一种自卫“理论”——直觉的判断总是比本能的反应慢一些。为了表现这一点，他找来一些玩具手枪和一位年轻的丹麦物理学家亨德里克·卡西米尔（Hendrik Casimir）扮演了一场西部片的手枪的对射，以验证直觉和本能的反应速度。有幸的是他赢了。但这似乎也不能说明证实了他的假设！看来自认为“迟钝”的科学家往往不仅仅成就为大师，而且也更是谦虚的。写到这里，笔者不禁想到：我们自己也许真是迟钝，不是更应该“虚心求教”“笨鸟先飞”“以勤补拙”“驽马十驾，功在不舍”（荀子《劝学篇》），最后“出水才见两腿泥”① 啊。

2.7 不确定性的奇妙世界——测不准的模糊世界

量子力学图像

前面的2.6节最后谈到的难题（即玻尔模型的量子本质）在20世纪20年代初使物理学陷入了困境。玻尔的原子模型很好地解释了只有一个电子的氢原子的能级，关于原子结构问题的难题，似乎已经解决了，但是实际上这个大难题大约十年后才基本得到解决，即，被称为量子力学的新理论才对原子结构给出了更好的理解。然而，这个用新理论的方程式解出的是电子的波动性质。

① “出水才见两腿泥”是20世纪50年代一部著名的国产电影《红旗谱》中常说的通俗深刻的话，意思是指坚持不懈，最终取得好的成绩，后来不少人以此激励自己。

它也使原子看起来更模糊不清了。电子不再是排列在固定的轨道里，它变得模糊了。不确定性和统计概率被引进来成为自然界的基本性质。

玻尔原子模型用于解释更复杂的原子结构时遇到了困难。玻尔不能解释电子怎么从一个轨道跃迁到另一个轨道，他的原子模型远不能令人满意。

一个聪明、年轻的德国人沃纳·海森堡（Werner Heisenberg），公开地把玻尔原子模型称作是“繁文缛节和经验主义的奇怪混合”。玻尔意识到了他的理论的缺点，并且完全推翻了这个原子模型。玻尔谦虚地邀请海森堡到哥本哈根来访问，看一看能否发展一个更具有一致性的更有用的原子图像。1925 年夏天，海森堡在离开哥本哈根回老家的旅行中为了治疗枯草热病在黑尔戈兰（Helgoland）岛作了短暂停留，在此期间海森堡产生了一个很惊人的卓越的思想。海森堡说，玻尔原子失败了，因为它是以实际上不可能观测的一些假设（如电子轨道）为基础的。取而代之，他采用抽象的方式，用一种新的纯数学的方法——“矩阵力学”描述原子，这样就只允许电子的能量为一系列确定的数值了。

波的概率

正如在物理学领域常常发生的那样，不同的科学家同时在世界的不同地方独立地研究同一个问题。1925 年圣诞节，奥地利科学家欧文·薛定谔（Erwin Schrödinger）与朋友去滑雪。然而，他没有心思滑雪，因为在阿尔卑斯山上他“被一些计算问题弄得心烦意乱”。新概念使薛定谔迷惑不解。

1923 年，法国人路易斯·德布罗意（Louis de Broglie）建议，因为有时光波表现出粒子特性，因而实物粒子（如电子），是不是有时应该表现得也像波一样。薛定谔决定把德布罗意的概念用于数学形式建立了方程式，求解后得到类似波的解，结果产生了描述原子的新方法，称为“波动力学”。

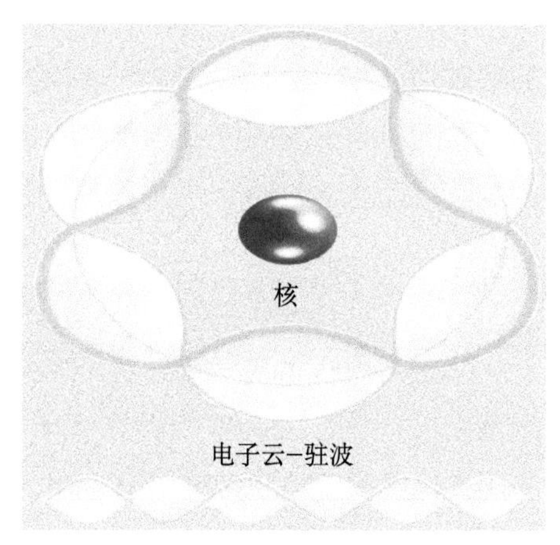

图 2-19　薛定谔的波动力学原子模型
资料来源：李博文绘

根据薛定谔的波动力学原子模型（图 2-19），电子以波的样式限定在原子核周围。他认为只有完全的波动图样能够被接受。薛定谔憎恶“量子跃迁”这个概念，他曾对玻尔说过，“你一定意识到量子跃迁的思想是注定要结束的”。

薛定谔的原子模型

人们最一般的印象是：电子通常是按轨道运动的粒子。薛定谔相信，当一个电子绕原子核作轨道运动时，它的行为也会像波。它的波就限制在轨道里，形成“驻波”——看起来就好像是跳绳的绳索一样——上下振动，但不会飞走。

图 2-20　海森堡

孩子们的物理学

不少创新的思想是由活跃的年轻人提出来的。新量子理论的基本思想和发展也正是这样。1901 年，沃纳·海森堡生于德国杜伊斯堡（Duisberg），他因他的测不准原理而闻名的时候只有 26 岁（图 2-20）。大多数有杰出贡献的物理学家，如保罗·狄拉克（Paul Dirac）、沃尔夫冈·泡利和帕斯克沃尔·乔丹（Pascual Jordan）闻名的时候都是二十来岁。因此，这时期的物理学理论被戏称为“孩子们的物理学”。一个明显的例外是，欧文·薛定谔当时已经 37 岁，成为备受尊敬的人物。他创立了著名的薛定谔方程，方程的解为一系列的断续的数值（称为本征值，eigenvalue），同玻尔的氢原子能级符合得非常成功。然而，成熟慎重的薛定谔在解释他自己的发明波动力学方面又遇到了新的困难。

几率波

薛定谔方程的解虽然出现一系列断续的数值，但是和这些值一一对应的函数解又代表什么呢？当时在德国的马克斯·玻恩（Max Born）解释说：这些函数只能代表电子波的概率分布，也就不可能给出它的精确位置。最好把电子想象成不同厚度的“云”，而不是固定的轨道。

1927 年，海森堡用数学描述一个电子通过云雾室（简称云室）产生的路径时，发现了一个非常特别的新量子效应，后来发展为“海森堡测不准原理”。这个原理认为，不可能同时精确地测定一个粒子的位置和动量（或粒子的速度和质量）。原子世界具有模糊性特征，从测不准原理可以更深刻地探索物理真空概念。这“空虚”的空间——真空充满了不断忽隐忽现的量子束团。这些微小的转瞬即逝的起伏在粒子间传递信息，作为力的传递者起着基本的物理作用。

原子物理的各种方法难于协调一致，但是1927年在布鲁塞尔召开的索尔韦物理学会议上（参见本书4.1节），与会的物理学家们探寻了某些一致性。海森堡回忆说，“我们大家都住在同一酒店”“最激烈的辩论不是在会议上，而是在酒店吃饭的时候”。其结果令众人大吃一惊，那就是几个不同的研究方面汇合成了一个整体，真是“异曲同工”：海森堡的矩阵力学、薛定谔的波动力学、玻恩的概率分布和海森堡测不准原理在本质上都是描述了同一件事情。这个新的原子观念称为“量子力学”。

爱因斯坦一直不喜欢量子事件遵从概率的观念。他继续试图找出反对测不准原理的理由。爱因斯坦经常发表评论说，“上帝不掷骰子”。

海森堡测不准原理说，不可能精确地同时测定一个粒子的位置和它运动的速度（图2-21）。他引入的公式就是位移的变化量与动量的变化量的乘积是一个常数（与普朗克常量成正比）。这就好像给正在跑步的运动员拍照片一样。例如，1923年牛津大学/剑桥大学对哈佛大学/耶鲁大学的赛跑运动会一个运动员正冲向终点，人模糊但背景清晰。如果我们试图观看他的运动，那么他的

（a）

（b）

图2-21　自然的模糊性

资料来源：HuDton Deatsch Collection

空间位置就变得模糊了［图 2-21（a）］。图 2-21（b）中的牛清楚而快速机动车的背景就模糊了！

物质波被证实

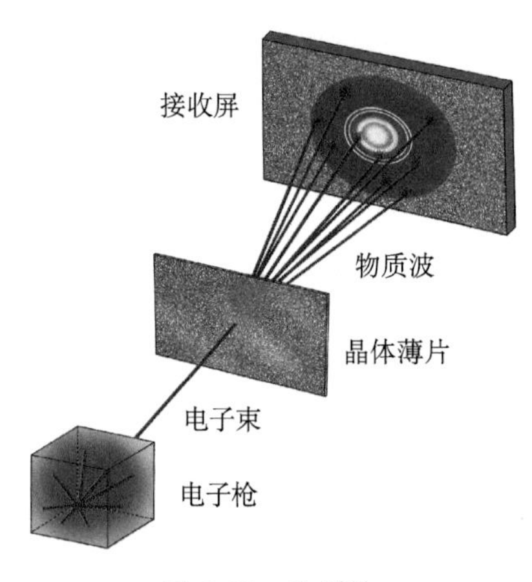

图 2-22　物质波
资料来源：李博文绘

德布罗意预言的物质波在 1927 年被证实了，当时克林顿·戴维森（Clinton Davisson）和莱斯特·盖默尔（Lester Germer）在美国和乔治·汤姆孙（George Thomson）在英国演示了电子通过晶体和金属箔发生衍射（图 2-22），就好像光通过细网孔发生衍射一样，这个实验也雄辩地证明了薛定谔的波函数代表的正是电子的概率分布。读者可以想象，电子可以一个一个地通过晶体，按概率分布为衍射图样。读者也可以将其同第 1 章光的衍射图 1-13 做一比较。到 1931 年，德国人恩斯特·卢斯卡（Ernst Ruska）用电子束代替光建造了一台新显微镜来观测物体，发明了电子显微镜。电子的波长比光的波长短几千倍，因此能够把物体放大百万倍，从而观测到更加细微的细节。

2.8　打碎原子的第一个武器——高压倍加器

打碎原子　拆散原子核

从古希腊以来，人们认为原子是物质的最终组成成分，原子不可能再分割。20 世纪初物理学家发现，情况并非如此，原子里有原子核，甚至原子核也是可分的。

1914 年在英国曼彻斯特大学，卢瑟福的追随者马士顿（E. Marsden）继续在做 1911 年发现原子核的 α 散射实验。他注意到，当 α 粒子与核产生散射作用时，有时会看见快速运动的氢原子核，他把它称为“H 粒子”。他认为 H 粒子来自 α 放射源。结合探寻 H 粒子，最初卢瑟福认为它们是一种未知的轻的气体。第一次世界大战使这一伟大的研究停顿了下来，但是他仍然能够在实验室里花一些时间。有一次，卢瑟福被邀请参加军事会议，但他缺席了。他用了极其著名的道歉言辞“我有理由相信，破碎原子核比战争有更伟大的意义”。

现代点金术

1919 年，随着第一次世界大战的结束，卢瑟福恢复了他的研究工作。他把 α 粒子射进一个充满氮气的容器中，在容器后面放置一个荧光屏监测有什么情况发生。通常氮气会吸收 α 粒子，但是偶尔的闪光表明有穿透力比 α 粒子更强的新粒子飞出来。卢瑟福得出结论，氮原子核受到 α 粒子撞击变成了氧原子核，同时释放出氢原子核（图 2-23）。由此推断，氢原子核是所有原子核的组成成分，卢瑟福把它叫作“质子”（意思是“第一个粒子”）。

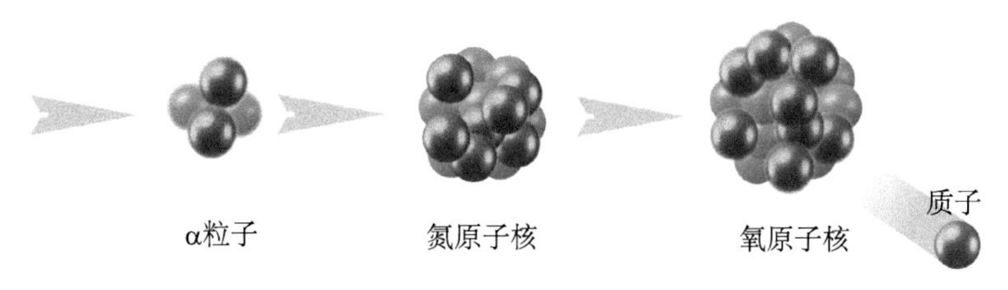

图 2-23　卢瑟福的原子核转变
资料来源：韩红光绘

这个实验使人们第一次看见了元素的变化，那些古老的点金术家们追求的梦想变成了现实。在随后的几年里，物理学家们继续用 α 粒子轰击原子核，触发更多的原子核反应。但是在新技术出现之前，他们所能做的就是用显微镜计数荧光屏上的闪光。

一个入射 α 粒子撞击一个氮原子核（7 个质子和 7 个中子），一个氮原子核转变成一个氧原子核（8 个质子和 9 个中子），即 $\alpha+N\rightarrow p+O$。相互作用释放出一个质子，这个质子急速向下打到荧光屏上产生可见的闪光，而重氧原子核留在后面。

直到 1925 年在剑桥大学卢瑟福实验室，布莱克特用他自己设计的云室第一次记录到了原子核蜕变。他拍的照片显示了由氮原子核转变成氧原子核留下的粒子径迹。因此 20 多年后，布莱克特获得了 1948 年诺贝尔物理学奖。

第一台人造的高能粒子机器——高压倍加器

然而，前面介绍的天然的 α 粒子导致原子核转变是极为有限的。卢瑟福寻求人工源提供比天然放射性更大的能量。约翰·科克罗夫特（John Cockcroft）在1924年联合剑桥大学卢瑟福实验室安装了一台用高压电场加速质子的装置，后来称为高压倍加器（亦称柯克罗夫特－沃尔顿直流高压加速器）。虽然卢瑟福意识到需要更高能量的粒子，但是他不相信这需要使用一种很昂贵的仪器才能得到。这是他少有的几个科学错误之一，建造这种装置的接力棒后来传到了美国，由美国继续开发越来越昂贵的新型的加速器。

第一台静电粒子加速器

1932年，科克罗夫特和沃尔顿（E. Walton）建造了世界上第一台比高压倍加器能量更高的粒子加速器，即质子静电加速器（图2-24）。他们最初的实验是利用巡回反复运动的带子将电荷不断地加到位于设备顶端的一个很大的与地面上设备绝缘的金属圆形“帽子”上，使“帽子”上的电压逐渐增加到80万伏。在帽子内的小空腔中有一个小容器充满了氢气（即质子）。质子从氢气中解离出来，引至长的真空玻璃管中被高压电场加速。质子从上向下被加速投向锂（Li）靶。用这个电压80万伏的精制的高压系统加速质子。加速管垂直向下，初期，他们大部分时间花在解决他们的玻璃加速管装置的真空漏气问题。最终他们总算将它弄到可以运行了。

“我认出它是α粒子”——“已经将原子分裂开了！

在静电加速器实验装置的底部有一个小棚屋，在把卢瑟福的笨重实验装置塞进小屋之后，他们开始大声命令：“关掉质子流！……增高加速电压！……”质子开始轰击锂靶了！沃尔顿坐在小屋里，用锂靶下面的显微镜观察到锂原子核变成氦原子核（图2-24）。过了一会儿他们从小屋里出来了。现在是呼叫他们的“老板”的时候了。卢瑟福说：“这些闪烁看起来像α粒子，我应该能认出是α粒子。”他在粒子加速器下面观看荧光屏。屏上的闪光表明，高能质子撞击锂原子核转变成氦原子核，产生α粒子，并且在荧光屏上看见了第一次闪光。性格沉稳的科克罗夫特也按捺不住了，马上从实验室里冲出来跑到街上大喊：“我们已经将原子分裂开了！”锂靶中有很少一部分被打破。这个原子核反应可以写成

$$p+{}^{7}Li \longrightarrow 2\alpha$$

其中，锂（^{7}Li）为3个质子与4个中子；α粒子即氦核，由2个质子和2个中

图 2-24　第一台静电粒子加速器

资料来源：Frazer G, Lillestol E. 1996.The Search for Infinity

子组成。

首先，破碎原子核需要的能量似乎太高。但是从列宁格勒（现已恢复原来的名称圣彼得堡）来剑桥访问的青年科学家乔治·伽莫夫宣称，由于所谓量子隧道效应较低能量质子也能钻到原子核里面去。这样，1932 年，科克罗夫特和他的合作者沃尔顿获得了第一次完全人工的原子核转变。

当时，一些报纸大肆推测，现在科学家们已经掌握无限的原子能，足以“摧毁整个世界”。

虽然在获得更高粒子能量的竞赛中，科克罗夫特－沃尔顿技术很快被超越（参见本书 3.5 节），更新更大的更高能量的加速器陆续出现，但是直到现在，用他们的方法使带电粒子获得一定能量的静电加速器仍然在许多领域使用。

2.9　核内隐藏的力——质子、中子与结合能

探寻原子核的组成

在很长一段时期内原子核的组成是一个谜。

1920 年，卢瑟福提出设想：原子里除了有质子和电子存在之外，还有第三种粒子。在当时，科学家们认为，电子不只是绕原子核转圈，而且也可能存在于原子核里。他们认为，这些内部电子就是在 β 放射现象中看见的粒子之源。卢瑟福宣称，有时质子和电子结合在一起形成中性粒子，他把这种中性粒子称为中子。随后，他在助手詹姆斯·查德威克（James Chadwick）的帮助下立即开始寻找这种粒子。然而，最初寻找中子的工作并不成功。并且在整个 20 世纪

20 年代，原子核的组成问题一直继续困扰着卢瑟福。同时，查德威克以极大的耐心和毅力继续艰苦地寻找难以捉摸的中子。在探寻了 12 年之后，查德威克终于发现之前寻觅已久的中子。

这个发现开创了原子核物理学之路，最终导致发展原子弹。下面，我们就谈谈 20 世纪 30～40 年代这个发展过程。

能穿透的射线——中子的发现

1930 年，德国人瓦尔特·博特（Walther Bothe）和赫伯特·贝克尔（Herbert Becker）发现，用 α 粒子轰击铍产生穿透力很强的辐射，它可以穿过 10 厘米厚的铅。当时他们认为这种辐射是 γ 射线，直到 1932 年伊雷娜·约里奥－居里（Iréne Joliot-Curie，玛丽亚的女儿）和她的丈夫让－弗雷德里克·约里奥－居里（Jean-Frédéric Joliot-Curie）证实这种辐射可以把质子从氢原子里撞击出来，可惜他们没有进一步认证它就是中子而错过了一个重大发现。

重复约里奥－居里的实验，查德威克得到了另一个解答。他假设这种穿透辐射是粒子，而不是辐射。他用普通力学推导出，高速飞出来的粒子是由于受到与质子的质量大约相同的粒子撞击出来的。这样就发现了中子。

查德威克发现的粒子就是找寻已久的中子，它不是质子和电子的组合，而是一个独立存在的粒子。这时科学家们才认识到，原子核不包含电子，只包含质子和中子。中子不带电荷，因此在原子里中子不受电力的影响，而且它可以很容易地穿过物质。

第一个慢中子引起的核反应

1934年恩里科·费米（Enrico Fermi）[①]在意大利工作，他发现快中子在通过在某些物质（如水或石蜡）时因同轻物质作用，速度必然会有慢下来的可能性。这些慢中子更容易被原子核捕获，人工核反应发生的可能性更大，这样就能产生各种新的人工放射性同位素。这些同位素很快就成为生物学和医学方面的有用工具。更重要的是，这种反应是核反应堆和原子弹的基础。这位在许多方面都有重要贡献的大物理学家（参见本书 3.4 节）正是由这项成果获得 1938 年诺贝尔物理学奖的。

---

① 费米，自伽利略以来最伟大的意大利科学家之一，是 1925～1950 年世界上最富创造性的物理学家之一。他由于“发现新的放射性物质和发现慢中子的选择能力”而荣获 1938 年诺贝尔物理学奖。

核裂变

20 世纪 30 年代中期，德国女科学家利斯・梅特勒（Lise Meitner）和奥托・哈恩（Otto Hahn）仔细地分析了放射性衰变的产物。梅特勒是犹太人，在 1938 年被迫逃离了德国。哈恩继续他们的工作，并与弗里茨・斯特拉斯曼（Fritz Strassmann）采用脉冲电离室探测器观察到，当用慢中子轰击铀时探测器内输出非常大的脉冲，这说明铀分裂成两个碎片。此前从未观测到放射性衰变会使原子核的成分产生这样强烈的变化。

哈恩与梅特勒在信中经常讨论他和斯特拉斯曼的进展，梅特勒再转告给她的侄子物理学家奥托・弗里希（Otto Frisch），并共同发表了文章。在文章中梅特勒和弗里希把这个新的反应过程称为“裂变”。裂变产生两块碎片，也产生中子和能量。这些中子能使更多的铀原子核发生裂变，这是后来促成“链式反应”的基础，这个反应过程也就是第一个核弹的基本原理。

世界最著名的方程式

1905 年，阿尔伯特・爱因斯坦发表了方程式 $E=mc^2$，可以读为能量（E）等于质量（m）乘以光速（c）的平方——光以每秒钟大约 30 万千米的速度传播。从日常的观点来看，能量和质量是很不同的东西。爱因斯坦指出，事实上它们是等效的。前面已经指出慢中子打铀产生中子及反应产物动能等。根据爱因斯坦公式，裂变反应过程前后物质的质量差，称为“质量亏损”，即这部分亏损的质量差同相应产物的动能或光子相当。其实，早在爱因斯坦公式发表后两年，1907 年，马克斯・普朗克就猜想，在原子核里可能藏有巨大的能量。但是他的预言那时没有引起足够的重视。这个能量只有在极其大量的反应一同发生时才能成为可以利用的能量，满足快速连续发生的条件就能促成链式反应。

链式反应

当慢中子撞击铀 -235 原子核（质子和中子总数量为 235）时，中子被吸收形成铀 -236。铀 -236 是不稳定的，会分裂成两个较小的原子核（图 2-25），而且大都是一个偏重，一个偏轻，其质量数之比大约为 3 与 2 之比，比值也有在两者之间的，但是数量较少，也就是其分布像个马鞍形。我国科学家何泽慧在 20 世纪 30 年代发现了三分裂现象。裂变的同时释出几个中子（大多为 2～3

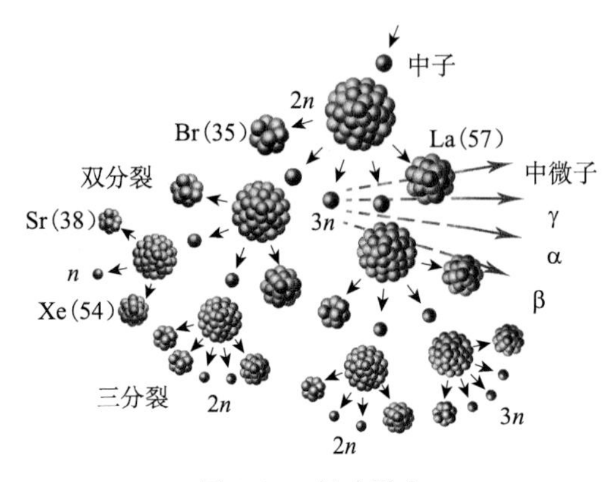

图 2-25　链式反应
资料来源：李博文绘

个）和 γ 射线。这些不稳定的裂变产物中大都包含的中子过多，这些产物再进行 2～5 次 β 衰变，也就是这些裂变产物核中的中子变成了质子（见本书 3.4 和 4.7 节），其原子序数增加而质量数不变。例如图 2-25 中的偏重的镧 ^{148}La（57）经过 3 次 β 衰变变成了钕 ^{148}Nd（60），偏轻的溴 ^{85}Br（35）经过 3 次 β 衰变变成了锶 ^{87}Sr（38）。再如另一对裂变产物：偏重的氙 ^{140}Xe（54）经过 4 次 β 衰变变成了铈 ^{140}Ce（58），偏轻的锶 ^{95}Sr（38）经过 2 次 β 衰变变成了锆 ^{95}Zr（40）。这些最终形成的原子核就都是稳定的了，它们在自然界一般是长期存在的。另外，读者可以简单地验证：最初的一对裂变产物 ^{148}La（57）和 ^{85}Br（35）加上放出的 3 个中子，其总的质量数铀 -235 和一个中子即是 236。另外的一对 ^{87}Sr（38）和 ^{148}Xc（54）加上伴随 1 个中子，其总的质量数也是 236。在继续进行各种次级衰变的过程中，又会产生出多种射线，如 α、β、γ、ν（中微子）。所有这些产物都伴随大量能量。这个反应以闪电般的速度倍增发生链式反应，像雪崩一样，在几分之一秒的极短时间内释放出巨大的核爆炸能量（图 2-25）。在民用核反应堆里，利用能吸收中子的物体如调节镉棒位置以控制撞击铀 -235 原子核的中子的数量以便使原子核反应不致发生核爆炸。1 克铀 -235 核燃料所释放的巨大的能量相当于 1 吨煤燃烧所释放出来的能量。

世界第一个原子弹试验

如图 2-26 所示的巨大的蘑菇云是 1945 年 7 月 16 日在美国新墨西哥州阿拉莫戈多（Alamogordo）空军基地进行的核爆产生的。第二次世界大战期间，由于已经得知德国开始研究核弹，美国于 1939 年由陆军少将雷斯里 · 格罗维斯（Leslie Groves）主持发展“曼哈顿计划”。他选定罗伯特 · 奥本海默（Robert Oppenhaimer，1904—1967）为该计划主任。奥本海默强调“必须集中一流科学家和最好的设备于地区进行核弹的研制”。以他的威望和极强的组织能力，他请来了费米、玻尔、费曼、吴健雄等大科学家参加，并很快建成洛斯阿拉莫斯国家实验室（Los Alamos National Laboratory），于1945年7月第一次核弹爆炸试验成功后，紧接着于1945年8月6日8时15分在日本广岛投下了第一颗原子弹，这是制止日本侵略的一次重要的正义行动。

图2-26　第一个核弹爆炸
资料来源：US Army，Frazer G, Lillestol E. 1996. The Search for Infinity

奥本海默是德裔犹太人，青年时期就迷上了量子力学。1926年在德国哥廷根大学师从大物理学家马克斯·玻恩（参见本书2.7节），他的研究范围很广，精通多种语言，包括古印度梵语。当看到投到日本广岛的原子弹的影像时，他想到了梵语《摩诃婆罗多经》的《福音之歌》："漫天奇光异彩，犹如圣灵逞威，只有千只太阳，始能与它争辉。"后来，他被公认为"原子弹之父"。

发现铀核三分裂和四分裂的钱三强和何泽慧

钱三强（1913—1992），生于浙江湖州的一个书香世家，著名物理学家，中国原子弹之父，原名钱秉穹。在初中时，因为他排行老三，身体强健，他的自称"太弱"的同学就给他起了个绰号"三强"。这个绰号得到了他的父亲——中国近代著名语言文字学家钱玄同的赞赏，便改名为"钱三强"。

1936年，钱三强以优异成绩毕业于清华大学物理系。

1937年，他以"中法教育基金会"留学生身份赴法国留学，在巴黎大学居里实验室和法兰西学院原子核化学实验室从事原子核物理研究工作，1940年获博士学位，1946年获法国科学院亨利－德巴微物理学奖金，并获法兰西荣誉军团军官勋章。

钱三强在让－弗雷德里克·约里奥－居里和夫人伊雷娜·约里奥－居里两位导师的指导下于1940年完成了博士论文《α粒子与质子的碰撞》，随后继续进行核裂变实验研究，1946年与何泽慧合作经过反复实验，终于发现了铀核的三分裂和四分裂。约里奥骄傲地说："这是第二次世界大战后，我的实验室的第一个重要的工作。"

1946年钱三强和何泽慧（图2-27）结婚后，在继续深入地研究铀核三分

图 2-27　钱三强和何泽慧

裂中取得了突破性成果。1947年，他们夫妇宣称发现了铀的三分裂，即300次铀的分裂中只出现一次三分裂，引起了科学界震动。法国科学院特别为钱三强颁发了“亨利·德巴维奖”。

1948年回国后，钱三强继续从事原子核物理研究，是中国原子能事业的主要奠基人，被誉为“中国原子能科学之父”“中国原子弹之父”，与钱学森、钱伟长被周总理合称为“三钱”。

从新中国成立起，钱三强便全身心地投入到原子能事业的开创工作。他领导和建成了中国第一座原子核反应堆和第一台质子回旋加速器及相关的一些实验室，汇聚和培养了一批高素质的科研人才，为发展中国的原子能事业发挥了重要作用。为了表彰这位科学泰斗的巨大贡献，国家向他授予515克纯金“两弹一星功勋奖章”。

何泽慧（1914—2011），生于江苏省苏州市，著名物理学家。系“中国原子弹之父”钱三强的夫人，有“中国的居里夫人”的赞誉。1936年，何泽慧毕业于清华大学物理系，是全班唯一的女生，而且毕业论文第一名，钱三强为第二名。1936～1940年在抗日战争时期，她怀有报国思想，在德国柏林高等工业大学研究弹道学，并首次提出测量子弹飞行速度的新方法，获博士学位。后来，她在德国海德堡皇家学院核物理研究所研究正电子和负电子的碰撞，发现了正负电子能量几乎全部交换的弹性碰撞现象。1946年在英国剑桥大学召开的国际基本粒子大会上，钱三强宣读了以何泽慧为原作者的《正负电子弹性碰撞现象》论文，引起同行极大兴趣，英国科技杂志称它为科学成果的“珍品”。

自1946年开始在法国巴黎法兰西学院核化学实验室从事研究工作，何泽慧和钱三强合作发现了铀核裂变的新方式——三分裂和四分裂现象。

1948年何泽慧与钱三强一同回国。何泽慧成功地研制出对粒子灵敏的原子核乳胶探测器，领导和建立了中子物理和裂变物理实验室，完成了大量的核参数测量，开展了相应基础学科的研究，培养了一批具有基础科学研究素质的人才。

20 世纪 70 年代后，何泽慧领导研制高空气球和建立西藏高山宇宙射线观测站，开展了高能天体物理、宇宙射线物理和超高能核物理等领域的研究，并取得了很多重要的科研成果。

因为首先发现铀核的三分裂现象，何泽慧被西方媒体称为“中国的居里夫人”。她生活极为朴素，本书的作者经常看见她在图书馆阅读。直到 21 世纪她还经常穿着 20 世纪 70 年代中国科学院高能物理研究所所发放的粗布工作服和带横袢的布鞋。图 2-28 是何泽慧和伊雷娜·约里奥 - 居里在一起的情景，当时她在法国巴黎法兰西学院核化学实验室在约里奥 - 居里夫妇指导下从事研究工作，和钱三强合作发现了铀核裂变的三分裂和四分裂现象，并在此期间在约里奥 - 居里夫妇的主持下结婚。因为德法是交战国，此前两人的长期通信交往只能通过限制极严的 25 个字，但这也没有影响双方诚挚的感情和终生志同道合。

图 2-28　何泽慧和伊雷娜·约里奥 - 居里

第三章

走进夸克世界

3.1　从太空来的宇宙射线粒子——正电子、π 介子、μ 子

来自外太空的穿透性辐射

在发现放射性之后，物理学家们又发现了一种新的来自外太空的穿透性辐射。他们把它称为宇宙射线，并且在 20 世纪 20 年代它成为给人们带来惊喜的舞台。

为了截获能量较高的粒子，物理学家们将他们的探测器送到更高的高度，如高山、飞机、高空气球和卫星。有一些粒子，如 μ 子、中微子等，最好是在地下深处进行探测。

图 3-1　由两片金箔构成的验电器
资料来源：Carlson P. 2010. Eur Phys J. H 35：309

20 世纪初物理学家们用验电器测量元素铀发射出来的辐射。验电器由两片金箔构成（图 3-1），给它充电时两片金箔分开。放射线将空气中原子的电子撞掉，形成电子离子对，即空气电离使空气微弱地导电。当验电器放置在电离的空气里时，两片金箔慢慢地靠在一起，好像电荷泄漏掉了一样。令人好奇的是，即使周围没有放射性物质空气似乎还是微弱地导电。威尔逊（Charles Thomas Rees Wilson）在 1900 年报道了这个效应，最初认为它来源于地球的放射性物质。为了检验这个效应，1910 年基督教牧师沃尔夫（Theodor Wulf）把验电器带到

300 米高的埃菲尔铁塔顶部。电离的减少比预期值小得多，沃尔夫认为：这是来自地面的辐射与从高空下来的辐射相竞争的结果。到底同高度是什么关系，那时人们还莫衷一是。

创造者在工作

在理解了沃尔夫的工作之后，奥地利物理学家赫斯（Wictor Hess）在奥地利航空俱乐部的帮助下在 1911 年进行了一系列勇敢的气球升空实验，他也是位升空气球业余爱好者。他用有爆炸危险的氢气充气球，创造了升空高度达到 5350 米的纪录。他坐在敞开的柳条编织的篮筐里，冷得颤抖，由于缺氧他喘不过气来，虽然如此但他坚持做了一系列仔细的测量（图 3-2）。他发现，在 1500～2400 米的高度电离迅速地增加，到 5000 米高度的电离值是地面电离值的几倍。由此证实了存在来自大气层外空间的射线。图 3-3 是当时赫斯发现宇宙射线用的电离室。

图 3-2　赫斯的气球实验

资料来源：Carlson P. 2010. Eur Phys J. H35：309

图 3-3　赫斯发现宇宙射线用的电离室

资料来源：Carlson P. 2010. Eur Phys J. H35：309

因为这项工作，沃尔夫获得了 1936 年的诺贝尔物理学奖。在获奖演讲中，他说："由这个实验结果我得到结论，电离是一种至今还不知道的具有很高穿透本领的辐射产生的，这种辐射从太空进入大气层。"赫斯试图确切地找出地外辐射来自何处。1912 年，他在全日食期间作了一次气球飞行，但没有观测到放射活性减少。

赫斯的发现激发起人们的广泛兴趣，但是第一次世界大战中断了研究工作。战后，大西洋两岸迅速地恢复了研究。特别值得一提的是：1925 年密里根

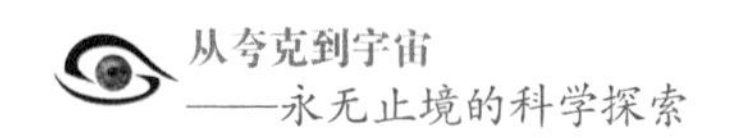

（Robert Millikan）杜撰了“宇宙射线”这个名称——因为这种辐射总是来自宇宙。密里根认为，宇宙射线是辐射的一种形式，是在宇宙边缘正在产生的新物质的“诞生哭喊”。他断言，“创造者在不停地工作”。后来他发现，宇宙射线是高能量粒子，其原初部分主要是极高能量的 γ 射线和质子（还包括极高能量的原子核——编者注）。它们来自我们的银河星系（漩涡状的银河系）中不同的源，包括太阳，可能进一步向外延伸到更远的宇宙空间。当宇宙射线到达地球大气层的上部时，在大气层上部跟原子发生碰撞，产生次级粒子簇射。

宇宙雨——广延大气簇射

宇宙射线的高能粒子在大气层上层撞碎大气原子核。这些核碰撞产生级联低能簇射，而且这些产生的次级粒子有的是不稳定的，它们很快衰变成其他粒子，其中还有许多当时不知道的粒子，这些不稳定的未知粒子随着从高空下降逐渐地衰变。它们到达地面时已经散布在一个广大的区域，如图 3-4 所示，当时物理学家也称它为宇宙雨。现在称为广延大气簇射，图 3-4 中包括的粒子有：π^+（正 π 介子）、π^-（负 π 介子）、π^0（中性 π 介子）、γ（伽马射线）、e^-（电子）、e^+（正电子）、N（原子核）、n（中子）、p（质子）、υ（中微子）、μ^-（μ 子）、μ^+（反 μ 子）等。

这些次级粒子组成的广延大气簇射向地面像瀑布般冲下。宇宙射线曾经

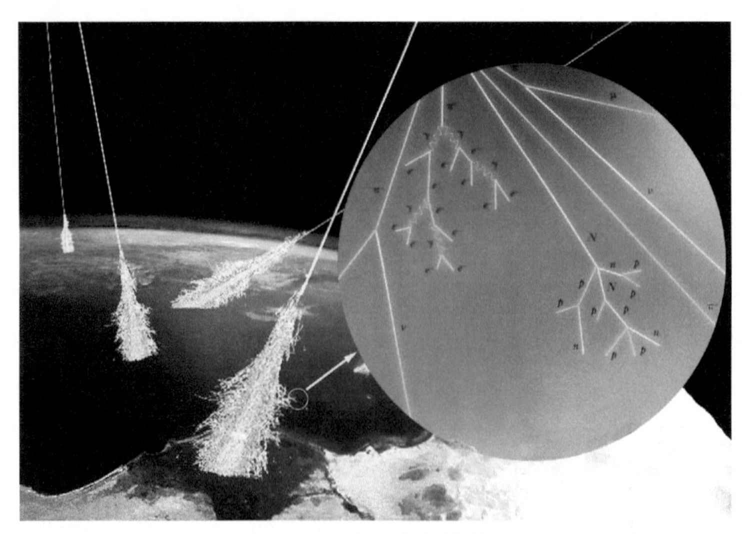

图 3-4　广延大气簇射

资料来源：韩红光绘

在探索基本粒子世界早期起到极为重要的作用，在宇宙射线实验中发现了一些重要的基本粒子。广延大气簇射一直是研究超高能宇宙线的重要手段。除国外国内建立了多个大型设施装置外，值得一提的是美国和欧洲已在大批中学布点，通过联网进行大范围测量活动。我国最近已开始此项工作，也起到了科学普及作用。近年来从宇宙射线粒子探索天体的一门学科发展极为迅速，定名为“粒子天体物理学”，本书第二部分将重点介绍。这一节只简单介绍早期发现的几种粒子和探测设备。

亚原子的云雾踪迹

1911 年，苏格兰物理学家威尔逊发明了“云雾室”，通常简称为云室——一个能够显示亚原子粒子路径轨迹的测量装置。根据云雾形成原理，云室成为核研究和宇宙射线研究中的有力工具，在 20 世纪初到 40 年代发现了不少新现象和新粒子，立下了汗马功劳。威尔逊 1869 年出生于农村家庭，早期学习生物，当过天文观测站的临时观察员。由于他对大自然云雾的美景有着特殊的兴趣，急切地想用物理实验手段模拟再现这一自然现象，这促使他最终发明了云室。威尔逊在气象学方面作过许多研究，他知道：饱和水蒸气冷却时凝结成水滴。这就是云雾形成的机理。极少的杂质或干扰会使过饱和蒸汽凝结。威尔逊云室是一个充空气和水蒸气的混合气体的玻璃圆桶。室体内有一个活塞，将活塞突然地迅速向外拉，室体内空气膨胀并冷却，这个过程称为绝热膨胀。当带电粒子通过室体时，在粒子经过的路径可使气体电离，产生电子－离子对，形成同尘粒相似的凝结中心，使周围过饱和蒸汽凝结成水珠而留下痕迹，这些云雾显示出了亚原子粒子的轨迹，宇宙射线的亚原子粒子就是这样显示出来的。这项发明让威尔逊获得了 1927 年诺贝尔物理学奖。从 1932 年开始，布莱克特和他的重要合作者奥基亚里尼（G. P. S. Occhialini）用云室研究宇宙射线。为了避免出现大量的随机膨胀而大量空拍照片的现象，他们改进了云室并加上符合电路等以便能更有效地抓住入射的粒子，观测到许多宇宙射线事例。布莱克特后来还进一步建造成 30 厘米直径的大云室，研究了宇宙射线簇射及其能谱等，因此获得了 1948 年诺贝尔物理学奖。布莱克特当过海军上尉，并且是运筹学的创建者，他在射电天文方面也有重要贡献，晚年还是英国皇家学会主席。

用云室发现的最重要的粒子是安德森（C. D. Anderson）1932 年发现的正电子，安德森因此获得了 1936 年诺贝尔物理学奖。我国科学家赵忠尧曾做过

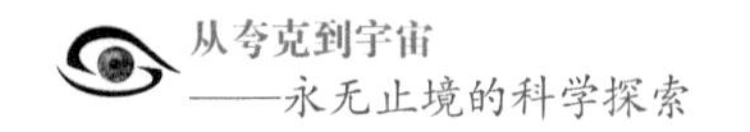

重要贡献（参见本书 3.2 节）。安德森后来在美国西部山上发现了 μ 子。

值得提出的是，我国科学家张文裕 1948 年在美国普林斯顿大学巴尔摩实验室，在宇宙射线 μ 子吸收实验中用云室测量到与负 μ 子相关的 γ 辐射。

用乳胶片发现 π 介子

1937 年，安德森等发现了质量为电子质量 207 倍的粒子，该粒子被称为“重电子”。当时，汤川和奥本海默还认为它就是汤川所预言的介子，但令人遗憾的是，很快发现它只参加弱作用，后来被命名为 μ 子。物理学家继续寻找汤川介子的任务看来是更加迫切了。1937 年一个偶然的机会，鲍威尔接触到了核乳胶并产生浓厚的兴趣。他认为可持续记录的核乳胶（固体介质）比断续记录的云室（气体介质）有优势，容易得到更多、更完整的粒子径迹。经过 10 年的改进，他终于在 1947 年用上升的气球得到乳胶片径迹，发现了 π 介子（参见本书3.4节），质量为电子质量的270倍（约为μ子的4/3倍），寿命为10^{-8}秒。图3-5即为 π 介子衰变为 μ 子，μ 子继续衰变为电子（π → μ → e）的径迹。因为胶片的物质密度等参数已经知道，μ 子和电子 e 的性质已经很清楚，这样就比较容易确定它们作为产物的原初粒子了。因此，鲍威尔获得了 1950 年诺贝尔物理学奖。

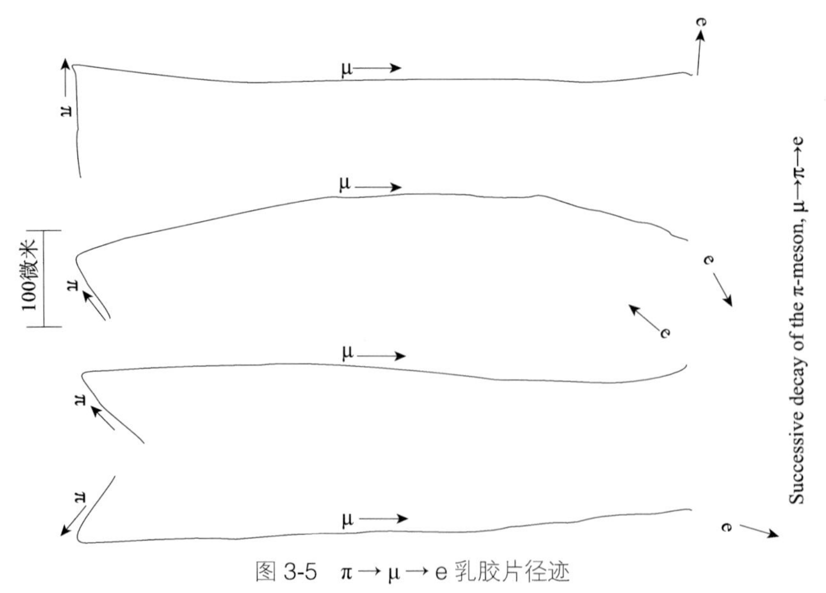

图 3-5　π → μ → e 乳胶片径迹

资料来源：Powell C F，Fowler P H，Perkins D H，et al. The Study of Elementary Particles by Photographic Method.

中国宇宙射线研究和 μ 子原子物理的开创者

张文裕（1910—1992），是中国宇宙射线研究和高能实验物理的开创人，是高能物理实验基地建设的奠基者，也是第一位中国科学院高能物理研究所所长。他出生在福建省惠安县一个山村普通的农民家庭，勤奋好学，1931 年毕业于北京燕京大学物理系。1934 年考取“英庚款”留学生赴英国剑桥大学留学。在著名物理学家、诺贝尔物理学奖获得者卢瑟福指导下于 1938 年获哲学博士学位。他在该校卡文迪许实验室从事核反应研究，验证了玻尔的液滴模型，发现了 γ-n、γ-2n、^{16}O（n-p）、^{16}N（n-p）等核反应过程。1948 年在美国普林斯顿大学巴尔摩实验室（图 3-6），张文裕用云室测出负 μ 子相关的 γ 辐射。这是 μ 原子存在的第一个实验证据。他验证了 μ 子不是强相互作用粒子，只参与电磁相互作用和弱相互作用过程，并且观测到 μ 子被原子核俘获形成 μ 原子，开创了一个新的研究领域，即 μ 子原子物理。1949～1954 年，张文裕系统研究了海平面宇宙射线的贯穿簇射，对中性奇异粒子 θ 和 Λ 作了系统全面的研究。

图 3-6　张文裕在普林斯顿大学巴尔摩实验室
资料来源：中国科学院高能物理研究所

3.2　我们世界中的镜像 ——狄拉克正反世界和正电子的发现

反物质和正电子的提出

在 1932 年的时候，人们还认为似乎所有物质都是由基本粒子质子、电子和中子组成的。但是就在那一年，在宇宙射线中发现了一个新粒子——正电子。它是物理学家发现的第一个反物质粒子，它是日常世界普通物质的镜像物质。下面我们就简单介绍反物质的故事吧！

保罗·狄拉克（Paul Dirac，图 3-7）是一个天才的英国物理学家，最初他

图 3-7　狄拉克

所受的训练是做电力工程师。在大学的哲学课上他初次接触到了爱因斯坦的狭义相对论，很快他就申请了剑桥大学的研究生。在那里他学习了玻尔的原子理论，但并没有认识到这一理论的蓬勃发展，而更多的是在学习数学，并逐渐痴迷于将量子理论与狭义相对论结合起来。1928 年，狄拉克提出了一个很重要的方程式，即把二者结合起来的狄拉克方程。他开始从克莱因－高登方程出发，遇到困难后又回到薛定谔方程，为了适应狭义相对论，他发明了四个矩阵，使方程完全满足爱因斯坦的质能公式，并与量子力学相匹配，从而创立了相对论量子力学。惊人的是，当把方程用到电子上时，他导出了含有可以表示电子自旋的二维矩阵，这就是著名的狄拉克矩阵，电子自旋值可以是正负 1/2。更有趣的是，这个狄拉克方程可以有许多解。方程有负能量的解，而负能量的电子是什么呢？他当时称之为"空穴"。同许多数学方程式一样会有负值解，次年，克莱因（D. Klein）也注意到这个方程有负值解：一个解相应于普通电子，而这个负值解似乎代表带有负能量的电子。这一数学解很难从物理上来解释。

海森堡和其他一些量子先驱者对此有些担心。在物理世界里负能量没有任何意义，但它又是不可避免的，因为狄拉克方程在数学上是正确的。事实上，海森堡最初把它称为"现代物理学最悲伤的篇章"，但最终它却以胜利而结束。

狄拉克非常急切地想要弄清楚他的方程的负值解到底意味着什么。但在 1929 年，在竭尽了想象力之后，他把这个问题放置一边，开始了在美国和日本的长途旅行。在返回的途中他思索到了问题的解答——而且是一个离奇的解，这就是空穴理论。

空穴理论的基本概念是，负能电子是真实的——事实上电子有一切可能的负能量状况。我们被这些电子"海"包围。通常看不见它们，就正如我们被空气包围而我们看不见空气一样。然而，在电子"海"里有时会出现真空或者"空穴"。在电磁场里这些空穴看起来跟带正电荷的电子一样。狄拉克方程是显示数学的魅力的一个具有戏剧性的激动人心的例子——先有由数学预言后才有实验证实。但是在数学王国里，人类的直觉似乎是靠不住的——需要有实验来证实。后来大量的实验证实“空穴”确实存在。现在成熟的半导体的能带理论正是在这“空穴”理论基础上发展起来的。现在大家手上和家里的半导体部件就有千万个“空穴”哦！这段故事表明数学和理论的预见性是十分重要的。同时，科学精神的深思与执著以及实验证实预见都是不可缺少的。

反物质

早在 1898 年，英国物理学家舒斯特（Arthur Schuster）就做了一个关于反物质的引人注目的预测，他猜想可能存在与普通原子的性质正好相反的原子。他想，这样的“反原子”彼此由于引力相互吸引，但是可能会受到普通原子的排斥。收集足够的反物质做“简单”实验仍然是一个重大挑战。

正负电子对诞生瞬间

粒子－反粒子对常常由高能辐射产生。图 3-8 就是电子－正电子对产生瞬间的人工模拟图像，一束 γ 射线（黄色）快速地演变为电子－正电子对的过程。磁场迫使电子（绿色）和正电子（红色）以相反的方向转圈。粒子和反粒子在相碰撞时也可能彼此湮灭，产生一束辐射。

图 3-8　正负电子对的产生
资料来源：Frazer G, Lillestol E. 1996. The Search for Infinity

科学家已经发现了正电子——反物质中的一种粒子。人们就可以想象有反物质的镜像世界存在。物质和反物质相遇彼此会发生湮灭，所以，在与来自外太空的“访问者”握手之前知道它是来自物质世界还是反物质世界就是一个非常重要的问题。物质和反物质湮灭转变成为能量开辟了基础物理学的新领域，对本书第 4 章和第 5 章中介绍的有关粒子对撞实验以及第 6 章和第 7 章中介绍的天体演化过程来说，物质和反物质湮灭是多么重要，而前文中提到的“空穴”理论对物理学各学科及其在多方面的应用又有着多么深远的影响！

哲学家的梦想

图 3-9 安德森

开始，狄拉克得出的结论过于草率。他认为电子空穴与质子有关，在当时质子是唯一已知的带正电荷的粒子。海森堡说，不能接受质子概念，除非有理论能够把质子和电子描述为同一粒子的两个变异体。狄拉克喜欢这种统一观点，称它为“哲学家的梦想”，但是，众所周知，从一开始这就是不可能的。质子比电子重 1800 倍，对电子空穴而言质子太大了。

狄拉克放弃了“使人痛苦”的质子理论，并且在 1931 年得出结论：空穴是质量跟电子一样且带相反电荷的粒子。他最初把这种新粒子称为“反电子”。

1932 年，美国人安德森（图 3-9）意外地在宇宙射线中发现了一些奇怪的粒子径迹。这些径迹看起来除了带相反的电荷之外与电子完全一样。跟质子相比它们太小。

安德森做了各种观测实验。虽然宇宙射线粒子观测通常是从上向下射到地面上，但在磁场中有时电子看起来好像带有“错误”电荷。然而安德森慢慢地被迫得出结论：这些径迹揭示了一种未知的重量轻的粒子——带正电荷的电子。安德森称它为正电子（图 3-10）。

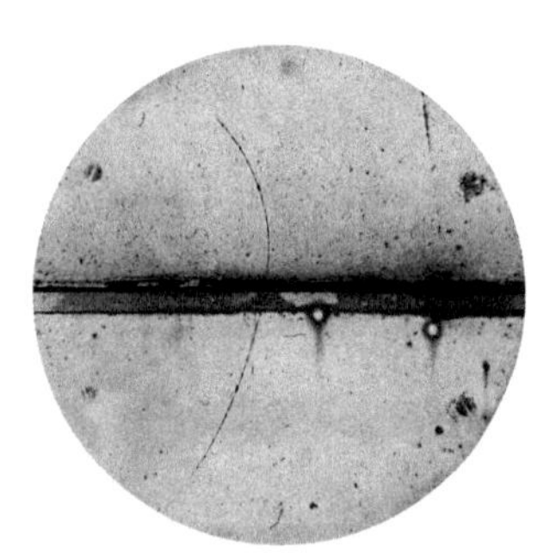
图 3-10 发现正电子实验
资料来源：Physical Review. 1933. 43（6）：491

因为 1932 年发现正电子，安德森获得了 1936 年的诺贝尔物理学奖。一些评论还诙谐地称呼正电子为狄拉克的“笨驴电子”，因为它们在电场里总是坚持“错误”的飞行方向，但这却正是一类全新物质存在的预兆。狄拉克接着继续预言，一定还有反质子存在。

保罗·狄拉克——一个嘴紧的天才

保罗·狄拉克，反物质之父，从不多说话。他害怕记者，并且在 1933 年他旅行去斯德哥尔摩接受诺贝尔奖时尽力回避他们，他与薛定谔分享了 1933

年的诺贝尔物理学奖。狄拉克的沉默寡言应归结于他的父亲。狄拉克来自一个说法语的家庭，他的父亲要求孩子们在家里只能说法语。由于不能用法语很好地表达意见，狄拉克宁愿选择不说话。在1934年访问威斯康星大学期间，狄拉克接受了一个热心的记者的采访，多次长时间的提问后的回答都只是“不”或“是”。有一次，在加拿大多伦多大学做完报告，有人提问，狄拉克的回答是“你说的只是一个声明，不是一个问题”。狄拉克是一个沉着镇静的人。在美国旅行期间他曾住在一个房东的屋子里，由于燃料从加热系统里泄漏出来引发火灾，房屋有烧毁的危险，于是狄拉克冷静地建议大家快出去，然后关闭门窗。由于缺氧，火很快熄灭了。这也许是深思的科学家常有的一个侧面吧！

反物质世界粒子的继续发现和预言

果然在1955年，埃米利奥·塞格雷（Emilio G. Segrè）和欧文·张百伦（Owen Chamberlain）发现了反质子，他们因此获得了1959年诺贝尔物理学奖。这个实验是在美国劳伦斯伯克利国家实验室的能量为6.2吉电子伏（GeV）的质子同步加速器的质子束流上做的。这个实验用的质子束能量恰巧高于质子反质子对产生所需的能量，而且是第一次采用切伦科夫探测器（参见本书7.4节）。塞格雷是费米的第一个研究生，他出生在罗马附近著名的Tivoli小镇的百泉公园附近，是从西班牙来的犹太移民后裔。早在20世纪30年代，塞格雷就是罗马大学以费米为首的著名的“罗马学派”小组的重要成员，他不仅发现了反质子，而且发现了反中子。可以说，构成反物质世界的最主要的基本粒子已经具备了。照片（图3-11）的拍照者布鲁诺·庞蒂科夫（Bruno Pontecorve）也是“罗马学派”小组成员，他后来移居加拿大，是第一位提出中微子振荡的人（参见本书5.8节）。

图3-11 “罗马学派”小组成员（右一为费米，右二为塞格雷）

大家知道，泡利为解释费米弱作用理论中β衰变中能量守恒而引入的中微子也是物质世界的重要成员（参见本书3.3节、3.4节、4.2节，图4-10）。物质世界的中微子都是左旋的，但是在反世界的中微子又是怎样的呢？“罗马学派”小组的另一位成员埃托雷·马约拉纳

（Ettore Majorona）在 1937 年提出的右旋中微子就是反物质世界的成员。大概因为第二次世界大战的战乱和希特勒“排犹”等缘故，这个小组成员不得不陆续分离，科学界对马约拉纳的文章冷淡了多年。近些年来，由于对双 β 衰变的研究中埃托雷·马约拉纳的右旋中微子扮演了重要的角色，以及在宇宙演化过程中反物质的演变过程中它又是重要成员，又逐渐受到重视。意大利著名物理学家、欧洲核子研究中心前任总所长马亚尼在 2015 年春的一次报告中特别描述了马约拉纳中微子的“衰落与振兴”。马亚尼长期担任罗马第一大学［其前身即罗马大学（Sapienza Universita di Roma）］教授，可以说是“罗马学派”的继承者之一。

图 3-12　赵忠尧

第一个探测到正电子的人赵忠尧

赵忠尧（1902—1998，图 3-12），著名物理学家和中国原子能之父，生于浙江省诸暨市，1925 年毕业于南京东南大学化学系，1930 年留学美国加州理工学院，在诺贝尔奖得主密立根教授指导下获哲学博士学位，随后赴德国哈罗大学进行科学研究。

1930 年，赵忠尧最先测量到 γ 射线通过重物质时发生的反常吸收和特殊辐射，这是正负电子对产生和湮灭的最早实验证据。当时瑞典皇家科学院曾郑重考虑过授予赵忠尧诺贝尔物理学奖，但是由于别人的错误质疑导致他与诺贝尔奖失之交臂。诺贝尔物理学奖委员会前主任爱克斯朋（G. Ekspong）在 1997 年的文章中坦诚地写道：有一处令人不安的遗漏：有关重靶上高能 2.5MeV γ 射线的反常吸收和辐射这个研究成果没有提到中国的科学家赵忠尧，尽管他是最早发现硬 γ 射线的反常吸收和辐射的人。李政道也强调赵忠尧是“率先发现正电子的人”。

1946 年 6 月 30 日，赵忠尧应美国政府之邀在“潘敏娜”号驱逐舰上观看太平洋比基尼小岛上进行原子弹爆炸试验，心中百感交集。他十几年前做的正负电子产生和湮灭实验为美国发展原子弹提供了坚实的科学基础。

赵忠尧开设了中国首个核物理课程，主持建立了第一个核物理实验室，在 γ 射线与物质的相互作用、人工放射性和中子物理的研究方面做了很多重要的工作，在中国主持建成了第一台 70 万电子伏特和 250 万电子伏特的质子静电加速器，培养了很多杰出的人才，如王淦昌、彭桓武、钱三强、邓稼先、朱光亚、周光召、程开甲和唐孝威等。诺贝尔物理学奖得主杨振宁和李政道也都曾经受业于赵忠尧。他为中国的核物理和教育事业呕心沥血、奉献一生。

3.3 难道是“无事空忙”吗？——第一个精灵电子中微子

神秘的中微子

《无事空忙》(*Much Ado About Nothing*)是莎士比亚的喜剧。这里“无事”可以理解为“什么都没有”或“看不见的东西”，而物理学家却如此忙碌、费尽力气地探索它。所有已知粒子中最怪诞的粒子是中微子，1931 年泡利第一次预言有中微子存在。中微子不带电荷，质量非常小，几乎近于 0，难以测量，可以不受阻碍地穿过整个宇宙。

问题是如何引发出来的呢？

在 20 世纪初期，人们已经观测到许多放射性核素都会发射出电子，当时由这种方式发射出来的电子就命名为 β 粒子。因为电子带一个单位的负电荷，这样原来的母原子核的原子序数 Z 就增加 1，质量数保持不变，反应前后的电荷守恒，如 $^{64}Cu \rightarrow {}^{64}Ni+e$，$^{22}Na \rightarrow {}^{22}Ne+e$ 等（参见本书2.9 节、3.4 节和4.2 节）。但是许多年以来，物理学家又注意到似乎在 β 放射性衰变中存在“能量危机”。例如，现在常见的，按照能量守恒的黄金规则，因为原来的母原子是不动的，这样，衰变出的子原子核和放射出来的电子应该按反方向运动，也就是反冲的子原子核与电子应该具有相同的能量。早在 1914 年，查德威克就已经发现在 β 衰变中放射出来的电子有些奇怪，它不是带有一个确定的能量值，而是在一定的能量范围内的能量。多次测量衰变的 β 粒子的能量按一种固定形状分布在一定的范围内。这个分布的最大值和反冲核的能量相当。在只有两个粒子产生的情况下电子的能量为什么有一个能量范围？当时在原子层次的微观事件中，玻尔甚至准备放弃神圣的能量守恒。

这时泡利出来挽救了这一危机。他未能去参加德国的一次物理学会议，便写了一封信，提出了一个“孤注一掷的补救办法”来挽救放射性衰变中能量守恒的问题。1931 年 6 月在美国加利福尼亚州的美国物理学学会的会议上，人们第一次公开听到了泡利的建议。

泡利说，在 β 衰变中放射出来的电子还伴随有一个看不见的粒子，这个不可见的粒子分享了可用的能量。这个粒子没有留下任何痕迹，只是一束能量，它不带电荷，质量小到近于 0，很难与别的物质发生作用。即便对于泡利来说，提出这一激进的想法都是很困难的，因此他不想把他的论文印刷出来。然而他无法使《纽约时报》的记者保持沉默。几个月以后，在罗马的一个重要会议上，泡利仍然拒绝公开谈他的新观念。实际上 1930 年他就引入了中微子假说，但是直到 1956 年这个假说才被实验证实。这是一段较长的历史，可是对弱作用又是那么重要。

小不点

最初泡利把这个新粒子称为“中子”，但在 1932 年当有人问费米这个新粒子是否与查德威克的中子一样时，他回答“不，泡利的中子小得很多。它是中微子”（意思是中性的“小不点”）。这个笑话一直流传，并且成了这个神秘粒子的正式名称。

1934 年，费米建立了解释 β 衰变的理论（参见本书 2.9 节、3.4 节），他很重视中微子并将它纳入到他的 β 衰变理论中，建立起自然界存在的另一种基本作用力，这就是原子核的弱相互作用力，这种弱作用力使一些原子核不稳定。因而比较容易自然地衰变出长寿命的“轻一些”的粒子——β 粒子。由于把弱作用力看作具有更基本的作用的这一新概念太离奇了，费米的革命性概念没有被主要期刊《自然》杂志接受和发表，而只发表在一个不著名的意大利杂志上。

闹恶作剧的鬼装置——电子中微子的发现

虽然费米的理论确定了中微子的存在，但是许多物理学家还是把他们自己限制在看不见的能量计算系统的框框里。早期的计算表明，神秘的粒子能够穿过许多光年而不会与任何物质发生作用，任何粒子探测器都无能为力。第二次世界大战期间，在美国洛斯阿拉莫斯国家实验室工作的物理学家克莱德·考恩（Clyde Cowan）和弗雷德里克·莱因斯（Frederick Reines）设计了一个探测中微子的实验，最初计划测量原子弹爆炸产生的中微子。在利用原子弹试验中探测中微子的概念的思想指导下，做了一个小装置，来探测 β 衰变中放射出来的神秘粒子。这个想法太牵强，不切实际，难以实现。继而代之的是他们将注意力转到测量核反应堆产生的中微子。因为在核反应堆里发生的核裂变过程会产生大量的β衰变，而β衰变的产物就是中子和反中微子。所以他们意识到原子核反应堆产生的这些中微子，应该是一个更合适的研究条件。1953年，他们建造了一个“闹恶作剧的鬼装置”，在原子核反应堆前面放置几个装有几十吨镉（Cd）溶液的大桶。在桶旁安放约400升液体闪烁体并用计数器捕获中微子产生的信号。但是他们对此没有十分的把握，只看到了迹象2个信号，很快就放弃了。两年以后在美国南卡罗来纳州（South Carolina）塞瓦纳（Savanna）河的一座更强功率的反应堆上建造了一个更大的中微子探测器。图3-13为“闹恶作剧的鬼装置”项目组成员，左3为考恩、左4为莱因斯，项目组成员里还有发现正电子的安德森等12人。

图 3-13 “闹恶作剧的鬼装置”项目组成员
资料来源：Los Alamos National Laboratory

尽管中微子很难与物质发生相互作用，但是实验所用的反应堆所产生的中微子通量高达每秒每平方毫米几万亿个中微子。由于中微子数量很大，新建造的几十吨的探测装置包括一个约400千克的氯化镉水溶液大桶和大体积的液体闪烁探测器［4200升，周围有110个光电倍增管（PMT），参见本书5.2节］，最外层用厚铅层屏蔽放射性。这样，入射的反中微子与质子（即水中的氢核）作用产生中子和正电子，这个反应恰好就是β衰变的逆反应。正电子同介质电子作用而湮灭，很快就转变成两个0.511 MeV的光子并很快被液体闪烁探测器测到，这两个光子的总能量正好是这个正电子和一个电子的静止质量之和，而中子在氯化镉水中同氢核碰撞逐渐变慢，最后很容易被镉吸收且同时放出几个光子，共9.1 MeV，这个大信号也被液体闪烁探测器探测到，但是因为中子慢化要拖延较长时间（10微秒级），因此比正电子的信号迟到（用双线示波器可以直观地测到）。这个中微子探测装置平均每小时能捕获3个中微子信号。在经过一年的仔细测量之后终于成功，最后他们发了一封电报给泡利：“我们肯定探测到了中微子。”它太小太难捕捉，人们称它为“第一个精灵”。1956

年才最终认定，1959 年得到更满意的结果，发表了文章但还有人质疑，这就是电子中微子从提出到测定的过程。时隔约 40 年后的 1995 年，莱因斯同马丁·佩尔（Martin Perl 发现 τ 轻子，参见本书 4.9 节）分享了诺贝尔物理学奖。遗憾的是，考恩那时已经去世了。

图 3-14　泡利

泡利——“上帝的鞭子”

泡利（图 3-14）是一位极为严格缜密、对自己十分苛刻、不爱宣传自己的科学家，对量子力学、量子场论有许多贡献。爱因斯坦认为泡利是他本人的继承人。泡利因提出著名的自旋为 1/2 的粒子不能处于同一个量子态的“泡利不相容原理”被授予 1945 年诺贝尔物理学奖。可是他也常常被描绘成一个对同行十分挑剔、心胸狭窄的人。他的急躁情绪和尖锐的语言使他有很多趣闻轶事。维斯考普夫（Victor Weisskopf）讲述了泡利如何看待他发表的一篇论文里计算上的错误的故事。他到他的老师泡利那里，沮丧地问他的老师，他是否应该放弃物理学。“不，”泡利鼓励他说，“每个人都会犯错误。除我之外。”当物理学家埃伦费斯特（Paul Ehrenfest）称呼泡利是“上帝的鞭子”时泡利感到特别骄傲。跟泡利很熟悉的人说，泡利非常痛恨科学研究中的草率和懒散，并且从不有意伤害任何人。关于所谓“泡利效应”也有许多故事。每次泡利走进实验室，实验似乎就出错。这是因为泡利总能挑出一些毛病。

镜像破坏

说了中微子的发现和它的特点，它还有什么奇怪的特性呢？我们就先从镜像对称说起吧。在日常生活中区别左和右是很重要的。许多物体几乎都是左右对称的，正反方向上旋转都是等同的，但是实际上有一定的“用右手或左手的习惯”。最初人们认为粒子的基本相互作用没有左和右的区别。如果发生反应，那么它的镜像应该是

图 3-15　左手定则
资料来源：汪容 .1979. 关于基本粒子的对话

一样的。大多数粒子旋转，若以它们的运动前进方向为标准，就可以有以顺时针方向旋转（右手定则）或反时针方向旋转（左手定则）两种。图 3-15 女孩表示的就是左手定则。

中微子都是左旋的还是右旋的，还是两种都可以呢？大量的实验证明：中微子都是左旋的，而反中微子都是右旋的。搞清楚这个结论可不简单。

由于 K 介子衰变产生了使人迷惑的效应，两位在普林斯顿大学工作的中国物理学家李政道和杨振宁在 1956 年提出警告：在 β 衰变中，镜像对称性需要重新检验。纽约哥伦比亚大学教授吴健雄和她的同事做了一个实验，用磁体细心地把原子核的自旋方向整齐地排列起来，发现在 β 衰变中放射出来的电子不是均匀地喷射出来，而是从一边射出。许多物理学家被这个实验结果的物理含义惊呆了。泡利说："我不相信上帝是一个弱智的左撇子。"人们几乎立即意识到这个结果的肇事者就是 β 衰变中放射出来的中微子，它只能以左旋的形式存在。中微子的右旋形式是它的反物质配对物。这个重要课题涉及微观世界的对称性问题，直接同宇称守恒（本书 4.2 节）、弱作用（本书 4.3 节）、反物质（本书 3.2 节）和电荷共轭－宇称（CP）破坏（本书 5.7 节）等有密切关系。

3.4　核内核子的强作用胶合力和弱作用力

若只有电磁作用力，原子核都应该爆炸！

直到 20 世纪 30 年代初，人们还只知道自然界中有两种基本相互作用力：引力和电磁作用力。后来逐步地，人们认识了两种新的作用力：使核"胶合"在一起的强作用力和使原子核"消磨开"的弱作用力。

由于 1932 年中子的发现，原子核的成分似乎可以认为就是质子和中子。但是，正如在科学领域里常常发生的情况那样，一个问题尚未解决，另一个问题就出现了。质子都带有相同的电荷，彼此相互排斥，而中子完全不带电荷，不可能有抵消质子间排斥的吸引作用。如果只有电磁作用力，所有的原子核都应该爆炸！

但是物理学家们知道，分裂原子核是很困难的。是什么力量把质子和中子捆绑在一起呢？无论如何，使它们结合在一起的力量必须是很强大的。质子之间的电磁排斥力随着它们的靠近而增大，而中子又不带电，它没有负电荷，不可能同质子吸引在一起。在非常小的原子核里，质子和中子一定受到一种比以前物理学中遇到的更强大的力的约束。万有引力是唯一已知的其他作用力，使行星保持在它们的轨道里做旋转运动，但是在原子尺度上万有引力太小，起不了任何作用。一定存在另一种强作用力才能使核内的核子结合在一起。

力的信息传递者

在量子世界里，能量可以免费借出，只要足够快地归还。这种借来的能量可以表现为粒子，只是瞬间存在。这些瞬态粒子是一个物理过程的信息传递者，把一种效应从一个粒子传递到另一个粒子。这样就可以将两个粒子紧紧地联系在一起了。例如，两个小孩不断地互相抛球，他们就是这样靠交换球相互联系，谁也离不开谁。这就说明作用力是怎样工作的。如图 3-16 所示，一个中子 n 和一个质子 p 相遇，通过交换一个更小的带电荷的介子 π 发生相互作用，使质子和中子交换电荷和其他个性。通过质子和中子之间不断地交换介子把质子和中子结合在一起组成原子核。

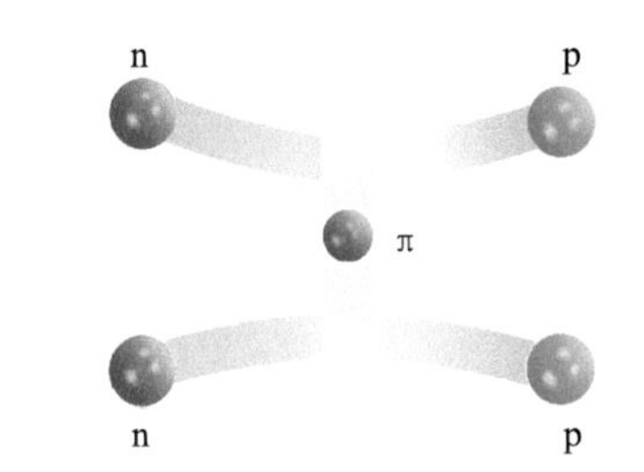

图 3-16　核子间的强作用力传递粒子 π
资料来源：韩红光绘

汤川提出的在核子间发生交换作用的粒子正是 1947 年发现的 π 介子。这是我们现在对核子间作用力的初步认识。但是这样的认识也有一个曲折的过程。

汤川秀树和他的介子交换力

汤川秀树（1907—1981，图 3-17）生于东京，是一个地质学家的儿子。他是一个羞怯和安静的男孩，是一个天生的性格内向的人，喜欢独处。他在独处时读了很多书。到上小学的时候他就读了 10 卷关于 15 世纪日本皇家统治者的故事。在上小学期间，数学是他最喜爱的科目。而且直到 1922 年爱因斯坦访问日本之前，他对物理学都没有什么兴趣（爱因斯坦访问日本是一个吸引公众注意的重大事件）。在那时候，汤川秀树读了一本关于近代科学的书，其中谈到了量子理论。后来他回忆说："我完全不理解它的意义，但我感受到

图 3-17　汤川秀树
资料来源：Science Photo Library

它的神秘，很吸引人。”在1929年他于京都大学毕业之前，他还只想成为一名牧师。在他的自传《旅人》(*Tabibito*) 一书中，他写道：“虽然社交是人们更加向往的活动，然而至今我的骨子里还是不喜欢交际……”

1932年，对量子力学有重大贡献的海森堡(参见本书2.7节)提出原子核的质子－中子模型。他建议，原子核结合能是一种“交换作用力”，是通过质子和中子不断地交换作用产生的力。他相信一个中子是一个质子和一个电子的组合，并且认为电子对核力来说是基本的。后来证明这是错误的，但是他提出的“交换作用力”对汤川秀树有很重要的启发。

汤川秀树对海森堡的理论很感兴趣，并且决定进一步发展这个理论。他急切地想要搞清楚核力是怎样起作用的，它是怎样同其他作用发生关联的。人们认为“信息传递者”粒子携带着这种交换力，就像电磁相互作用力通过交换光子传递一样，那时量子电动力学已经明确光子是带电粒子之间作用的信息交换者，这种力的信息传递粒子是遵从测不准原理的瞬时能量束。传递粒子越轻，它们存在的时间和力程越长。反过来，重传递粒子的力程短。汤川秀树想要知道是否也存在携带核力的粒子。

弱作用力

汤川首先接受了海森堡把电子作为核力携带者的概念。由于质子和中子通过电子－中微子对的交换发生作用，这样核力问题似乎就解决了。然而，这是错误的。汤川首先想到并用计算表明：这个机制要把核子束缚在一起太弱了。因此后来他为费米的相互作用杜撰了一个名字——“弱核作用力”。为什么说这里和电子相关的作用称为弱核作用力呢？我们先从一个比喻说起吧！科学家早就注意到不少重元素都有天然放射性，特别是原子核内中子数比质子数多一些的那些核更容易有β放射性，也就是这种核容易释放电子。这就是弱作用的β放射性。直到20世纪30年代初，费米(图3-18)才发展了β放射性理论，解释了一个中子怎样衰变成一个质子，放射出一个电子和一个中微子(参见本书3.3节和4.3节)。费米的理论当时没有受到重视，甚至这方面的开创性的文章曾被拒绝刊登，只得在意大利的一个小杂志上发表。到1938年，他因发现慢中子辐射俘获核反应才获得诺贝尔物理学奖。因为他的夫人是犹太后人，在瑞典接受诺贝尔奖金后，费米就直接到美国，并任教于芝加哥大学，对杨振宁、李政道都进行过指导，斯坦伯格也担任过他的助教。费米对弱

图 3-18　费米

作用理论、量子场论、核反应堆理论，以及费米－狄拉克统计［粒子自旋为 1/2 的奇数倍符合该统计，为偶数则为玻色统计，玻色（Bose）是印度物理学家］、中子物理、超核等都有极大的贡献，是极为杰出的大理论家和实验家。

携带核力的粒子是什么？

汤川受到费米的理论启发又曾接受海森堡的电子交换假说后，进一步回到了他原初的携带核力粒子的概念上。1934 年 10 月的一个夜里，汤川彻夜难眠，他突然意识到核力只在极小距离下起作用，这个距离大约只有几万亿分之一厘米。携带这样一种力的粒子应该是比电子重几百倍的一种重粒子。1937 年在宇宙射线实验中发现 μ 子后，他认为携带核力的粒子就是 μ 子（参见本书 3.1 节）。μ 子的质量大约是电子质量的 210 倍，大约是核子质量的 1/9。但后来证明不可能是 μ 子，因为 μ 子是弱作用粒子，而 1947 年发现的 π 介子才是核子间强作用力的交换粒子。这是后来才逐步澄清的。

π 介子的发现

20 世纪 40 年代，英国的布里斯托大学物理学教授鲍威尔（图 3-19 中左三）研发了一种新的探测宇宙射线的方法，即把安放有照相底片（乳胶片）的氢气球放到高空（图 3-19）。1947 年在玻利维亚安第斯山 3400 米高空的一个实验中，他在大量的乳胶片中发现了一种特殊的径迹事例，一种比 μ 子还重一些的粒子，而且衰变为 μ 子和电子。鲍威尔将其称为 π 介子（见 3.1 节）。

图 3-19　宇宙射线高空气球
资料来源：Hulton Deutsch

强作用力

汤川把他的粒子称作介子，就是“中间”的意思，因为它比质子轻而比电子重；他也意识到它应该有正电荷和负电荷两种形式。这个粒子在质子和中子之间前后翻转，且将质子和中子黏合在一起。质子间的电磁力使它们之间相互排斥。将彼此靠近的质子（包括中子）黏合在一起要求有极强的吸引力，这样，任何通常的实验室里做的实验都不可能轻易地把原子核震松。汤川认为探测到这种介子的概率很小。

然而，1947 年英国物理学家鲍威尔在宇宙射线实验中发现了适合汤川描述的中间质量介子。

汤川交换机制的直接证据在 1948 年第一次被发现。在美国的劳伦斯伯克利国家实验室，塞格雷（参见本书 3.2 节）领导的实验组在用高能中子轰击原子核时观测到了汤川交换机制——一些向前快速运动的中子通过交换信息传递粒子转变成质子，并且这些质子在原初中子运动的方向上产生。塞格雷因在 1955 年发现反质子获 1959 年诺贝尔物理学奖。

汤川看到了他的核吸收理论和费米的 β 衰变理论之间的相似性和区别。今天，我们知道汤川机制就是“强核作用力”，是核的结合力；β 衰变是“弱核作用力”起作用的结果，是与它自己的交换粒子完全不同的效应。在原子核里这两种力共存，并且它们不断地相互作用，这是现代实验室里进行的微观粒子实验和早期宇宙形成的重要过程，对认识物质世界有极为重要的意义。汤川所预言的强作用力的介子理论在 1947 年 π 介子的发现得到证实，他因此获得了 1949 年诺贝尔物理学奖。

3.5 从“儿童旋转木马”——第一个回旋加速器到多个世界高能物理研究中心

物理学家的“旋转木马”——粒子加速器革命

出生于 1901 年的年轻的美国人恩斯特·劳伦斯（Ernest O. Lawrence）教授在 1930 年建造了第一台环形加速器——回旋加速器。这个装置的直径只有几厘米，它是今天的庞大机器的前身，1932 年公布后他风趣地称它为“质子的旋转木马”（proton merry-go round）。

科克罗夫特-沃尔顿机器（参见本书2.8节）及其改进型装置，即范德格拉夫（van de Graaf）加速器用静电高压加速粒子。然而这种技术不能达到很高的能量。物理学家用电子伏作能量单位，简写为eV，即当带单电荷的带电粒子从一个电极到达另一电压高1伏的电极时它获得1eV的能量。范德格拉夫加速器可提供约1兆电子伏（MeV）的能量。为了获得更高的能量，在德国工作的挪威工程师洛尔夫·温德罗（Rolf Wideröe）在1928年发明了“直线加速器”。粒子通过一系列长度逐渐增加的加速管使它相继获得能量，启发了回旋加速方式。

1929年4月的一个晚上，劳伦斯在大学图书馆浏览，看见了温德罗发表在德文杂志《电技术档案》（*Archiv fur Elektrotechnik*）上关于正离子多级加速的文章。劳伦斯只懂一点点德文，但是从插图中他能明白文章的思想。为了达到感兴趣的能量，直线加速器对实验室来说太长了。劳伦斯立即寻找使机器更紧凑的方法。

从直线到环形加速器

劳伦斯有几个解决方案是革命性的。1930年发明的回旋加速器，最终的解决方案是：从中学电磁学中可知，垂直于磁力线运动的带电粒子在磁场中受到的洛伦兹力使粒子偏转。就这样，用强磁场将粒子限制在螺旋线轨道里，在两个半圆形的金属盒之间有一定间隙，它们放在磁铁（红色）的两极板之间（图3-20）。将高频电振荡电压加在两个D型盒上（黑色），通过高频电振荡器加速粒子，这样随着粒子作螺旋线轨道运动恰巧通过两个D型盒间隙时，通过调节高频电振荡的频率使之与粒子通过间隙时同步。这样，带电粒子受到多次加速而获得逐渐增加的能量。质子（即氢核）称为离子源，从机器的中心注入，当质子通过两个盒子之间的间隙时，与粒子同步的电场就“踢”它们一“脚”使它们获得能量。一次又一次地

图3-20　质子的旋转木马
资料来源：Fraser G, Lillestol E. 1996. The Search for Infinity

“踢”，粒子的速度逐渐增加，它们向盒子的边缘回旋运动，在盒子边缘用磁力把它们“剥离”出来。

第一台回旋加速器看起来像是个玩具，直径仅 11 厘米，能量达到 80 000eV。一年以后，一台 28 厘米的回旋加速器建成，能量突破了百万电子伏的壁垒。虽然这台机器能破碎原子核，但是劳伦斯没有用它。当英国剑桥传出锂原子核被打碎的消息时，劳伦斯正在度蜜月，他立即要求在他在伯克利的“粉丝”们从化学系弄一些锂，他要马上验证这个实验。

回旋加速器的发展和初步应用

劳伦斯出生在美国南达科他州。他的主要兴趣是电力。他 9 岁时就在地下室收藏电动机和火花线圈。他的雄心壮志令他母亲担心：“你不必这样快。有足够的时间。”这种疯狂的力量和热情变成了劳伦斯的工作特征。这张 1932 年的老照片（图 3-21）展示了他和他的团队成员以及他们的 69 厘米的回旋加速器。劳伦斯的第三台回旋加速器可以将质子加速到 4.8MeV。在 20 世纪 30 年代经济不景气时期，劳伦斯不得不与财力上的艰难作斗争。一个意外之财就是他从联邦电报公司那里得到了一块旧电磁铁，在几台回旋加速器上都用得上。经费的短缺可能是劳伦斯的实验室痛失 20 世纪 30 年代的一些重大发现的原因。

图 3-21　劳伦斯和他的回旋加速器
资料来源：Lawrence Berkeley National Lab

位于美国西部加利福尼亚州的劳伦斯伯克利国家实验室在20世纪30年代建造了几台更大更强的回旋加速器。这些加速器在医学应用方面发挥了作用，并在探索核子间作用力方面做了努力，后来成为许多科学分支领域的重要工具。那个时期的劳伦斯特别感兴趣的是为医学和生物学生产放射性同位素，在这方面他与劳伦斯伯克利国家实验室主任——他的兄弟约翰密切合作取得了很好的效果。1938年，他们用一台加速器治疗癌症。高能粒子束能破坏人体组织细胞，是很危险的，但是他们的想法是用窄束只照射癌组织。现在这个技术已经成为对抗癌症的主要武器。到1939年，最大的回旋加速器直径是1.5米，能量高达19 MeV。为了产生汤川粒子（参见本书3.4节），劳伦斯计划建造一台4.6米的机器，能量为340 MeV。这个项目被第二次世界大战中断了，况且由于技术上的限制，回旋加速器的最大能量只能达到大约20 MeV。当粒子的速度接近光速时，爱因斯坦相对论效应使它们的质量变重而不再跟得上电场变化的步伐，更高的能量不得不等待发展更精准的新技术。

几个大家伙的角力——GeV级同步加速器

第二次世界大战之后的一段时期是大国冷战阶段。美国、苏联和欧洲三个方面都在提高加速器能量，形成大加速器角力的局面。

20世纪50年代初，劳伦斯的同事埃德温·麦克米兰（Edwin M. McMillan）和苏联的威克斯勒（Veksler）几乎同时发明了一种新的粒子加速器——同步回旋加速器。这种加速器能使粒子限制在真空管里作环形轨道运动。回旋加速器里粒子从里向外作螺旋形轨迹运动，要用很大面积的磁铁。而同步回旋加速器用多个较小的C形磁铁环取代回旋加速器的巨大圆形磁铁，这样环的直径就可以很大了。当前粒子可以加速到接近光速的速度。加速粒子的电场与偏转粒子路径的磁场同步，在环上安置几个加速腔，粒子经过加速腔时都可以增加能量。这样，粒子能量就可以稳步地增加到接近爱因斯坦的特殊相对论效应制约的能量。

由图3-22可见粒子注入电磁体环里，它使粒子保持在环形轨道里运动。高频电场加速粒子，加速力和磁场两者同步使粒子在向靶引出之前维持在轨道里运动。

在20世纪50年代为了寻找更多的新粒子，利用这一原理建造了更大更强有力的粒子加速器。到这时第一次用加速器就可以得到过去只有在宇宙射

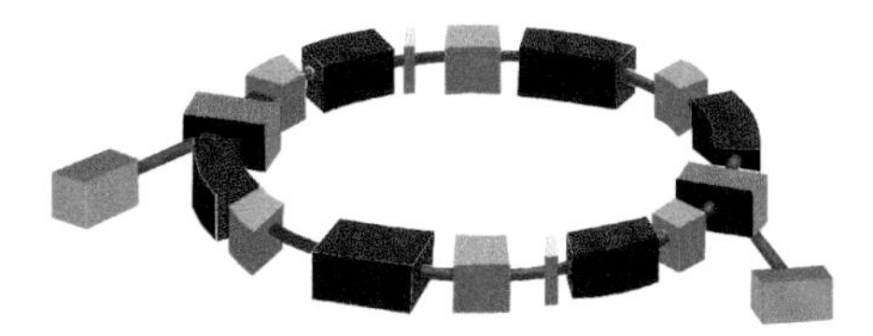

图 3-22　同步回旋加速器
资料来源：韩红光绘

线里才能有的高能量粒子，物理学家们可以在精心的控制下选择不同的束流做实验。

1952 年，第一台质子同步回旋加速器在纽约附近布鲁克海文（Brookhaven）国家实验室建成，粒子能量达到 3 GeV。这是第一台达到宇宙射线粒子能量的加速器，故它以 cosmotron（cosmos 即宇宙）的名字而闻名于世。之后的几年内，这台 2000 吨的机器一直位居世界高能加速器领域首位，直到 1954 年在劳伦斯伯克利国家实验室 6 GeV 同步回旋加速器 Bevatron 投入运行。1955 年这台机器达到了它的第一个目标，发现了反质子——相应于质子的反物质粒子。

在欧洲方面，1949 年 12 月在瑞士洛桑召开联合国文化会议审视了战后欧洲科学的衰败景象。老大陆一片废墟，科学家们外逃，物理学的发展转向美国。养育了从古希腊到 20 世纪的卢瑟福、玻尔、狄拉克、海森堡和泡利，具有 2000 年基础物理学悠久历史的欧洲大陆在现代世界看起来好像失去了她的文化传统。在洛桑会议上，著名法国物理学家德布罗意建议成立一个国际研究实验室。6 个月后，联合国教科文组织（UNESCO）议案通过了德布罗意的建议，这就是建立众所周知的欧洲核研究组织（CERN，后来改称为欧洲核子研究中心），使欧洲大陆从战争的废墟上站起来。欧洲多个城市都争取建造这个新实验室，最后选中了瑞士日内瓦的郊区 Meyrin 村庄。1954 年夏，实验室工程开始建设。

CERN 的主要目标是建造一台 28 GeV 质子同步回旋加速器——世界上最大的粒子加速器，周长 600 米。关于这台加速器的命名有几个富于幻想的建议，最后谦虚地命名为 PS（proton synchrocyclotron），意思是质子同步回旋加速器。

1957 年，苏联宣布在莫斯科郊区杜布纳建造了一台“质子同步加速器”（图 3-23），其能量达到了新的世界纪录 10 GeV，并于 1957 年开始运行。不过作为当时世界最高能量的加速器这个纪录只保持了两年时间。CERN 和布鲁克海文国家实验室决意要打破苏联的纪录，在 1959 年 11 月 24 日 CERN 的 28 GeV PS 质子同步加速器（图 3-24）开始运行，欧洲赢得了这场比赛的胜利。

图 3-23　苏联的质子同步加速器
资料来源：Dubna United Institute of Nuclear Research

图 3-24　CERN 的 PS 质子同步加速器
资料来源：CERN/PS

一个伏特加酒瓶传递到了 CERN 的控制室，这瓶伏特加是苏联特别为表示庆祝送来的。CERN 质子同步回旋加速器团队的领导约翰・阿达姆斯（John

Adams）将他们的成就的证据文件放进了喝空了的伏特加酒瓶里（图 3-25），并将它送回莫斯科。

阿达姆斯当了三届 CERN 的总所长，他是一个高个子、体格健壮、看起来像运动员那样行动敏捷、为 CERN 而生的不列颠人。在这里，几百个来自不同国家、有着不同背景、几年前才从战争中走出来的人们为了一个共同的目标在一起工作。阿达姆斯生于 1920 年，没有接受过标准的高等教育训练。由于没有钱接受进一步教育，他只有去工作，在一个电气工程公司当学徒，在第二次世界大战期间当工厂被轰炸时候被提升晋级了。因为他太年轻所以没有被召唤入伍，而是进入政府的无线通信研究实验室从事雷达方面的工作。第二次世界大战后，在英国哈威尔（Harwell）实验室，他经历了一系列的新的研究挑战。

图 3-25 “阿达姆斯和伏特加酒瓶”
资料来源：CERN/PS

阿达姆斯有很强的鼓舞人心能力和号召能力，科学家和工程师们也很尊敬他，他的聪明智慧和对问题的机敏，以及他所具备的机械学知识，都有助于提高他用科学家和工程师的语言与他们谈话的能力。CERN 质子同步回旋加速器组的总部被称为“阿达姆斯厅”。阿达姆斯，在当了三届 CERN 的总所长之后，于 1984 年去世。可见，有综合技术背景和管理能力的人的重要性。

20 世纪 50 年代，美国布鲁克海文国家实验室也在建造一台新的交变梯度同步回旋加速器（AGS），能量为 30 GeV，最初建议采用当时已有的技术。然而，当他们得知欧洲的团队正在“卡住他们的脖子”时，布鲁克海文国家实验室的团队提出了新的“交变梯度”概念，这可以采用更经济的磁铁。CERN 也采用了这个新概念，并且第一次用在质子加速器上。布鲁克海文国家实验室的加速器抢先一步投入运行并在物理方面取得了一些重要成果，很快发现了 Ω 超子等。这使得欧洲在十年以后才在物理方面赶上去，取得可与之相比的成就。

三个方面的几个大加速器——质子同步加速器的竞赛就是这样紧锣密鼓地进行了十几年。

粒子对撞的优势和第一个对撞机

从中学物理中可知道，如图 3-26 所示，两个物体相撞，对 A 的情形，右面的物体不动，而 B 的情形右面的物体同左面的物体按相等的速度 v 对碰（能量为 E），显然图 A 中碰后二者合为一体，其总能量的一部分消耗为向右方移动的机械能量，而 B 中的系统则没有这种消耗。这样，有效的可被利用的激发能量就会大得多。对 A 的情形，若靶核为质子（其质量 M 为 980 $\mathrm{MeV/c^2}$）且固定不动，轰击的质子能量为 E=900 GeV，经过计算则有效激发能量为 $\sqrt{2ME}$ =41.3 GeV，也就是同入射粒子能量的平方根成比例，即只有约 1/20 被利用。两个质子对撞，可被利用的激发能量则为 1800 GeV，约为固定靶情况的 44 倍。质子对撞的激发能量就可能产生更多的末态粒子和更新的物理现象。第一个提出电子－正电子对撞装置的是在意大利弗拉斯卡蒂国家实验室工作的奥地利年轻科学家布鲁诺·图谢克（Bruno Touschek）（图 3-27）。

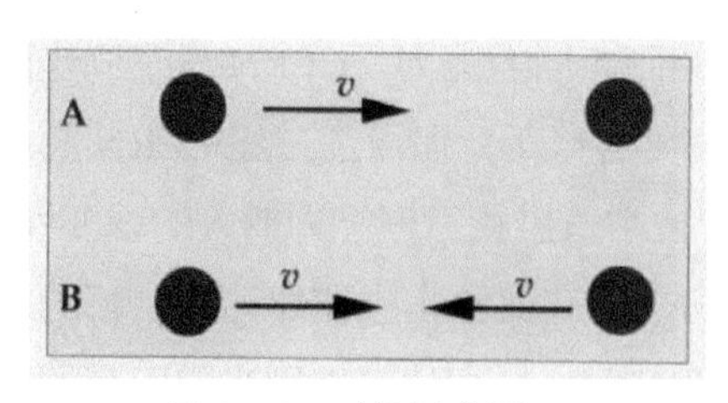

图 3-26　对撞示意图

图 3-27　布鲁诺·图谢克

资料来源：INFN/LNF, The INFN Frascati National Laboratory

图谢克早期在罗马学习，第二次世界大战时期回奥地利故乡。因为他的母亲是犹太人，他一直处在纳粹的威胁中，1945 年被关在德国基尔（Kiel）集中营。后同三个伙伴逃出，两个伙伴被枪杀，他受伤后被抛在水沟里侥幸逃脱。他曾在海森堡的指导下完成博士论文，并在监狱中遇到一位电子感应加速器专家。加上自己善于钻研，20 世纪 50 年代初，图谢克作为意大利弗拉斯卡蒂国家实验室受聘教授，于 1961 年研究成功第一台电子－正电子对撞装置，但不幸于 35 岁早逝。本书两位作者 20 世纪 80 年代至 21 世纪头十年在该研究所工作多次。几乎每天路过图谢克铜像，心中总有不胜敬仰和惋惜之感。图谢克的作品开始实际上是一个“小不点”，如图 3-28 所示，同前面讲的“大家伙”形成鲜明对比。但是它开辟了高能物理的广阔前景。很快，他的小组设计研制成 250 MeV 对撞机，名为 ADA（图 3-29）；1969 年建成了 1.5×2 GeV ADONE 正负电子对撞机，在此机上也观察到了J/ψ粒子（参见本书4.4 节、4.5 节），可惜比丁肇中和里克特（Burton Richter）的发现晚了些；1993 年建成 1.1 GeV 世界上 φ 能区亮度最高的正负电子对撞机 DAFNE，专门用于 K 介子的 CP 破坏研究（参见本书 5.7 节）。图 3-30 为弗拉斯卡蒂国家实验室全景，圆顶内先后安装了 ADONE 和 DAFNE 对撞机。

图 3-28　第一个电子 – 正电子对撞装置

资料来源：INFN/LNF

图 3-29　ADA

资料来源：INFN/LNF

图 3-30　意大利弗拉斯卡蒂国家实验室

资料来源：INFN/LNF

世界几个高能物理研究中心

在1960年对撞机发明以前，发达国家已经建立了几个高能物理研究中心，如前述的欧洲、美国和苏联的几个大家伙——加速器。中国当时还没有条件，但也曾派了一批学者前往苏联莫斯科附近的杜布纳10 GeV质子同步加速器中心学习和工作。图3-31是1957年前后中国学者赵忠尧（左1）、王淦昌（右1）、周光召（右2）、胡宁（中）等在莫斯科郊区杜布纳联合核子研究所。

图3-31　1957年中国学者在杜布纳
资料来源：中国科学院高能物理研究所

随着对撞机的发明，各大中心在20世纪60年代直到近期都以极快的速度建设越来越高能量的不同粒子的对撞机（图3-32）。一些高能物理实验中心详见本书有关各节，其中有，正负电子对撞机：DESY（第4.6节），SLAC（第3.9节），北京IHEP-BEPC（第4.5节）；质子－质子对撞机-LHC：CERN（第5.1节）；质子－反质子对撞机-SP$\bar{\text{P}}$S：CERN（第4.7节，第5.1节），FNAL（第4.8节）；质子－电子对撞机HERA：DESY（第4.6节）。重离子对撞机有布鲁克海文国家实验室的RHIC（第5.6节），CERN的LHC到Pb-Pb对撞（第5.1节）。俄罗斯的新西伯利亚和日本高能加速器研究机构（KEK）都建有正负电子对撞机，德国重离子研究中心（GSI）新建了FAIR等。以上都是令人振

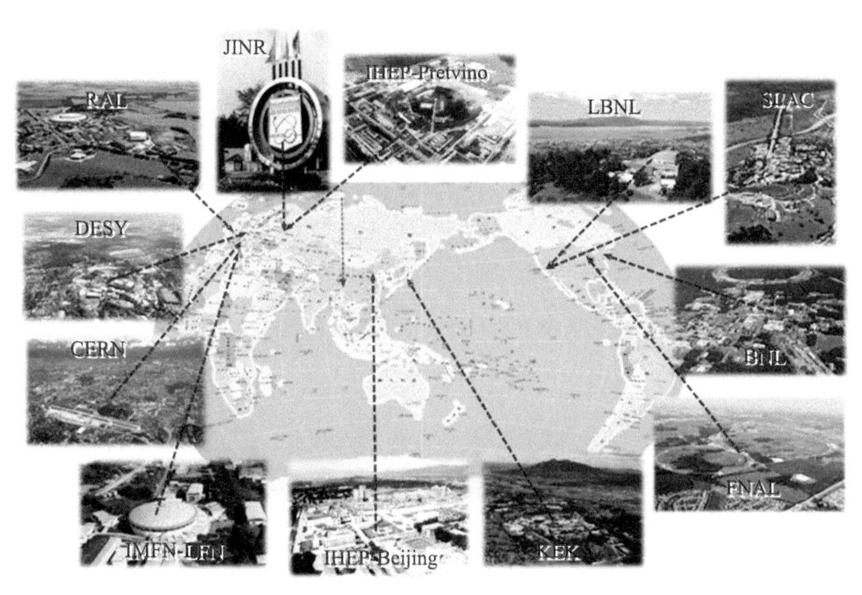

图 3-32　世界上的高能物理实验室

奋的。不得不说一下在高能大中心的建设中可以说是唯一的悲剧性的事件，那就是美国 20 世纪 90 年代初在得克萨斯州建立的 87 千米周长超级超导对撞机 SSC。在已经开掘了约 24 千米的隧道和已经进行了大批的基础设施建设（包括 GEM 等大型探测器等的预制研究）的情况下，终因不同声音的反对及经费等原因于 1994 年春美国参议院投票而停止，后约有近 500 位科学家转向欧洲大型强子对撞机 LHC 上或其他方面工作。中国科学院高能物理研究所、北京大学、清华大学等单位于 1994 年前后已参加了 SSC 对撞机部件和探测器的一定工作，本书作者有幸也参加探测器预研，有些切身感受。这也许对科研少走弯路和应记取的经验教训是有帮助的。

近期，国际上也在讨论酝酿并已预制研究更高能量的对撞机，如直线电子正电子对撞机有 CERN 的 CLIC（为高能直线对撞机 ILC 等做准备），DESY 的 TESTLA（已用于自由电子激光装置等）和 CERN 的 TeV 级的环形电子对撞机 TLEP。特别是 2013 年中国高能物理界已经明确提出“建设大型加速器，实现科学梦”的计划，即建造环形电子正电子对撞机（称为 CEPC），周长 50～70 千米，能量为 250 GeV，可以产生大量希格斯粒子，精密测量研究其性质，回答和探索新的物理问题。目前对撞机和探测器的一些筹备或预制研究工作已在起步中，第二期在同一隧道里建造为现在的 LHC 能量 3 倍多（45 TeV）的质子－

质子对撞机，这将对回答科学上最根本的课题，进一步寻找新粒子起重大作用。另外也提出了建造高亮度的 Z 工厂以及超级正负电子对撞机（super-τ-charm）的方案。这些预期的大科学装置都具有前瞻性的重大科研课题，将带动大量高新技术的开发应用和提升我国的综合国力。

光辉的前景是指日可待的！

3.6 从奇异粒子家族到粒子王国——K 介子及其他

20 世纪 50 年代发现了一个新的不稳定的粒子家族。刚解决了 μ 子和 π 子的问题，物理学家们现在又面临 K、Λ、Σ 和 ξ 粒子问题。这些粒子被贴上“奇异粒子”标签，因为它们的寿命比任何预期的粒子寿命都长得多。

V 形径迹

1947 年在 π 介子发现后不久，英国曼彻斯特大学的罗切斯特（George Rochester）和布特勒（Clifford Butler）在宇宙射线研究方面取得了重要的进展。在他们的云室里，两条径迹源于一点，形成 V 形径迹。研究者们由此得出结论：一个未知的粒子衰变成两个次级粒子，他们在云室照片中发现了宇宙射线产生的 Λ 粒子。

1950 年，安德森从 11 000 张云室照片中证实了这个发现，这些照片是在加利福尼亚州怀特山顶上做的实验中拍摄的，那里在海拔 3000 米，宇宙射线强度是海平面宇宙射线强度的 40 倍。他发现了 34 个新粒子事例，现在把这种新粒子称为“K 介子”。他很快发现 K 介子以特殊的方式衰变。在核物理学中一个有用的时间间隔是 10^{-23} 秒，称为 1 “核年”，大约是光穿过原子核所花的时间。从 K 介子产生的方式看，它们的寿命应该只有 1 “核年”。实际上它们的寿命大约为 10^{-8} 秒，比原来估计的长 1000 万亿倍，这是一个天文数字。因为这种粒子寿命长，在当时看来是很奇怪的，所以 K 介子就被贴上了“奇异粒子”标签。

从云室到气泡室

在本书 3.1 节中已经介绍了在地面利用云室发现了来自天外的宇宙射线中

的 μ 子。云室是利用当粒子通过过饱和气体时产生雾滴留下的径迹的原理记录的。1952 年，美国青年物理学家多纳得・格莱塞（Donald A. Glaser）从打开啤酒瓶盖由于压力突然下降形成气泡的观察中得到灵感发明了气泡室，开始研究过热液体气化的过程。他发现当带电粒子穿过时可以使其路径周围的液体立刻气化沸腾，先产生微小的“胚胎气泡”然后很快发展成可见的气泡。过热的液体是使温度突然降低，压力也随着降低而形成的，当粒子穿过时就形成了径迹。他开始用的是直径为 2.5 厘米的小玻璃瓶。如图 3-33 中所示，当时在充入乙醚液体（500 立方厘米）中观察到了宇宙射线径迹。由于气泡室是液体的，可以比气体云室记录径迹更长的高能粒子，了解全面的粒子作用过程，受到许多物理学家的重视。这种装置取代了云室。云室对于较高能量粒子的探测有些无能为力，较高能量粒子在云室里飕地穿过水蒸气，不留下任何径迹，若能看到也只是粒子射程的极小部分。

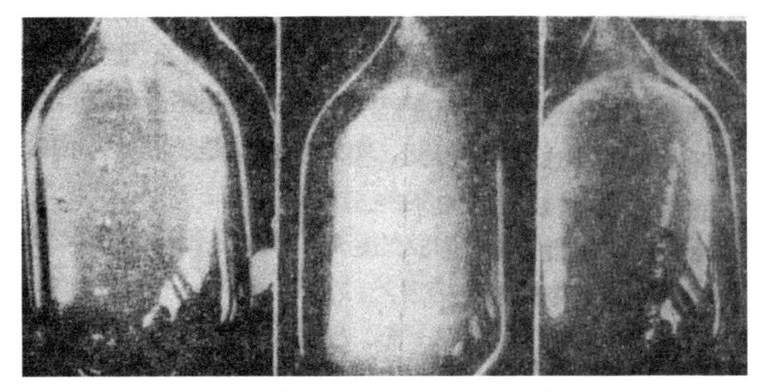

图 3-33　格莱塞的玻璃瓶气泡室和粒子径迹
资料来源：章乃森 . 粒子物理导论 .1984

斯坦伯格（参见本书 3.7 节）是第一个使用气泡室的物理学家。1954 年他在布鲁克海文国家实验室做的实验发现了中性 Σ 粒子，并且证明了这种新技术对直接观测在几分之一秒内衰变的粒子短径迹是多么有用。

与此同时，在美国西部劳伦斯伯克利国家实验室的阿尔瓦雷茨（Luis W. Alvarez）也听到了关于格莱塞的发明的消息，并且立即建造了充液氢、液氦等的大气泡室。他还采用了使气泡室与加速器提供的粒子脉冲同步的概念。

格莱塞和后来大力发展了气泡室技术的阿尔瓦雷茨分别获得 1960 年和 1968 年诺贝尔物理学奖。他们的获奖，以及鲍威尔与布莱克特分别获 1927 年和 1948 年诺贝尔物理学奖就足以说明：在粒子物理发展前期与中期这些直观的径迹探测器是功不可没的。物理学的进展与新的探测方法是密不可分的，最典型的例子就是16世纪和17世纪发明的望远镜和显微镜第一次扩展了人类的视野。

联合产生反应和衰变

在液氢气泡室中看到了π介子与质子（即氢原子核）作用的双V形径迹的事例，如图3-35所示，$\pi^-+p \longrightarrow \Lambda+K^0$。这两个V形径迹实际上就是二者的继续衰变，$\Lambda \longrightarrow p+\pi^-$，$K^0 \longrightarrow \pi^+\pi^-$。Λ与$K^0$总是联合产生的（图3-34、图3-35）。值得注意的是，产生Λ和K^0的过程很短，在图片中只看到一个顶点，因为它是强作用，时间短到10^{-23}秒。注意，这两个产物都是中性的，因此在气泡室中看不到二者的径迹，即中性K介子和Λ超子的两段折线。这两段折线的长度相当于这两个弱衰变粒子的寿命10^{-10}～10^{-8}秒所飞行的距离，因此才能在气泡室中测到几厘米或更长的一段距离后才出现的两个V形径迹。另外，早在1947年罗切斯特和布特勒已经在云室中发现了Λ粒子，$\Lambda \longrightarrow p+\pi^-$。这是个强作用弱衰变过程。Λ与$K^0$总是“奇怪地”联合产生的事实和后来大量实验证明这类粒子的特殊性促使科学家提出了一个新的量子数S，而Λ的S=−1，K^0的S=+1。即反应后总的奇异量子数S=0。这个反应中初态的π^-和p都不是“奇异粒子”，当然反应前总的奇异量子数就是S=0。这说明强作用奇异量子数是守恒的。

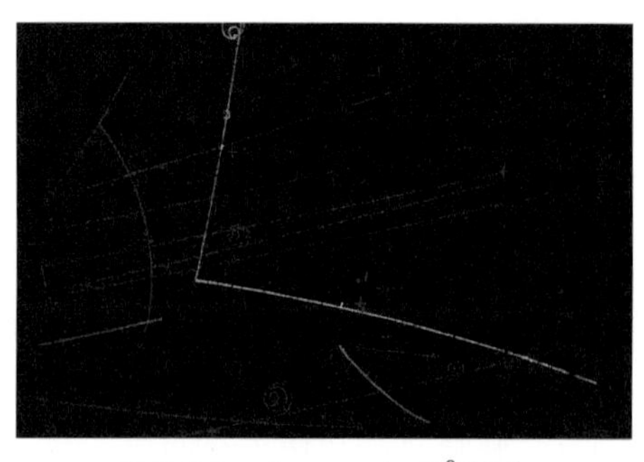

图3-34　$\pi^-+p \rightarrow \Lambda+K^0$照片
资料来源：CERN

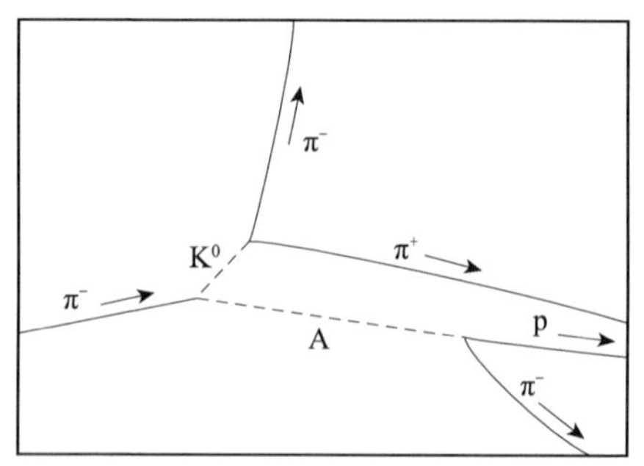

图3-35　$\pi^-+p \rightarrow \Lambda+K^0$示意图
资料来源：许咨宗．核与粒子物理导论．2009

20世纪50年代初期，奇异粒子主要是在宇宙射线实验中发现的，用高能加速器的新一代实验进一步扩展了奇异粒子的探寻研究。物理学家们急于找到更多的新粒子，很快又发现了几种奇异粒子，如∑和ψ。K 介子比π介子重几倍，但仍比质子轻，然而后几种奇异粒子都比质子重，而且很不稳定，特别是 1964 年在美国的布鲁克海文国家实验室（参见本书 3.8 节和 4.4 节）发现的非常重的 Ω^- 超子。它们是一类新重子，归属于重子家族。

到此为止，我们可以利用已经引入的量子数（B、S、I 等）来构建粒子家族了。附带说一句，强作用要受到几种量子数守恒的限制，而弱作用则一般不受这些量子数守恒的限制。你可以想象，两者强力搏斗比赛时条条框框的规则又多又严格，而文弱的对峙则规则限制少得多。

奇异数

1954 年美国物理学家盖尔曼（Murray Gell-Mann）和日本物理学家西岛和彦（Nishijima Kazuhiko）解释了新粒子寿命较长的问题。跟电荷一样，新奇异粒子携带另一种基本特性，称为“奇异数”。

跟电荷一样，奇异数必须守恒。与电荷一样可以交换，且永不丢失，所以在强核力作用下反应前后的总奇异数是相同的。在这种精确的奇异数守恒定律的限制下，最轻的奇异粒子不可能在强核力作用下发生衰变。通过弱核力作用衰变，这就使得它们有较长的寿命。

粒子王国

到 20 世纪 50 年代末，由于许多新的不稳定粒子的发现，曾经相信粒子世界只有质子、中子和电子的简单性被打破了。这些新不稳定粒子包括带正电荷、负电荷和中性电荷的粒子，有 3 种π介子、3 种 K 介子、3 种Σ粒子、2 种Ψ介子、2 种μ子和 1 种Λ粒子。

这个粒子王国有点类似于一百年前化学方面出现的混乱情况，只有完全新的分类方式才能建立起有序的元素表。为什么有这么多不稳定粒子？它们在普通物质中不起作用，并且会衰变为稳定粒子。

所有新粒子都受强核力作用，能够与质子和中子一起归类为强子。这些强子可以再分类为介子（如π和 K，比电子重但比质子轻）和重子（质子、中子和更重的Λ等）。到 20 世纪 60 年代已经发现了上百种基本粒子。这种混乱情况是否隐含着某种更简单的深层次亚结构？应该如何分类呢？请继续看第 3.8 节。

3.7 第二个精灵——μ中微子的发现

发现μ中微子的实验

人们在20世纪30年代发现中子会衰变成质子和电子。1939年从宇宙射线中发现了一种比电子重127倍的可带正电或负电的基本粒子，称为μ子（参见本书3.1节）。到1956年发现了电子中微子（参见本书3.3节）。李政道、杨振宁发现宇称不守恒后进一步考虑，既然电子和电子中微子是一对，那么μ子是不是也有相应的中微子呢？1962～1963年，美国布鲁克海文国家实验室（参见本书5.6节）的里昂·莱德曼（Leon Lederman）、杰克·斯坦伯格、麦尔温·施瓦尔茨（Melvin Schwarz）受到启发进行了探索μ中微子的实验。人们在把电子中微子称为第一个精灵后，因为μ中微子也既小又有极强的穿透性，十分神秘，故把它称为第二个精灵。这个实验大致是这样进行的（图3-36）。

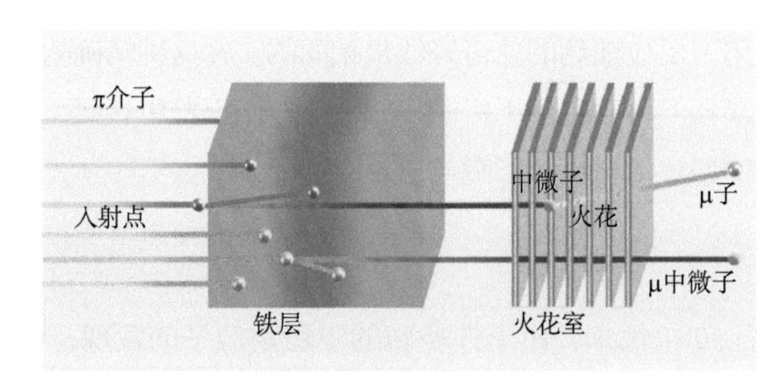

图3-36　发现μ中微子的实验
资料来源：韩红光绘

从图3-36可见，用15 GeV质子束打铍（Be）靶产生π介子束流，π介子有一定寿命，在飞行约20米过程中，自然衰变为μ子和μ中微子。它们穿过13.5米铁层。（附带说一句，这个铁层实际上是原来海军用的旧防护装甲板，据作者了解布鲁克海文国家实验室场地在第二次世界大战时是美国军营。可见他们做实验也是利用废旧物资的。）进入铁层的μ子逐渐被吸收后只剩中微子了。因为中微子的穿透力很强，探测装置采用了100层铝板，每层厚1英寸[①]，并在各层之间加火花室。火花室是一种平板型粒子探测器。即在两块很光滑的平板电极间加很高的电压。当粒子通过两极板间隙时出现很亮的火花

① 1英寸=2.54厘米。

并在电极上产生很快的电脉冲信号，由此可以确定粒子的位置（参见本书 5.2 节）。1961～1963 年，约 1 亿个中微子进入火花室探测系统，他们观测到 51 个中微子事例。因为在前面的束流中只是 μ 子而没有电子，这就证明了这些正是 μ 中微子。

晚到的诺贝尔奖

过了长达 27 年后，由于这个发现的重要性，这三位科学家获得了 1988 年诺贝尔物理学奖。杰克·斯坦伯格（图 3-37）曾感叹地说："为了得到诺贝尔奖，你必须做两件事：一是年轻时干起一个有兴趣的实验，然后就是要活得足够长。"他对本书的作者之一也曾说起，因为自己长寿才有幸得了这个奖项。他出生于 1921 年一个犹太家庭，因德国法西斯"排犹"，于第二次世界大战前的 1934 年他父亲送他去美国，被美国一个家庭临时收养。1939 年中学毕业后，他曾学过化工专业，但由于家庭经济困难，辍学后找到一个同化学知识有些联系的清洗仪器的工作，利用半工半读方式进入了芝加哥大学并取得了化学学士学位。1942 年美日宣战，他应征入伍做雷达兵，有幸了解电磁理论和雷达导航知识，从而对物理有了浓厚兴趣。1945 年第二次世界大战结束退役后，他又进入芝加哥大学专攻物理，就学于费米，继而担任费米的助教，曾赞扬费米的授课精粹而简洁。作为费米的博士生，费米安排他在一个山上做宇宙射线 μ 子实验。斯坦伯格发现有些 μ 子会变成一个电子和两个"中微子"，计算后发现应该是一个中微子和一个反中微子，但很快就湮灭掉了，因此什么也看不见了。有些科学家认为这是两种不同的中微子。这促使斯坦伯格与 μ 子的产物结下了不解之缘。1949 年，著名物理学家维克邀请斯坦伯格担任自己的助教，用加利福尼亚大学伯克利分校的电子同步加速器进行有关 π 介子的研究。但是由于正处于紧张的冷战时期，斯坦伯格拒绝在反共宣言上签字而被迫离开。他又回到东部的哥伦比亚大学，同莱德曼与施瓦尔茨考虑利用布鲁克海文国家实验室（参见本书 5.6 节）的质子加速器做与弱作用有关的中微子方面的实验。斯坦伯格也是利用气泡室做实验的第一人，并发现了∑超子和 π^0 介子。有幸的是，李政道和杨振宁当时在芝加哥做研究。斯坦伯格结识了这两位中国人，后曾经对本书作者说中国人很聪明，准确地说只是一部分吧！不过这以后对我们中国人是非常友好和支持的。图 3-37 是 2009 年 12 月本书作者同他相见时为他拍的照片（见后记）。

里昂·莱德曼（图 3-38）是斯坦伯格的挚友，后来担任美国费米国家加速器实验室（FNAL，参见本书 4.8 节）所长，并领导发现 b 夸克的实验组。

图 3-37　杰克·斯坦伯格
资料来源：谢一冈摄

图 3-38　里昂·莱德曼
资料来源：FNAL

麦尔温·施瓦尔茨（图 3-39）是一位极为优秀的粒子探测器专家，并很早就提出过应该做中微子实验。他曾在研制探测器时说过："我试图做一个乐观主义者，当我们第一次坐下来记录数据时，我曾说过'应该每吨物质每天记录到一个事例'，但结果比这个预期的还少了些，不过幸好我们建造了 10 吨重的探测器。"

图 3-39　麦尔温·施瓦尔茨和火花室
资料来源：BNL

3.8 在夸克海中探险——物质更深层次的夸克模型

实验上发现了大量“基本粒子”

在20世纪40年代之前，人们只知道很少的“粒子”，如质子、中子、电子、μ子等，它们被认为是“基本粒子”，原子、分子等就是由这些“基本粒子”构成的。随后的十几年间，情况发生了很大的变化，物理学家从宇宙射线和加速器实验中发现了一百多种在同一层次上的所谓“基本粒子”，这些粒子大多不稳定，寿命很短，而且会与质子、中子等发生很强的相互作用，似乎是与质子、中子属于同一层次。难道这一百多种粒子都是基本的吗？物理学家为此颇为烦恼。

1955年诺贝尔物理学奖获得者兰姆（Willis Eugene Lamb）在他的获奖演说中甚至说：“在过去，一个新的基本粒子的发现者常常被授予诺贝尔奖，但是现如今，这样的发现应该被罚一万美金。”随着新粒子不断被发现，物理学家也很难一下子记住这么多的粒子，以致费米在回应一位年轻物理学家的问题时说道：“年轻人，假如我能记住这些粒子的名称，那么我早就成为植物学家了。”当时的局面就同两百多年前一大批乱七八糟的化学元素的“大杂烩”逐步被有规律的门捷列夫周期表理顺了的情况非常类似。下面就说一说20世纪60年代粒子分类的故事。

盖尔曼为基本粒子分类的八重法

为了记忆和更清楚地认识这些粒子，科学家试着将这些粒子分类。1963年，美国物理学家盖尔曼（图3-40）和以色列物理学家尼曼（Yuval Neemann）将数学上的对称思想应用到当时已经发现的粒子上，各自独立地提出了粒子分类的方法。日本科学家中野（Nakano）和西岛和彦（Nishijma KaZuhiko）也提出了类似的分类法，主要是利用同位旋和奇异量子数，也称为GNN法。他们把有相近性质的粒子分成一个个的族，或是八个一族，或是十个一族。盖尔曼借用“八卦”的概念，称之为“八重法”。

图3-40　盖尔曼

早在20世纪30年代，物理学家就已经注意到核力具有一定的对称性。这就是说，无论在质子之间、中子之间，还是在质子和中子之间，核力几乎是相同的。从变换的角度来看，这就意味着如果把质子和中子进行相互代换，核力是不变的。这就符合对称的特征。由这一对称性就引出了同位旋的概念。

同位旋有点类似自旋（参见本书4.2节）。对于自旋是1/2的粒子（如电子）来说，它只可能有两种取向，分别对应的第三分量是1/2和−1/2。人们模仿自旋，设想有一个轴向的空间，即同位旋空间。基本粒子在这个空间中也有“自旋”，这就是同位旋。质子和中子可以看成是同一粒子（核子）的两种不同的同位旋取向状态，核子的同位旋是1/2，其第三分量是1/2的态对应于质子，第三分量是−1/2的态对应于中子。同时也可进一步把同位旋概念应用于所有参与强相互作用的粒子——强子。

在被发现的大量粒子中，带正电荷、负电荷的K介子和电中性的Λ粒子的行为相当古怪，它们如同质子、中子一样在实验中被大量地产生，应属于强相互作用产生，但衰变时间却很长，似乎属于更弱的一种相互作用（见3.6节）。因此盖尔曼提出，在同位旋量子数之外，应该赋予粒子一个新的量子数——奇异量子数。奇异量子数在强相互作用中是守恒的，即一个奇异数S为+1的奇异粒子的产生，必然伴随一个奇异数S为−1的奇异粒子的同时生成（参见3.6节）。正因为强相互作用中奇异数守恒，所以奇异粒子的衰变，只能通过其他的途径——弱相互作用来实现，这就解释了为什么奇异粒子的衰变时间要长于产生时间。

盖尔曼等在奇异数守恒的基础上，效仿门捷列夫的化学元素周期表，用八重法将粒子按同位旋第三分量I_3（横轴）和奇异数S（纵轴）进行分类，为区别介子和重子引进一个新的量子数，称为超荷Y，对介子，$Y=S$，对重子$Y=S\pm1$。一般用Y作为纵轴。I_3相同的粒子家族的质量都很相近，而Y不同的粒子家族质量差别较大。值得注意的是，Y和I_3有特殊的关系，即如果Y改变1，则I_3改变$\pm1/2$。这样粒子的电荷也就有相应的关系，即$Q=I_3+Y/2$，称为盖尔曼－中野－西岛关系式，即GNN关系式。按这个原则排列起来的介子八重态、重子八重态与十重态参见图3-42～图3-44。例如，对图3-44的重子十重态，1962年，在CERN召开的一次物理学术会议上，盖尔曼甚至还仿效门捷列夫，神奇地预言了一种新粒子Ω^-，用来填满他的十重态，并且确切预言了粒子的性质。开始的时候，人们并不太关注八重法。直到1964年，美国布鲁克海文国立实验室的一个小组宣布发现了 Ω^- 粒子，而且实验结果完全符合盖尔曼的理论预言，从而使盖尔曼的八重法模型轰动了整个物理学界。然而八重法背后又暗示了什么?

夸克模型的提出——夸克自旋和分数电荷

1963 年，盖尔曼和加利福尼亚理工学院的同事兹韦格（George Zweig）分别独立的提出，这些粒子大家族是由数学上的三个基本单元组成的，也就是强子是由更深层次的单元组成的。当时盖尔曼恰巧读到美国作家乔伊斯 1939 年出版的小说《芬尼根彻夜祭》中的一节，因此将这个更深层次上的基本粒子称为夸克（quark）。它的发音好像一种鸟叫的声音。

类似于同位旋对称性，盖尔曼为夸克标记了方向，它们被称为上夸克（u）和下夸克（d），第三个夸克是组成奇异粒子的主要成分，因此被称为奇异夸克（s）。u、d、s 夸克现在被称为味道，即最初盖尔曼定义了三种味道的夸克，它们和它们的反夸克的自旋分别是 +1/2 和 −1/2，因此任何两个组合起来就可能是 0 或 1。三个组合起来就可能是 1/2，3/2 等。当忽略了 u、d、s 夸克间的质量差别和电荷差别时，它们就可以成为基本单元互相代换，具有对称性。三种夸克组合具有对称性，这正是同位旋对称性的推广；这样就得到了一种比同位旋更高的对称性，即幺正对称性。用学术性强的语言就是这些粒子包含在所谓 SU(3) 对称群中。

因为质子、中子等粒子携带整数电荷或不带电荷，组成重子的成分是 3 个夸克，也必须携带电荷。而实验上从来没有观察到分数电荷。例如，盖尔曼和慈维格当时就用一个倒三角形 d（左）、u（右）、s（下）和三个反粒子组成正三角形 $\bar{s}$（上）、$\bar{u}$（左）、$\bar{d}$（右），并给出了它们的几个重要量子数，这是对夸克模型做的大胆假设，即：① u、d、s 的重子数都取分数 1/3。② u、d、s 的电荷都取为分数，分别为 2/3，−1/3，−1/3。③为构造奇异重子，假定奇异夸克 s 的奇异量子数 S 为 −1，u、d 的奇异量子数 S 为为 0。④ u、d 的同位旋第 3 分量 I_3 分别为 1/2 和 −1/2，s 的 I_3 为 0，因为 $Y=B+S$，由此 u、d、s 的 Y 就分别为 1/3，1/3，−2/3。如图 3-41 所示的 I_3（横轴）和 Y（纵轴）的倒三角形称为权图。

将这个倒三角形翻转后的正三角形，即成为反夸克，其所有的量子数（包括电荷）都反号。这样互相拼接在一起，就很容易地组成图 3-42 的自旋为

0 的介子八重态和自旋为 1/2 的重子八重态（图 3-43）以及自旋为 3/2 的重子十重态（图 3-44）。读者可自己试验按拼图方法做这些多重态的图，并且全部介子和重子都得到同实验完全符合的整数电荷了。

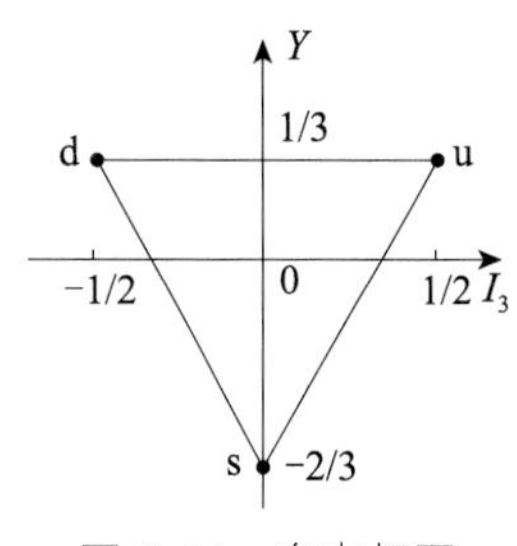

图 3-41　夸克权图

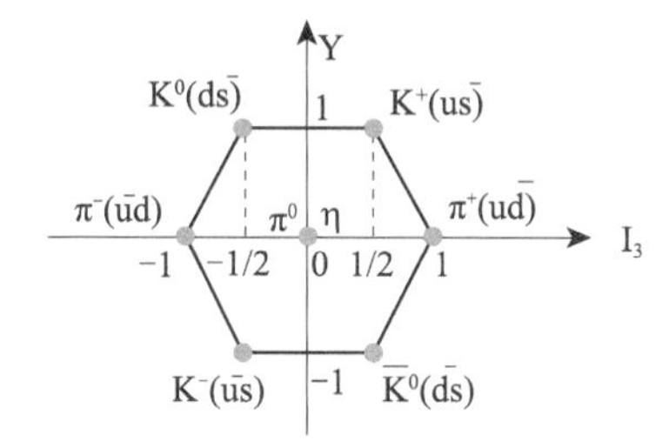

图 3-42　自旋为 0 的介子八重态

正反夸克对组成的介子八重态（图 3-42）是我们比较熟悉的带不同电荷的两种介子 π^+（$u,\bar{d}$）、π^-（$d,\bar{u}$）和带奇异夸克的介子 K^+、K^-。它们的寿命相对比较长，在 10^{-8}～10^{-10} 秒左右，但位于中心的 π^0 和 η 寿命就短多了，分别是 10^{-17} 和 10^{-19} 秒数量级。另外关于自旋为 1 的正反夸克对组成的 ρ、ω 等介子的八重态这里不再赘述。

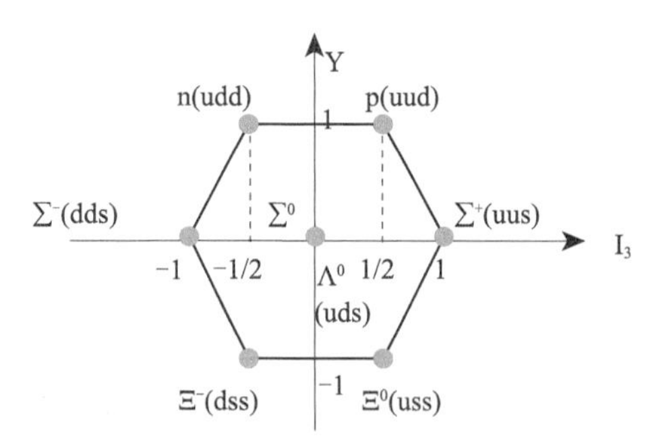

图 3-43　自旋为 1/2 的重子八重态

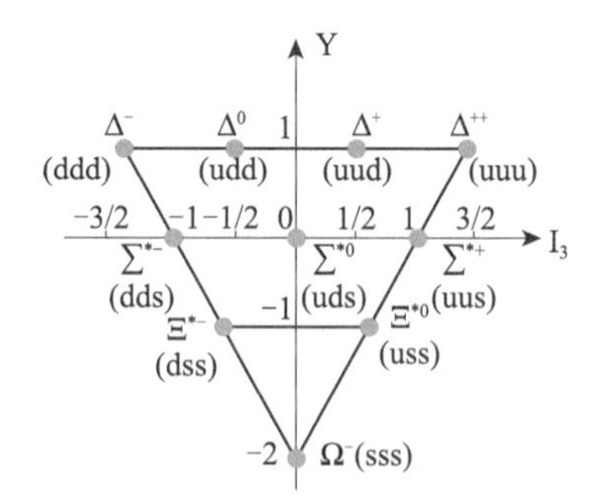

图 3-44　自旋为 3/2 的重子十重态

在重子十重态图中读者可以看出最上面一层没有奇异夸克（$Y=S+B$, $B=1$），为 Δ（delta）超子（Δ^{1232} 是 1952 年费米发现的），即奇异量子数 $S=0$（$I_3=3/2$），下面一层 $S=-1$（$I_3=0, \pm 1$），即∑（Sigma*）超子和 $S=-2$（$I_3=\pm 1/2$）的 Ξ^* 超子，这两个超子当时已经测量到。这个模型提出时预言了 $S=-3$（$I_3=0$）的位置应该有一个超子，果然两年后的 1964 年在美国的布鲁克海文国家实验室发现了 $S=-3$ 的 Ω^- 超子。这是对夸克模型最有说服力的证据了！另外这些重子，都是高度不稳定的短寿命共振态，其质量是由上而下逐渐增加的，每次增加约 150 MeV，最下面的大约在 1680 MeV 左右。

颜色量子数的引入

除了分数电荷问题，还有其他方面不支持夸克作为真实的粒子存在。当时发现的 Ω^- 粒子，尽管是夸克模型的巨大胜利，但同时带来了一个难题：根据量子力学的基本原理——泡利不相容原理，强子内的三个夸克不能处于完全相同的状态，例如，请看 3-44 图中的 Δ++（uuu）和 Ω^-（sss）都是由三个相同的夸克组成。这是不可能的！说起来有些复杂，因为描写这个系统的总波函数应该由空间、自旋、味道（u、d、s 就是三种味道）三部分组成。但是这三种波函数都是对称的，而且这三种粒子又都是费米子，要求总的系统波函数是反对称的[①]，因此是不可能存在的。这个矛盾如何解决呢?

为了解决这一问题，有两种可能的途径：一种途径是引入三套夸克以修改统计性质，或称综合统计（用 para 表示，ortho-para 两个拉丁字的字头，即“伯－仲”、“正－辅”、“大－二”等），由美国物理学家格林伯格（Oscar Wallace Greenberg）在 1964 年 Ω^- 发现后不久提出。他的建议已经暗含了引入新量子数的概念，是很重要的。另外的途径是盖尔曼于 1972 年引入了夸克的一种新的自由度——“色”。这样，总的系统波函数就是反对称的了（参看参考资料书《量子色动力学引论》第 2.2 节）。这里的“色”并不是指视觉感受到的颜色，而只是表示一种新的量子数，类似于电子带电荷、夸克带色荷。这样，每种“味道”的夸克有三种颜色，分别用红、绿、蓝表示。在组成重子的夸克三重态中，每种夸克分别带各自的颜色，可以组成无色的白色态。介子中的夸克和反夸克颜色相反，也组成白色态，参见 4.6 节。

3.9 猎到了夸克
——核子深度非弹性散射实验和 τ 轻子的发现

从研究核子的大小开始

盖尔曼提出的夸克模型为数以百计的强子进行了分类，并且成功地描述

① 波函数描述粒子系统的状态。对称是指其中两个粒子相互交换后状态不变，状态改变则称反对称。

了它们的静态性质。但物理学家在当时并不敢承认夸克就是真实的粒子，就连盖尔曼本人也曾强调夸克只是“纯粹的数学实体”。这一方面是因为夸克的分数电荷的性质让人们难以接受，另一方面也是因为夸克一直躲在强子里面不肯露面。

图 3-45　霍夫施塔德

实验上对于核子内部结构的研究在夸克模型提出之前就已经开展了。实验物理学家加速其他粒子作为探针来轰击核子，以期观察核子的内部结构。电子、μ 子、中微子等轻子因其结构简单，与核子发生相互作用性质清楚，从而被广泛采用。早在 20 世纪 50 年代中期，在斯坦福直线加速器中心（Stanford Linear Accelerator Center，SLAC）的一台 1 GeV 的电子直线加速器上，罗伯特·霍夫施塔德（Robert Hofstadter，图 3-45）于 1956 年研究了电子同质子的弹性散射，证明质子不是一个点状物体，而是一个直径为 0.74×10^{-15} 米的带电球体。这是人类第一次得到核子具有大小的直接证据。霍夫施塔德也因此获得了 1961 年度诺贝尔物理学奖。

打碎的核子与核子内部结构

从 1962 年起，SLAC 开始兴建一台设计指标为 20 GeV 的当时世界上最长的电子直线加速器，长达 3 千米并于 1967 年建成。麻省理工学院（MIT）和 SLAC 的合作者组成 MIT-SLAC 实验组，在弗里德曼（Jerome I. Friedman）、肯德尔（Henry W. Kendall）和泰勒（Richard E. Taylor）的领导下进一步做极高能的电子质子散射。原来他们期望得到一些同霍夫施塔德类似的结果，但是结果却完全不同。按照弹性散射原理电子能量越高，散射截面（概率）应该越小，但是结果随能量变化很迟钝，甚至无法将质子的大小正确记录下来。这恰好说明这样高能量的电子［图 3-46 中轻子 l（即电子）］已经不是同质子（图中强子 h 即质子）进行的弹性散射，而是已经发生深度非弹性散射了。与电子-质子的弹性散射不同，高能电子可以深入质子内部，甚至可以把质子打得粉碎，产生了夸克与其他粒子。夸克再强子化为观测到的粒子。理论上预期，由于质子碎裂需要吸收能量，即随着入射电子能量（E）的增加，探测到的散射电子的能量将减小为 E'，且散射的电子主要向前方。但实验结果却出乎人们的预料，向后射出的大角度散射的电子数目比预期的要多得多。

这使人们想起了1911年卢瑟福的α粒子散射实验，正是α粒子的大角度散射使卢瑟福认识到了原子有比原子尺度小很多的核结构（参见本书第2.5节）。历史又一次惊人地相似，电子-质子非弹性散射实验表明，高能电子已经深入到质子内部时，遭遇到的不再是软的质子靶，而是比它小的点状的硬结构。实验物理学家在当时并没有意识到这一点，而是由理论物理学家布约肯（James Bjorken）来对实验结果进行解释。布约肯是SLAC理论组成员，他运用流代数求和规则对实验结果进行了分析，提出标度无关性。由于流代数是一种很抽象的可用于电磁性散射的数学方法，人们当时还是不能准确理解标度无关性的物理含义。这里只能通俗地说一下电子能量变化引起的效应：因为质子有形状结构，电子同质子的散射与质子的形状有关系，这样就可以用“结构函数” W 来表示，当电子能量 E 高于4.5 GeV时，弹性散射就变成准弹性散射了，或者说进入非弹性散射区。这时散射出去的电子能量为 E'，即 E 将一部分能量ν传给质子，$\nu=E-E'$。ν可以使质子生成比它更重的但寿命很短的超子 Δ^+（1236 MeV），出现共振峰（寿命越短峰越宽）。大家还记得质子的质量是938 MeV，这时传给质子的能量就是1236−938 =298 MeV（约为0.3GeV），E' 为4.2 GeV，这个超子很快衰变为质子与 π^0 或中子与 π^+ 介子，电子能量在3.4～4.2 GeV能区内还有少数共振峰。越过共振区进入连续区，其中传给质子的能量ν达到1.1 GeV左右时，即可能出现深度非弹性散射。质子就被打碎了。随着入射电子能量的继续增高（如在4.5～10 GeV），传给质子的能量也越来越多，这时这个“结构函数” W 有一个特点就是只同电子传递给质子的能量ν（通过虚光子 γ^*）与入射电子能量的比值 ν/E 有关。换句话说，就是与入射电子能量 E 的大小没有关系了。这就是与绝对能量“标度无关”。在这样的条件下就可以证明电子只是同质子内的类点粒子发生散射，同时打碎的质子可以散裂出的产物X可以是若干个强子，如多个π介子等。因

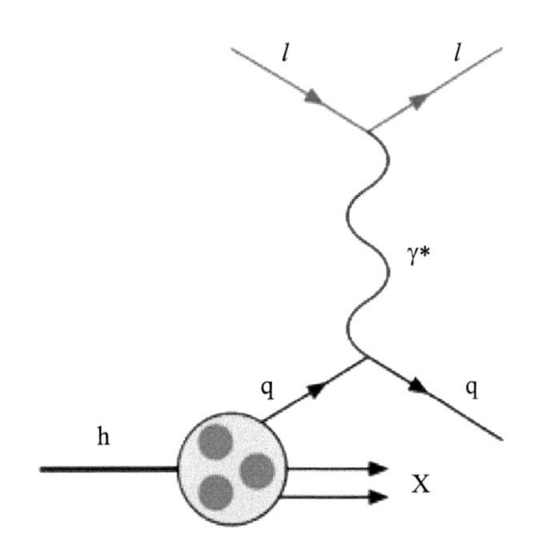

图3-46　电子核子（质子）散射
资料来源：韩红光绘

为只是同“部分质子”的点状物体发生作用，当时就称为“部分子”。

部分子就是夸克吗？

1968 年 8 月，正当人们对布约肯的标度无关性迷惑不解时，费曼恰好经过 SLAC。当他得知深度非弹性散射实验的反常结果和标度无关性后，凭借自己深邃的洞察力，仅用了一个晚上，就解决了该难题，提出了部分子模型：质子是由少数动态类点散射中心，即部分子构成的。电子在质子上的非弹性散射可以看成是电子在各个部分子上的非相干准弹性散射之和。电子和单个部分子之间的基本相互作用是电磁相互作用，可借助量子电动力学计算。数学上可以证明，布约肯的标度无关函数正是部分子动量与质子动量之比。

部分子模型被提出来之后，还很少有人敢说这就是夸克。但在接下来的一年，世界各地的高能物理实验表明，这些部分子具有夸克模型中的量子数。说明部分子就是夸克模型中的带电的夸克。理论和实验数据显示，带电部分子仅携带了质子内能量动量的一半，另一半能量动量被中性部分子所携带。这种中性部分子就是盖尔曼曾经于 1962 年提出的夸克间传递强相互作用的传播子——胶子。

质子内部结构的理论和实验研究，导致了强作用场理论——量子色动力学（QCD）的建立。弗里德曼（图3-47）、肯德尔（图3-48）和泰勒（图3-49）因深度非弹性散射实验的贡献，被授予 1990 年诺贝尔物理学奖。

图 3-47　弗里德曼

图 3-48　肯德尔

图 3-49　泰勒

SLAC

SLAC 成立于 1962 年，主要从事高能物理、宇宙射线和天体物理、同步辐射及其应用研究、加速器新技术的研究等。这座大型加速器的建设，与

图 3-50　潘诺夫斯基

斯坦福高能物理实验室主任、美籍德裔物理学家潘诺夫斯基（Wolfgang Panofsky，图 3-50）教授的积极推动是分不开的。同时潘诺夫斯基对北京正负电子对撞机的研制给予了大量具体的帮助。

半个世纪以来，SLAC 一直从事自然界基本规律的探索，整体布局如图 3-51 所示。最先建造了世界上最长的 3.2 千米电子直线加速器，并于 1966 年投入运行，开展了一系列固定靶实验，如上述的深度非弹性散射实验就是在此固定靶区域（ESA）进行的。其后建造了能量较低的正负电子对撞机 SPEAR（图 3-52）和能量较高的正负电子对撞机（9-9 GeV）PEP。PEP-Ⅱ储存环是 SLAC 从 1994 年起对 PEP 的储存环进行改进后建成的，改进后的 PEP-Ⅱ成为能量不对称的（3-9 GeV）即一束能量为 9GeV，另一束为 3GeV 的高亮度的 B 粒子工厂，使更多的正负电子发生对撞，产生 B 介子和反 B 介子。BARBAR 为对撞点上的实验装置重点进行 B 粒子与 B 反粒子的有关物理研究（参见图 3-51PEPⅡ右侧）。

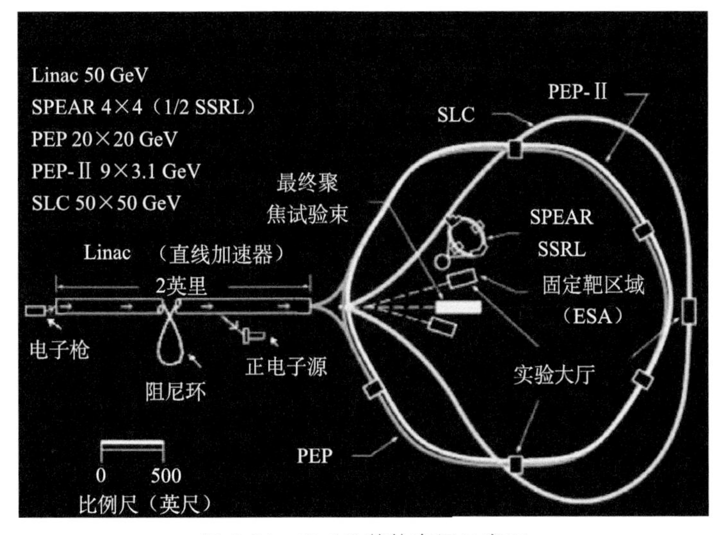

图 3-51　SLAC 整体布局示意图
资料来源：SLAC

图 3-52　SPEAR
资料来源：SLAC/SPEAR

1983 年 SLAC 开始动工建造斯坦福直线对撞机（SLC），这是世界上第一台直线对撞机（图 3-53）。它利用 SLAC 原有的 50 GeV 的直线加速器，正负电子束流分别经过两个弧形传输线进入对撞区，1989 年实现了两个直线束，即 2×50 GeV 正负电子束流对撞。图 3-54 所示的是直线对撞机隧道内部。科学家在 SLC 上开展了 Z 能区物理的研究，同时也验证了直线对撞的原理。

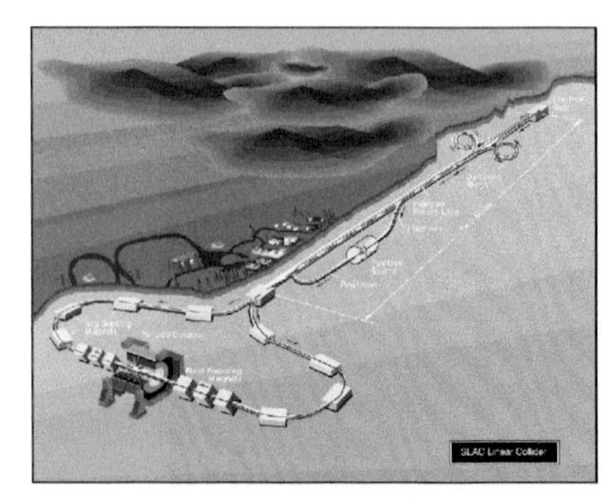

图 3-53　SLC 示意图
资料来源：SLC

图 3-54　SLC 的隧道
资料来源：SLC

在 SLAC 有几项重大发现，有 6 名科学家因在 SLAC 的工作被授予诺贝尔物理学奖。弗里德曼、肯德尔和泰勒获得 1990 年诺贝尔物理学奖。图 3-55 为弗里德曼、肯德尔和泰勒在实验控制室。1976 年，里克特（图 3-56）在 SLAC-SPEAR 正负电子对撞机的实验与丁肇中在布鲁克海文国家实验室的实验（参见本书4.6节）共同获得1976年诺贝尔物理学奖。此后在SPEAR的MARK3上继续做了大量的该能区的J/ψ家族粒子方面的工作（图3-57）。值得一提的是，我国在20世纪80年代研制北京谱仪（BES）时期，从它得到了不少经验。在20世纪70年代马丁·佩尔（M. Perl，图3-58）及其合作者在SPEAR对撞机上发现τ轻子，从而揭示出自然界还存在第三代基本粒子。他获得了1994年度诺贝尔物理学奖。SPEAR在结束高能物理实验后，改为专用同步辐射光源SPEAR-3，而基于3.2千米直线加速器又建成了世界上第一台硬X射线自由电子激光装置（LCLS）。如今，SLAC每年吸引数千名来自世界各地的科学家在这些大型设施上开展多学科的前沿研究，实现了高能物理实验室向综合性研究中心的华丽转身。

图3-55　弗里德曼、肯德尔和泰勒在实验控制室
资料来源：SLAC

图3-56　里克特

图3-57　MARK3实验装置与合作组

图3-58　马丁·佩尔

第四章

力的统一和标准模型的确立

4.1　爱因斯坦的终极梦想——统一场论

阿尔伯特·爱因斯坦一生的最后30年，完全沉迷于如何将引力和电磁力统一起来，即建立一个他所谓的宇宙的终极理论——统一场论。但由于爱因斯坦将统一场论囿于对宏观现象描述的经典理论之中，始终不愿接受量子理论，未能将后来发现的强力和弱力包括进来，所以注定他的努力以失败告终。

爱因斯坦的伟大成就

1905年，爱因斯坦用狭义相对论扩充了牛顿力学，用广义相对论给引力以全新的解释。在牛顿力学中，引力被看作是一种超距作用，而爱因斯坦认为引力是由置于其中的物质引起的空间的某种几何性质：物质的存在使四维时空本身发生弯曲，而引力就是时空弯曲的表现。并且他预言，从恒星发出的光线经过太阳后由于太阳的吸引将会发生偏折。这一预言在1919年的日全食观测中被神奇地证实，使得爱因斯坦成为家喻户晓的新闻人物（图4-1）。

图4-1　爱因斯坦

广义相对论是爱因斯坦科学创造的巅峰之作，它是现代宇宙学的理论基础，是狭义相对论的扩展。狭义相对论已经使我们对于时空和运动的理解发生了根本性的改变。

此外，由狭义相对论导出的爱因斯坦的著名质能关系公式 $E=mc^2$ 成为开启核能的一把钥匙。对于集如此众多伟大成就于一身的科学家来讲，进一步开拓，还有什么比得到描述宇宙的终极理论更有吸引力呢?

对统一场论的追求

20 世纪 20 年代，爱因斯坦在提出狭义相对论和广义相对论，完善地描述了电磁力和引力之后，一直试图将电磁力和引力统一起来。描述电磁力和引力的方程在数学上有某种类同，使得爱因斯坦相信，一定能找到适当的几何方法进一步推广广义相对论，使之能将电磁力和引力统一描述，甚至还可以涵盖量子论——解释电子和质子的存在及性质。

1921 年，德国数学家西奥多・卡鲁扎（Theodor Kaluza）提出，如果爱因斯坦广义相对论的基本方程不是四维的，而是五维的，引力和电磁力将得到统一描述。瑞典物理学家克莱因（Felix Klein）在 1926 年补充说，这个额外的维度被紧紧地卷曲起来，并不能被观察到。

爱因斯坦曾一度接受了卡鲁扎和克莱因的观点，但后来又改变了主意。1928 年以后，他转入了对统一场论的纯数学探索。起初，他信心满满地认为自己找到了正确的方向。1929 年，甚至有报道称爱因斯坦马上就要揭开宇宙之谜。但过后一段时间，爱因斯坦不得不承认那是一个错误的方向。在他 1931 年写给泡利的信中，他对这位对他理论的批判者说："最终证明你是对的，你这个淘气鬼。"

在以后的 20 多年，爱因斯坦以各种方法不停地尝试着他的统一场论，也遭受了一次又一次的挫折。直到临终前，爱因斯坦还让人将统一场论的计算手稿拿到病床前，但终究未能实现他创建统一场论的伟大梦想。

这位伟大的科学巨人，在日常生活中又是极为朴素、平易近人，酷爱音乐，擅长小提琴，钟情于巴赫和莫扎特。这些也为人所敬仰。

探索微观世界与宏观世界本质的智慧群体

还记得中学时学过索尔维制碱法吗？欧内斯特・索尔维这位比利时化学家兼实业家建立的一项基金同诺贝尔奖类似，但主要支持国际重大科学会议。这里的一张著名照片恰是在 1927 年第 5 次索尔维国际会议上近代物理的大师们的群体照片，它被认为是"全球最具智慧的照片"（图 4-2）。其中大多是诺贝尔奖获得者。他们奠定了近代物理的基础，并继续开辟新的量子理论与宇宙学的领域，读者在本书中可以了解到其中部分人物。爱因斯坦理所当然是当中的中心人物。自 1895 年发表有关“以太”的论文并提出“追光”的思想实验，经过十年创建了狭义相对论，又过十年再创造广义相对论，这些年间，爱因斯坦成功地解释了布朗运动和光电效应的量子性。而他获得的 1922 年的诺贝尔奖主要是“发现光电效应定律”，第一次提出了光量子的概念。这对以后的量子力学的发展起到了重要作用，但是爱因斯坦和量子力学还是擦肩而过。他若能接受这张照片中他周围的多位大师对量子思想的发展成果，如德布罗意、玻尔、薛定谔、玻恩、泡利、海森堡、狄拉克等人的贡献（见本书有关章节），他可能走的是另外的道路。遗憾的是，他没有走这条另外的道路，而走了一条最后没有成功的路。

图 4-2　第五届索尔维会议上物理大师们的合影

统一场论未成功的原因

在爱因斯坦开始他的统一场论研究时，人们只发现了引力和电磁力。爱因斯坦在初期考虑统一场时，也只是考虑这两种力。但是，在他寻求统一场论的漫长过程中，到了 20 世纪 30 年代，人们发现了自然界的另外两种力——强作用力和弱作用力，而且知道这两种力可以用量子理论来描述。但爱因斯坦始终不愿接受量子理论，有意地忽略了这两种力。确实遗憾的是，虽然他的光量子假说成功地解释了光电效应，为量子力学奠定了基础，而且光的波长与光子能量的反比关系就是很清晰的“波粒二象性”，但是他始终不愿意接受德布罗意的物质波与微观实物粒子的“波粒二象性”与量子力学的统计解释。到20世纪30年代，查德威克在他发现了中子后认识到原子核内维系质子和中子的力要比电力和引力强得多，另外泡利提出中微子假说以后在弱作用中认识到核衰变的作用力比电力又弱得多。可惜爱因斯坦对这些都没有重视。后来，可能最使他不愿接受的是量子力学的统计解释，他曾说过“上帝不掷骰子”。

另外一点是，爱因斯坦年轻时清楚地知道物理学是一门实验科学。但是后来经过多次挫折，他反而坚信“能用纯粹数学的构造来发现概念，以及把这些概念联系起来的定律”，致使后半生他远离了大量有实验证实的理论，它的电磁力－引力统一的梦想未能实现。

爱因斯坦曾被问及他将如何评价自己的一生是成功还是失败，他回答道：“无论在我弥留之际还是在这以前，我都不会问这种问题。大自然并不是什么工程师或承包商，而我自己则是大自然的一部分。”

爱因斯坦的统一之梦仍在延续。新一代物理学家秉承了统一理论的思想，在爱因斯坦去世的20年之后，对自然力的探索之路上升到了一个新的阶段：电磁力和弱力统一成为电弱力。而今，物理学家们又希望将强力和电弱力统一为大统一理论（GUT），甚至于在宇宙学中探索引力相互作用与量子力学以及强、弱、电磁相互作用的联系。沿着理论与实验结合的道路，认识自然界是无止境的！

4.2 微观世界的对称性和宇称守恒与不守恒

诺特定理

中国有句俗话“物以类聚，人以群分”，也就是世界上万物，社会的人、动物、植物都不例外，微观粒子似乎更为重要。在微观世界，对称性为什么那么重要？不对称又会怎样呢？本节讲述的内容就是进入这个命题的第一步。

分群分类总是要以特征、标记等来界定，这是一个既平常又极为深刻的命题。我们就从奥地利一位在学业的开始时期不被她的老师看好的女生艾米·诺特（Emmy Nother，图4-3）说起。诺特出生于1882年一个德国数学家的家庭，她是1900年埃朗根大学仅有的两名女大学生之一。当时德国的所有学术机构都不鼓励女生求学，她不得不请求老师们允许她前去听课。毕业后，她去格丁根大学听了一些大数学家［如希尔伯特（David Hilbert）和克莱因等

图 4-3　诺特

大师］的课，经过钻研写了几篇论文。二位大师对她刮目相看了，他们试图请她加盟数学系，但是遭到校方顽固抵制。希尔伯特反驳道："我不认为候选人的性别能作为拒绝她获取助理教授职位的理由。我们这里毕竟是大学，不是公共沐浴室。"希尔伯特的意见占了上风。诺特在格丁根大学工作了不久就推导出了日后物理学最著名的定理之一，它的逻辑核心是"守恒律是自然界所蕴含的对称性的外在表现形式"。这里我们概述这一逻辑思路。

请看图 4-4，一个物体在镜子前的像就叫做镜像对称，这相当于转 180 度角，再转回来又是原样子。若一片雪花，每转 60 度角还是原样子。若将一个圆连续转角度，则还是一个圆。好！这样就可以做三种不同形式的转动变换，利用中学学习过的解析几何和三角函数很容易做这种变换（简化成指数函数也可以），我们用这三个通用的角度变换，分别用 180 度、60 度和角度"连续变化"的变换就得到三群不同事物了。每个群内的个体互相都有"对称的"关系。生成它们的变换叫做"生成元"。在数学的"群论"中就是这样命名的。这样发展起来的"群论"，在物理学中很重要，如固体物理中的晶格和粒子物理的分类以及各种相互作用的特征等都是和对称性及"群"分不开的。

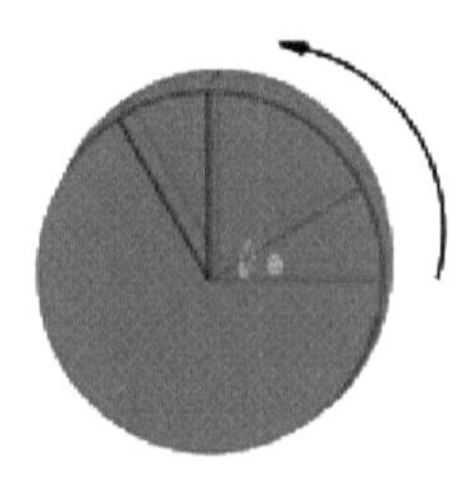

图 4-4　几种对称的物体
资料来源：韩红光绘

守恒律和对称性有什么关系？

我们接着往下想：一个物体在没有外力下平动或转动，它的动量或角动量不会改变。那就是满足动量守恒或角动量守恒定律。换句话说，平移变换就“生成”了一群满足动量守恒的物体，转动变换“生成”了一群满足角动量守恒的物体。注意，这里平动或转动都是在“空间”中的变换。类似地，对于时间的变换就得到一群能量守恒的物体。这就看出对称性、变换与守恒律的关系了。这就是诺特定理的基本思想。

自旋和同位旋

一个电子绕原子核旋转，这个原子就好像一个陀螺，这个系统就有自旋。若电子按右手定则绕它的中轴（穿过中心核）转，则拇指方向（是一个矢量）就是这个粒子系统的自旋方向。当然从粒子系统内部细看，这个围绕原子核旋转的运动形成的是轨道角动量。在微观世界，任何单个粒子都有自旋，一般有右手定则。但是后来发现中微子是左旋的，而反中微子是右旋的（见图 4-10 和本书 3.3 节）。因为自旋是一个矢量，人们用这个矢量的第三个分量 +1 表示朝上，−1 表示朝下。这样粒子的自旋就可以有两种状态。因此，它可以向上，也可以朝下。在 20 世纪 20～30 年代，已经明确了自旋的值为 1/2 的奇数倍的粒子服从费米统计，自旋的值为偶数倍的粒子服从玻色统计。这个量子统计力学问题这里就不多说了。

20 世纪 30 年代，海森堡注意到质子和中子的相似性。它们的质量那么相近，又没有电磁力作用等，就借用自旋的概念和数学形式（这个数学形式比较复杂，实际是一个 2 行 2 列矩阵，超出本书的范围）引入同位旋。这个特殊矢量的第三个分量 +1 表示质子，−1 表示中子。注意，这只是抽象地借用，同位旋并没有旋转的意思。它是一个非常重要的物理量，在粒子分类（参见本书 3.8 节）和粒子相互作用的理论发展中都是最基本的参量之一。

微观世界中的宇称和量子数

微观世界中各种粒子和相互作用的分类同我们宏观世界分类的很大不同之处是宇称和量子数以及它们遵守的守恒律。

宇称的概念是在 20 世纪 20 年代提出来的。对于一个绕原子核的电子，当将它做空间反演，也就是前面说的将电子的半径矢量方向翻转，就是在平面中转 180 度角，在空间中就是半径矢量的反方向，若翻转后还是看不出变化，对于“整个原子系统”来说，它是符合宇称守恒规律的，反之就是不守恒。当然一个基本粒子并不像玻尔模型中原子的电子有轨道，按坐标的半径方向反过来那么简单。这种宇称称为“内禀”宇称，它是要通过一些粒子或核反应过程按已知的粒子的宇称逐步推断出来的。

20世纪30～50年代，科学家根据大量的实验证明，宇称守恒律是正确的。但是在这期间发现了两种重介子，当时称为θ和τ，就是现在的K介子，其质量非常一致（即质量在电子和质子之间，但又比轻的介子如π介子和μ子重，其质量为电子的966倍、质子的一半），但前者衰变为2个π介子，后者衰变为3个π介子，这就是著名的θ-τ疑难。这引起了李政道和杨振宁的重视（图4-5、图4-6）。他们做了大量资料的系统分析，发现电磁作用和强相互作用中宇称都守恒，但是一些弱衰变（如θ和τ以及常见的β衰变）却没有明确的宇称守恒还是不守恒的实验和结论。他们大胆地提出，在弱相互作用中可能存在宇称不守恒。1957年由吴健雄（图4-7）设计并完成了著名的宇称不守恒实验。

图4-5　李政道

图4-6　杨振宁

图4-7　吴健雄

李政道在2012年《物理》41卷第3期的一篇纪念吴健雄的文章《吴健雄与宇称不守恒实验》中引用吴健雄的回忆：“1956年早春的一天，他向我解释了θ-τ之谜。他继续说‘如果θ-τ之谜的答案是宇称不守恒，那么这种破坏在极化核的β衰变的空间分布中也应该观察到：我们必须去测量赝标量（$\sigma \cdot p$），这里p是电子的动量，σ是核的自旋。’……”这段话是最重要的画龙点睛之点。李政道在该文章中说：“假如有两个系统开始时互为对方的镜像，就是说初态是完全一样的，只是左跟右不一样。宇称守恒是指，除了左右不一样以外，它们以后的发展应该完全一样。”注意，这段话强调的“系统”和“发展”也是极重要的。

吴健雄按上述建议设计的实验如图 4-8 所示。实验选用钴（^{60}CO）衰变为镍（^{60}Ni）加电子和反中微子 v 的衰变。在低温的磁场下使钴原子核自旋 σ 按一定方向排列。在下方某一位置的计数器测量 β 粒子。当翻转磁场方向后观测 β 粒子的计数。若计数不同，则说明宇称破坏。

从原理和实验设计似乎都很简单，理解起来还需要从解释上面的“点睛”之言说起：在中学的力学章节中我们学过，角动量 J 是半径 r 与动量 p 的矢量乘积（$J=r\times p$），这个 J 是“旋转型”矢量（一般用右手旋转的拇指方向表示，矢量都用黑体字）。注意在空间反演后，两个负方向相应的角动量矢量方向是不变的（三维空间和二维空间都是一样的，图示的只是简单的 x-z 平面的镜像），可以用图 4-9 表示。这种“旋转型”矢量也称“轴矢量”，显然在空间反演后有方向不变的特点。原子核的自旋 σ 就是一个角动量。

关于射出的 β 粒子（即能量连续分布的电子），其动量为 p，当空间反演后方向显然翻转变为 $-p$。这样，前面李政道强调的“整个系统”的发展，即实验后的总结果（$\sigma\cdot p$）是否会变。高中数学已经讲过，就是两个矢量的“数积”（即这两个矢量的数值与二者夹角的余弦的乘积也称内积）是个标量。因为一般的标量空间反演后不会变符号，但这个标量 $\sigma\cdot p$ 会变符号，所以称为膺标量，也就是“假标量”。这样当做了空间反演后，每个 β 粒子的动量 $-p$ 同核自旋方向的夹角显然不同了，在实验室中观测到的分布也就不同，确实测量到下面的 β 粒子计数比磁场翻转前要多很多。“整个系统”就发展成另外的状态了。这就是说，若宇称守恒，作为钴核与 β 粒子的整个系统发展后的末态，即 β 粒子相对于核的分布应该不变，否则宇称不守恒。

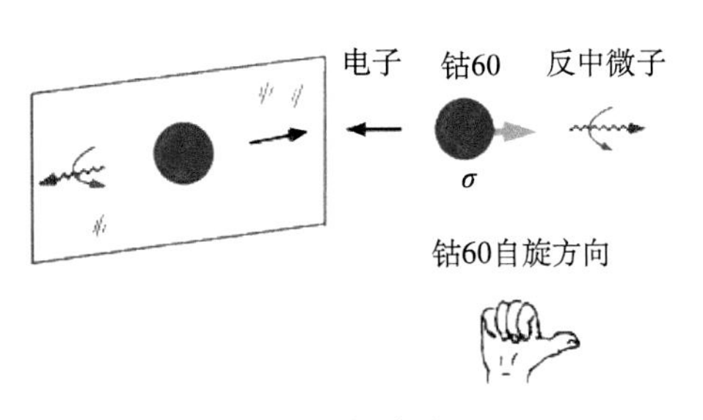

图 4-8　吴健雄实验原理图
资料来源：韩红光绘

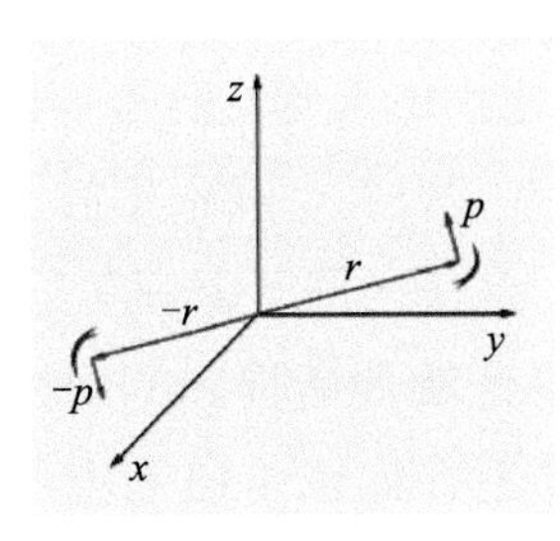

图 4-9　角动量空间反演后矢量方向不变
资料来源：韩红光绘

原理似乎是够清楚了。实际实验说起来也简单，但做起来很不容易。吴健雄虽然有助手，但一切要自己动手。她采用自己制作生长出硝酸铈镁晶体作为钴（^{60}Co）的衬底，密封在简陋的玻璃管内，用简易的甘油和肥皂融合作为封接，要在 2.3K 低温和真空状态下使核的自旋磁矩在磁场中极化，以便使钴核按一定方向排列。用蒽晶体闪烁计数器测量 β 粒子，果然大都出现在核磁矩的反方向。

1957 年 1 月 16 日，《纽约时报》头条新闻宣布“物理的基本概念被实验推翻”。这一新闻在公众中爆开，并迅速传遍世界，证明了在弱相互作用中宇称不守恒。这一重大发现推动了粒子物理的发展，具有里程碑意义。

李政道和杨振宁当时都是比吴健雄年轻很多的物理学家。他们对这位杰出的实验物理学家的赞扬令人十分感动，并对后辈有极大的启发。李政道在上述的文章中写道：“我认为用爱因斯坦称赞居里夫人的话用在她身上是再恰当不过了，她在道德上、人格上的崇高品质对将来、对历史的作用更为重要，她的力量，她的愿望的单纯，她的科学客观的认识，她的坚忍不拔，这些优秀品格每一样都难能可贵。”杨振宁在吴健雄去世一周年纪念会上的纪念题词中写道：“吴健雄教授的工作以精准著称于世。因为她独具慧眼，认为宇称守恒即使不被推翻，此一基本定律也应被测试。这是她过人之处。”20 世纪 50 年代，斯坦伯格在美国就极力赞扬她。1992 年他访问北京时在一次中国科学院高能物理研究所 ALEPH 北京组邀请他的会上，他强调一定要访问吴健雄的母校南京大学（前中央大学），并实现了诺言（见后记）。

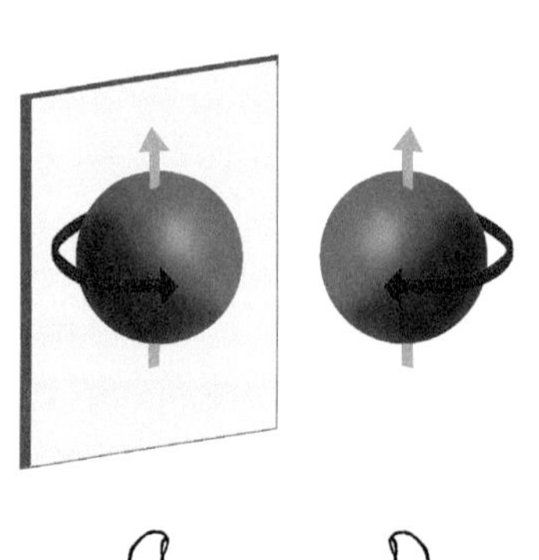

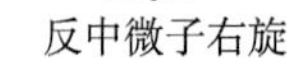

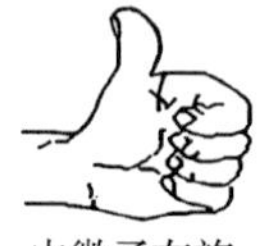

图 4-10　中微子的左旋性和反中微子的右旋性
资料来源：韩红光绘

宇称破坏的根源同中微子是左旋有密切关系，但是在当时还受到了不同方面的挑战。甚至提出中微子理论（参见本书 4.2 节）的大师泡利也不相信。他在一封信中写道：“我不相信上帝喜欢左撇子，会在弱作用中偏向左手。”事实上后来证明他所提出的中微子都是左手旋转的，如图 4-10 右方所示，而反中微子才是右手旋转的（图 4-10 左方）。

紧接着 1956 年 2 月吴健雄的实验发表，莱德曼发表了 $\pi \longrightarrow \mu+\nu$ 实验。后来在半年之内有上百个实验，都证明了弱相互作用中宇称不守恒，中微子的左旋性和反中微子的右旋性得到了验证。李政道等进一步发展了 CP 破坏，参见本书 5.7 节。

4.3 一个大气泡室内的精灵——弱作用中性流被证实

β 衰变和带电流

1934 年费米第一次用类似于电磁力的方式解释了 β 衰变是一种有长寿命的弱的相互作用，它在 1GeV 能标下是强作用的 1/100 000 倍，电磁作用的 1/1000（随能量降低，弱作用强度显著降低）。^{60}Co 的 β 衰变实际上是中子衰变到质子和电子（即 β 粒子）及一个反中微子。如图 4-11 所示，因为中子变为质子（都是重子）和反中微子以及电子（都是轻子）都是电荷改变了，这就相当于有了电荷流（或称带电流），因此这种弱作用称为流－流耦合。20 世纪 30 年代，费米就是这样借鉴了电磁作用交换光子而提出了弱作用（参见本书 3.3 节），β 衰变的流－流耦合理论的成功是非常了不起的，非常符合低能下的实验结果。大家知道电磁力是长程力，交换的粒子是没有质量的光子。注意，当时费米并没用到图 4-11 中的 W。但是当处理能量较高（大于 300 GeV）的弱作用时，就遇到了困难。这时理论家们考虑到，当低能时弱力只有电磁力的 10^{-12}，随着能量增加弱力会增加，这就应该交换的是很重的带电荷的粒子了。这实际上就是早在 20 世纪 60 年代格拉肖（S. H. Glashow）、温伯格（S. Weinberg）和萨拉姆（A. Salam）已经提出的弱电统一理论（参见本书 4.7 节）中的带电中间玻色子 W^+ 和 W^-。

再细看一下图 4-11，中子衰变为质子（都是重子）和反中微子的 β 衰变用更深层次的夸克模型表示，即中子衰变为质子本质上是本书 3.8 节中 d 夸克到 u 夸克的转移，从图 4-11 左侧可见，左上面的中子和下面的质子中的 D、U 都作为“旁观者”没有参加作用。电荷变化了，正是 W 在交换（参见本书 4.7 节）。

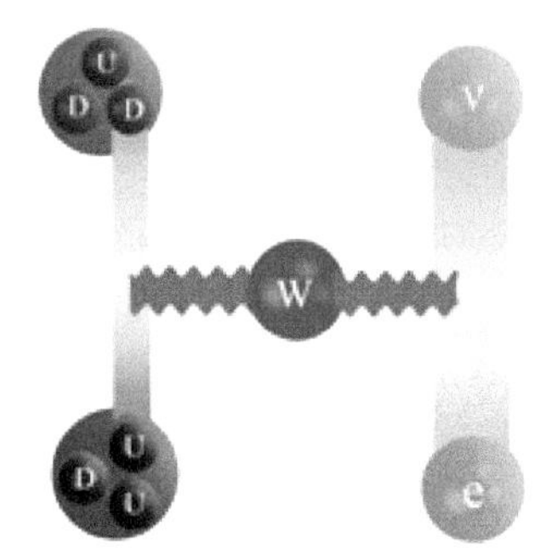

图 4-11 β 衰变与带电流示意图
资料来源：韩红光绘

中性流的提出

20 世纪中期，科学家已推断应该有中性的 Z^0 粒子。但是没有任何迹象能说明它的存在。1971 年，理论家温伯格和杰拉德·特·胡夫特（Gerard't Hooft）极力促进寻找中性流。格拉肖强烈催促实验家开展探测中性流的事例。中性流的反应可以有 10 多种，图 4-12 列举了 3 种，即电子中微子 v_e、缪中微子 v_μ 分别同电子 e、缪子 μ 或核子 N 散射都可以。看来用如图 4-12 左图和右图所示的 μ 中微子（v_μ 和 v_e 都可用 v 表示）和电子或核子 N（质子或中子）的相互作用是最好的候选者。也就是在 μ 中微子和中子或质子散射中能找到不含 μ 子的事例，这是比较容易探测的。格拉肖估计大约 100 个带电流事例中应该有 14～33 个中性流事例（图 4-12，为了表述方便，Z^0 以后皆用 Z）。当时在 CERN 已经可以从 28 GeV 质子加速器 PS 引出 μ 中微子束流，也建成了大型气泡室，这为寻找中性流创造了条件。

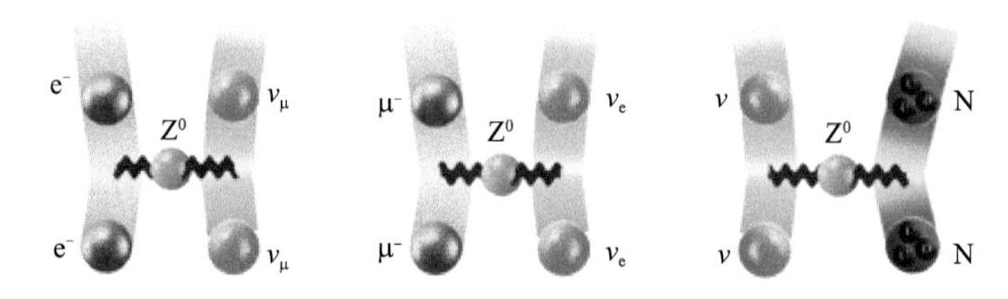

图 4-12　中微子和电子、μ 子或核子作用的中性流事例
资料来源：韩红光绘

气泡室

20 世纪 50 年代初期，云室（参见本书 3.1 节）逐渐被美国物理学家格莱塞发明的气泡室取代。云室与气泡室两者的原理非常相似，前者是使有水蒸气的室体突然绝热膨胀使水蒸气过饱和，促使带电粒子周围留下水滴，后者则是使接近沸腾的液体突然降压，由于液体过饱和，则使粒子周围产生气泡。格莱塞就是当初在开啤酒瓶时看到大量气泡而萌生发明的。使用液体氢等作为工作液体，它的优点包括：其一，密度比气体大得多，因此可以记录到全程的粒子径迹；其二，液体氢本身就是作为靶物质以便被从加速器出来的粒子所轰击。格莱塞开始做的是只有几厘米大小的玻璃瓶气泡室，后来逐渐发展，在新粒子发现等方面做出重要贡献，因此获得了 1960 年诺贝尔物理学奖。美

国劳伦斯伯克利国家实验室的阿尔瓦雷茨因发展了大型气泡室并发现了大量粒子共振态获得了1968年诺贝尔物理学奖（参见本书3.6节和5.2节）。

卡伽米丽大型气泡室

到1972年春，理论上的巨大进展已将中性流的探索提到日程。也正在这期间，CERN已经建成一个大型气泡室“卡伽米丽”（Gargamelle，图4-13）。这个名字取自法国文艺复兴时期法国作家的一篇小说中的巨人卡冈都亚（Gargantua）的母亲的名字。它长5米，有效体积6.3立方米，重25吨，置于一个涂有黄色的磁铁内。内装有制冷用的氟利昂液体（$F_3Br+CH_4\cdots$，以前冰箱用的制冷剂）。建造它花了6年时间。最初的目的是探测中微子，寻找中性流并没有排在优先的位置，但是一大批欧洲的物理学家包括帕金斯（Donard Perkings）、费斯纳（Hemut Faisner）等人奋力工作，终于在1973年法国的国际会议上宣布发现中性流。萨拉姆描写当时的气氛就“像是一次狂欢节”。（参见本书后附录中提及的2003年CERN专门庆祝中性流发现30周年和W±、Z发现20周年一书。）

图4-13　卡伽米丽大型气泡室与磁铁
资料来源：CERN

发现中性流

利用质子加速器PS引出μ中微子ν_μ束流和已经建成了的大型气泡室获

得了上万张照片，在这些照片中重点是寻找与气泡室内介质作用后其末态产物不含 μ 子的事例。要证实确实是中性流的事例并不那么容易。因为混杂在其中即使产生了 μ 子，也可能由于散射而没有进入气泡室。幸好这个大尺寸气泡室容易排除含 μ 子事例的这些背景。另外，在 μ 中微子 ν_μ 束流中也可能从上游束流中混入其他粒子，这使得排除各种本底事例也是个十分费力的事。经过大量的努力，到 1972 年底，已经可以观察到没有 μ 子的与介质的原子内电子和与强子作用的中性流事例。

图 4-14 是 1973 年 9 月 CERN 报道并第一次发表的反中微子 $\bar{\nu}_\mu$ 和电子作用的中性流事例径迹照片（左）和事例示意图（右）。图中箭头表示的为一个 1～2 GeV 反中微子 $\bar{\nu}_\mu$ 与气泡室内的介质原子中电子作用后，散射出的 $\bar{\nu}_\mu$ 与入射方向夹角为 1.4°。散射出电子能量为 385 MeV，并与介质作用产生次级电磁作用或级联簇射，如径迹在磁场中弯曲得很明显的向正方向弯曲的电子和反方向弯曲的正电子等。产生的 γ 光子在图中看不到径迹。本底的来源是利用只取能量高于 300 MeV 和夹角小于 5° 的散射电子，以便去除在 $\bar{\nu}_\mu$ 同质子作用的那些事例以及可能的电子（如高能康普顿散射电子等）。经过这些判据，最后从 36 万个入射反 μ 中微子 $\bar{\nu}_\mu$ 中才选中一个中性流散射电子事例。

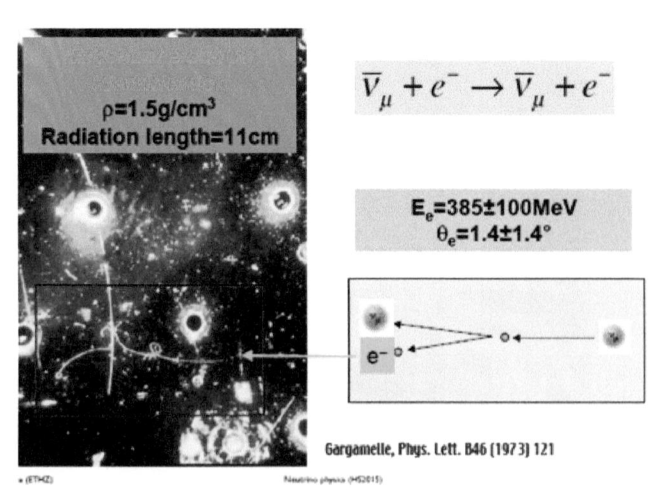

图 4-14　左：反中微子 $\bar{\nu}_\mu$ 和电子作用的中性流事例，右：事例径迹示意图

资料来源：Hasert F J. 1973. Observation of neutrino-like interactions without μ meson in Gargamelle, Phys Letter, 46B: 121

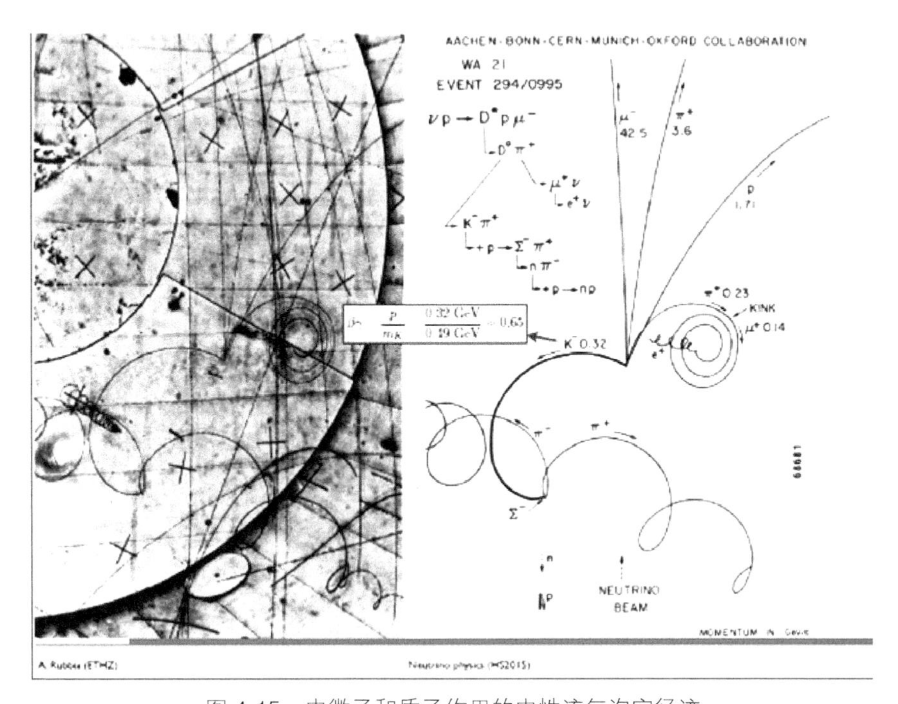

图 4-15 中微子和质子作用的中性流气泡室径迹

资料来源：Rubbia A. 2015. (ETHE) WA-21,Achen-Boon-CERN-Munich-Oxford Collaboration, Neutrino Physics: 14

图 4-15 是一个中微子 v_μ 与质子作用的例子，其次级效应虽然较为复杂，但示意图表述非常具体细致。由图可见：中微子 v_μ 与气泡室内的质子作用（即氢核）产生高激发态中性 D* 介子（看不到径迹）和质子。D* 介子再衰变为 D^0 和 π^+ 介子。D^0 进一步衰变为 K^- 和 π^+ 介子。K^- 经过与气泡室内的质子再作用产生超子 Σ^-，进而继续产生中子、质子、π^+、π^-（图中下面的弯曲径迹）。

当时在 100 万张照片中找到与电子作用和与核子作用的中性流事例有 6 个，以后发现更多（参见图 4-14 资料来源）。在这期间，得到利用 μ 中微子作用的中性流事例和带电流事例分别为 102 和 428，其比值为 0.21；利用反 μ 中微子的中性流事例和带电流事例分别为 64 和 148，其比值为 0.45；其比值同理论计算结果符合得非常好，由这些数据得出 Weinberg 角 $\sin^2\theta$ 在 0.1～0.6。该研究成果获 1979 年诺贝尔物理学奖（参见：Cashmore R, Maiami L, Revol J P, Prestigious Discovery at CERN Neutral Current, W&Z Bosons, Springer. 和图 4-15 资料来源）。另外，在这期间美国费米实验室也积累了约 100 个中性流事例，但因为本底问题处理走了些弯路，在 7 个月以后的 1974 年 4 月报道了类似结果。后来过了几年，在费米实验室由美籍华裔科学家莫玮领导的小组用多丝正比室在 μ 中微子 ν_μ 束流上做的电子散射实验也得到了证实中性流存在的结果（见图 4-12 左图和 4.8 节）。

4.4 粲夸克的发现及其家族

从夸克家族的三个成员到第四种夸克

一开始夸克家族只有三个成员，然而如果要整个理论体系能正常工作，理论学家推断说一定存在第四个夸克——粲夸克（charm）。它的最终发现是由两个实验室于 1974 年同时确认的。

到 1960 年初期，所确定的大量的基本粒子在夸克模型的介子八重态和重子的八重态与十重态中（参见本书 3.8 节）可以用已经发现的三种夸克（上夸克、下夸克及奇异夸克）的不同组合来说明。既然已经发现的粒子可以由三种夸克来完美地解释，因此似乎并不需这第四种夸克。直到 20 世纪 60 年代中期，物理上对第四种夸克（粲夸克）的需求被提了出来。当时格拉肖与迈阿密（Luciano Maiami）和伊罗普洛斯（John Iliopoulos）共事，试图将电磁相互作用与弱相互作用统一起来。在当时这两种作用都只与轻子相关，而与夸克无关。格拉肖指出电弱统一理论如果要拓展到夸克，就必须有第四种夸克。当时很多物理学家认为这个想法太过勉强，因为理论上根本不知道在哪个能区去寻找这第四种夸克。另外，当时轻子家族有四个（电子、μ 子，以及分别同它们相应的中微子）。格拉肖与布约肯于 1964 年指出一定存在着第四种夸克。这第四种夸克被命名为粲夸克（魅力、美好的意思），因为它给亚原子世界带来了美丽的对称性。理论预言和第四种夸克的发现相隔近 10 年。

十一月革命

在 1974 年 11 月，整个形势有了巨大的变化。当时由丁肇中领导的小组正在美国布鲁克海文国家实验室通过 10 GeV 的高能质子轰击轻核（Be）研究 μ 子对的产生，为了屏蔽极强的有害辐射用了 1 万吨水泥、100 吨铅，甚至为屏蔽吸收中子，用了 5 吨肥皂，因此被称为“麻烦的实验”，可见其艰巨性。可喜的是，在数据中发现了一个很强的信号。正如丁先生比喻的，如同“在北京一次下雨的 100 亿个雨滴中，要发现 1 个有颜色的雨滴一样。”由于这个信号如此明显，整个小组进入了繁忙的工作中，在排除任何可能的本底来源以后，他们确定这是一个比已知的短寿命共振态粒子（参见本书 3.9 节）长数千倍寿命的新粒子，为纪念电磁流 J 的研究工作称之为 J 粒子。在图 4-16 里丁肇中手中所展示的图纸内的曲线有反常高的尖峰，正说明发现了一种长寿命的新粒子。

图 4-16　丁肇中和他的小组
资料来源：BNL

与此同时，由里克特领导的小组在美国西部 SLAC（参见本书 3.9 节）的 SPEAR 对撞机上进行了一项实验。缓慢变化对撞的电子与正电子的束流能量来进行扫描，实验物理学家们突然在一个特殊的能量处发现了一个大信号——新的粒子在正负电子对撞的方式下诞生了！里克特将其命名为 ψ 粒子，并在 11 月的一个研讨会上报道了这个结果。

为了纪念这个从两方面进行的发现，人们将这个新粒子称为 J/ψ 粒子。而它的发现也被称为物理界的“十一月革命”。因此 1976 年的诺贝尔物理学奖颁给了这两位实验物理学家。

要解释 J/ψ 粒子并不容易。这个粒子的寿命比预期值大 5000 倍，不像已经大量发现的短寿命共振态粒子，因此预示着其内部有新的结构，不能用当时已知的三种夸克来解释，而这正是事先已引入的第四种夸克。这个 J/ψ 粒子是由粲夸克 c 和其反夸克 $\bar{c}$ 组成的，这是一种新的量子数 C，分别为 +1 和 −1，即 J/ψ 粒子的粲数总和为 0，因此这个粲介子 c $\bar{c}$ 很难被发现。c $\bar{c}$ 的质量为 3.1 GeV，粲夸克的质量（1.5 GeV）也明显地大，比质子（938 MeV）还要大很多。

含粲夸克及其反夸克的家族

不同的夸克称为有不同的“味道”（flavor）。将本书 3.8 节中的介子八重态和重子八重态与十重态加以扩充，即在 Y 与 I_3 的平面上加上与平面垂直的粲数 c 和 $\bar{c}$，就组成了多个含粲夸克的介子（图 4-17）和重子（图 4-18）了。

由图可见，除了较重的粲重子外，北京正负电子对撞机和北京谱仪是很适合研究这个大家族的场所。

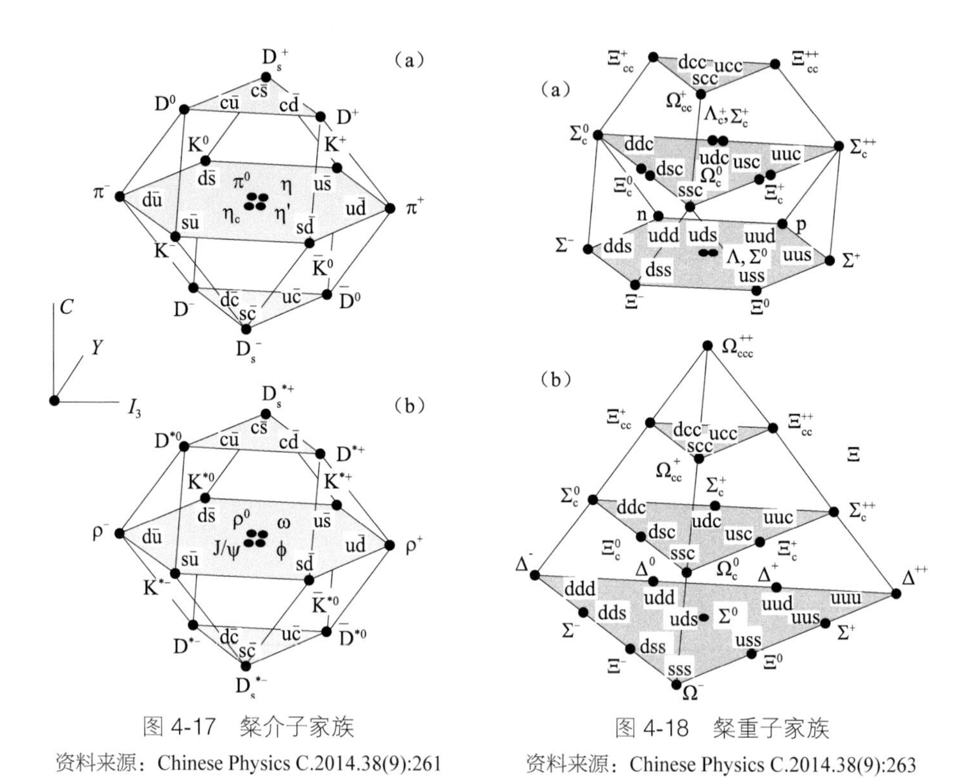

图 4-17　粲介子家族

资料来源：Chinese Physics C.2014.38(9):261

图 4-18　粲重子家族

资料来源：Chinese Physics C.2014.38(9):263

夸克家族代的发展和更多的夸克！

让我们先做一个拼图游戏。回顾一下本书 3.8 节的夸克的多重态，你可以用图 4-19 左面的 u-d-s 三角形和它的反三角形（u-d-s 换成反夸克）拼成介子八重态。重子多重态的组成也可以用同样方式组成。到 20 世纪 60 年代末，已经发现了许多由这三种夸克组成的粒子，称为夸克束缚态，哪怕有些粒子的寿命很短。似乎这套理论已经到了尽头。但是后来的思想发生了急剧的变化。不再用三种夸克作为基本单元和前面说的三角形来考

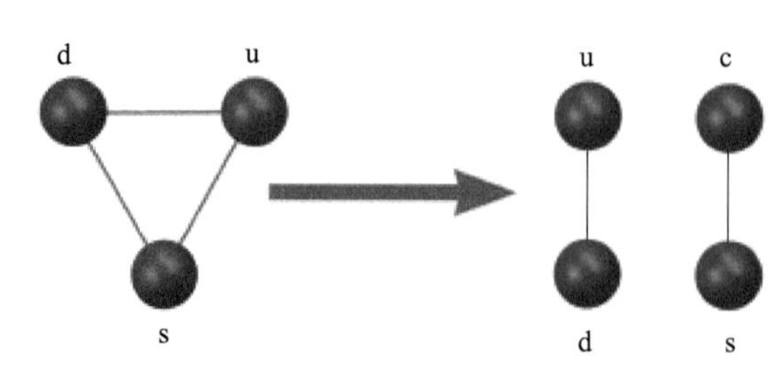

图 4-19　夸克家族从一代到两代

资料来源：韩红光绘

虑问题，而利用夸克代（generation）的概念，如图 4-19 所示（注意当时还没有发现粲夸克 c）。因为三角形的夸克模型非常好用，所以概念改变起来也不那么容易。有趣味的是有两个因素促进了物理学家的思考：盖尔曼看到轻子是二重态（电子加上电子－中微子，μ 子加上 μ 子－中微子），而夸克总是三重态（u、d、s）。这中间似乎有矛盾。至于盖尔曼正在思考什么并不清楚。这时，在加州理工学院工作的日本物理学家原（Hara）引入了第四个夸克。人们认为原肯定从盖尔曼的矛盾思考中找到了灵感。另一个因素是格拉肖（参见本书 4.7 节、4.9 节）注意到原的工作，在他研究的弱电统一理论中用到两代架构的第四个夸克。他同布约肯一起将第四个夸克称为粲夸克。这段故事说明，奇特的想法和矛盾是促进新理论诞生的“催生婆”！这第四种夸克的预期，也为 1974 年粲夸克的束缚态 J/ψ 粒子的发现打下了理论基础。

四种夸克与四种轻子，粒子物理看起来具有非常好的对称性。但是这个平衡并没有持续太长的时间。1975 年马丁・佩尔在斯坦福发现了一个轻子——陶（τ）轻子（参见本书 3.9 节），那么对应的也应有 τ 中微子 ν_τ（参见本书 4.8 节）。这样轻子家族的数目一下子变成了 6 个。

要保证物理上的对称性，就必然还存在另外两个夸克。这两个夸克被称为顶（top）夸克 t 与底（bottom）夸克 b，或者称为“真理”（truth）与“美丽”（beauty）。底夸克于 1977 年被发现（参见本书 4.8 节），与粲夸克一样，底夸克也是在与其反底夸克组成的介子 ϒ（upsilon）中被发现的。六夸克的物理图像已经预言了顶夸克的质量。1992 年 10 月，美国费米国家加速器实验室的 Tevatron 质子－反质子对撞机上的 CDF 与 D0 探测器观察到了顶夸克的迹象，1995 年 3 月证实了 CDF 的发现（参见本书 4.8 节）。之后又经过约十年的发展，逐步确立了物质最基本层次的标准模型（参见本书 4.9 节）。

本节最后谈一谈还在一直困扰着物理学家的关于夸克质量的几个重要问题。一是为什么顶夸克如此重，达到 173.21 GeV/c^2？它几乎是质子质量的 200 倍。二是几代夸克质量之间为何差别很大？第一代上夸克 u 质量为 2.3 MeV/c^2，下夸克 d 的质量为 4.8 MeV/c^2；第二代奇异夸克质量为 95 MeV/c^2，粲夸克 c 为 1.275 GeV/c^2；第三代底夸克 b 为 4.18 GeV/c^2，顶夸克 t 为 173 GeV/c^2，三代相差十分显著。以上为根据有关最新粒子表给出的结果，有趣的是第一代的质量测量误差大到 10%～20%，第二代为 3%，第三代则降到 1% 以下。测量的精度受到了什么限制呢？三是组成质子或中子的三个夸克的总和不过约

10 MeV/c^2，但是质子的质量为 938 MeV/c^2，高出约 90 倍，其他质量部分都是什么？自然想到的应该是把夸克黏合在一起的胶子的贡献，这也是促使物理学家进一步考虑的问题。

4.5 粲粒子家族的研究中心——北京正负电子对撞机和北京谱仪

研究粲粒子家族和陶轻子的能区

在上一节已经介绍 1974 年 11 月丁肇中和里克特几乎同时宣布发现 J/ψ 粒子。这个 J/ψ 粒子就是新发现的粲夸克（c）和其反粲夸克（$\bar{c}$）组成的粲偶素粒子。北京正负电子对撞机（Beijing Electron-Positron Collider，BEPC）和北京谱仪（Beijing Electron-Position Spectrum，BES）就是为了研究这个粲夸克相应的物理特性而设计制造的。

在 3.1 GeV/c^2 能量附近，还能产生一个很奇特的粒子，那就是 τ 轻子。人们最早发现的轻子是电子。因为电子质量很小（0.51 MeV/c^2），所以人们将这一类粒子称为轻子。但是接下来发现的轻子却越来越重：第二代轻子是 μ 子，质量为 105.6 MeV/c^2；第三代轻子 τ，其质量为 1.776 GeV/c^2（相当于 17 个 μ 子的质量）。产生两个 τ 轻子，需要 3.67 GeV 的能量。这项发现使得我们预想自然界也应该存在对应的第三代夸克，果然人们后来发现了被叫做底夸克和顶夸克的第三代夸克。J/ψ 粒子和 τ 粒子的发现分别获得了 1976 年和 1995 年的诺贝尔物理学奖，因为其能量很接近，常常称这个能区为 τ- 粲能区。以其为代表的研究工作奠定了一个新的研究方向：τ- 粲物理。

中国的高能物理研究中心

中国科学院高能物理研究所于 1973 年建立，目前已建成一个包括多项大科学装置的多学科的研究基地，包括以研究 τ- 粲物理为主的能量为 3～5.8GeV、高亮度的北京正负电子对撞机和北京谱仪，以及 BEPC 寄生模式型的同步辐射研究中心、粒子天体物理中心、多学科研究中心（图 4-20），并已在广东东莞建立散裂中子源分所（图 4-21），在广东大亚湾与江门建立中微子研究基地（参见本书 5.8 节），在西藏羊八井建立粒子天体研究基地，在四川西部稻城建立新的粒子天体研究基地（参见本书 7.5 节）等，到目前已成为一个综合科学研究中心。

图 4-20　中国科学院高能物理研究所和 BEPC

资料来源：中国科学院高能物理研究所

图 4-21　中国科学院高能物理研究所分所散裂中子源

资料来源：中国科学院高能物理研究所

北京正负电子对撞机

北京正负电子对撞机正是为了研究这些奇特的物理现象而建造的，将正电子与负电子加速到接近光速后对撞。如果正负电子的能量之和正好等于 J/ψ 粒子的质量，那么它们相撞以后就会产生这个基态粲偶素粒子。科学家们就是通过这种方式来产生不同质量的粒子。北京正负电子对撞机设计成正负电子在质心系下对撞，也就是说正负电子被加速到相同的能量对撞。因此要产生 J/ψ 粒子，需要将两者的能量都加速到 1.54 GeV［如果需要产生更大质量的 ψ（2S）粒子，其质量为 3.686 GeV/c^2，需要多少能量的正负电子呢？读者就不难回答了］。

为了能让正负电子碰撞在一起，科学家们利用磁场将两者聚焦成直径只有几毫米的束团，其亮度达到每平方厘米每秒钟有 10^{32} 个电子。然而即使是这样，每秒钟也只能产生 3000 个左右的 J/ψ 粒子。这已经是世界上最大的 J/ψ 粒子工厂了。目前科学家们正在进一步提高其亮度，从而产生更多的粒子样本。

在质心系产生的粲粒子寿命很短（只有 7.2×10^{-21} 秒），几乎产生以后马上就衰变成其他的粒子。科学家们就是通过研究其末态粒子，从而得到粲粒子的性质。事实上研究 τ- 粲物理既可以在正负电子对撞机上进行，也可以在更高能量的正负电子对撞机、强子对撞机和质子轰击固定靶等其他加速器上进行。但与其他加速器相比，在质心能量刚好等于两个粲夸克质量或两个 τ 轻子质量的正负电子对撞机（τ- 粲对撞机）上研究 τ- 粲物理具有以下不可比拟的优点。

（1）在这类加速器的能区范围内，能产生大量的各种粒子，包括 6 种夸克中的 4 种及全部的 6 种轻子。特别是由 c 夸克对构成的 J/ψ 粒子家族，种类丰富，产生截面（即概率）大。是研究各种粒子物理问题的理想平台。

（2）由于加速器的能量刚好等于所产生的粒子对质量，意味着这类粒子产生时其动量为零，即它们是在能量阈附近产生的，这为我们的物理研究带来很多好处。比如，本底较低，因为更重的粒子由于能量守恒的要求无法被产生；又如，粒子都是成对产生的，可以用标记一个来研究另一个的方法降低本底和误差，也可以研究对产生时粒子对之间的量子关联等。

为了研究粲粒子衰变的末态粒子，我国建造了第一台高能加速器——北京正负电子对撞机，它是高能物理研究的重大科技基础设施；由长 202 米的直线加速器、输运线、周长 240 米的圆形加速器（也称储存环）、高 6 米重 500 吨的北京谱仪和围绕储存环的同步辐射实验装置（Beijing Synchrotron Radiation Facility，BSRF）等几部分组成，外形像一只硕大的羽毛球拍（图 4-22）。

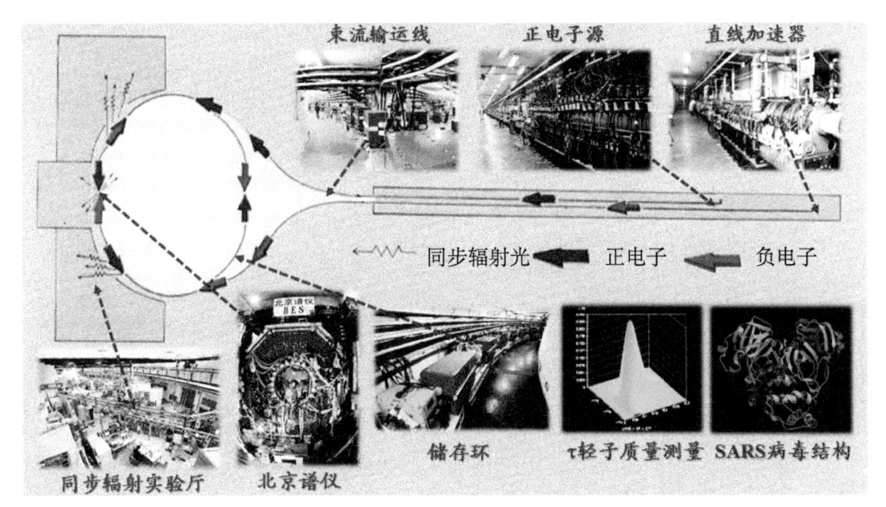

图 4-22　北京正负电子对撞机各个部分

资料来源：中国科学院高能物理研究所

北京谱仪

第一代北京谱仪于 1983 年开始建设，并于 1987 年建成。目前正在运行的北京谱仪是 2001 年开始建造升级的第三代谱仪 BES Ⅲ（图 4-23），2016 年 4 月 12 日对撞亮度达到 1×10^{33}/（厘米^2·秒）。它是由四个子探测器组成的（图 4-24），每个探测器具有不同的功能。最内部的探测器为主漂移室（main drift chamber，MDC），它是通过带电粒子在磁场中会发生偏转来探测带电粒子的动量，同时也可以测量得到带电粒子通过探测器以后损失的能量大小。第二层是飞行时间探测器（time of flight，TOF），顾名思义它是测量粒子从对撞中心飞行到飞行时间探测器所耗费的时间，从而就可以得到粒子的飞行速度。第三层是电磁量能器（electric magnetic calorimeter，EMC），它的目的是测量电子和中性的 γ 光子的径迹和能量。在电磁量能器的外面是一层超导磁铁，用来提供整个谱仪所需要的 1 特斯拉的磁场。而在北京谱仪最外层就是 μ 子探测器。由于 μ 子的穿透能力很强，因此将其放在最外层来进行探测，从而将 μ 子与其他粒子分别开来。

图 4-23　第三代北京谱仪 BES Ⅲ

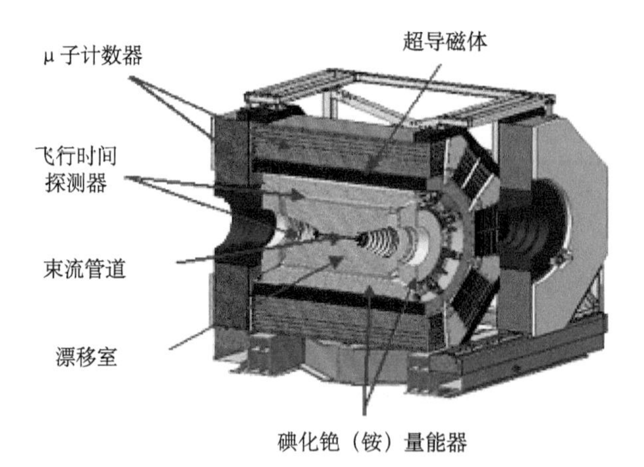

图 4-24　北京谱仪的各个子探测器
资料来源：中国科学院高能物理研究所

北京谱仪测量到的几个典型事例

图 4-25（a）给出了一个 ψ（2S）到 $\pi^+\pi^-$J/ψ，J/ψ 衰变到 $\mu^+\mu^-$ 的事例显示图。虽然 π 介子与 μ 子的质量非常接近（π 为 139 MeV/c^2，μ 为 105 MeV/c^2），但由于这个事例中 π 介子的动量远小于 μ 子的动量（利用能动量守恒可以很容易得到），因此在主漂移室内部发生较明显偏转的即为 π。由于 $\pi^+\pi^-$ 在磁场中的偏转方向不同，可以据此来判断其所带的电荷，同时利用偏转半径来得到其

动量的大小。而另外两条径迹穿过了内部探测器并被 μ 子探测器所记录，可以判断其为 μ 子。

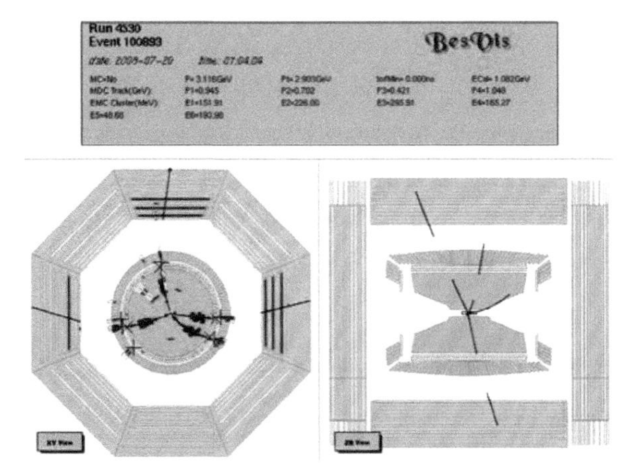

（a） $\psi(2S) \rightarrow \pi^{+}\pi^{-}J/\psi \rightarrow \pi^{+}\pi^{-}\mu^{+}\mu^{-}$ 的事例显示图

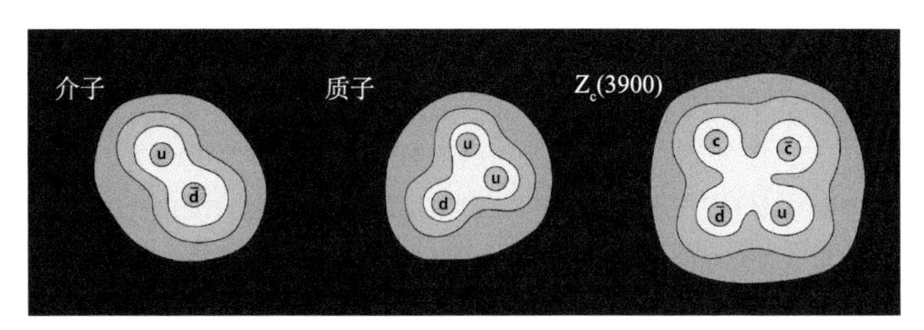

（b） BES Ⅲ发现了新的四夸克态 Z_c（3900）

图 4-25　北京谱仪测量到的几个典型事例

资料来源：中国科学院高能物理研究所

科学家们通过改变正负电子对撞机的能量，就可以产生不同的物理过程。例如，在第二代北京谱仪 BES Ⅱ上，科学家们通过调整正负电子对撞的能量到 τ 轻子对的质量附近进行扫描，从而精确测量了 τ 轻子质量，修正了以前的实验结果，并将测量精度提高了 10 倍，验证了轻子的普适性。另外，通过研究末态粒子，人们还可以研究粲粒子衰变过程中的次级粒子。例如，在 J/ψ 衰变中，科学家们就发现了 X（1835）这样一个新共振态，它在正反质子不变质量的阈值附近，因此可能是质子反质子的束缚态。而 BES Ⅲ发现的一个新的共振态 Z_c（3900），受到普遍重视并引起了人们极大的兴趣。它具有更加奇特的性质——由四个夸克组成。2013 年 6 月 18 日《自然》杂志发表了《夸克“四重奏”开启了物质世界新视野》一文［图 4-25（b）］，认为“找到一个四个夸克构成态的新粒子将意味着宇宙中存在奇特态物质”。目前人们对这个新发现的粒子包含四夸克没有太多异议，需要进一步探讨的是四个夸克是如何构成这个粒子的。准确地说它是一对正反粲夸克且带有电荷，而正反粲夸克的总电荷为 0，因此提示其中至少含有四个夸克，另外的两个夸克提供了这个电荷。这可能是科学家们长期寻找的一种奇特态粒子。科学家们正在继续探索这种奇特态粒子，并由此进一步开拓“新视野”。

4.6 夸克被“囚禁”——夸克之间的色力和三喷注

“夸克禁闭”

从本书 3.8 节我们已经知道，组成物质的最基本的粒子（如质子、中子）是由 3 个夸克组成的，已经发现的 π 介子、K 介子等是由 2 个夸克组成的，重子 Λ、Ξ、Ω^- 等也是由 3 个夸克组成的。在 20 世纪 60 年代虽然大量新粒子陆续被发现，包括上百个极短寿命（10^{-23} 秒）都是由夸克组成的“共振态”粒子，但是从来就没有发现有单个夸克出现，因为夸克携带分数电荷（参见本书 3.8 节），即使后来曾设计过一些寻找分数电荷的实验，但也都没有成功。这就是“夸克禁闭”。这个时期的场论研究在强作用方面的理论也不太争气，没有什么有价值的进展。

困惑和矛盾催生了 QCD 理论

到 1970 年以后，理论家们受到弱电统一理论成功和进展的启发，开始把注意力转向解决如质子或中子里面的夸克是如何相互结合的。虽然核内的质子和中子之间的作用力（由 π 介子传递强作用力），早在 20 世纪 40 年代已有研究（参见本书 3.4 节），但只初步解决了原子核这一层次的作用，是不完备的。首先，20 世纪 60～70 年代，已经发现了 100 多种强子，利用已经出现的夸克模型可以对它们进行分类（参见本书 3.8 节）。那时，通过电子－质子深度非弹性散射已经发现了质子不是点粒子，而所谓的“部分子”很可能就是夸克。中性部分子就是盖尔曼曾经于 1962 年提出的夸克间传递强相互作用的传播子——胶子（参见本书 3.9 节）。但是关于由夸克组成的基本粒子的统计性和对称性问题一直没有解决，如由三个 s 夸克组成的 Ω^- 超子等（参见本书 3.8 节）。这一点就连提出夸克模型的盖尔曼也为之忧心忡忡。

这样的困惑促使科学家们进一步思考。

1964 年前后，奥斯卡・格林伯格（Oscar Greenberg）和 1965 年南部阳一郎（Yoichiro Nambu）分别提出综合统计（参见本书 3.8 节）和三套夸克的解决方案后，盖尔曼受到启发，于 1972 年提出一种具有 3 个值的新“标签”，即现在所称的“色”，以便与表示夸克的“味道”相区别。有几个重要的实验结果与原来的理论有矛盾，为这个“色”自由度的提出起了推动作用。例如，能量不太高（即只能产生夸克 u、d、s）的情况下，正负电子对撞产生全部强子的概率与产生 μ 轻子对的比值 R，若不考虑“色荷”时为 R=3，考虑“色荷”后为 R=39，与实验值符合。我国的北京谱仪的 R 值测量结果也证实了这一点。另外，如 $\pi^0 \rightarrow \gamma\gamma$ 的衰变，其与衰变概率有关的理论结果比实验结果小 3 倍，引入“色荷”才同实验符合。这两个实验强有力地支持了 QCD 理论的建立。这样，在核子内的夸克层次服从什么理论呢？在如此紧凑的核子内的夸克之间的强作用遵循 QCD 理论就是十分明确了。

量子色动力学

理论家的新思路认为夸克有“色荷”，由前节已知，每一种夸克如 u、d、s 都有自己的“味道”，而每一种夸克各自都有三种颜色。这里所说的颜色并不是真的什么颜色，只是一个“标记”而已。这样同电磁理论的相对论量子场论，即“量子电动力学”（QED）相类比就发展出称为“量子色动力学”（QCD）的理论。简单地从名词上看，就是用色荷代替电荷。C 即“色”的希腊语 chromos 的第一个字母。这里还应该指出，关于核内核子的强作用的场论最早在 1954 年由杨振宁和米尔斯结合 QED 和质子－中子同位旋对称做出，对现在的 QCD 理论和电弱统一理论的创立都是有深远影响的。

“渐进自由”和夸克－胶子颜色交换色力

同弱力是由较重的“中间玻色子”来回传递相类似，夸克色力则是由 8 个胶子在不同“颜色”的夸克之间来回传递而产生的。这种力的一个重要特点就像橡皮筋与扩胸用的拉伸器一样，越拉长则收缩力越大，如图 4-26 所示。也就是说，当两个夸克距离越远，胶子产生的使夸克间吸引的力越强，越靠近越弱。这就使夸克总是联系在一起，无法分离了。

本书 3.4 节中介绍过，汤川的 π 介子交换产生的强度 $g^2/4\pi$ 约为 14（其

图 4-26　胶子如橡皮筋拉住夸克对
资料来源：韩红光绘

中 g 为与电子电荷相当的耦合常数），而电磁力强度 $e^2/4\pi$ 约为 1/137（e 即电子电荷）。由此可知，强作用力是将电子和原子核维系在一起的电磁力的约 2000 倍。可以推断，要把维系两个夸克分离开所需要的能量相当于将 1 吨的重物提高 1 米。即使制造一台地球大小的加速器也无法将两个夸克分开。有趣的是。当两个或三个夸克靠得很近时，这个色力变得非常弱。它们变得非常随便，物理上称为“渐近自由”。它同大家熟悉的交换光子的电磁力和万有引力（力与距离平方成反比）完全相反。这就是夸克的 QCD 理论的一个重要特点。据此，另外一个特点，即夸克离得越远越拉不开。本节开始就提到的“夸克禁闭”，也就显而易见了。从本书 3.8 节和 4.9 节知道夸克都带分数电荷（u、c、t 带 +2e/3，d、s、b 带 −1e/3，e 为电子电荷），而实验上从来没有出现过带分数电荷的粒子，自然界只能看到整数电荷的粒子，这也是“夸克禁闭”的外在表现。因此，色力也就表现为“复合色力”，它比产生电磁力交换单一光子的机制就要复杂和强得多了。例如，胶子可以使夸克的色荷改变，如图 4-27 所示。如使图 4-27 左方一个红夸克变成一个蓝夸克，那么一个胶子的“负红荷态”$\bar{R}$（负表示丢失）与红夸克作用而使红夸克的红色荷丢失。同时，带一个胶子的“正蓝荷态”（B）（正表示送给）与这个夸克作用则使这个夸克变成了蓝夸克。这就是胶子在 QCD 理论中扮演的角色，胶子一共有 8 个，分别由红（R）、蓝（B）、绿（G）组成。即 $g1=B\bar{R}$，$g2=G\bar{R}$，$g3=R\bar{B}$，$g4=R\bar{G}$，$g5=G\bar{B}$，$g6=B\bar{G}$，$g7=(R\bar{R}-B\bar{B})/\sqrt{2}$，$g8=(R\bar{R}+B\bar{B}-2G\bar{G})/\sqrt{6}$，最后两个分别是两者和三者的组合，较为复杂。图 4-27（c）为其中的前 6 个。可见胶子实际上是两种颜色的态进入与离开夸克，使夸克改变颜色传递强相互作用。进一步还可以推导出两个正夸克之间产生的是排斥力。两个反夸克之间产生的也是排斥力。而一对正反夸克产生的是吸引力，并可以得出正反夸克对是色单态的结论。胶子和光子都是自旋等于 1 的玻色子（boson），光子互相之间没有相互作用，而胶子之间有相互作用，另外，胶子在核子内的质量比核子内几个夸克的质量之和还要大不少（参见本书 4.4 节）。三位美国科学家戴维·格罗斯（D. J. Gross，图 4-28），戴维·波利策（H. D. Polizer，图 4-29）和弗兰克·维尔切克（F. Wilzek，图 4-30）由于对 QCD 的重大贡献，特别是于 1973 年发现强相互作用的渐进自由性质对 QCD 建立起了重要作用，获得了 2004 年诺贝尔物理学奖。

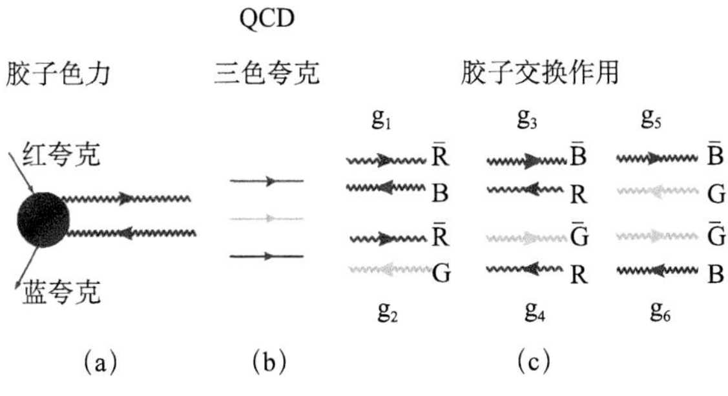

图 4-27　胶子交换色力图像
资料来源：韩红光绘

图 4-28　戴维·格罗斯

图 4-29　戴维·波利策

图 4-30　弗兰克·维尔切克

双喷注和三喷注的发现

当极高能的粒子碰撞时，产生的极高的“激发”能量使一对极高能量的夸克对（q、$\bar{q}$）崩裂并分成两群向相反的方向喷射出去，形成两股反向的能量-动量流并很快地“强子化”，也就形成了双喷注，这种喷注表现为集中在一定圆锥角内的一群强子，如π介子等。实际上这种q、$\bar{q}$的崩裂也可以说独立的夸克出现了，这两个夸克已经逃出了囚禁的牢笼。但是很快每个夸克就变成一群可测到的强子了。图 4-31 为双喷注示意图。

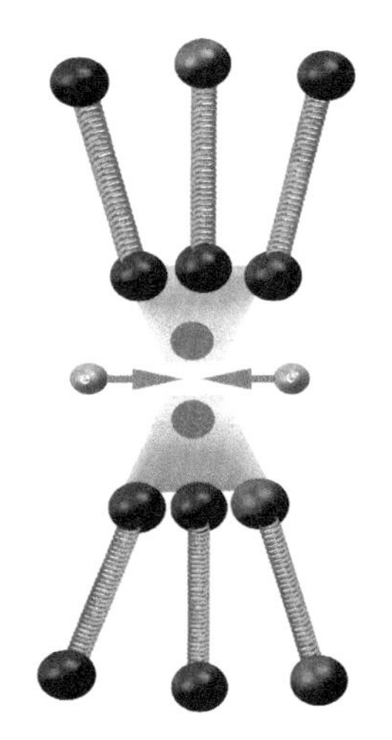
图 4-31　双喷注示意图
资料来源：韩红光绘

三喷注是怎么回事呢？在“激发”的能量-动量流中胶子有两类：一类是“硬胶子”，它们个性和独立性很强，是“单干户”，和别的粒子关系疏远，物理上称为“弱耦合”。另一类是“软胶子”，它们个性和独立性很弱，和别的粒子关系密切，物理上称为“强耦合”。打个有趣的比方，一对穿着不同颜色服装的伴郎伴娘（胶子）密切地通过交换不同颜色的聘礼（指不同颜色的胶子，由携带不同颜色的聘礼所体现）将新郎（夸克）新娘（反夸克）紧紧地拥靠在一起。这桩婚礼在“喷注的激流”中（在极短的时间内）这对新郎新娘总是同时出现，但是在激流中不得不分开，可是又不能独立存在，激流的能量就物质化为一些由夸克对组成的介子群，在实验上可以直接探测到。这在高能物理实验中已经多次出现。至于那些能量也很高的单身汉（硬胶子）也会出席婚礼，它携带的能量－动量流也形成喷注状的介子群，如图 4-32 的三喷注，但是它们是非常少见的，在末态强子事例中只占 9%，而夸克对的双喷注则多于 90%。1979 年三喷注在德国的 DESY 高能物理实验室的 38 GeV（2×19 GeV）的正负电子对撞机 PETRA 上的 TASSO 实验中第一次观测到。其中一个正是胶子形成的（图 4-33）。不久 MARKJ 组发表观察到三喷注的文章。图 4-34 是其后在 CERN 的大型正负电子（Large Electron Positron，LEP）对撞机上 ALEPH 合作组的更清晰的三喷注实验结果。这些结果充分证实 QCD 理论的胶子的实际存在。在该实验中，美籍华裔科学家吴秀兰（图 4-35）起到很大的作用。她从香港到美国学习研究，曾在诺贝尔物理学奖获得者丁肇中 1974 年发现 J/ψ 粒子的实验中起过重要作用，在近 30 年的科研事业中培养了多位中国青年科学工作者，曾获 1995 年度欧洲物理学会奖。在 CERN 的 ALEPH、SLAC 的 BARBAR 和 LHC 上的 ATLAS 等多个国际合作中，她领导的美国威斯康星大学组都参与其中，做出过出色贡献，包括初步探索希格斯粒子的可能质量范围。

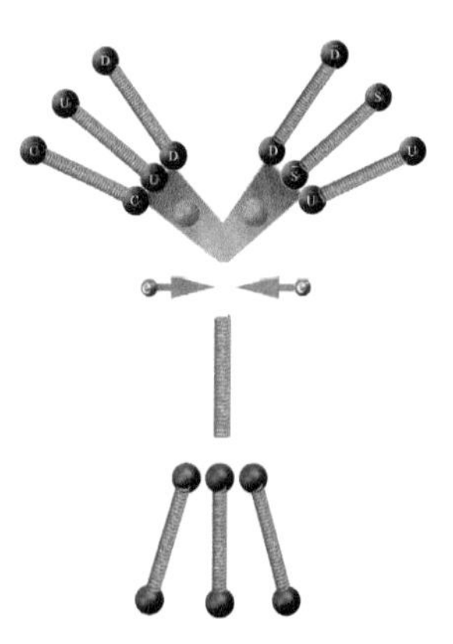

图 4-32　三喷注示意图
资料来源：韩红光绘

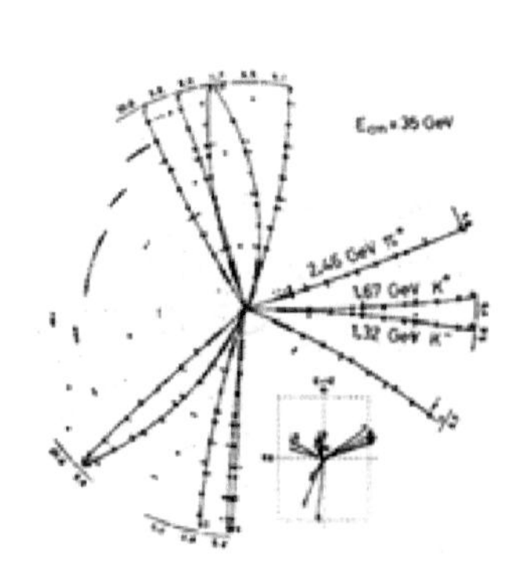

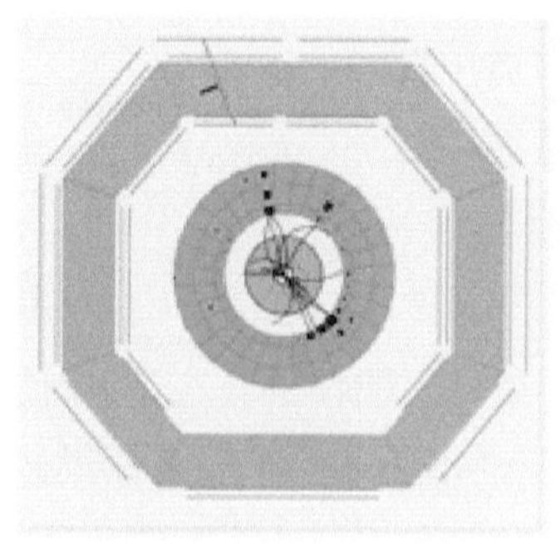

图 4-33　TASSO 上的三喷注实验
资料来源：DESY/TASSO

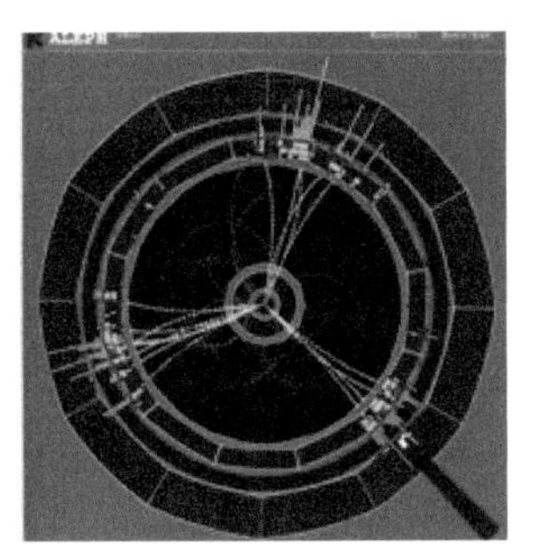

图 4-34　三喷注在 ALEPH 的结果
资料来源：CERN/ALEPH

图 4-35　吴秀兰

德国电子同步加速器研究所

德国电子同步加速器研究所（DESY）于 1959 年在德国汉堡成立，到 20 世纪 70 年代已经是重要的国际高能物理研究中心之一（参见本书 3.5 节和参考资料以及图 4-36）。当美国费米国家加速器实验室发现 b 夸克（参见本书 4.8 节）后不久，1974 年在 DESY 建成的 DORIS 2×3 GeV 的正负电子对撞机的储存环上发现了 Yipsilon 粒子，即 b 夸克及其反夸克 bƃ 的共振态。后来于 1991 年建成的电子（27.5 GeV）– 质子（920 GeV）非对称型对撞机 HERA 主要由两个 6.5 千米的储存环组成（图 4-36～图 4-38），由 1960 年当时世界上最高能量电子同步加速器 DESY 开始，依次进入 DORIS 和 PETRA，最后由 PETRA 注入 HERA。其环上的几个大型国际合作 ZEUS、HERMES 和 H1 等也做出了不凡的工作，如强子结构和质子自旋等。

值得一提的是，早在 1979 年前后，中国科学院高能物理研究所曾派出一

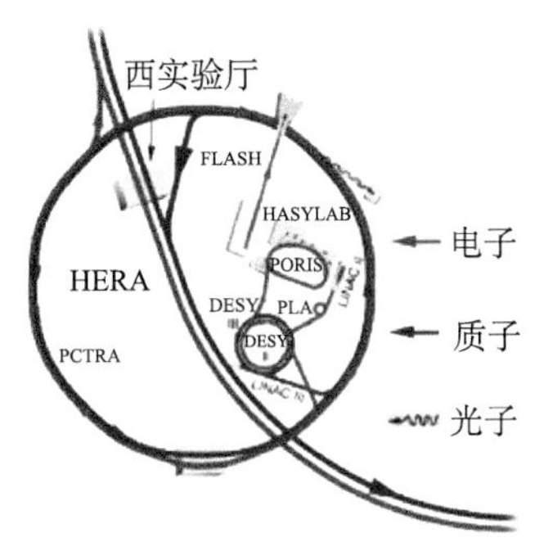

图 4-36　DESY 总体布局与 HERA 注入序列
资料来源：DESY/HERA

图 4-37　HERA 6.5 千米储存环
资料来源：DESY/HERA

批年轻的实验物理学者在丁肇中领导的 DESY MARK J 实验上进行培训。经过几年的实践，他们后来都成为我国高能物理实验的骨干力量（见后记）。

图 4-38　DESY-PETRA-HERA
资料来源：DESY

4.7　电弱作用统一与发现中间玻色子 W 和 Z

电弱作用的统一和诺贝尔奖

前面 3.3 节已经介绍了弱相互作用或称弱力，可以理解为相互作用就是通过交换传播子发生作用的，传递弱力的传播子是特别重的带电的传播子 W^+ 和 W^- 或中性的传播子 Z。说起来有点抽象。大家熟知，两个电荷发生相互吸引或排斥。它们的相互作用就像两个人不停地互相抛掷小球（交换小球）一样，将二者维系在一起。不过电磁作用交换的是没有质量的光子。可以想象，它们这样“轻”就可以抛掷极远。这就是电磁作用是长程力。反之，弱作用抛掷的“小球”很重，比如像抛铅球一样，只能抛掷得很近，这就是近程力。人类总是企图将不同的事物用统一的规律联系在一起。电磁理论是人们两百多年来已认识透彻和大量应用的一种作用，但弱作用，如 β 衰变等，是 20 世纪 30 年代才逐步认识的（参见本书 3.3 节）。它的强度比强作用在低能标下弱 10^{-14} 数量级（参见本书 3.4 节、4.3 节），也比电磁作用弱 10^{-12}。弱力和电磁力这两种看似很不相同的力怎样将它们统一起来呢？ 1967～1976 年这 10 年是一个不平凡的实验和理论相互促进的时期。1967～1968 年，史蒂文・温伯格（图 4-39）和阿卜杜勒·萨拉姆（图 4-40）已经在轻子方面将弱力和电磁力统一起来，1969 年的质子深度非弹性散射实验提出了部分子（参见本书 3.9 节），这样夸克的真实性就得到了肯定。1970 年，三位理论家谢尔登·李·格拉肖（图 4-41）、伊里普罗斯、马亚尼提出弱电统一的夸克部分并预示了粲夸克的存在，而温伯格在 1972 年最终将强子引入弱电统一理论。他们并预言理论中的带电和中性的两种中间玻色子的质量分别约为 65 GeV/c^2 和 80 GeV/c^2。三位理论物理学家经过不懈的努力，终于前后创立了电弱统一理论。这样进一步推动了 1973 年中性流的确认（参见本书 4.3 节）和 QCD 的渐进自由理论（参见本书 4.6 节），以及 1974 年的粲粒子的发现（参见本书 4.4 节）和 1976 年的裸粲夸克的肯定。经过这 10 年，实际上可以说基本粒子的标准模型已经大致确定了（参见本书 4.9 节）。到 1979 年，虽然实验还没有观测到两种中间玻色子带电的 $W^{\pm}$ 和中性的 Z 粒子，但由于三位理论家卓越的工作，并且在实验上测量到带电流和中性流的物理结果如温伯格角 $\sin^2\theta$=0.25 与实验符合（见 6.3 节），都与他们的理论预言很好地符合，因此他们共同获得了 1979 年诺贝尔物理学奖。到这时，实际探测 $W^{\pm}$ 和中性的 Z 粒子已经是十分紧迫的课题了。

图 4-39　史蒂文·温伯格

图 4-40　阿卜杜勒·萨拉姆

图 4-41　谢尔登·李·格拉肖

质子－反质子对撞

接着前面到 1976 年物理的成果，欧洲物理学家于 1976 年提出建设大型正负电子对撞机的建议，但能达到探测 $W^{\pm}$ 和 Z 能量，需要建设一个约 27 千米的加速环，这要 5～6 年的时间。20 世纪 70 年代前期，卡洛·卢比亚（Carlo Rubbia）在美国哈佛大学任教，曾忙于中性流研究（参见本书 4.3 节），考虑到建设 LEP 时间太长，于是强力推动在 CERN 已有的地下一个周长 6.5 千米、能量可达 270 GeV 的超级质子同步加速器（SPS）上进行反质子对撞实验。因为那时在 CERN 工作的荷兰工程师提出西蒙·范·德梅尔（Simon van der Meer）已于 1972 年提出粒子随机冷却的概念，反质子在特殊的高频电磁场作用下按确定方向一束一束地聚集形成极高密度束团，就好比一批一批杂乱奔跑的羊群在两旁牧羊狗的轰赶下逐渐顺向聚集一样。CERN 于 1978 年批准建设反质子随机冷却储存环（Anti-proton Accumulator，AA）（图 4-42，也称 LEAR）并于 1981 年 7 月研制成功，进一步经 PS 和 SPS 加速，在该环内同质子对撞［参见本书 5.1 节其质心系达 5400 亿电子伏（540 GeV），它的运行路径在本书 5.1 节一起介绍］。这个 540 GeV 的质子－反质子对撞机（$Sp\bar{p}S$）于 1982 年对撞运行成功，到 1982 年冬，已开始物理实验，其亮度 L 已初步达到约 10^{27}/（厘米^2·秒），可以平均每天大约探测到一个 W 粒子。

图 4-42　反质子随机冷却环
资料来源：CERN/AA

UA1 和 UA2

在 SPS 周长为 6.5 千米的环上有两个大型实验 UA1 和 UA2，1982 年秋开始运行获取物理实验数据。UA1 是一台重 2000 吨三层楼高的大型装置，碰撞后产生的粒子可在 4π 全立体角覆盖下进行观测，如图 4-43 所示；而 UA2 只覆盖较小的立体角。UA1 的几个子探测器，由图 4-43（左）自内向外：三维气体中心图像室（图 4-44 中黄白色部分），其外为铅闪烁体电磁量能器

Gondola（形状很像一种威尼斯的小船 Gondola），再外依次是偶极磁铁、强子量能器、漂移管 μ 子探测器，是当时世界上最庞大的对撞机上的实验装置，测量世界最高能区的各种粒子，其功能参见本书第 5.2 节。

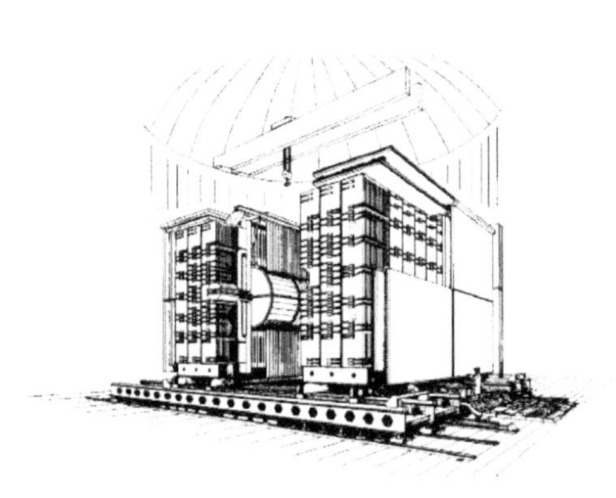

（a）示意图

（b）侧视照片

图 4-43　UA1 大型实验装置
资料来源：CERN/UA1

测量 $W^{\pm}$ 和 Z 粒子

1982 年 12 月，UA1 探测到了 4 个 W^{+} 和 1 个 W^{-} 事例。例如，$\mathbf{W}^{-}$ 衰变到一个电子和一个中微子，如图 4-45 所示。注意，特别直的是电子径迹（大动量）。电子的能量约为 W^{-} 粒子质量的一半，另一半为中微子能量。另外两个事例是衰变到 μ 子和中微子事例。中微子由“丢失能量法”定出，即由电磁和强子量能器各单元中沉积的能量按向量加起来与总能量之差就是丢失的能量，由此确定中微子的方向和能量。图 4-45 是从图 4-46 的图像漂移室的三维信号得到的。本书作者在此期间正在该图像漂移室值班和做备用室测试，并协助做了些计算测量。W 粒子的

图 4-44　UA1 的几个子探测器（俯视）
资料来源：CERN/VAI

质量为 79 GeV，而且寿命只有 10^{-20} 秒（要在约 10 亿次碰撞中探测到几个 W 粒子是很不容易的，这就像在中国十几亿人中查找出有几个特殊的人一样）。

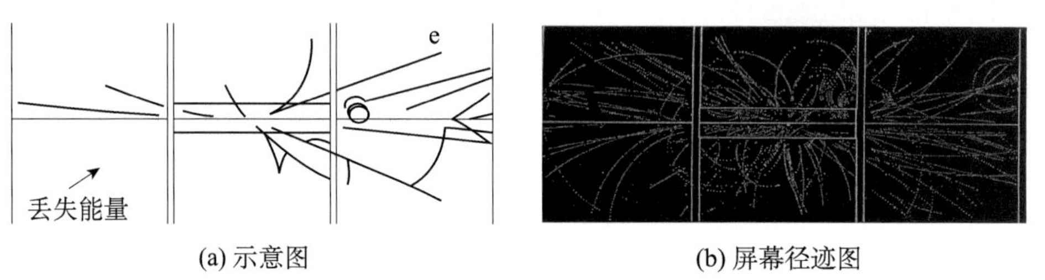

(a) 示意图　　(b) 屏幕径迹图

图 4-45　W 衰变到一个电子和中微子事例

资料来源：（a）谢一冈，高能物理，1988，第 1 期，12；（b）CERN/UA1

1983 年 1 月 5 日，在罗马内部会议上宣布发现了 4 个 W^- 粒子和 1 个 W^+ 粒子，很快 CERN 对新闻界宣布了这个消息。UA2 也相继宣布了此发现。1983 年 6 月两个实验组都报道了测量到 Z 粒子。UA1 观察到 4 个 Z 衰变到正负电子事例 $Z \to e^+e^-$（图 4-47）和 1 个衰变到正负 μ 子事例 $Z \to \mu^+\mu^-$。UA2 报道了 6 个 Z 衰变到正负电子的事例。到 1983 年年底，报道的 W 和 Z 粒子事例分别约为 100 个和十几个，质量分别为 81 GeV 和 93 GeV，同理论预期的完全符合。W 和 Z 粒子的发现轰动了当时科技界，中国新华社、《光明日报》前去采访。1983 年 6 月，本书作者陪同新华社记者任某访问卢比亚，记得他从电与磁的统一促成了工业革命谈起，强调弱力和电磁力统一的意义。他兴奋地站起来，在墙上的纸板上写下了几行字：化学能产生的温度约为 1000℃；核聚变产生的温度为 1000 万℃；物质和反物质相互作用，如对 540 GeV 质心系能量的质子反质子对撞，使得温度高达 10 万亿℃（10^{13}，参见本书 6.6 节，按该节中的图像即为 10^{15}K）。这就是说，这种对撞是氢弹爆炸时的温度的 100 万倍。这也相当于宇宙大爆炸起点后的 10^{-11} 秒。最后，他还谈到和中国同事合作得很好。

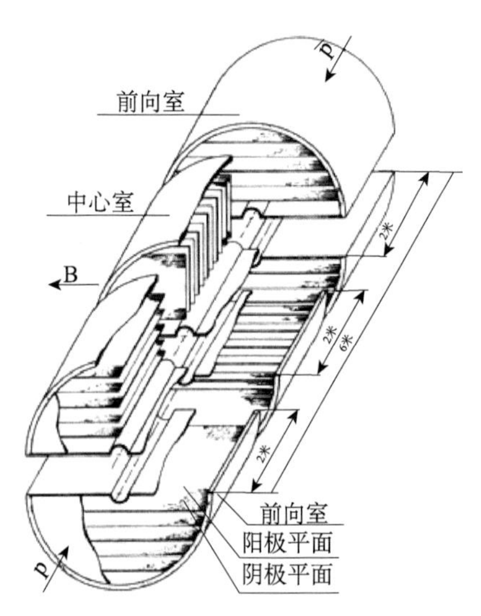

图 4-46　UA1 的图像漂移室

资料来源：CERN/UA1

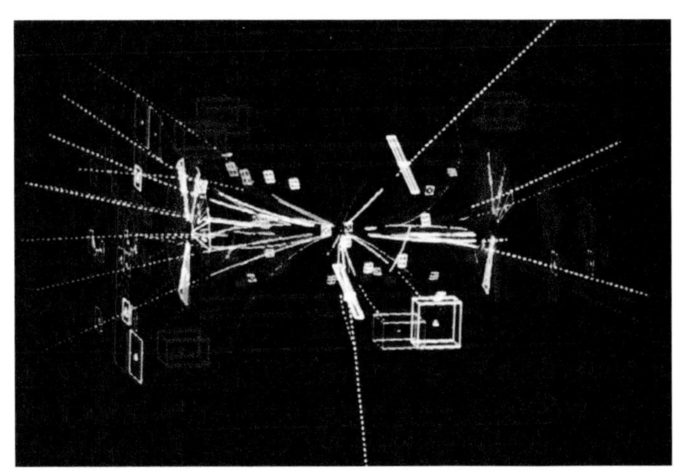

图 4-47　Z 衰变到正负电子事例 $Z \to e^+e^-$
资料来源：CERN/UA1

由于要获得有效的质子反质子对撞，必须把反质子汇聚起来。范・德梅尔创建的反质子储存环起到重要作用，功不可没。卡洛・卢比亚（图 4-48）和范・德梅尔（图 4-49）获得了 1984 年诺贝尔物理学奖。卢比亚 1934 年出生于意大利东北部的格里齐亚，分别在米兰大学和比萨大学攻读工程学和物理学，1958 年后在美国哥伦比亚大学访问并在哈佛大学任教研究弱作用等。他学识广博，发明了液体时间投影室和加速器驱动的清洁能源，即加速器驱动亚临界反应堆系统（Accelerator Driven Subcritical System，ADS）等。范・德梅尔 1925 年生于荷兰海牙，对物理和工程都有很大兴趣，在 1956 年到 CERN 工作前，曾在飞利浦公司的研究实验室工作。

图 4-48　卡洛・卢比亚

图 4-49　范・德梅尔

在 $\mathrm{Sp\bar{p}S}$ 对撞机上的另一个由实验 UA2 规模较小，如图 4-50 所示，它不像 UA1 探测器将对撞区全部包围（即小于 4π 立体角），也就是不同功能的探

图 4-50 UA-2 实验正向照片
资料来源：CERN/UA2

测器只覆盖对撞点周围一定的立体角。例如，图 4-50 中测量粒子径迹和动量的漂移室和量能器只在两侧局限的前向环区内。中间一部分立体角的扇区内为环流型磁场和筒形量能器等。它在发现 W、Z 粒子方面也有重要贡献，是其发言人 G. Darialat 领导的。

弱电统一理论和它们的传播子的发现是粒子物理领域的重大突破，为标准模型的确立奠定了重要基础。质子反质子对撞描述了创世的一瞬间（参见本书 6.6 节），为后来的宇宙大爆炸理论在实验室进行研究开了个头。但是还有最关键的问题没有解决，那就是使物质粒子具有质量的希格斯粒子在当时还没有找到，以及 W 和 Z 粒子的精细研究还远远不够。这就要请大家看下面几节关于 LEP 和 LHC 对撞机的建设和有关的物理实验了。

4.8 b 夸克与 t 夸克以及第三个精灵——τ 中微子的发现

强大的原子粉碎机

直到 20 世纪 70 年代中期，基本粒子标准模型理论预言的 6 种夸克在实验上已经观测到 4 种，还有 2 种更重的夸克没有发现——底夸克和顶夸克。全世界的物理学家都在竭尽全力地寻找它们。由于它们的质量更大，需要建造更大更高能量的粒子加速器（参见本书 2.8 节）才能产生。美国费米国家加速器实验室为此做出了巨大努力，取得了令人瞩目的成果。

草原上的神秘大家伙

在讲顶夸克的发现之前，有必要简单介绍一下美国费米国家加速器实验室和产生顶夸克的大家伙。

美国费米国家加速器实验室，位于伊利诺依州巴塔维亚（Batavia）镇的一片大草原上（图 4-51），成立于 1967 年。实验室的命名是为纪念 1938 年诺贝尔奖获得者和原子时代最杰出的物理学家费米（图 4-52）。第一任所长罗伯特·威尔逊（Robert Wilson）（图 4-53）不仅是一位粒子物理学家，还专门学习过雕塑、建筑和其他设计课程，所以在他指导下的实验室被赞誉为“艺术与科学抱负的稀有结合”，名为 Hi-Rise（图 4-54）的著名建筑（办公室兼实验室）及园区内的雕塑充分地体现了他的设计思想，在高耸的 Hi-Rise（后来命名为 Robert Wilson Hall）前面的人工湖里一年四季都可以看见成群的天鹅、野鸭和鸳鸯等水禽在嬉戏。在草原上面不时可以看到牛羊和野兔与科学家们和平共处，本书两位作者还不时看到绿丛中奔跑的麋鹿。在绿茵茵的草原下面几十米深的隧道里却掩藏着一个大家伙——强大的原子粉碎机 Tevatron（图 4-55、图 4-56）。在欧洲核子研究中心的 LHC 建成之前，费米国家加速器实验室周

图 4-51　费米国家加速器实验室
资料来源：FNAL

图 4-52　费米
资料来源：FNAL

图 4-53　罗伯特·威尔逊
资料来源：FNAL

长 6.4 千米的质子 - 反质子对撞机 Tevatron 是世界上能量最高的强子对撞机，将质子和反质子加速到接近光速，然后让它们在探测器中发生对撞。费米国家加速器实验室还拥有世界上领先的探测器和若干束流线，开展粒子物理学最前沿课题的研究，并为未来的实验开发新技术，在粒子物理的发展中做出了非常重要的贡献。

图 4-54　Hi-Rise 建筑
资料来源：FNAL

图 4-55、图 4-56 展示的是 Tevatron 如何将质子和反质子加速到很高能量的原理，不难看出这是一个多么复杂的过程。Tevatron 是一个技术含量高而且很昂贵的庞

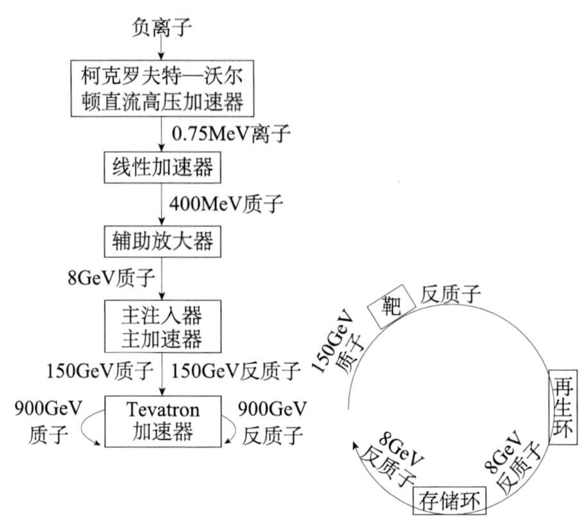

图 4-55　质子、反质子加速原理示意图（1）

资料来源：FNAL

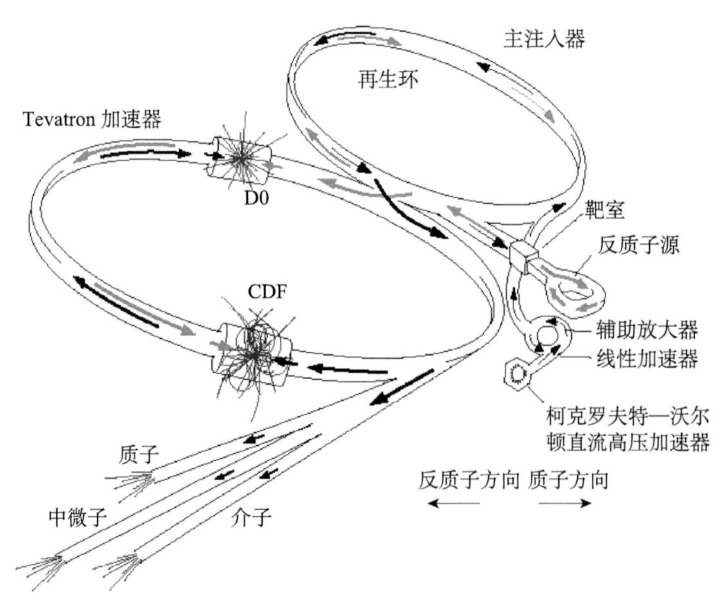

图 4-56　质子、反质子加速原理示意图（2）

资料来源：FNAL

然大物。

质子 - 反质子对撞机 Tevatron 是由 5 台粒子加速器组成的巨大装置。这个巨大装置从一个称为“离子源”的金属盒开始，在离子源里氢原子吸附一个电子成为负氢离子。引出负氢离子注入第一台高压加速器，负氢离子在这里被加速，能量提升到 750 KeV，然后注入第二台直线加速器进一步加速，能量提高到 400 MeV。接着这些负氢离子通过一层很薄的碳，将负氢离子上的电子剥夺掉，只留下质子进入第三台加速器。第三台加速器是一台周长为 500 米的“小型”质子同步加速器，叫做增强器（booster），将质子加速到 8 GeV。将 8 GeV 的质子从增强器引出来注入周长 6.4 千米长的主加速环（main ring），它也是一台质子同步加速器，质子继续被加速，能量提升到 150 GeV。在主加速环的正下方就是由 1000 多块超导磁铁构成的加速环——Tevatron，这是一台超导型质子同步加速器，能够将质子能量提升到 900 GeV，最高能量达到 1000 GeV（1 TeV），在 1984 年投入使用，是世界上第一台超导型质子同步加速器（图 4-57）。

图 4-57　Tevatron 主环 A 段
资料来源：FNAL/Tevatron

还有一个重要的角色，就是反质子。产生质子是很容易的，产生反质子就有些麻烦了。这里科学家们从主加速环中引出 120 GeV 的质子，射入一个金属靶，通过靶原子核内部的核子相互作用产生反质子。这些反质子就像“刚入伍的新兵”，散漫，没有秩序，以一种混乱的形式出现，需要经过训练才能成为有用的队伍。为了驯服它们，科学家们采用随机冷却技术来训练它们。西蒙·范·德梅尔在 1972 年发明了随机冷却这个巧妙方法，并因此在 1984 年获得了诺贝尔物理学奖（参见本书 4.7 节和 5.1 节）。随机冷却就是让反质子在存储环中运动，在环上的某些点用电传感器检测反质子束相对于圆环中心轴线的分布情况。测量的信息传给一个叫做“打击器”的部件，打击器会命令那些混乱无序的反质子偏转到正确轨道上来。随着这种过程一圈一圈地进行，反质子就迅速地变成了一束理想的粒子束，然后被存储起来直到聚集了足够多的反质子进入下一步的加速程序。“随机冷却”的含义是，“随机”指反质子束取样的任意性，“冷却”指降低反质子扩散速度。随机冷却在推动实验粒子物理学向前发展中起了非常重要的作用。

在费米国家加速器实验室，反质子是从主加速环引出 120 GeV 的质子束打击铜靶产生的。反质子进入周长为 520 米的环（Debuncher）进行冷却，并存入储存环中，直到聚集足够多的反质子，再注入主加速环中，反质子进一步被加速，能量提高到 150 GeV，形成了与质子束相对称的反向运动粒子束。反质子束从相反方向注入 Tevatron 进一步被加速，能量也提升到 900 GeV。因为反质子带负电荷，它在加速环中的运动方向与质子相反。物理学家们通过调节磁场使质子束和反质子束在环中相对的两个探测器 CDF 和 D0 的中心点发生对撞，总质心能量为 1.8 TeV。

美国为什么要耗费巨额资金和大量的人力物力建造质子－反质子对撞机？这是因为从理论和已经做的实验结果分析得出结论，顶夸克的质量很大，比已经发现的最重的底夸克还重 40 多倍，估计为 170 GeV 左右。从著名的爱因斯坦质能公式 $E=mc^2$ 很容易推算，粒子的质量越大，产生这种粒子需要的能量就越高。为了使美国在科学上占据世界领先地位，美国政府就不得不掏腰包了。

在 CDF 和 D0 两个小组发现顶夸克以后，质子和反质子对撞机 Tevatron 又进行了升级改进，建造了一台周长 3.3 千米称为“主注入器”的质子同步加速器，取代主加速环。主注入器的安放位置紧靠在 Tevatron 的上方。主注入器于 1999 年建成投入使用，耗资约 2.6 亿美元。主注入器的能量还是 150 GeV，粒子束的亮度提高了 5 倍。另一项改进就是增加了一个环，叫做再生环，能量为 8 GeV。它同主注入器共用一个全新的隧道。它的功能就是存储经过对撞之后剩下的那些反质子，将其再利用。这两项改进使 Tevatron 的整体亮度提高了 10 倍，总能量提升到 2 TeV，顶夸克对的产生率提高了 20 倍。这些改进使得费米国家加速器实验室能够开展一些新的实验，如寻找“中微子振荡”、研究 B 介子（含 b 夸克的介子用 B 表示）的性质、研究顶夸克的性质和寻找违反标准模型的现象等。

下面大致上以时间为顺序简单地介绍费米国家加速器实验室在物理实验

方面取得的重要研究成果。

固定靶实验

1972 年建成 200 GeV 的质子同步加速器（主环）。

1973 年，费米国家加速器实验室与欧洲核子研究中心几乎同时宣布观测到称为“中性流”的事例，可是直到 1979 年美籍华裔科学家莫玮小组在费米国家加速器实验室做的实验结果发表才真正得以确认。实验装置如图 4-58 所示。这个实验测量 μ 中微子和电子散射截面，μ 中微子和电子散射过程是检验电弱统一理论最有力的方法，实验结果与理论预言完全一致，证实了中性流的存在，充分地验证了电弱统一理论的正确性。由于一系列的实验都证明了电弱统一理论的正确性，电弱统一理论的三位提出者获得了 1979 年度诺贝尔物理学奖（参见本书 4.7 节）。

图 4-58　莫玮实验装置
资料来源：FNAL/Mowei group

到 2000 年，固定靶实验结束，来自美国和世界各地约 2500 个科研用户获得了大量有重要意义的成果，其中有中国科学院高能物理研究所参加的国际合作实验 E630、E761 和 E781，以及山东大学参加的 E771 固定靶实验。中国组成员都做出了贡献，如超子 CP 破坏等（见后记）。

发现新粒子

1977 年，在主注入器和固定靶实验区首先发现底夸克。后来，CDF 探测器又测量到由底夸克构成的两种罕见的粒子。经过鉴定，它们是最常见的质子（uud）和中子（udd）的“远亲”，一种是（uub），另一种是（ddb）。在100万亿次质子和反质子碰撞中探测到103个（uub）粒子，记为$\sum^{+1}{}_{b}$，和134个（ddb）粒子，记为$\sum^{-1}_{b}$。它们属于重子的范畴，是包含有底夸克的重子，单个重量是质子重量的6倍，寿命极短，几乎一产生就发生衰变，“存活”时间远远小于1秒。

发现顶夸克

1985年10月，Tevatron的质心能量达到1.6 TeV，首次观测到质子和反质子对撞。

1986年10月，Tevatron的质心能量达到1.8 TeV，成为世界最高能量的质子－反质子对撞机。

在发现底夸克之后，物理学家们断言，一定还有顶夸克存在，只是藏在什么地方没有被发现。大家苦苦地寻找了18年。终于在1995年，CDF和D0两个国际合作研究组宣布在Tevatron上做的实验中观测到了顶夸克。顶夸克的发现使物理学家们大大地松了一口气。理论物理学家们30多年来苦心钻研的标准模型所预言的6种夸克全都找到了，这无疑是极大的安慰。

CDF/D0探测器（参见本书5.2节）是最典型的现代基本粒子物理实验使用的装置，与它有关的数据令人吃惊。CDF和D0两个小组是由美国、中国、加拿大、日本、欧洲及俄罗斯等国家或地区的物理学家组成的合作团队。CDF合作组大约有600人，来自美国及全世界的30多个研究所。CDF探测器（图4-59）重约5000吨，17米长，宽和高都是12米，造价数亿美元。它由下列5个不同的子探测器组成：①硅顶点探测器，利用硅半导体的物理性质，将穿过的带电粒子的位置精确测定到10微米，测定相互作用顶点（初级作用顶点）和定位粒子路径中的分叉（次级作用顶点）。②电子学探测器，包括漂移室和相关部件，形状像包裹硅顶点探测器的厚重圆筒形外衣，圆筒半径1.3米，功能是测量带电粒子的径迹，测量位置精确到0.2毫米。③漂移室往外是大功率的超导螺线管磁铁，直径3米，长5米，提供沿着粒子束运动方向的磁场，使从对撞点射出的带电粒子的运动轨道发生弯曲。根据粒子轨迹的曲率就可以确定它的动量，还可以判断出它所带电荷的符号。

④再往外是2米厚的量能器，包括电磁量能器和强子量能器，用来测量电子、光子和粒子喷注的能量。里层是由铅板和闪烁体构成的电磁量能器，电子和光子通过铅板时发生韧致辐射和正负电子对产生过程，产生大量的光子、电子和正电子，它们在闪烁体中产生闪光而损失其全部能量，由光电倍增管收集闪光并进行测量就可以确定它们的能量。外层是由钢板和闪光材料层构成的强子量能器，具有强相互作用的粒子（包括不带电荷的中性强子）撞击钢板中的原子核会产生强子流，形成喷注。在质子－反质子对撞中产生的所有粒子都逃脱不出上述4个子探测器的“手掌心”，一一被捕获，只有μ子是例外的。⑤μ子探测器由漂移室构成，安置在整个探测器的最外层。因为μ子不具有强相互作用特性，又不能像电子那样通过韧致辐射过程损耗能量，所以它们可以通行无阻地穿过上述4种探测器（参见本书5.2节），但是它们在穿过探测器时还是会通过电离作用留下轨迹而被记录下来。将μ子探测出来是很有用的，因为它们是W玻色子或Z玻色子以及重夸克发生弱作用衰变的重要信号。

关于CDF探测器的故事就讲这么多。还有一个很重要的问题需要交代一下，这就是事例判选“触发器”。如此高能量大束流（称为“亮度”）的质子－反质子对撞，不难想象它们会撞得“头破血流”“粉身碎骨”。产生的次级粒子数是很多的，因而形成的数据信息量大到令人难以置信。聪明的物理学家们就设计研制了一种叫做“触发器”（或者“事例判选触发系统”）的东西，用来向探测器发指令，只记录物理学家感兴趣的那些事例。为了寻找顶夸克忽略了几乎所有的事例（99.999%），即使这样，CDF探测器每年还要记录大约3亿次事例，在两年运行时间内总计产生大约300万亿字节的数据，需要以每周600万个事例的速度通过电脑进行处理和分析，要求电脑的处理能力比普通电脑强大得多。

这就是发现顶夸克所耗费的代价。除了CDF探测器（图4-59）之外，还有D0探测器（图4-60）。当然，强大的质子－反质子对撞机也是最重要的。

D0探测器与CDF类似。CDF/D0探测器被用来研究质子与反质子发生碰撞的产物，试图重建质子和反质子在湮灭过程中所发生的现象（图4-61），了解物质是怎样组合形成的，自然界利用什么力创造了我们周围的世界。

图 4-59 CDF 探测器
资料来源：FNAL/CDF

图 4-60 D0 探测器
资料来源：FNAL/D0

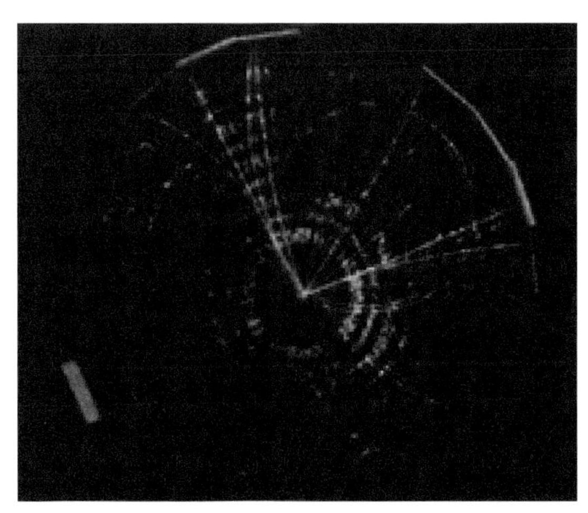

图 4-61　电脑屏幕上显示的 CDF 探测器观测到一个顶夸克的事例
资料来源：FNAL/CDF

1994 年 4 月，两个小组的物理学家都宣布探测到了顶夸克的信号。1995 年 4 月，他们在其发表的论文中公布了最后的实验结果。顶夸克的质量非常大，为 175.6 GeV，和金原子核的质量相当。这就是顶夸克这么晚才被发现的原因。顶夸克的寿命非常短，是所有夸克中寿命最短的一个。它是夸克中唯一可以自由衰变的粒子。精确地测定顶夸克的质量可以帮助理论物理学家限定希格斯玻色子的质量，为探测希格斯玻色子提供研究方向。

2014 年 2 月 25 日，CDF 和 D0 两小组共同宣布，探测到在质子–反质子 500 万亿次碰撞中通过弱相互作用产生的 40 个单顶夸克，探测到单顶夸克非常罕见。

来自质子束的夸克和来自反质子束的反夸克相互作用，形成一个顶夸克 t 和一个反顶夸克 $\bar{t}$ 并分别衰变成中间玻色子 $W^{\pm}$ 和底夸克与反底夸克（图 4-62），都被 CDF 和 D0 两个实验小组探测到。

τ 中微子的发现和中微子振荡实验

2000 年 7 月 21 日，DONUT 组在主注入器和中微子实验区首次直接观测到 τ 中微子，填补了粒子标准模型中的最后一个空白。

MINOS 实验寻找中微子振荡，又称长基线实验（参见本书 5.9 节）。它利用新的主注入器作为中微子源，实验的长基线从这里开始，重量 1000 吨的探测器安置在 735 千米之外的明尼苏达州北部原苏丹（Soudan）铁矿洞里。科学

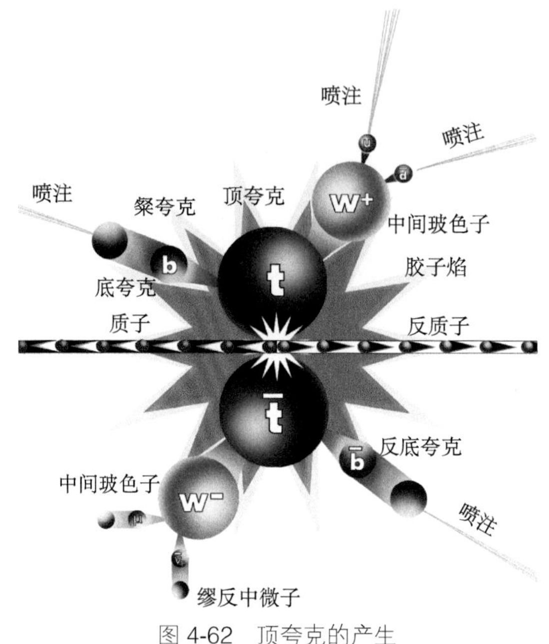

图 4-62　顶夸克的产生

资料来源：李博文绘

家们在费米国家加速器实验室和 Soudan 铁矿洞里对中微子的特性进行测量和比较。在这两地测量中微子相互作用的特点的差别可提供不同类型的中微子振荡的证据，因此得出中微子质量。

2006 年，MINOS 实验进一步用加速器证实大气中微子振荡。

MiniBooNE 实验通过寻找中微子振荡测量中微子质量。该实验从 1997 年开始，2002 年 11 月探测到第一批束流感应中微子事例。中微子质量很重要，可增加我们对宇宙演变的了解。

“上帝粒子”的蛛丝马迹

科学家们全力寻找希格斯玻色子，它可能给宇宙带来质量和秩序，被认为是物质的质量之源。1988 年诺贝尔物理学奖得主莱德曼将其称为“上帝粒子”。它是宇宙物质基本组成标准模型中最后一种未被发现的粒子。

2012 年 7 月 2 日，费米国家加速器实验室宣布：“数据强烈地显示希格斯粒子的存在，不过还需要进一步的实验结果来证实。”这一宣告比 CERN 早两天。CREN 的发言人说：“费米国家加速器实验室的发现是个很好的结果，不过看看它与 CREN 的实验结果是否吻合将是非常有意思的。大自然是最后的仲裁者，因此在我们确定是否找到了希格斯玻色子之前还要再有点耐心。”

2012 年，CERN 宣告在 LHC 上首次探测到“上帝粒子”——希格斯玻色子（图 4-63）。

图 4-63 “上帝粒子”
资料来源：CERN

4.9 标准模型和基本粒子家族

实验需要理论导引，理论需要实验认证。这是粒子物理学中的“两兄弟”，需要密切合作。前面有关章节，如 3.8 节、4.4 节、4.6 节、4.7 节、4.8 节等的介绍已经对标准模型初见端倪了，本节可以说是一个小结。

标准模型

标准模型以夸克模型为结构载体，在电弱统一理论和量子色动力学的基础上逐步建立和发展起来。简单地说，标准模型即这两个理论。格拉肖等人被称为标准模型的奠基人。标准模型描述了电磁作用力、强作用力、弱作用力三种基本力（没有描述引力），以及组成所有物质的基本粒子的所有物理现象，可以很好地解释和描述基本粒子的特性及相互间的作用（图 4-64）。

1964 年，盖尔曼和兹维格分别独立地提出了夸克模型，这是一个出色的想法。人们可以用它解释日益扩展的强子谱。这种朴素的夸克模型很快得到了弗里德曼、肯德尔和泰勒 1968 年在斯坦福直线加速器中心（SLAC）做的实验的支持。在这个实验中，人们发现电子有时会被原子核以大角度散射，就像发现原子核的卢瑟福 α 粒子散射实验一样。这个现象立即被费曼和布约肯解释为中子与质子是由点粒子组成的。这些点粒子被称为部分子，它与夸克有着很自然的联系。从朴素的夸克模型发展到现在的标准模型包含了许多物理学家的智慧和艰辛。

标准模型的一半是电弱统一理论，它是关于电磁相互作用和弱相互作用的理论，预言了中性流的存在。1973 年 CERN 发现中性流，直到 1978 年在 SLAC 电子 – 核子散射实验中观测到在预期强度上中性流的宇称破缺和 1979 年在费米国家加速器实验室莫玮教授领导的国际合作“μ 中微子 – 电子散射实验”中测量到纯中性流事例，测量的参数值与理论预言完全一致，以及 1982 年年底到 1983 年中期在 CERN 的 UA1 和 UA2 实验发现带电和中性中间玻色子 W^{+} 和 Z，最终认定了电弱统一理论的正确性。

标准模型的另一半是量子色动力学。它是关于强相互作用的理论，对强相互作用过程在理论上给出了完美的解释。

1995 年 3 月 2 日，费米国家加速器实验室宣布发现顶夸克时，标准模型所预言的 61 个基本粒子，即 6 个夸克及其反粒子各有 3 种颜色共 36 个，加上 6 种轻子及其反粒子共 12 个，再有 γ、$W^{\pm}$Z、4 个传播子和 8 个胶子传播子总计 60 个都得到了实验的支持与验证，另外有希格斯粒子已被实验确认（图 4-64）。

希格斯粒子是标准模型的基石，粒子的质量来源于希格斯机制。如果希格斯粒子不存在，意味着标准模型将失效。科学家们做了很多努力，下决心要找到这个神秘的粒子。在 CERN 的 LEP 和费米国家加速器实验室的 Tevatron 上先后做的实验中发现有希格斯粒子存在的迹象，但由于统计数据不足，无法得到充分的证实。

直到 2012 年，在 CERN 的 LHC 上做的实验终于发现了希格斯 H 粒子。至此，标准模型所预言的基本粒子都被实验观测到了（参见本书 5.4 节）。这标志着一个伟大时代的完满结局，同时预示着一个新时代的开启！

标准模型的建立是 20 世纪物理学取得的最伟大成就之一。迄今，标准模型是最有效描述微观世界的理论，经受了相当成功的实验检验。

基本粒子家族

基本粒子是一个大家族，成员众多，分为 2 个家族，一个叫作夸克家族，另一个叫作轻子家族（图 4-64）。轻子家族简单一些，首先说一说夸克家族里的复杂关系。

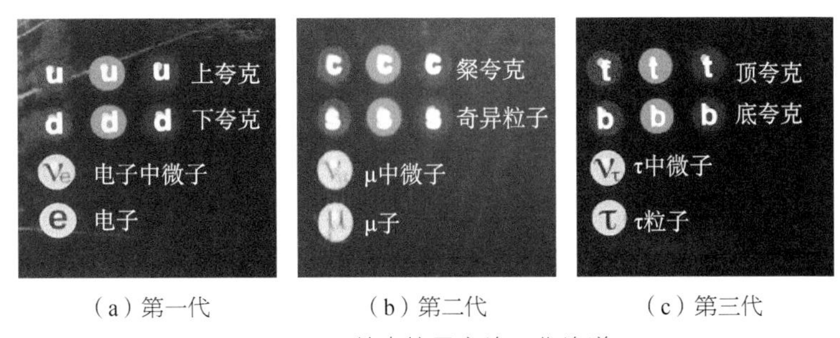

（a）第一代　（b）第二代　（c）第三代

图 4-64　基本粒子家族三代族谱

在基本粒子大家庭中有 6 位成员被认为是构成物质的基础，它们有一个共同的名字叫作夸克，分别用符号：u 上夸克，d 下夸克，c 粲夸克（也称魅夸克），s 奇夸克，t 顶夸克和 b 底夸克来表示。它们之间亲疏不一，又分为 3 代：第一代 u 和 d，第 2 代 c 和 s，第 3 代 t 和 b。第一代构成日常物质，而第 2 和 3 代只在高能量下起作用，即在宇宙射线或者实验室的实验中以及在宇宙大爆炸的最初几秒钟的极高温度条件下才有它们的身影。更令人难以理解的是，每个成员都有一个与之性格完全相反的反成员，在每个成员表示符号上面加一横杠代表它们，即 $\bar{u}$、$\bar{d}$、$\bar{c}$、$\bar{s}$、$\bar{t}$ 和 $\bar{b}$。这样兄弟数目实际上就是 12 个。量子色动力学规定每个成员又有不同颜色，即：红、绿、蓝三种肤色。这么多成员，还有三种不同颜色，必须要有统一管理的法规。这个族规就是标准模型中的电－弱统一理论以及量子色动力学。标准模型预言的粒子都被实验探测到了，每个粒子在标准模型中都有它自己的位置，就像元素在门德列耶夫元素周期表中有序地排列在一定的位置一样。电－弱统一理论和量子色动力学严格地规范它们的行为。

综上所述，有 18 个夸克，18 个反夸克，6 个轻子和 6 个反轻子，在图 4-64 中只给出了 24 个正基本粒子的族谱，总共有 48 个夸克和轻子。

轻子家族成员较少，也有3代，即：第一代电子（e）和电子中微子（ν_e）；第二代缪子μ和缪子中微子（ν_μ）；第3代陶子τ和τ中微子（ν_τ）。它们不论颜色，图4-64中为明显起见姑且用黄色表示。它们也有各自的反粒子成员。这样轻子总数目为12个。

在家族成员之间传递信息、起联络作用的有光子γ，负责电磁相互作用力的信息传递；中间玻色子$W^\pm$和Z负责弱相互作用力的传递，8个胶子g负责强相互作用力的信息传递，传播子共12个。

另外，还有近期发现的希格斯玻色子H(上帝粒子)是不可缺少`的，因为它是质量之源。总计起来，基本粒子共有61个。

夸克参与所有3种相互作用，即强相互作用、电磁相互作用和弱相互作用。轻子常常参与弱相互作用过程；带电荷轻子（电子，μ子和τ轻子）也参与电磁相互作用，但电中性的中微子只参与弱相互作用。

基本粒子按照它们的自旋分为两大类，自旋为1/2奇数倍的粒子叫作费米子，自旋为1/2偶数倍的粒子叫作玻色子。费米子是构建宇宙的基本单元，玻色子是传递相互作用力的传播子（例如，光子自旋为0，中间玻色子自旋为1，标准模型之外的引力子自旋为2）。基本粒子的基本参数包括自旋、质量、电荷，为了读者方便在图4-65中都给出，这里不一一述说了。

看起来，宇宙似乎很完美了！我们的宇宙中的物质世界就是由这些基本粒子构成的。实际上，我们生活周围的物质世界没有必要劳驾这么多兄弟，作为构成我们这个“稳定”的物质世界，似乎只有u、d、e和光子四位就够了。u夸克和d夸克组成质子和中子，质子和中子构成原子核N，原子核N和e电子组成原子，形成92种天然元素。每种元素在元素周期表中各就各位，有序地排列在其一定的位置。由元素构成分子。各种各样的分子就构成了我们生活周围的彩色缤纷的花花世界的所有物质。在我们的生活中，电磁相互作用力起着非常重要的作用，γ光子是电磁相互作用力的传递者，是这个世界的通讯员，起传递信息和联络作用。

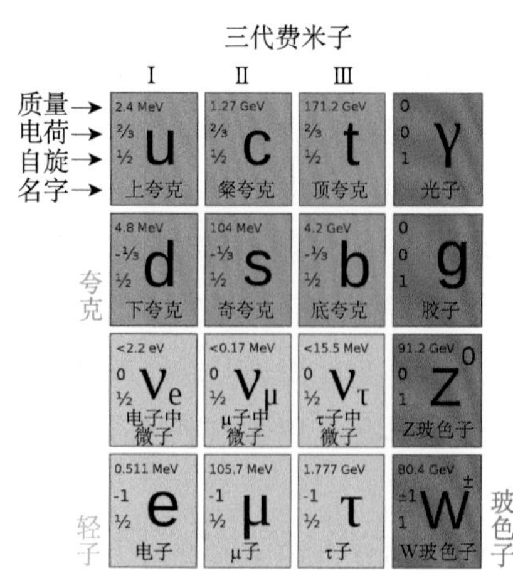

图4-65　两族三代基本粒子和它们的性质

在宇宙中存在 4 种基本的相互作用力，即：万有引力、电磁相互作用力，强相互作用力和弱相互作用力。这 4 种作用力主宰整个宇宙。

每种作用力都有其特定的传递信息的携带者（传播子）如图 4-66 所示。

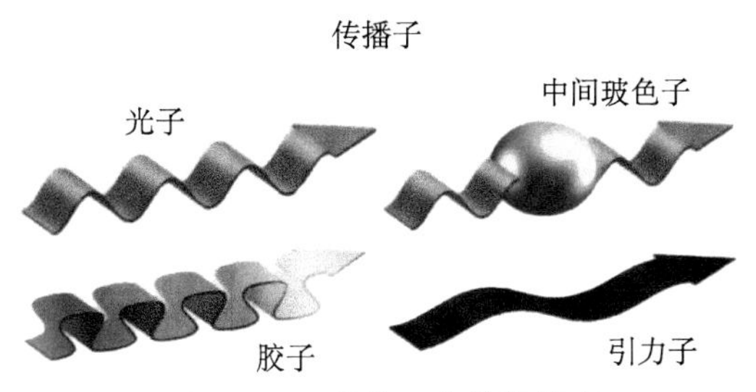

图 4-66　4 种作用力的携带者

标准模型归纳到此为止。下面一章还要进一步介绍，充实完善这一模型的实验，并介绍近些年的新发展。

第五章

近年来的大型粒子物理实验和理论的进展

5.1 从 CERN 的 SPS 到 LEP 和 LHC

1956 年，在瑞士日内瓦与法国边界建立了 CERN。图 5-1 为 LHC 的主环和 4 个大型实验的地面位置。图 5-1 是从位于日内瓦的西北郊法国的茹拉（Jura）山向东南拍摄的，可以依次看到飞机场、市区、莱蒙湖和欧洲最高峰勃朗峰（Monte Blanc）。图 5-2 是包括 LEP-LHC 两代对撞机及位于其 27 千米的环上的地下与地上的两代主要实验装置，图 5-3 是整套系统的布局。多年来 CERN 已成为世界瞩目的国际高能物理研究中心。现在有 20 多个欧洲国家为其成员国，美国、中国、日本等为实验参加国。下面从发展进程和由低能到世界最高能量的脉络简要地介绍。

图 5-1　LEP-LHC 主环和 SPS-PS

资料来源：CERN

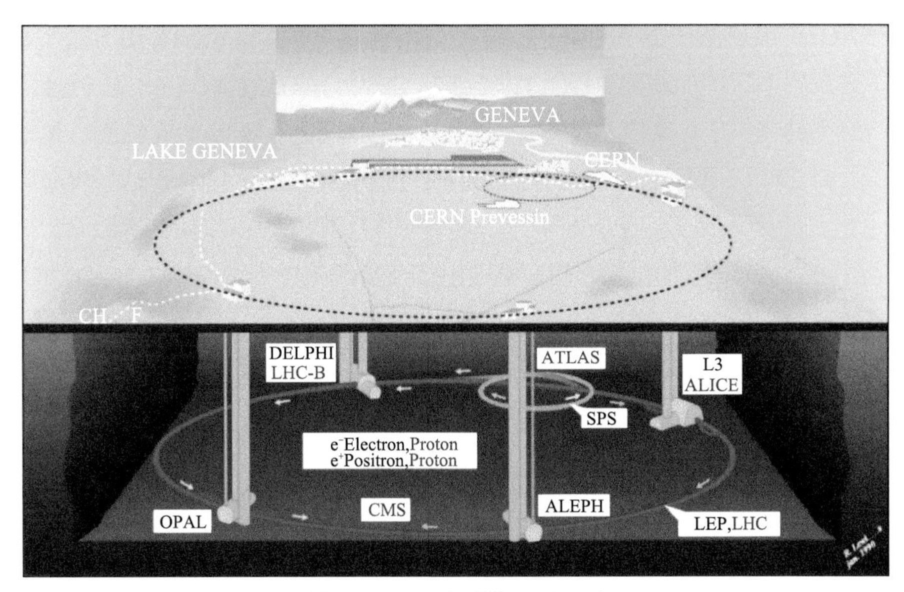

图 5-2　LEP 主环和 SPS-PS
资料来源：CERN

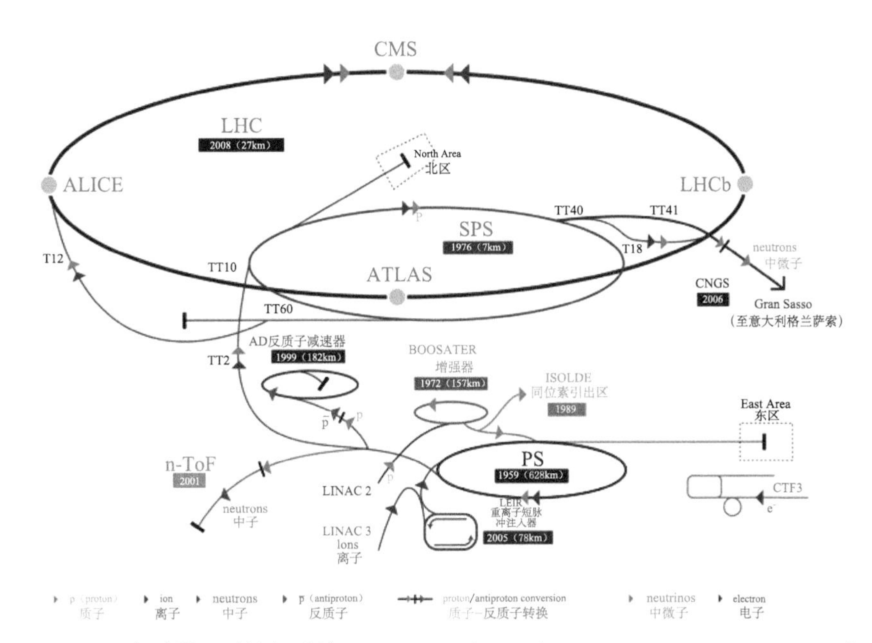

图 5-3　CERN 加速器 – 对撞机系统 LINAC–AD（LEIR）–PSB–PS–SPS–LEP–LHC 主环
资料来源：CERN

在前面 3.5 节和 4.8 节中已谈及 20 世纪 50 年代中期运行的质子同步加速器 PS（图 5-3 红色圈，括弧内为隧道周长，以下同）。它是由质子直线加速器

（LINAC2）加速质子到 50 MeV，再经由增强器 PSB (booster)（图 5-3，紫色圈）进入质子同步加速器（PS）加速到 28 GeV，其隧道如图 5-4（a）所示。

28 GeV 的质子束流注入超级质子同步加速器［图 5-3 蓝色圈，图 5-4（b）］，其 270 GeV 的高能质子束为瑞士一侧的西实验区（Meyrin）和法国一侧的北实验区（Prevessen）数十个固定靶实验提供了高质量的束流。特别在 20 世纪 60～80 年代在高能物理领域做出了许多贡献如中性流等（参见本书 4.3 节等）。1976 年建成足够流强的反质子随机冷却式储存环 LEAR（参见本书 4.7 节），反质子同样经增强器 PSB-PS 注入 SPS。这就是 540 GeV 的质子 - 反质子对撞机 $\mathrm{Sp\bar{p}S}$，周长约 7 千米的质子 - 反质子对撞机（图 5-3 中的蓝色次大环）。1982 年冬和 1983 年夏，在其上分别发现了中间玻色子 W 和 Z。

（a）PS隧道

（b）SPS隧道

图 5-4　质子同步加速器 PS 隧道和 SPS 隧道
资料来源：CERN PS-SPS

LEP 是怎样运行的

CERN 利用了原来的 SPS 全部质子 - 反质子加速器隧道系统巧妙地在 20 世纪 80 年代中期改造成加速电子和正电子，只是在上述的几级加速器的隧道中将加速、偏转等系统换成适用于电子和正电子。电子由直线加速器（LINAC1）加速到 600 MeV，它位于图 5-3 中质子直线加速器 LINAC2 和重离子直线加速器 LINAC3 附近（未标出）。因为另建造的 LINAC1 在 CERN 中心区的道路上影响交通，ALEPH 中国组成员昵称其为“挡路的盲肠”。这个另建的正电子加速部分也由 LINAC1 加速到 200 MeV 后，再经 EHS 小型储存环加速到 600 MeV 并增强亮度。电子和正电子都输入到原质子同步加速器 PS 加速到 3.5 GeV。中国组成员在 PS 东实验厅工作数年，将一旁的 PS 小山丘昵称为

“馒头”。PS 再经原超级质子同步加速器（SPS，20 GeV）后进入 27 千米的主环，这时电子束能量达到 50 GeV。正电子也反向加速到 50 GeV。二者对撞能量到 100 GeV。这样，于 1989 年建成的 LEP 是当时世界最高能量正负电子对撞机（图 5-2）。该主环 LEP 横跨瑞士和法国。环内隧道的磁铁等如图 5-5 所示。读者可以看出来，隧道建造得足够宽，这为下一步建造质子－质子对撞需用的大型磁铁留出了空间。

图 5-5　LEP 主环内隧道

资料来源：CERN/LEP

1989 年同时建成了四个大型实验，分别为 ALEPH、DELPHI、L3 和 OPAL，建在地下约 100 米的主环上（图 5-2）。1998 年前后实现了 200 GeV 对撞能量。LEP 也称为 Z 工厂，因为它能产生极多的 Z 粒子和 W 粒子。它比前节介绍的发现 W 和 Z 的质子－反质子对撞产生的末态粒子要“干净得多”，1989 年后约 10 年内完成了精确测量 W、Z 粒子各种参量的历史任务以及大量的前沿物理课题（参见本书 5.3 节）。

质子－质子对撞的 LHC

LHC 是在 LEP 于 20 世纪末停机后在原有 27 千米隧道（图 5-3 灰色大环

圈）中又恢复质子加速的。直线加速器 LINAC2 和经三级小环（PSB、PS、SPS）加速的质子注入 27 千米的主环，进行质子 - 质子对撞。因为质子比电子要重 1840 倍，所用的偏转磁铁和聚焦磁铁的尺度（图 5-6）要比偏转电子的磁铁（图 5-5）大得多。而且它比正负电子对撞要复杂很多，因为超导磁体的磁场强度高达 8.4 特斯拉，1.9 K 低温，要用 7600 千米长的 Nb-Ti 超导线缆。共 232 块偏转磁铁，每块重 34 吨。设计对撞能量为 14 TeV [每束约 7 TeV，亮度 10^{34}/（厘米 ^{2} · 秒）]，2007～2008 年已运行对撞能量 7～8 TeV，2015 年已达到 13 TeV。图 5-6 为 LHC 的主环内的隧道，可以看到其偏转质子的磁铁。重离子对撞先由低能重离子直线加速器 LINAC3，至重离子储存环 LEIR（图 5-3 蓝色）。这时原来的反质子积累环 AD 或 AA 用于其他目的。

图 5-6　LHC 隧道

资料来源：CERN/LHC

LHC 对撞如图 5-7 所示。红色和蓝色的两束 7 TeV（设计值）质子在交叉点对撞。每个束团中的质子有 10^{11} 个，产生的亮度为 10^{34}/（厘米 ^{2} · 秒）。两个质子中参加碰撞的夸克 - 夸克或夸克 - 胶子或胶子 - 胶子碰撞后（没有参加碰撞的夸克称为旁观者）产生包括强子、轻子、喷注等各种次级效应，其中能将希格斯粒子选出的概率极小，大约为一万亿次对撞事例中选出 1 个希格斯粒子，实在是极为艰巨的实验。

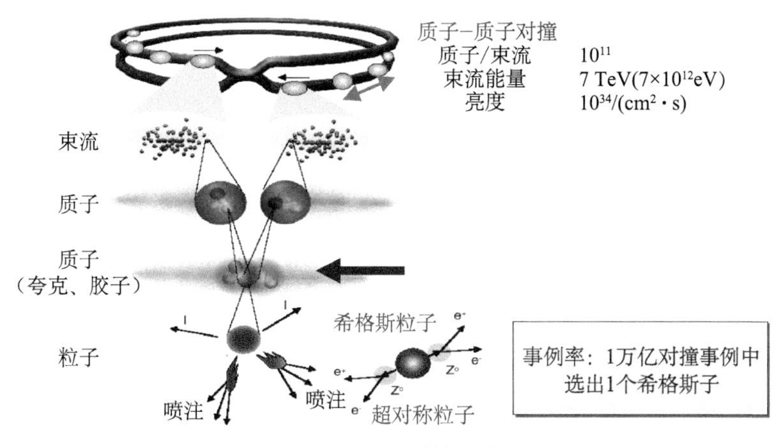

图 5-7　LHC 对撞示意图

资料来源：CERN/LHC

LHC 上开展的四个大型实验为 ATLAS、CMS、ALICE、LHCb。如图 5-1～图 5-3 所示，ATLAS 位于 CERN 瑞士区本部附近，CMS 则位于其北方约 6 千米，开车也要 15 分钟以上。ALICE 在与 CERN 邻近的法国圣·让尼（Saint Genis）小镇附近，用了原 LEP-L3 的场地。LHCb 也用了原 LEP-DELPHI 的部分场地（详见本书 5.3 节、5.4 节）。

5.2　看到“看不见的粒子”的艺术——粒子探测器

三类主要的粒子探测器

各种射线（包括各种辐射和实物粒子）是如何被探测器探测到的呢？可以这样理解：辐射粒子进入或穿过任意气体、液体或固体，只要能使这些介质产生电信号甚至声音或可见的径迹等的部件都可以称为粒子探测器。也就是说，要借助各种粒子与物质的相互作用。这里对三类探测器进行最简单的介绍。

历史上最早使用的是利用电离效应的气体探测器，例如，1912 年发现宇宙射线就是用类似气体电离使金属叶片张开的验电器（参见本书 4.1 节），这在中学实验室里都能看到。当带电粒子通过气体介质时，会把介质原子外围的电子拉出，也就是介质原子被电离了。这种电离作用就产生了电子－离子对，这是气体探测的最基本的效应。电子和正离子分别向金属正电极和负电极漂移

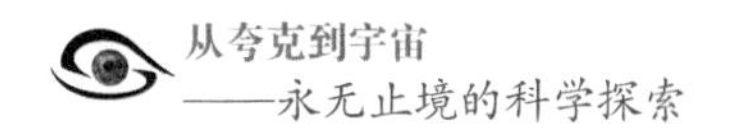

就形成电流或单个的脉冲信号。这就是电流或脉冲电离室。

第二类探测器——闪烁计数器。1928 年卢瑟福做的著名的 α 粒子散射实验（参见本书 2.5 节）就是用硫化锌作为固体发光物质的闪烁计数器。后来发明了多种有机、无机发光材料，同光电倍增管相连（图 5-8），从而发展出各种闪烁计数器。图 5-9 为各种规格的光电倍增管。如图 5-8 所示，各种粒子（或伽马射线等）进入闪烁体，或通过光导转换为可见光（图 5-8 中的光子），经过光电倍增管的光阴级产生出少量的光电子（图 5-8 中的 e^-），再经过十几个“打拿极”（dynode，又称倍增电极）逐步产生上万倍的电子，这样在最后的阳极端产生足够的负的电脉冲。

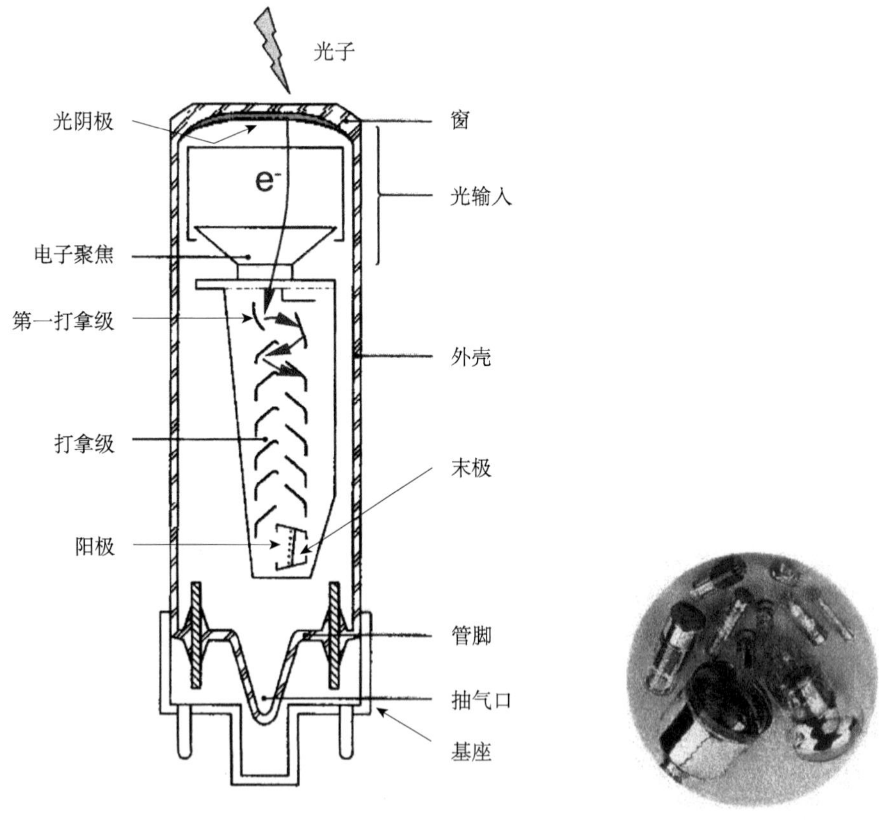

图 5-8　光电倍增管结构　　图 5-9　多种类型的光电倍增管

资料来源：Joram C. CERN Summer Student Lectures 2001. Particle Detectors Ⅲ /15

第三类探测器是半导体探测器。

现在几乎每个人身上所带的手机都是由成千上万的半导体 p-n 结组成的。随着 20 世纪 60 年代出现的半导体集成电路的发展，半导体探测器也得到很快的发展。简单地说，p-n 结就是以 4 价的硅或锗掺杂 5 价（如磷和砷）形成电子过剩的 n 型材料和以掺杂 3 价元素（如硼和镓）形成空穴过剩的 p 型材料互相接触形成的区域。两种材料分开时（图 5-10 上），在其两侧 4 价元素原子（硅或锗等）的晶格中的所有的各自有掺杂原子的区域都是中性的。当在二者互相密切接触时（图 5-10 下），n 型材料（施主）释放出过剩的电子载流子向 p 型区扩散，p 型区（受主）中形成的空穴载流子就会向 n 型区一侧扩散，这样，在 n 型一侧留下了正电中心，同样在 p 型一侧留下了许多负电中心这两层之间的正负空间电荷就形成了由 n 型指向 p 型的“内建电场”E，此电场也将边界附近的任何载流子扫走，致使区内的电子和空穴这些载流子的扩散和在电场中漂移达到动态平衡，阻止进一步扩散，形成了一个高电阻的“阻挡层”，也就是这个区域内“可以运动的”空穴和电子都“耗净”了，故也称为“耗净层”。即 p-n 结。其宽度为图中的 $d=d_n+d_p$。这个绝缘电阻很高的结有单方向导电性。当 n 型一侧加负电压时，耗净层变窄，出现正电流，在 p 型一侧加负电压时，耗净层变宽。反向电流很小，这就是“漏电流”。这就是熟知的二极管，一般不作为粒子探测器。一个实用的粒子探测器必须加较大的反向偏压（p 侧负，n 侧为正）以达到足够大的灵敏空间以便加深耗尽层。探测器常以一种掺杂为主，掺杂重的分别用 p^+ 和 n^+ 表示。重掺杂目的是加深耗尽层和与金属电极有好的欧姆接触。当带电粒子进入后，激发产生了新的电子－空穴对。因为结的两侧已经加上电压，这些电子和空穴就分别向两侧电极运动，分别在阴极和阳极产生感应电脉冲，最后被收集，这同气体中的电离类似。产生一个空穴—电子对所需的能量约为 3eV，而气体中的电离能约为 30eV，因此半导体探测器比气体电离型探测器的能量分辨率一般要高一个数量级，这样，测量能量是其重要方面。近年来测定精密空间位置受到极大重视。20 世纪后期，以大面积硅片为基底的重掺杂 p^+、n^+型半导体表面刻蚀出很多窄金属条或大量的微小金属片状电极（pad），这样就分别开发出多路位置灵敏微条（microstrip）和像素（pixel）半导体器件，能够定出粒子位置，精确到十几或几十微米（图 5-11）。近年来这类器件发展很快，已在多项大型高能物理实验中应用（参见本书 5.3 节、5.4 节、5.6 节和 7.11 节）。

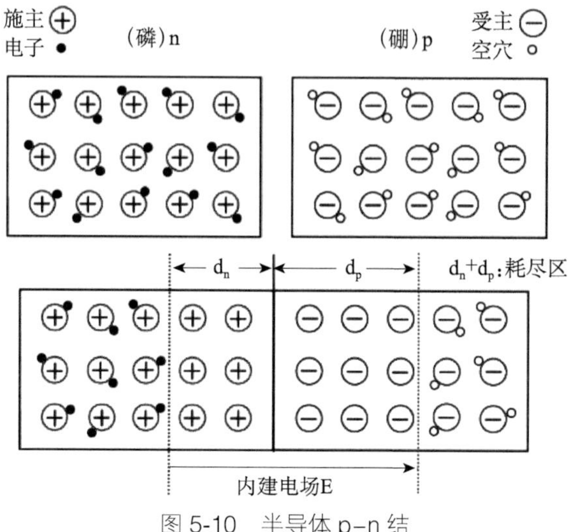

图 5-10　半导体 p–n 结

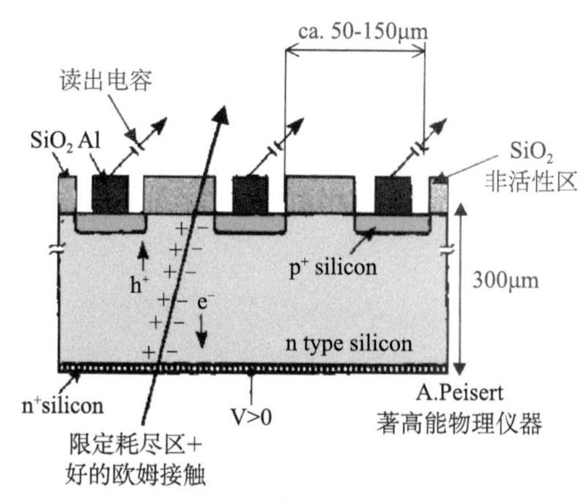

图 5-11　半导体多路硅微条探测器

资料来源：Joram C. CERN Summer Student Lectures 2001. Particle Detectors, Ⅱ/17

随着电子学、计算机的高速发展，这三类探测器，（气体探测器、闪烁探测器和半导体探测器）成为当前主要的电子学型的粒子探测器。三者各有优势和特色，都发展很快。

不要忘记老的径迹探测器

在 20 世纪前期，非电子学型的粒子探测器由于都有非常直观的特点，对核与粒子物理、宇宙射线的发展有很大功劳，目前在有些方面还在用。我们不应该忘记，有关章节已有介绍，这里简单归纳一下。

1915 年，威尔逊在过饱和气体中利用带电粒子作为“凝聚中心”形成雾滴的现象发明了云室，获得了 1927 年诺贝尔物理学奖。利用它，安德森于 1932 年发现了正电子（参见本书 3.2 节），1936 年发现了 μ 介子（参见本书 3.1 节）。这种“凝聚中心”现象就像云雾中的尘粒形成雨滴。格莱塞利用过热液体使入射粒子附近蒸发出气泡，发明了气泡室并和阿尔瓦雷茨大力发展气泡室分别获得了 1960 年和 1968 年的诺贝尔物理学奖，特别著名的中性流的证实就是气泡室的功劳（参见本书 3.6 节和 4.3 节）。鲍威尔 1947 年利用比照相用的乳胶片厚很多的核乳胶发现了 π 介子（参见本书 3.1 节），获得了 1950 年的诺贝尔物理学奖。中国科学院高能物理研究所 20 世纪六七十年代在云南的大型云室和 1977 年西藏 5500 米高山上的岗巴拉山核乳胶站都观察到有影响力的结果。火花室和流光室也是两种利用火花或流光放电拍照的径迹室，利用闪烁计数器望远镜触发产生极短脉冲使通过室内的带电粒子路径附近产生火花或流光。中国科学院高能物理研究所在 20 世纪 70～80 年代先后研制成功这两种探测器，并发挥了一定的作用。

从计数管到多丝正比室

回过头来稍微仔细地介绍气体探测器。值得一提的是，前面谈到的脉冲电离室也立过大功劳。1939 年发现铀裂变现象就是用了它（参见本书 2.8 节）。因为裂变的带电碎片电离效应非常大，所以信号比较容易被记录，但脉冲电离室对一般粒子所产生的信号非常小，因此发明了正比计数管和盖格计数管。它们是在管子的中心轴上用一个细的金属丝（中心丝）作为阳极，圆筒外壁为阴极的圆筒管子，如图 5-12 所示。

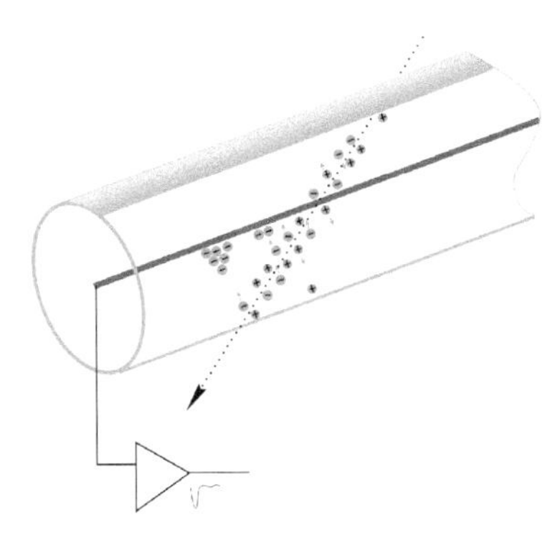

图 5-12　正比计数管与雪崩效应
资料来源：韩红光绘

中学的电磁学就介绍过，电力线沿半径方向在中心丝附近特别密集，也就是那里电场最强。进入管子的带电粒子附近会产生电子－离子对。电子向阳极漂移到阳极丝附近时，由于电场非常强，就会使气体原子不断电离，一次接一次地又产生出更多的电子。这种现象就像雪崩一样，因此被称作电子增殖的"雪崩效应"。"雪崩效应"产生的大量电子向中心丝漂移，而同时产生的大量阳离子也向阴极漂移，它们漂至阴极的路程更长，对电信号的产生贡献更大，由此电子和阳离子运动使阳极上感应出比原来没有"雪崩"时强几万倍的电信号。这个信号的幅度与进入粒子所产生的"原电离"的总数量成正比，就称为正比计数管。当所用的气体在这个雪崩过程中能同时产生许多光子时，它们也会引起电子进一步增殖，由中学电磁学可知，丝外沿半径方向的电场同半径成反比。因此，沿着丝附近的电场特别强，所以就形成"沿轴丝放电"，被称为盖革放电。20 世纪 30 年代发明的盖革计数管使用方便也有很大用处，但是一般不能用于确定粒子在沿丝方向上的位置。1977 年，沙尔帕克（Georges Charpak）注意到：采用直径为 100 微米的中心丝，即比盖革管的中心阳极丝粗 5～10 倍，并且使用含有容易产生大量光子的有机多原子分子气体（如异丁烷、正戊烷等），这样就能够促成沿着管子半径方向生成很大的放电信号，而不再"沿轴丝放电"了。它类似于自然界闪电发生时出现的"火花放电"前期的"流光放电"。利用这种机制制造的粒子探测器被称为"流光模式"探测器。正是因为它只沿着管子的半径方向放电，这样就可以确定入射粒子沿丝的位置坐标了，而且信号很大。1980 年前后，由此意大利的亚洛奇（Iarocci）发明了塑料流光管。塑料流光管在 20 世纪 80 年代曾被许多大型实验如 LEP 上的四个实验采用。

沙尔帕克最重要的贡献是发明了多丝正比室。他注意到，即使没有正比计数管那样的外壳，在一个平面将许多金属丝配置得很近时，每根金属丝也有很好的独立的"雪崩效应"。据此，以他为首的小组制成了当时最大的多丝室（图 5-13），并成功地用于几个重要实验。在这种多丝室基础上，科学家利用带电粒子在工作气体中电离产生的全部次级电子漂移到阳极的时间以确定粒子位置发展出漂移室，进一步又发展为可测量有三维坐标的全部粒子径迹的时间投影室和时间扩展室。典型的时间投影室（TPC，图 5-14）在圆筒形的中部横截面上加上万伏的负高电压，在圆筒两端的几个扇区（图中为 6 个）分布有多根同半径垂直的细金属丝作为阳极，每个扇区中分布百余根［图中用 182 根（PEP4 实验）与 192 根（DELPHI 实验），参见本书 5.3 节］。在阳极丝平面后面几毫米的平面上利用解析几何的极坐标即在沿半径方向 r（如 16～20 个圆环）和轴角 ϕ 分布有上万个小金属片（如 7 毫米 ×7 毫米，常称为 pad），作为阴极，这样不仅可以从圆筒内径迹上各点产生的电子群到达阳极丝的时间得到 z 坐标，而且得到依次到达阳极丝附近雪崩时在大量金属片阴极位置读出极上产生的正感应信号。这样，一个事例的全部径迹的三维坐标就确定了。读出极的电位低于丝的电位。而在阳极丝的靠圆筒一侧，专门设置了一层栅极，它的电位也比细阳极金属丝极上的电位低，目的之一是隔离圆筒的低场区域与阳极丝附近"雪崩"高场区域。另外是利用其周期性的电位变更以便抑制"雪崩"产生的正离子回流到圆筒内的漂移区。在圆筒内有磁场的条件下，测量弯曲的径迹就得到了粒子的动量。通过这些正比型电脉冲还可以测量单位长度上的气体电离，称为电离损失。这些物理量是确定粒子质量用以鉴别粒子的重要参数。近些年来，端部的丝室结构已逐步被新型微结构气体探测器代替以明显改进性能，如提高计数率和改善正离子回流等。

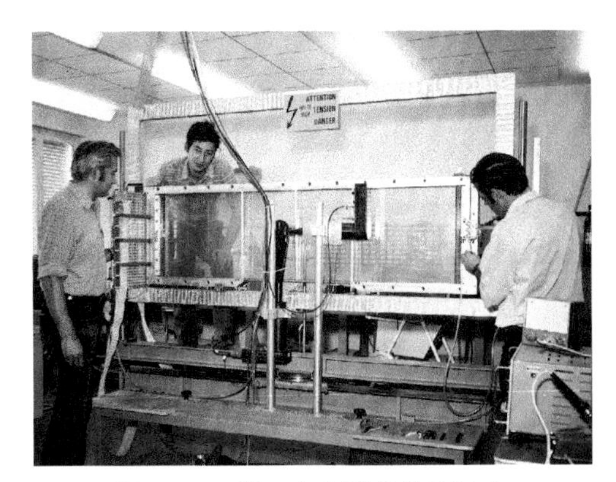

图 5-13　第一个大型多丝正比室

资料来源：CERN-HI-7008006 CERN

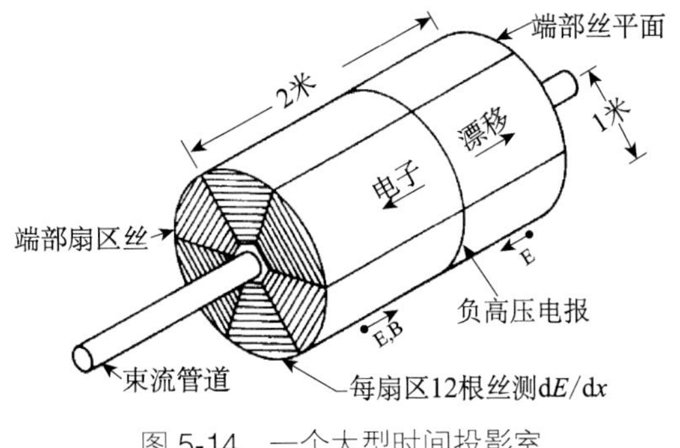

图 5-14　一个大型时间投影室

这些气体探测器都对高能物理的发展起到了极大的推动作用。沙尔帕克因此荣获 1992 年诺贝尔物理学奖。图 5-15 是他获诺贝尔奖后同 CERN 总所长卢比亚的合影。图 5-16 是沙尔帕克同他发明的小型漂移室“老鼠”。沙尔帕克不仅是一位开创性很强的实验物理学家，十分强调动手能力，而且是一位教育家，十分倡导科学普及，在法国电视台等多家机构做科普工作，尤其是面向儿童的科普。此外，他还是一位反法西斯战士，德高望重。这些都是同他的经历分不开的。沙尔帕克原籍波兰，幼年随犹太家庭曾移居以色列，后回法国，在第二次世界大战期间参加反法西斯地下组织，曾被捕关入集中营。本书作者在 2010 年和 2012 年两次参加的微结构气体探测器国际会议上，全体与会者都起立为他于 2008 年去世默哀。

图 5-15　沙尔帕克（右）获诺贝尔奖后同 CERN 总所长卢比亚（左）在一起
资料来源：CERN

图 5-16　沙尔帕克与他的小型漂移室“老鼠”
资料来源：David Purker，Science Photo Library

新一代气体探测器的出现

沙尔帕克的三位大助手从20世纪90年代中期到21世纪分别发明了三种同前文中所谈及的以阳极附近电场电子数量倍增的原理完全不同的“微结构气体探测器”。1997年，法比欧·萨乌利（Fabio Sauli）发明的多孔状电子倍增薄膜（GEM）探测器（图5-17）、1996年季阿米塔里斯（Giamitaris）发明了栅网型探测器（Micromegas）和2004年阿莫斯·布列斯金（Amos Breskin）发明的厚型气体电子倍增器（THGEM），由于皆有响应快、抗辐射、信号处理方便和价廉等优点，近年已广泛用于高能物理实验、核科学、医学和工业成像等许多领域。微型结构气体探测器还有其他几种类型，但这三种的开发最多。我国从2011年起已组织专门的年度会议，交流研发经验。

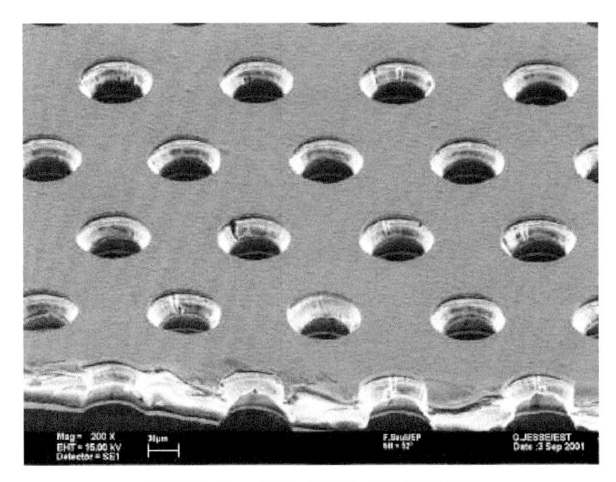

图5-17　多孔状电子倍增薄膜

资料来源：CERN GDD group

平面型气体探测器

1980年，雷那多·闪同尼科（Rinaldao Santonico）发明出阻性板室探测器（resistive plate chamber，RPC）。如图5-18上部分所示，它是在最早的火花室（参见本书3.7节）的电极内壁上各覆着一层电阻板，当带电粒子进入发生火花或比火花小的流光出现产生较大的电流时，由于同时在内侧阻性板的电阻上产生瞬时电压降致使室内的电场突然降低，从而使放电及时被抑制。由于它易于大面积制造，近年来已广泛应用在多个大型装置上，如后面谈到的LHC上的几个大型实验（参见本书5.4节），我国的北京谱仪（参见本书4.5节）、西藏羊八井宇宙射线站（参见本书 7.3 节）、大亚湾中微子实验（参见本书 5.8 节）等。

图 5-18 下部所示的为多层阻性板探测器（MRPC）。它的特点是时间响应非常快，可以分辨到 40 皮秒（1 皮秒 =10^{-12} 秒），多用于时间测量。测量出粒子在两个探测器之间的时间就得到粒子的速度，又称为飞行时间探测器（参见本书 4.5 节），在国外已经使用，如美国的重离子对撞实验（STAR）（参见本书 5.6 节）已选用。我国清华大学、中国科学技术大学已批量制造 MRPC 参加该国际合作，并有重要贡献。我国北京正负电子对撞机进一步升级的飞行时间探测器也已选用 MRPC，时间可小到 60 皮秒。比较常用的飞行时间探测器多是利用两组塑料闪烁体探测，可分辨到 1 纳秒（10^{-9} 秒）左右。其他测量粒子速度的探测器还有切伦科夫探测器，当高能粒子的速度超过介质中光速时，从介质中发出紫光到紫外光（参见本书 5.8 节、7.4 节、7.5 节）。

单间隙阻性板室

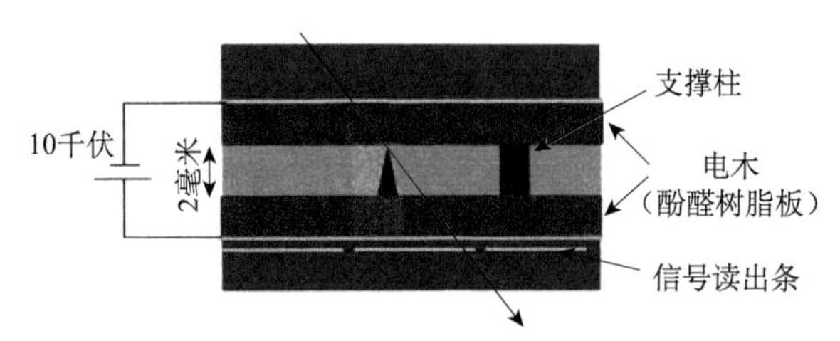

气体：四氟乙烷+少量异丁烷

多间隙阻性板室，时间分辨约1纳秒，适于作触发室，
计数率约1千赫兹/厘米^2

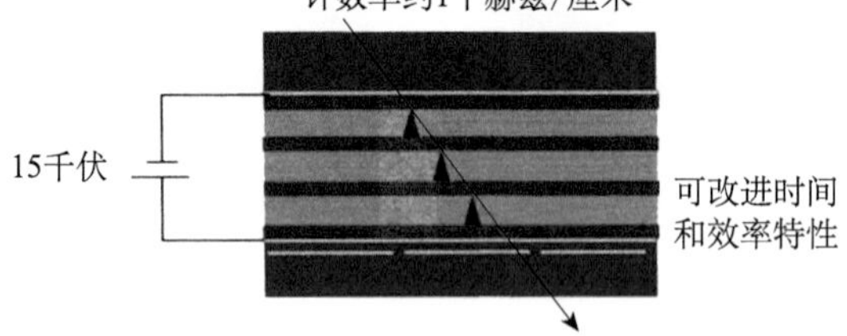

工作接近于流光模式

图 5-18　两种阻性板探测器

测量带电粒子的动量是靠粒子在磁场中弯曲的程度得到的。在各类高能物理实验中磁铁通常是不可少的。如图 5-19 所示，磁场一般分为四类。图 5-19（a）为偶极磁铁的上下平面线圈，磁场垂直平面，两端有补偿线圈以使入射的束流不被畸变，如发现 W、Z 粒子的 UA1 用的就是这种偶极磁铁；图 5-19（b）同图 5-19（a）一样，只是束流对撞点不在磁场中，省略了补偿线

圈；图 5-19（c）称为空蕊环流型磁体，多个矩形线圈像多个橘子瓣形排列，可产生空气芯环流型（air-core toroid）磁体，如本书 5.4 节中 LHC 上的 ATLAS 实验的磁场即此类型；图 5-19（d）为熟知的螺线管磁体，其磁场即沿着螺线管中轴线，LHC 上的 CMS 实验选用的就是这种类型，用了 14 000 吨铁作为扼铁，因此比 ATLAS 总体积小不少。由此特点甚至它的名字都是按照紧凑磁螺线管探测器（compact magnetic solenoid detector）取名的。要注意的是，正负电子对撞机上一般只用这种磁场。这是因为，电子质量只是质子的约 1/2000，用其他磁场会使正负电子束流严重偏转产生同步辐射，且使对撞的矫正困难。

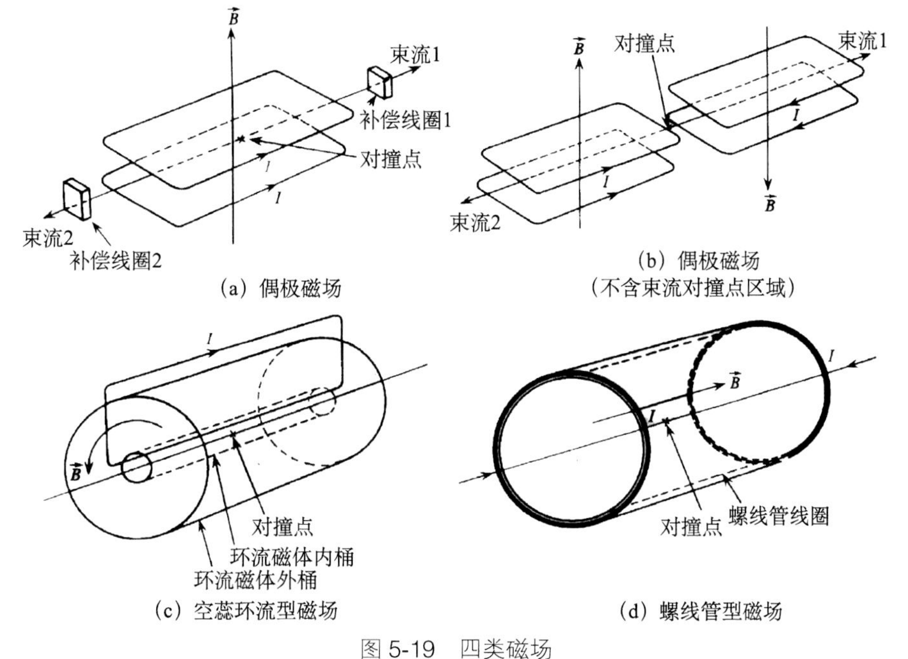

图 5-19 四类磁场

资料来源：谢一冈，陈昌，王曼等．2003．粒子探测器与数据获取．北京：科学出版社：530

粒子是如何鉴别的

如此多的粒子，如带电的较轻的电子和各种介子直到较重的质子、轻核和不带电的中性粒子（如光子、中子、中微子等），都不仅需要测定它们的动量、能量（可以用一定厚度的吸收物质测出粒子能量）、位置与走向，而且要确定它们的质量，这是鉴别粒子（particle identification，PID）的关键。通常从动量、能量、速度与电离损失这几个物理量中的任意两个就能推导出带电粒子质量了。中性粒子一般是通过与转换介质作用的次级带电产物探测的。这样不同粒子既能区别又能测定其位置了。

这里只将对撞机对撞后可能产生的各种粒子在一个典型装置断面内的行为进行说明。以 LHC–CMS 装置中五种粒子在装置中的行为为例：从对撞点或固定靶由内向外依次为内径迹室（高能粒子测量用硅微条等固体探测器，黑线），电磁量能器（绿）、内偏转磁铁（黑）、强子量能器（黄），主偏转磁铁（灰）、μ 子探测器（红 - 紫）（图 5-20）。读者可以根据图中用大型字体表示的粒子，在图中就可以仔细追踪该粒子的轨迹和其次级效应，如电磁与强子量能器中的次级簇射（cascade）图样等，了解粒子的鉴别和各物理量的测定，并同本书有关章节的实验装置结合了解（图 5-20）。

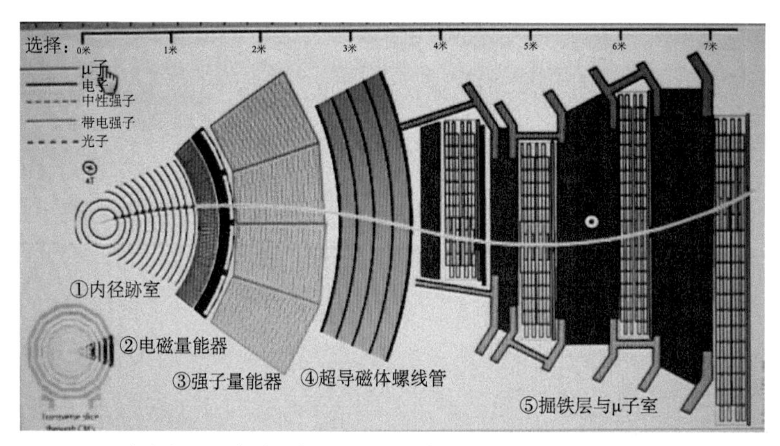

（a）缪子径迹（因为是弱作用且带电，能贯穿全部探测器）

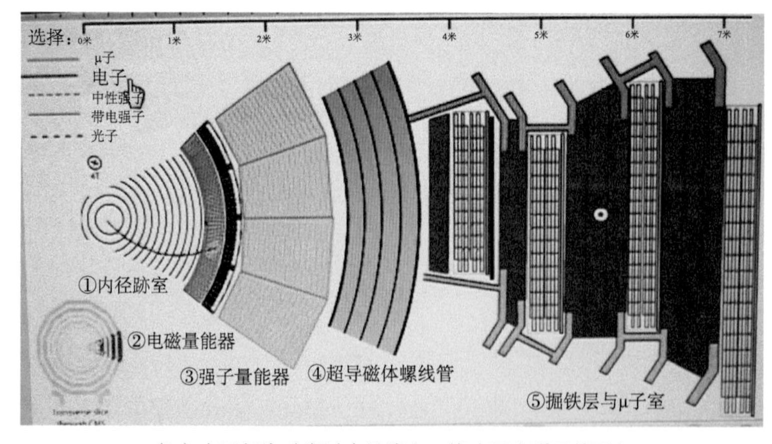

（b）电子行为（穿过内径迹室，终止于电磁量能器）

图 5-20　鉴别粒子综合装置部分断面与粒子响应

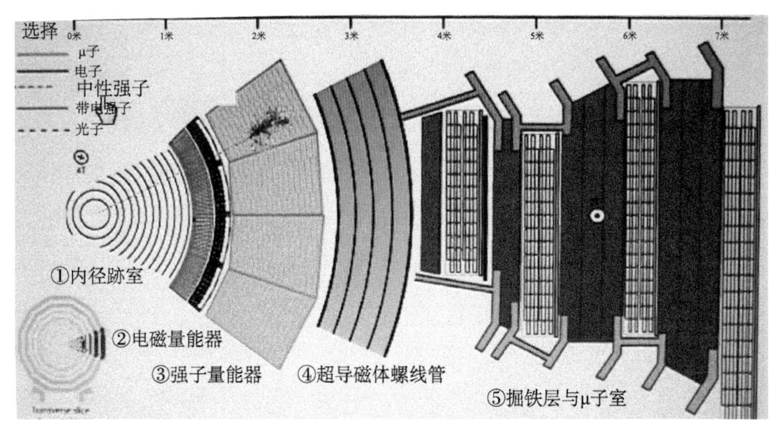

（c）中性强子行为［穿过内径迹室但无径迹，穿过电磁量能器终止于强子量能器（皆有径迹）］

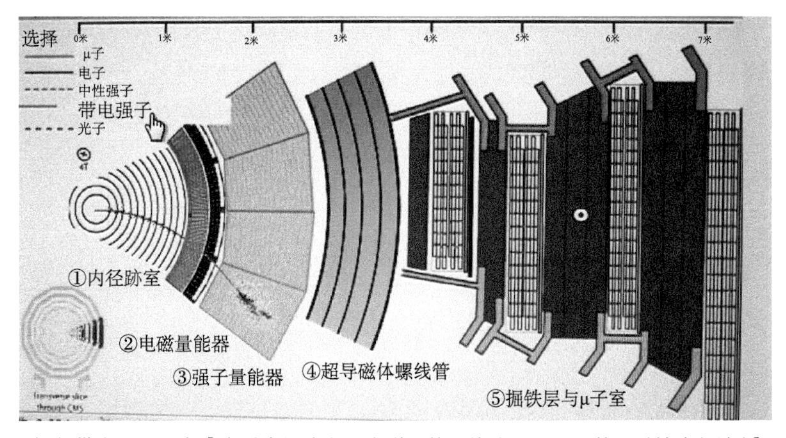

（d）带电强子行为［穿过内径迹室，电磁量能器终止于强子量能器（皆有径迹）］

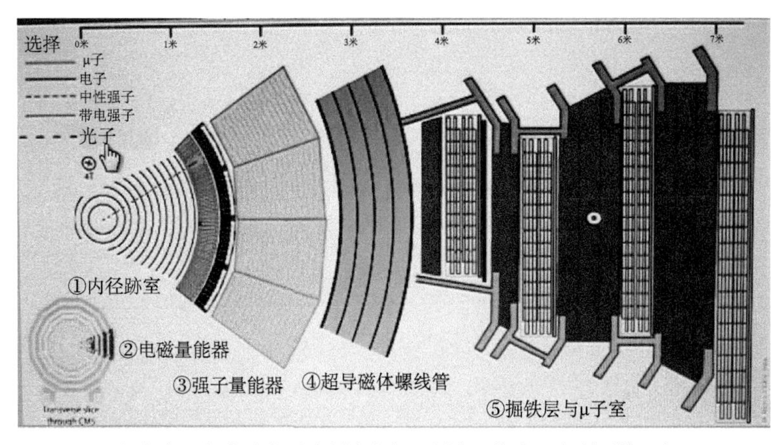

（e）光子行为（穿过内径迹室但无径迹，终止于电磁量能器）

图 5-20 （续）

资料来源：CERN/CMS

飞速发展的电子学和网络

电子学是记录和处理各种探测器输出信号极为重要的手段。随着大规模集成电路和计算机技术的快速发展，国外已经开发出多种与探测器相应的“特殊集成电路”（ASIC）。不论是同探测器信号成正比的“模拟电路”，还是对探测器信号只给出 0 或 1 的“数字电路”都不断小型化和提高集成路数。中国也已有长足发展。一个大型实验，往往要多到上万路、几百万路甚至上千万路信号。实验内部采用光纤和网络传输也是重要的。

高能物理实验在这方面也起到带动和推进作用。例如，WWW 网首先是从高能物理的国际联络迫切需要发展起来的。早在 20 世纪 80 年代初，第一个 WWW 由 CERN 提出。1986 年 8 月 25 日，在 CERN 的协助和诺贝尔奖获得者 ALEPH 国际合作组发言人斯坦伯格支持、组织，以及北京合作组人员努力下中国科学院高能物理研究所与 CERN 联网，并开始使用（图 5-21 右侧为使用该网络发出的我国第一封电子邮件，见后记）。继而于 1988 年在中国科学院高能物理研究所计算中心建成我国第一台国际互联网服务器（图 5-21 左侧设备）。到 21 世纪初，由于 CERN 的 LHC 各实验组的极大海量数据传输和计算的需求，开发出国际计算机 CPU 与存储资源分级（tiers）联网共享的 Grid 技术。这对国际计算机高层次联网（如气象和生物基因技术合作等）来说又是一项重大突破。可见高能物理发展对社会信息化和高科技发展有相当重要的作用。

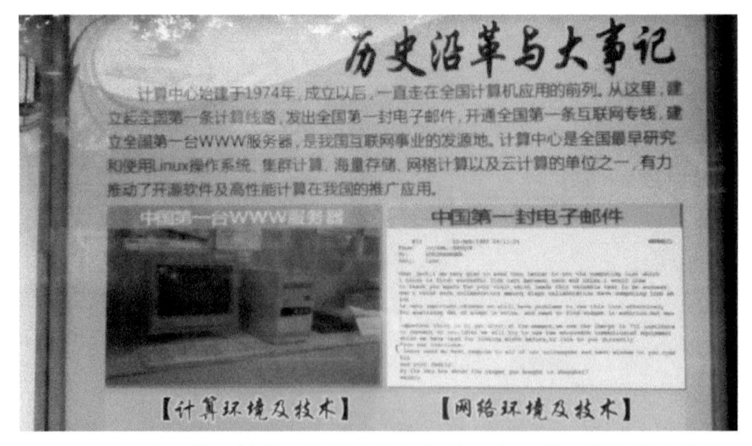

图 5-21　中国第一封电子邮件（右）与第一台互联网服务器（左）
资料来源：中国科学院高能物理研究所

5.3 LEP 上的大型实验

四个大型实验

从本书 5.1 节图 5-2 中可以看到，在 LEP 环上的四个大型实验 ALEPH、L3、DELPH 和 OPAL 在地下的位置。它们的规模都差不多，也都是综合性的谱仪，但各有特色。从 1980 年左右开始建造到 1989 年运行。总的目标是精密测量 W、Z 的质量、性能参数，以及进行各种末态粒子分析等。中国方面重点参加了 ALEPH、L3，这里将作重点介绍。

ALEPH 实验

这项国际合作有 10 个国家 400 多位科学家参加，斯坦伯格是这项国际合作的第一任领导（图 5-22）。实验装置有四层楼高，12 米 ×12 米 ×12 米，重 3000 吨，在地下 100 米，有 50 万路电子学。如图 5-23 和 5-24 所示，由内到外分别是：时间投影室（图 5-23 中粉色）、铅板－丝室电磁量能器（绿色）、超导磁体（蓝色）、流光管－铁夹层强子量能器（红色）、流光管 μ 子探测器（灰色）。探测器建成后的正面如图 5-24 所示。从图中内层可以看到 12 个扇形内多个小零件作为信号读出，也可以看到数十层铁的强子量能器和最外层的

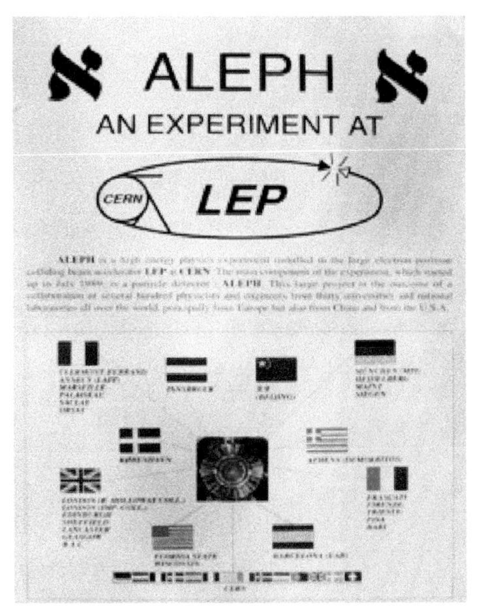

图 5-22　ALEPH 合作组标记

资料来源：CERN/ALEPH

μ 子探测器，后者是由中国负责，意大利三单位协助建造的。外国同事诙谐地说："ALEPH 穿了一件中国的红色外套。"整个装置的特点是中心部分的时间投影室是当时世界最大的，强子量能器和 μ 子探测器大量使用了塑料流光管。

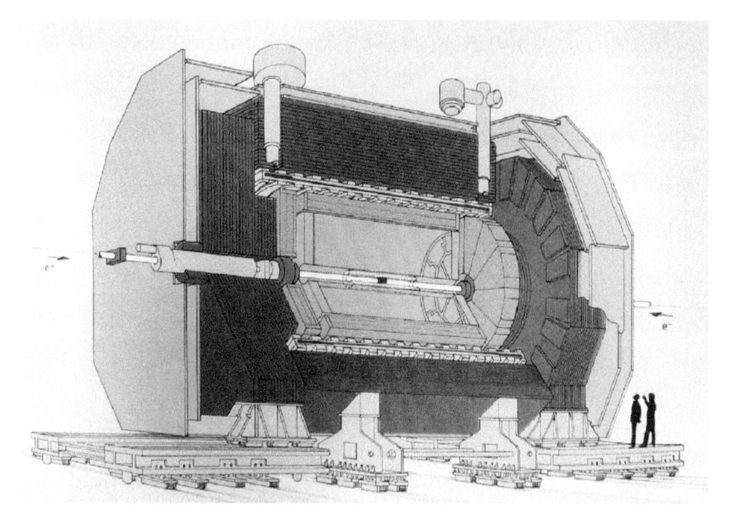

图 5-23　ALEPH 总体
资料来源：CERN/ALEPH

图 5-24　ALEPH 探测器正面与四位项目领导人
资料来源：CERN/ALEPH

北京提供的 μ 子探测器

中国（北京组）在意大利比萨（Pisa）、弗拉斯卡蒂、巴里（Bari）三个单位协助下，负责外层全部与内外层中间角 μ 子探测器。塑料流光管（也称 Iarocci 管）（参见本书 5.2 节）共 4440 只，2～7 米管长，总长 25 千米，1983～1988 年在中国科学院高能物理研究所制造，1988～1989 年在 CERN 组装成 65 个大室体，总面积约 3000 平方米。图 5-25 为组装流光管车间。

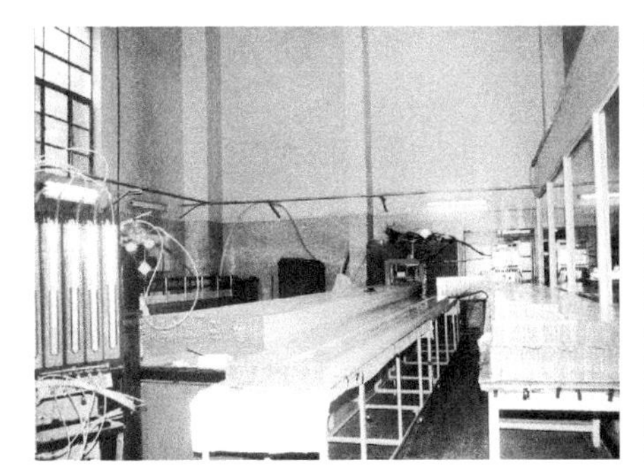

图 5-25　在中国科学院高能物理研究所组装成批流光管
资料来源：中国科学院高能物理研究所

物理结果举例

这里展示一张 ALEPH 的典型结果：如图 5-26 所示的 Z 粒子衰变到各种粒子的清晰图样。可以看到，在 TPC（黑色）中弯曲厉害的电子事例，到电磁量能器（蓝色）中的电子等的能量沉积（黄色），在强子量能器（红色）与最外面的缪子探测器（蓝色）蓝色能流与黄色径迹，还有一些出射到装置外面。

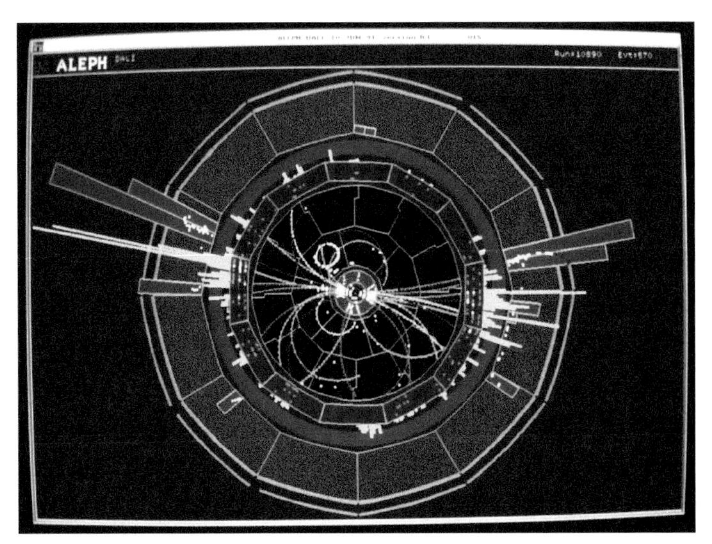

图 5-26　Z 粒子衰变到可能的粒子
资料来源：CFRN/ALEPH

L3 实验

L3 国际合作实验由丁肇中领导，实验装置示意图与实验大厅及成员参见

图 5-27、图 5-28。实验装置的特点是强调轻子测量，特别是 μ 子，故其 μ 子探测器由多层精密漂移室组成，且包围在一个非常大的磁铁内（图中橙色部分）。图 5-29 中所示为中国科学院高能物理研究所研制的气体窄间隙丝室（见本章 5.2 节）。共建造了 860 个不同尺寸的室体。另外，电磁量能器部分选用了中国科学院上海硅酸盐研究所研制的锗酸铋（BGO）闪烁晶体。

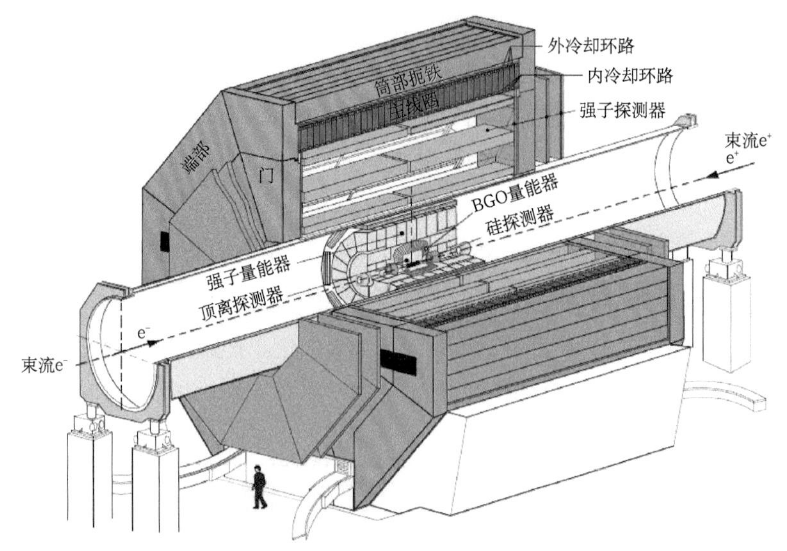

图 5-27 L3 装置示意图
资料来源：CERN/L3

图 5-28 L3 合作组实验大厅
资料来源：CERN/L3

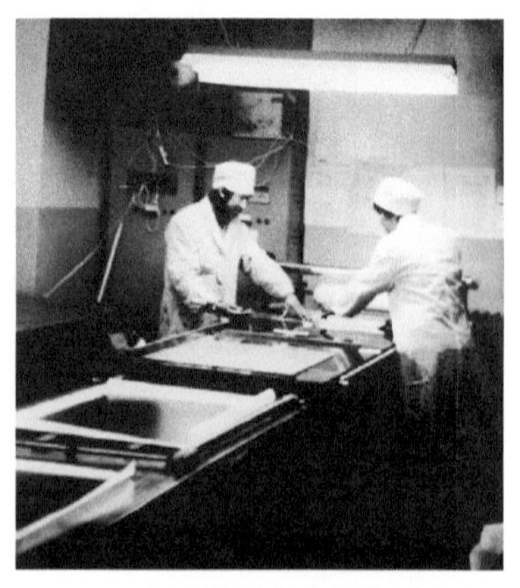

图 5-29 中国科学院高能物理研究所 L3 组研制的气体窄间隙丝室
资料来源：中国科学院高能物理研究所

物理成果简述

1990～2000 年 LEP 上的四个大型实验得了大量物理成果。特别是从四个大型实验综合结果得到两项最重要的结果。

其一，精确测量了 W 和 Z 粒子的质量，精确到 6 位数字。得到

m_z：91.1875±0.0021 GeV，m_w：80.426±0.034 GeV。误差到小数点之后 4 位。

其二，根据 Z 粒子的质量的共振峰的形状特别是这个共振峰的总宽度表示全部可能的轻子和夸克以及中微子的通道数（发生概率），而前二者都是已知的，相减的结果，支持中微子只可能有 3 代，而第 4 代轻子和夸克又不太可能。这些对基本粒子的标准模型的确立就起到了重要的作用。

四个实验都有大量的成果，这里不再赘述。值得一提的是：在 20 世纪末因 LHC 急于安装需要用 LEP 隧道，就在 LEP 关机前最高对撞能量已经达到 206 GeV的短时期内，有关合作组预测希格斯粒子的“迹象”在115 GeV附近，并指出其质量应在 114 GeV/c^2 以上。这对后来该粒子的发现起到了重要作用（参见本书 5.4 节）。

在这四个实验中，中国科学院高能物理研究所作为合作小组参加了由诺贝尔奖获得者斯坦伯格领导的 ALEPH 实验和诺贝尔奖获得者丁肇中领导的 L3 实验，中国科学技术大学作为合作小组参加了 L3 实验。在这两项实验中，中国科技人员承担了大量的任务，并都做出了显著的贡献。其他两个实验也有中国科技人员作为个人参加。

5.4 “上帝粒子”——希格斯粒子的发现和 LHC 上的四个大型国际合作实验

希格斯粒子与诺贝尔物理学奖

2012 年 7 月 4 日，在 CERN 的 LHC 上的两个大型实验 ATLAS 和 CMS 研究组宣布发现了希格斯粒子。2013 年 3 月和 6 月，两个组又分别从粒子的性能参数确证了这个粒子。终于在 2013 年 10 月 8 日，诺贝尔物理学奖颁发给了提出这个理论的比利时理论物理学家弗朗索瓦・恩勒特（François Englert）和英国的彼得・希格斯（Peter Higgs）（图 5-30）。另外还有四位物理学家对发展这一理

图 5-30　弗朗索瓦·恩勒特（左）与彼得·希格斯（右）

论也有重要贡献。他们是布鲁特（R. Brout）、古拉尔尼克（G. Guralnik）、哈根（D. Hagen）和基布尔（T. Kibble）。

1964 年就提出的希格斯粒子在 40 多年后终于被发现。这是高能物理多年来最重大的进展。为什么它这么重要呢？因为它是标准模型（参见本书 4.9 节）中唯一期待发现的最后一个粒子，而且是弱电统一理论（参见本书 4.7 节）中赋予所有粒子（除去光子）质量的关键性的粒子。试想，若没有它，物质世界大厦最底层的基石就不存在了，一切都将是空中楼阁。质量的起源是一个带有根本性质的理论问题。简单来说，原来由温伯格等建立的（参见本书 4.7 节）弱电统一理论虽然是将弱作用和电磁作用统一起来了，开始时 W、Z 粒子没有质量，当加入希格斯机制后才使它们获得了质量。希格斯机制即是“自发对称破缺”。对称性（参见本书 3.2 节）在粒子物理中非常重要，原来的电磁理论等称为规范理论，是很满足对称性的。这样，弱电统一理论也是规范理论，其中粒子就没有质量，通过“自发对称破缺”机制才能获得。在量子理论中，真空并不是空无一物，其相当于粒子基态处于其位能的最低处。浅显地说：一般的容器最低处都在中央，这样，粒子自然会处于中心，即对四周是“很对称”的状态。但是当这个位能的形状如图 5-31 所示的酒瓶底部的中央凸起的样子时，粒子在中央的顶部就不稳定了，它就会“自发地”滚到四周的凹槽里。这就是“真空自发对称破缺”。根据这种位能曲线计算出了“南部－戈德斯通”（Nambu-Goldstone）粒子，将它同原来没有质量的 W、Z 粒子结合，就成

图 5-31　设想酒瓶底凸起引起的“自发对称破缺”
资料来源：韩红光绘

为自然界实验测到的有质量的粒子了。有人也形象地说 W、Z 把“戈德斯通”粒子“吃掉”了。有人也比喻为一支铅笔由满足对称的垂直状态很容易自动倒下，其对称也就“自发地”破坏了。可以想象，掉到凹槽里的物体是不容易跑动的，一个人掉进沟里也很难跑起来，战壕中的士兵也很难走动。从简单的牛顿定律你会想到“跑得慢就是惯性太大，相应于这个人质量太大了”，这就是粒子被赋予了质量。“自发对称破缺”不仅在粒子物理中非常重要，在天体演化、固体相变等方面都有重要意义。

南部阳一郎在 2015 年不幸去世。他是一位杰出的理论物理学家，在“自发对称破缺”、夸克色荷和胶子概念、真空中的中性场概念的提出，以及估计希格斯粒子质量等方面都有重要贡献。

经过 ATLAS 和 CMS 约 6000 多名科技人员 20 多年的努力终于证实了 38 年前提出的希格斯粒子，这是一个何等壮观的事业！其中，中国人在实验建设和物理分析方面都有一定的贡献。此前，早在 20 世纪末 LEP 最后能量为 200 GeV 条件下就发现希格斯粒子的“迹象”，其质量在 114 GeV 以上（参见本书 5.3 节）等。美国费米国家加速器实验室在质子－反质子 2011 年关机前也给出希格斯粒子的质量范围为 103～147 GeV。这些对大幅度缩小希格斯粒子的搜寻范围都是有重要贡献的。

四个大型国际合作实验

尽管 1984 年以来几个大的高能物理研究中心，如德国的 DESY（参见本书 4.7 节）、美国的费米国家加速器实验室（参见本书 4.9 节）和 CERN 的 LEP（参见本书 5.3 节）为了寻找希格斯粒子和其他期待的物理现象，都曾进行了有意义的探索并逐步排除了可能出现的范围，但是始终没有找到。历史任务还是落到了筹建了十余年的 LHC（参见本书 5.1 节）。虽然 LHC 在 2008 年 9 月发生了一次火灾，但终于在 2011 年恢复调试到 7 TeV，2012 年达到 8 TeV，2015 年春达到 13 TeV（设计指标是 14 TeV），亮度也飞速提高，对积累数据非常有利。四个大型国际合作实验于 2010 年前后陆续建成，开始获取数据。图 5-32 为中国参与的四个大型国际合作实验以及中国研究工作的情况（ATLAS 前发言人彼得·詹尼（Peter Jenni）提供的资料）。分别有多家中国科研机构参加了实验。

ATLAS：中国科学院高能物理研究所、南京大学、山东大学、中国科学技术大学（合肥）。

CMS：中国科学院高能物理研究所、北京大学、中国科学技术大学。

LHCb：清华大学；2013 年起，华东师范大学、中国科学院大学、武汉大学先后参加。

ALICE：中国原子能科学研究院（China Institute of Atomic Energy，CIAE）、华中师范大学、华中科技大学。

以上中国各科研机构都做出了突出的贡献。这里扼要介绍 ATLAS、CMS、ALICE 和 LHCb（参见本书 5.7 节）。

图 5-32　中国有多家科研机构参加四个大型国际合作

资料来源：ATLAS/CERN Peter Jenni Report at IHEP. 2013

ATLAS 装置

ATLAS（Air-core Toroid LHC Apparatus）为 LHC 上的空气芯环流型磁体装置（图 5-33），由 150 多个单位的约 3000 人参与，是迄今最大几何尺寸的对撞机实验，μ 子探测系统长 46 米、直径 25 米，重量 7000 吨，相当于法国埃菲尔铁塔。由内到外的子探测器包括：内径迹室探测器[①]（半导体像素径迹

① 内径跡室是固体介质，不像 LEP 实验采用气体室。

室和微条探测器，黑色)，内部超导螺线管磁场（橙色）用于精确测量内径迹室中的带电粒子动量，螺线管外依次为手风琴式电磁量能器（绿色）和塑料闪烁体+铁强子量能器（红色)。最外面是 μ 子探测器系统，位于超导空气芯环流型磁场区域内。外部环流型磁体主要用于多层 μ 子探测器区域内的 μ 子动量，有利于其高精度测量。它由四种探测器组成（蓝色)。其中，监控漂移管（monitored drift tube，MDT）面积覆盖 5500 平方米，动量测量的一维坐标精密度高达 70 微米。要求这么高的精度是因为单个 μ 子的能量可能高于 1 TeV，它是这样的“硬”，在强磁场中飞 5～6 米才有几毫米的弯曲度，要确定它的动量是相当困难的。中国科学院高能物理研究所承担约 1 万只管，组成 50 个室体，窄间隙室（Thin Gap Chamber，TGC）位于端盖区域，其中一部分约 400 个室体由山东大学承担。其他还有阴极条室（Cathod Strip Chamber，CSC，美国）和阻性板室（RPC，意大利)。中国科学技术大学与南京大学分别承担部分电子学与量能器部件。图 5-34 和图 5-35 是中国科学院高能物理研究所的漂移管实验室和研制的室体。

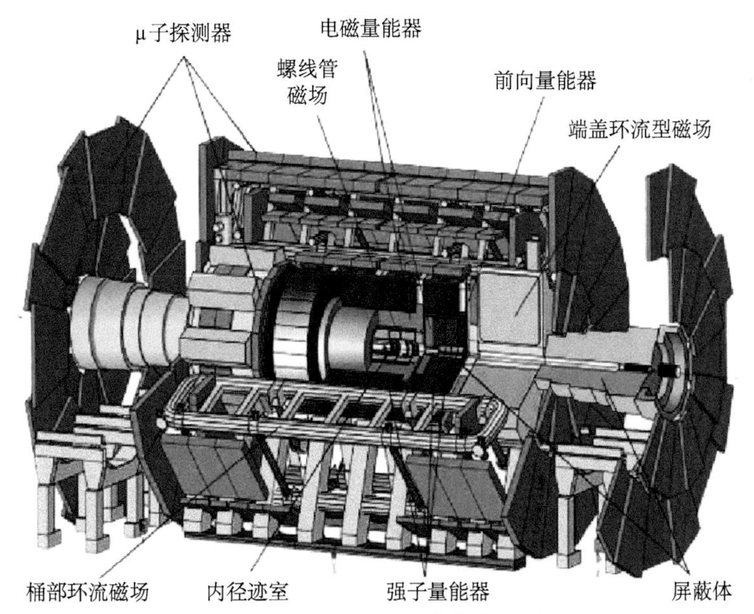

图 5-33　ATLAS 国际合作实验装置

资料来源：ATLAS/CERN

图 5-34　中国科学院高能物理研究所的监控漂移管实验室
资料来源：中国科学院高能物理研究所

图 5-35　漂移管室体与前级电子学系统
资料来源：中国科学院高能物理研究所

中国科学院高能物理研究所制造的 8000 多只监控漂移管 MDT（图 5-34），组装成 50 台室体，其三维精度要求为 10 微米，是十分有挑战性的。1998～2006 年完成，2006 年 9 月运至 CERN 最后测试安装，已投入使用。

山东大学制造了 400 余台（每台面积 2 平方米）窄间隙气体多丝室，数量是可观的，用于端盖 μ 子触发和定位探测器。中国科学技术大学和南京大学分别在电子学和量能器方面做出贡献。图 5-36 为 ATLAS 发言人彼得 · 詹尼与工程师在中国科学院高能物理研究所建造的 MDT 室和山东大学建造的窄间隙气体多丝室前合影。

图 5-36　中国科学院高能物理研究所建造的监控漂移管室和山东大学建造的窄间隙气体多丝室
资料来源：ATLAS/CERN Peter Jenni Report at IHEP. 2013

ATLAS 的典型与最新的结果

LHC 在 8 TeV 质子－质子对撞能量条件下，希格斯粒子衰变成两个 Z 粒子，Z 再衰变成一对轻子，可写成 H⟶ZZ⟶4l，即正负电子 e^+e^-（图 5-37）或正负 μ 子（图 5-38），将四个粒子组合起来即为希格斯粒子的质量。将其他多种衰变道综合起来得到希格斯粒子的质量为 126.5 GeV，并有高能物理界公认的足够高的精度，能确证该粒子的存在。如图 5-39 所示的图像大致约为 10 TeV 数量级的质子－质子对撞能量，相当于宇宙演化早期大爆炸后时间约为 10^{-15} 秒时的景象，即温度约为 10^{17} K（参见本书 6.6 节）。这个时期宇宙中也有希格斯粒子。这些对研究探索有重要意义。读者可同本书 4.8 节对照 540 GeV 质子－反质子对撞（1983 年）的景象进行比较，另外参考本书 4.8 节中卢比亚同新华社记者的谈话就会了解得更深刻一些。

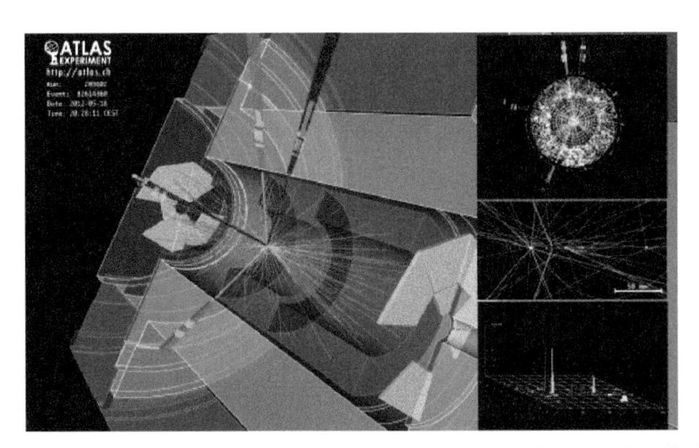

图 5-37　希格斯粒子衰变到两个 Z 粒子，Z 再衰变成一对正负电子

资料来源：CERN/ATLAS

图 5-38　希格斯粒子衰变到两个 Z 粒子，Z 再衰变成一对 μ 子（$m_{4\mu}$=125.1 GeV）

资料来源：CERN/ATLAS

图 5-39　模拟宇宙大爆炸开始后 10^{-15} 秒瞬间

资料来源：CERN/ATLAS

2015 年 4 月，LHC 的能量达到 13 TeV，亮度达 5×10^{33}/（厘米^2·秒）。探测器也进行了部分改进。由此年度内的 2 次运行得到了许多新结果。包括双高质量（8.8 TeV）喷注（如图 5-40 所示，绿色，参见本书 4.6 节）。特别观察到含 t 夸克的事例，如 Higgs⟶ZZt、Wt、$t\bar{t}$+jets，注意到双喷注中的黑洞产生现象。另外也拓宽了标准模型以外的新物理探索。

图 5-40　2015 年 ATLAS 的高质量 8.8 TeV 喷注

资料来源：CERN/ATLAS

CMS 装置——紧凑的 μ 子螺线管探测器

从这个大型实验的名称就可以看出它的特点（图 5-41），即在 4 个 μ 子探测器中间夹有很厚的铁层（以提高磁场和在“紧凑的”空间内提高等效的 μ 子

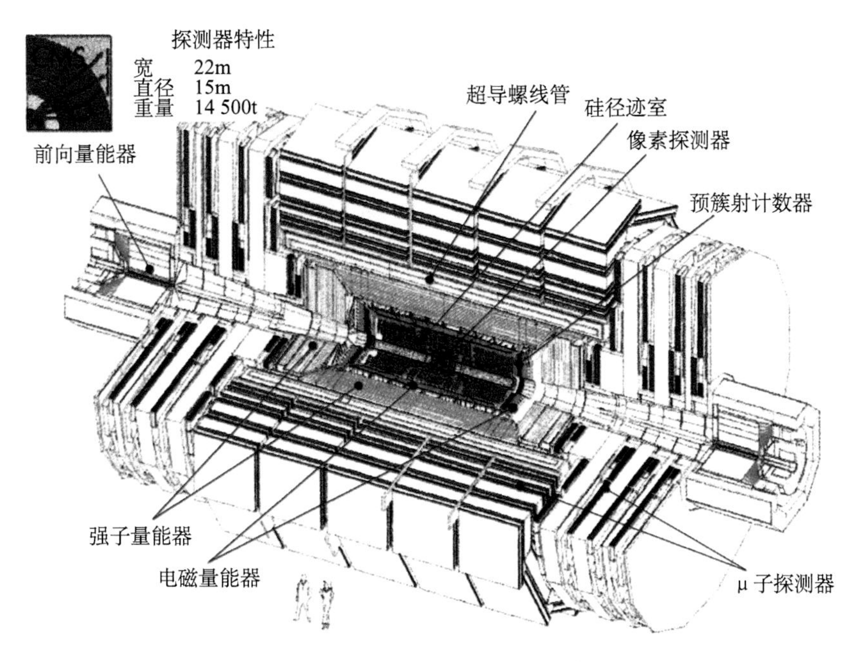

图 5-41　CMS 装置和 μ 子探测器
资料来源：CMS/CERN

路程）。虽然尺寸比 ATLAS 小近一半（长 22 米，直径 15 米），但重近 2 倍（14 000 吨）。磁场强度也比 ATLAS 的高 4 倍多，为 4 特斯拉。另一特点是电磁量能器（绿色）选用密度很高的钨酸铅晶体以改善测量电子和 γ 射线的分辨能力。其中一部分采用了中国科学院上海硅酸盐研究所的产品，其外为瓦片式塑料闪烁体－铜强子量能器（蓝色）。内探测器也是同 ATLAS 类似的两种半导体像素与硅微条型探测器。μ 子探测器（红色、黑色）由漂移管、阴极条室（CSC）和阻性板室组成，中国科学院高能物理研究所承担部分 CSC，共约 70 个，每个面积约 3 平方米（图 5-42、图 5-43）。阻性板探测器的一部分由北京大学承担。

图 5-42　中国科学院高能物理研究所在 CERN 组装的 CMS μ 子探测器端盖部分和参加人员
资料来源：中国科学院高能物理研究所

图 5-43　中国科学院高能物理研究所为 CMS 建造的 μ 子探测器的阴极条室
资料来源：中国科学院高能物理研究所

CMS 的典型与最新结果

前面已经介绍 ATLAS 的典型结果是比较容易测量的 4 个轻子道，因为它们的质量比较容易重建出来。CMS 也有这些道。这里仅仅介绍一个典型的希格斯粒子衰变到一对硬光子道（H → γγ）。如图 5-44 所示，两个 γ 光子（绿色）的能量沉积在电磁量能器中。它们的组合质量即使在很强的本底下，读者也很容易看到一个位于 125 GeV 处的小峰（图 5-45）。同样，CMS 综合了数十个末态道后得到希格斯粒子的质量为 125 GeV，同 ATLAS 的结果非常一致。

图 5-44　希格斯粒子衰变为两个 γ 光子
资料来源：CMS Experiment at the LHC，CERN

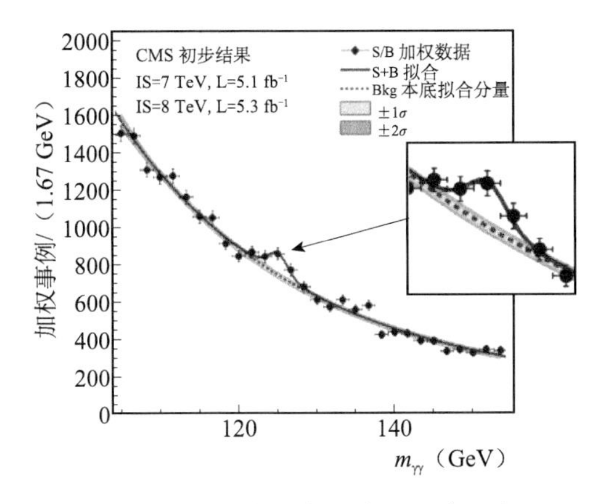

图 5-45　两个 γ 光子的重建质量峰

资料资源：CMS Experiment at the LHC, CERN

这个阶段共计经历了 10 万亿次质子－质子碰撞（参见本书 5.1 节），两个实验才得到共数百个希格斯粒子。以后路还很长，还需要精测、了解更多性能，寻找新物理等。于是更新的对撞机，即利于精测的更高能量的电子－正电子对撞机 ILC、TLEP、CEPC 等也在考虑或预研中。已经在预研的正负电子直线对撞系统 CLIC 和 TESLA 已分别在 CERN 和德国汉堡进行（参见本书 3.5 节）。

2015 年 4 月到 12 月，在 LHC 的能量 13 TeV 条件下得到了 33 项新结果。例如，观察到含有强子喷注的特殊态夸克，表明夸克也有组成结构，不像是基本粒子了。最高质量喷注的事例如图 5-46 所示。从图 5-46 中可见两个进入量能器（蓝色）的双喷注，双喷注系统的质量为 6.14 TeV。另外，新物理的预测表明可能的喷注质量为 2.7～7 TeV。

图 5-46　CMS 观察到的高质量喷注

ALICE 国际合作

LHC 上另两个实验之一的大型离子对撞机实验（ALICE）重点研究重离子碰撞，它位于 CERN 本部附近法国小镇圣·让尼边上。ALICE 利用了原来 LEP 环上的 L3 实验场地（图 5-2）。ALICE 上重离子对撞实验的每核子 5.5 TeV 的能量比美国布鲁克海文国家实验室的相对论重离子对撞机（RHIC）的高出 28 倍，RHIC 上的实验刚达到相变的边界（参见本书 5.6 节），ALICE 实验则深入到夸克胶子相（QGP）的内部。人们期待探测到更加自由状态的夸克和胶子，这就是说夸克将从强子中释放出来，即夸克退禁闭（参见本书 4.3 节），形成等离子体（参见本书 5.6 节），也相当于大爆炸后几微秒的状态（参见本书 6.6 节）。在 2010～2011 年实验期间，ALICE 的每核子能量为 2.76 TeV，铅核有 82 个质子（Z=82），这样铅核的束流能量约为 218 TeV。对撞的质心能量高达 436 TeV。铅核对撞实验可以产生上千个各种末态粒子。对撞瞬间有极高的温度，相当于宇宙大爆炸微秒时的状态，对研究宇宙起源有重要作用（参见本书 4.8 节、5.3 节、6.5 节）。可以说是目前世界上人造的最高能量。在此对撞能量下，科学家已经发现了更加热密的夸克－胶子流，支持了 RHIC 上关于 QGP 的实验结果（参见本书 5.6 节）。对粒子多重性及其前后向和中心区的关联、火球温度（比 RICH 高 30% 以上）、流特性及含奇异夸克的重子（Ω、Λ 等，参见本书 3.6 节、3.8 节）反常增加，以及 J/Ψ 粒子（参见本书 4.4 节）的反常压低等的神秘现象都进行了测量与根源探索。科学家期待在 ALICE 今后的实验中能产生更加激动人心的结果。

ALICE 实验也是一个高度的国际合作项目。中国原子能科学研究院、华中师范大学和华中科技大学均参与其中。根据极大的粒子多重性、极为密集和重视前向特性，以及鉴别末态粒子的这些特点，ALICE 的子探测器大致分为中心区、前向区和前端区三部分。如图 5-47 所示，整个中心区的子探测器被很大的磁铁（红色）包围。ALICE 既用了原来 LEP 上 L3 的场地，又留用了这个巨大的磁铁。中心区对撞点筒部向外依次配置的子探测器为用硅漂移室和像素探测器组成的内径迹室（ITS）、5 米大型时间投影室（TPC，黑色）、用 MRPC 组成的飞行时间计数器（绿色）、穿越辐射探测器（TRD）、用环形切伦科夫探测器（RICH）组成的并已选用 GEM 探测的高动量粒子鉴别器（HMPID）、用钨酸铅晶体的光子能谱仪（PHOS，粉色）。前向锥角较大的为

μ 子谱仪（MUON SPECTR）。前端小锥角方向为测量前向带电粒子多重性的探测器（FMD）和测量前向光子多重性探测器（PMD）。以上有关探测器的原理参看本书 5.2 节。

图 5-47　ALICE 装置示意图

资料来源：CERN/ALICE

2015 年，LHC 在 11 月前后进行了铅－铅对撞。每个核子能量平均为 5.02 TeV，相应于质心系 13 TeV 的质子－质子对撞，因为铅质量数为 82，则重离子铅－铅总的对撞能量约为 5.02×2×82≈830 TeV。这个能量比 2011 年的高 2 倍，比美国的RHIC高25倍。图5-48为2015年度的ALICE的胶子－等离子体末态的新结果。

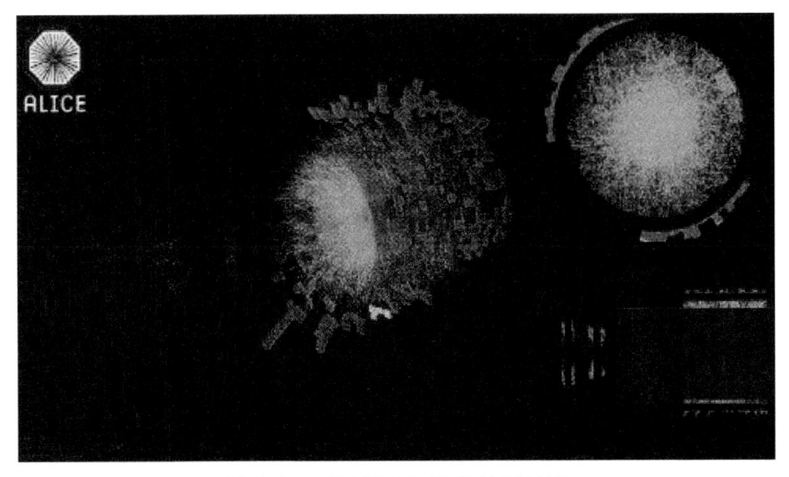

图 5-48　ALICE 2015 年的新结果

资料来源：CERN Courier. 2006. 56（1）：23

LHCb

LHCb是一个覆盖锥角稍小（大约10～300毫弧度，相当于0.6～15度）的专门致力于研究b夸克物理的实验，位于CERN附近瑞士Meyrin小镇和法国的Ferney小镇的两国边界的小路旁，是原来LEP上DELPHI的场地（图5-49）。从前边界上的海关只是一个像小报亭一般，限制酒肉和电器的来往，几年前已被LHCb旁边的大型超市代替了！ LHCb的特点是只测量收集对撞点出射的特定立体角范围内的事例，重点研究与b夸克有关的物理。其装置的张角虽然较小，（有些像固定靶实验，只是需要在整个装置中心留出很细的束流管道，见图5-49），但其子探测器非常丰富。因为含b夸克的B粒子一般都只有极短寿命就衰变（皮秒量级），因此精确测量对撞点和粒子衰变的次级顶点极为关键。这样，此顶点探测器 (vertex detector) 就很重要。粒子经过磁铁前后两组径迹室系统（TT，T1、T2、T3）和两组切伦科夫环RICH探测器有利于粒子速度、位置和动量精确测量。上下平面为异形线圈的磁铁，形成垂直的偶极磁场。在μ子探测器的5层（M1～M5）所谓缪墙（muon wall）之间配置电磁量能器（ECAL）与强子量能器（HCAL）。缪墙由大面积阴极条室（CSC）组成。图5-50为建造期间的异形磁铁线圈和径迹室系统、RICH、量能器与缪墙等建造时的照片。

为了精确地得到全部μ子径迹，在前端区M1的内环上特别布置了高计数率高空间分辨率的24个微结构气体探测器GEM以提供前区的μ子精确位置（见5.2节），与其下游的μ墙配合可以得到更精确的μ子信息。近期在几个方面正在进行升级，如将RICH的读出系统更新为速度更快、空间分辨更好的多阳极硅雪崩式光电倍增管，顶点探测器换为硅像素（pixel）探测器等。数年来已在世界最高能的B粒子物理方面取得了不少重要成果，对高能下CP破坏（见5.7节）等挑战性课题期待有重要进展。我国清华大学于2000年参加了该国际合作实验。2013年起，华中师范大学、中国科学院大学和武汉大学也先后成为LHCb合作组成员。

值得一提和有趣的是，LHCb顶点探测器内部有个子系统是专为亮度数据精确测量而设计的，后来发现在这个子系统中充入稀薄的惰性气体时，可以实现固定靶形式的实验，例如质子－氦（p-He）、质子－氩（p-Ar）对撞。这相当于核子－核子质心系能量只有约110 GeV，可以用来研究冷核物质效应。当

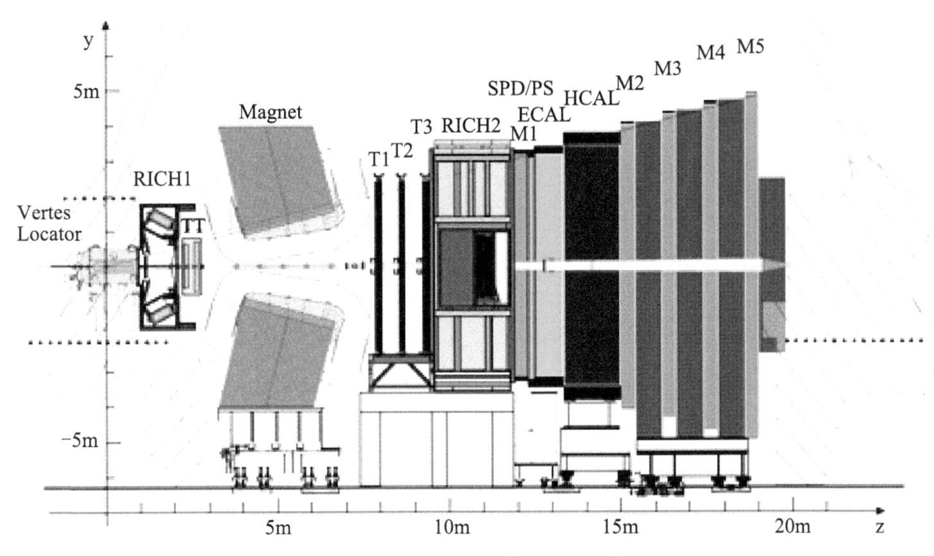

图 5-49　LHCb 探测器侧视示意图
资料来源：LHCb/CERN

图 5-50　LHCb 建造期间部分装置
资料来源：LHCb/CERN

有铅核（Pb）束流时，核子－核子质心系能量只有约 69 GeV。当作为 5 TeV 铅核－铅核（Pb-Pb）对撞时，又可做夸克－胶子等离子体物理了。这些都是在不同束流组态下可以开展的有意义的研究。因为它的对撞区的相对裸露便于安装改进对撞点旁的靶室和邻近探测器的特点，将来还有进一步改进的空间，具有很大的物理潜力。

在 LHC 尚未运行时，北京大学物理学院的赵光达院士提出，可以利用

LHC 早期数据研究重夸克偶素在强子对撞过程中的产生机制，中国科学院理论物理所的张肇西院士也指出在 LHC 上研究 B_c 介子的重要性。在 LHC 运行早期，数据统计量尚不足以发现希格斯粒子或新物理，而这些研究可大大加强物理学家对强相互作用的理解，是 LHC 早期的重要物理课题。LHCb 中国组与国内理论家合作，在尚未采集数据时即进行了大量预研究，主导了这些早期的重要物理课题，很好地验证了我国理论家提出的物理模型和计算，得到理论与实验结合得很好的结果。

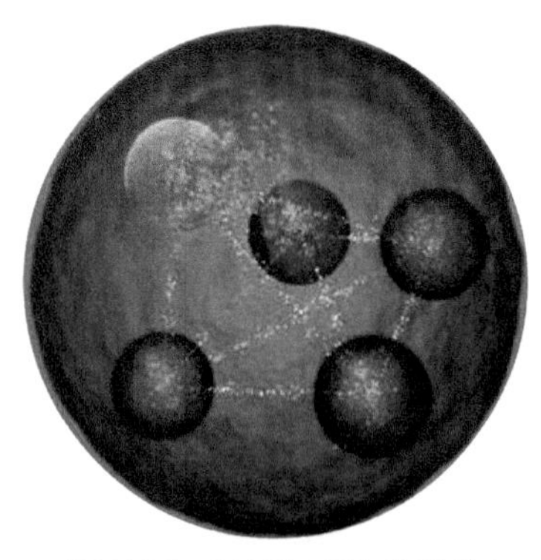

图 5-51　LHCb 实验发现的五夸克奇特态粒子
资料来源：现代物理知识，2016
注：Aaj j R, et al. 2015. Collaboration Phys Rev Lett, 115-072001

特别值得一提的是，2015 年 7 月 14 日 CERN 官方宣布 LHCb 实验发现了五夸克奇特态粒子（图 5-51）。它是在含有 b 夸克的重子 Λ_b^0 衰变为粲介子 J/Ψ（$c\bar{c}$）、质子（uud）和 K^+ 介子（$u\bar{s}$）的过程中发现的，其中粲介子与质子组成了耦合得非常紧密的新的异常态，即由五个夸克 $c\bar{c}uud$ 组成的新粒子，用 P_c^+ 表示。它有两个质量（4380 MeV/c^2 与 4450 MeV/c^2）。这一结果受到国际物理界极大重视，认为对五夸克态的一些问题有待进一步深入探讨，通过系统研究将对强相互作用理论的认识提高一个层次，这也标志着我们对认识世界本质将更进一步。2015 年底英国物理学会旗下期刊《物理世界》公布该发现为 2015 年国际物理学十大突破之一，美国物理学会的《物理》杂志将其选为当年八大重要结果之一。清华大学 LHCb 实验团队在这一工作中有显著贡献。最近中国科学院大学粒子物理实验团队的“双重味重子寻找课题组”协同 LHCb 中国组成员首次探测到含 c-$\bar{c}$-u 夸克的双粲重子”Ξ$c\bar{c}$，被评为中国 2017 年度十大科学进展三项。受到国际同行瞩目。有关权威杂志称“给出了期待已久的重要成果”并以“倍加迷人的粒子”为题。

5.5　标准模型之外的粒子和超弦理论

希腊神话中的怪物与格拉肖的“宇宙圈”

格拉肖曾借古希腊神话里的一个怪物“乌罗波罗斯”（Uroboros，是一条吞吃自己尾巴的蛇）来描述宇宙图景：它的头是爱因斯坦尺度的大宇宙，尾巴是普朗克尺度的小宇宙，大宇宙在吞吃小宇宙，时空的起点和终点咬在了一起（图 5-52）。格拉肖的这一形象的引用有着深刻的含义，说明宇宙最大尺度的物理和最小尺度的物理是相关联的。

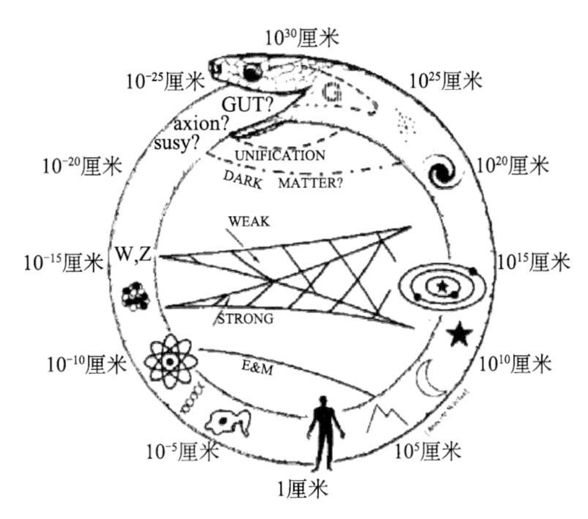

图 5-52 “宇宙圈”的乌罗波罗斯示意图
资料来源：Tina Potten LHC Seminar_150c 2013-2-Pdf

“宇宙圈”上有不同的特征尺度，对应不同的物理过程。例如，在我们人类存在的尺度，引力和电磁力占主导地位。从我们所在的尺度出发沿着“宇宙圈”反时针方向走，尺度越来越大，引力效应越来越显著，到了星系尺度以上，就全然是引力主导的，其描述理论是爱因斯坦的广义相对论。如果沿着“宇宙圈”顺时针方向走，尺度越来越小，引力的角色会慢慢淡出，在粒子的“微观世界”（约 10^{-15} 厘米尺度），其主导变为强弱相互作用，对应的理论模型是标准模型。尺度更小时，可能会出现超对称物理或其他新物理。然后，在大约 10^{-30} 厘米，即 1000 个普朗克尺度附近，强、弱、电磁三种相互作用将统一在一起（该能标称为大统一能标，也叫 GUT 能标），其描述理论是超对称理论。再小下去，就是理论所考虑的最小尺度——普朗克尺度。而在更小的尺度 R，也就是“超弦理论中额外维度的空间尺寸”，根据超弦理论的对偶性，物理图景相当于在 $1/R$ 的尺度（参见本书 6.6 节）。这种对偶性提示微观世界同宏观世界有哪些规律是相似的呢？在蛇的尾巴消融在它的嘴巴里时，大与小已经分不清了。

在本书开始的 1.1 节就给出了大小宇宙各层次的尺度，以使读者有一个大致的了解。大统一理论是理论物理的一个终极梦想，它以超对称理论为基础，把自然界中四种相互作用力（引力、电磁力、强相互作用力、弱相互作用力）统一在一起。

大统一理论

20 世纪 70 年代，物理学家在电弱统一理论的基础上，试图将强力也统一进来。他们的所谓大统一理论（GUTs）其实仍然是以杨振宁－米尔斯规范理论为基础的，如 SU（5）或 SO（10）群的数学表达。从上面的“宇宙圈”读者可以理解物理学家努力将粒子物理与研究宇宙起源的宇宙学联系起来。

按照电弱统一理论将弱力和电磁力统一起来的方法，我们对强力也可以这样处理，强力和电弱力原本也是单一的大统一力，是由于希格斯机制引起的基本对称性破缺而分开的。然而，破缺前的能量非常高，以至于我们无法通过高能物理实验加以验证。

长期以来，物理学家们一直相信在很高的能量（即大统一能标，约为 10^{16} GeV）下微观世界的基本相互作用——强相互作用及电弱相互作用可以被统一在一个单一的规范群下，这样的一种理论被称为大统一理论。

最简单的大统一理论是由乔治（Howard Georgi）和格拉肖于 1974 年提出的，需要引入极重的传播子，称为 X 粒子。X 粒子如此之重（约 10^{-7} 克），用高灵敏度的天平就可以称出其重量。没有加速器能够提供它所需的能量。唯一能达到如此高能量的就是早期宇宙，那里由大统一力所主宰，仅在宇宙诞生的 10^{-34} 秒。

还有一个检验大统一理论的间接方法。大统一理论中不仅出现了三种力，还关系到两种粒子：夸克和轻子。在大统一理论层次，夸克和轻子可以互相转变，所以质子可以衰变成轻子。这是一个“戏剧性的提议”，也就是说，形成我们宇宙的质子是不稳定的。幸运的是，质子的寿命至少有 10^{32} 年，是宇宙年龄的 10 亿倍，所以我们周围的世界近期没有会解体的危险。但质子衰变是一种概率性过程。如果大量的质子聚焦在一起，有概率会看到质子衰变产生某些次级粒子，如 π 介子、正电子等。因为质子的寿命是 10^{32} 年，一些人可能活了 100 年，还不曾有一个质子从他的体内消失。

几个探测质子衰变的实验已经启动，但到目前为止仍没有任何肯定的结果。但这并不意味着大统一理论的终结。只是这些实验将质子寿命的下限提高到 10^{35} 年。质子衰变探测实验装置埋在很深的地下，以屏蔽宇宙射线对实验信号的影响。有的已经关闭，例如本书两位作者的好朋友 [比阿·比齐（Pio Picchi）和江保罗·曼诺基（Gianpaolo Mannocchi）] 在 20 世纪 70～80 年代在欧洲最高峰勃朗峰的瑞士意大利边界 10 千米长的公路隧道中段建立了质子衰变实验 NUSEX（图 5-53），该装置用了大量的塑料流光管，为后来 LEP 上的

ALEPH 等几个大实验都选用这种探测器积累了经验。另外，1983 年美国的地下金矿质子衰变实验（图 5-54）也都给出质子衰变寿命的下限。

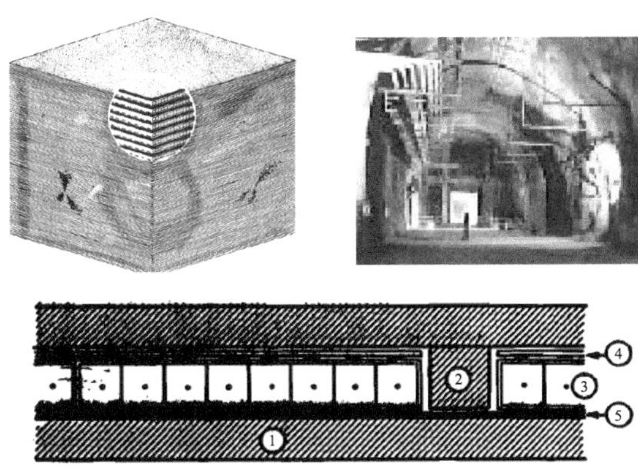

图 5-53　NUSEX 质子衰变实验

上左：3.5 立方米探测器；右上：实验大厅；下：单层示意图

①铁，②垫块，③流光管，④ X 读出条，⑤ Y 读出条。

资料来源：NUSEX P. Picchi. AIP Conference Proceedings. 1983

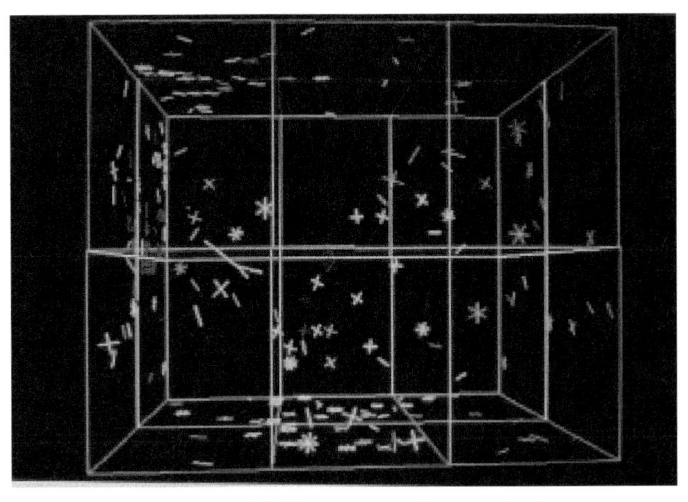

图 5-54　美国的地下金矿质子衰变实验

资料来源：David Parker

尽管新的大统一理论有很大的魅力，但是物理学家担心与这个理论相应的力的传播者——X 粒子比其他的粒子重太多，能量约 10^{15} GeV。弱力的传播子 W 和 Z 粒子已经很重了，能量从 100 GeV 到 10^{15} GeV，这之间肯定有很多事情发生。

大统一理论是建立在超对称理论和超弦理论的基础之上的，我们先来介绍一下通往终极理论的必经之路：超对称理论和超弦理论。

超对称理论与能标

超对称理论（Supersymmetry，SUSY）联系着物质粒子（夸克和轻子）和力的传播子（光子、W 粒子、Z 粒子和胶子）。该理论建构了一个新的超对称世界：夸克和轻子都有它们的超对称伴子（partner）；光子、W 粒子、Z 粒子和胶子也有它们的超对称伴子。

超对称大统一理论是下一个阶段，该理论也可以延伸到引力。在该宇宙图景下，物理学家第一次有了处理自然界一切力的秘籍。本书 4.1 节谈到了爱因斯坦的梦想还只是限于将引力同电磁力统一起来，但是，最后仅仅这两种力的统一梦想也未能如愿，直到 20 世纪 70 年代弱电统一理论和 QCD 理论的发展才使电、弱、强、引力的统一逐渐提到日程上来。霍金在他的演讲中不容置疑地认为理论物理的终极指日可见。

到目前为止，随着标准模型中最后一个粒子“上帝粒子”的发现，标准模型在电弱能区取得了空前成功，然而在高能区（大统一能标 10^{16} GeV 和普朗克能标 10^{19} GeV）却存在很多的问题。比如，标准模型只把电磁相互作用和弱相互作用统一为电弱统一理论，然而却不能将强（描述理论为量子色动力学）、弱和电磁相互作用（描述理论为电弱统一理论）统一为一个宏大的统一场理论。标准模型也不能解释占宇宙 23% 的暗物质，不能解释为什么在电弱能标（100 GeV 量级，即 1000 亿 eV）与大统一能标（10^{16} GeV）或普朗克能标（10^{19} GeV）之间存在高达十几个数量级的差别。这就是标准模型中著名的等级（或层次）问题（Hierarchy Problem）。为了在大统一模型中理解存在 100 GeV 这样一个电弱能标，不仅需要杨－米尔斯的规范场理论，还需要超对称。而且超对称粒子的能量应该在 100～1000 TeV。这样的话，在 1000 GeV 以上，我们的世界就已经是超对称的了。

更为重要的是，希格斯玻色子质量本身会有辐射修正，而这种修正是随着新物理能标二次发散的（这就是希格斯质量的二次发散问题），假如新物理能标是大统一能标或者普朗克能标，要得到一个处于电弱能标的希格斯粒子质量，就一定存在一些微妙而精确的抵消过程来消除这些发散。然而标准模型本身不能自然地做到这一点，因此人们相信标准模型之外还存在其他物理理论，超对称理论就是其中之一。它（她）在电弱能区与标准模型兼容，在普朗克能区解决上述标准模型中存在的问题。因而许多人认为超对称理论是标准模型最好的扩展模型。超对称理论中玻色子与费米子在物理性质上是互补的，这种互补性可以被巧妙地用来解决标准模型中的等级问题。规范等级问题和二次发散问题是同一个问题，也就是说超对称在理论上的另一个美妙性质是普通量子场论中大量的发散结果在超对称理论中可以被超对称伙伴的贡献所消去，这就可以解决希格斯质量的二次发散问题。因而超对称理论具有十分优越的重整化性质。由于 SUSY 和女孩常用的名字 Susie（苏茜）谐音，而且其理论又非常简单、完美，活像一位优美、典雅的少女，因而 SUSY 受到了物理学家们的偏爱。

超对称是费米子和玻色子之间的一种对称性。我们知道，费米子和玻色子的基本性质截然不同，超对称便是将这两类粒子联系起来的对称性——而且是能做到这一点的唯一的对称性。LHC 将会检验粒子是否有相对应的超对称粒子。对超对称的研究起源于 20 世纪 70 年代初期，当时拉蒙德、奈阿、施瓦尔兹、杰尔威、沙基达等人在弦模型（后来演化成超弦理论）中，哥尔凡德与里克曼在数学物理中分别提出了带有超对称色彩的简单模型。1974 年，威斯和茹米诺将超对称运用到了四维时空中，这一年通常被视为超对称诞生的年份。

在最简单的超对称理论模型中每一种基本粒子都有一种被称为超对称伙伴（supersymmetric partner）的粒子与之匹配，超对称伙伴的自旋与原粒子相差 1/2（因玻色子和费米子的自旋差别为 1/2，也就是说，玻色子的超对称伙伴是费米子，费米子的超对称伙伴是玻色子）。图 5-55 是最简单的超对称模型中所有基本粒子的示意图，左边是所有标准模型中的粒子，右边是对应的超对称伴子，其中夸克和轻子的超对称伴子分别是超对称性夸克 squark（简称超夸克）和超对称性轻子 slepton（简称超轻子），中微子的超对称伙伴是超对称性中微子 sneutrino（简称超中微子），规范玻色子的超对称伙伴（gaugino）有 W 玻色子的超对称伙伴 wino、Z 玻色子的超对称伙伴 zino、光子的超对称伙伴 photino、胶子的超对称伙伴 gluino 和引力子的超对称伙伴 gravitino。希格斯粒子的超对称伙伴为 Higgsino。图 5-55 右侧图的波浪线表示其为标准模型粒子的超对称伙伴。实验上我们能探测的是 gaugino 与 Higgsino 混合之后形成的粒子，我们根据其是否带电将其分为两类：带电的称为 chargino（根据质量不同，分为$\tilde{\chi}_1^{\pm}$，$\tilde{\chi}_2^{\pm}$）；中性的称为 neutralino（根据质量不同，分为$\widetilde{\chi}_1^0$，$\widetilde{\chi}_2^0$，$\widetilde{\chi}_3^0$，$\widetilde{\chi}_4^0$)。

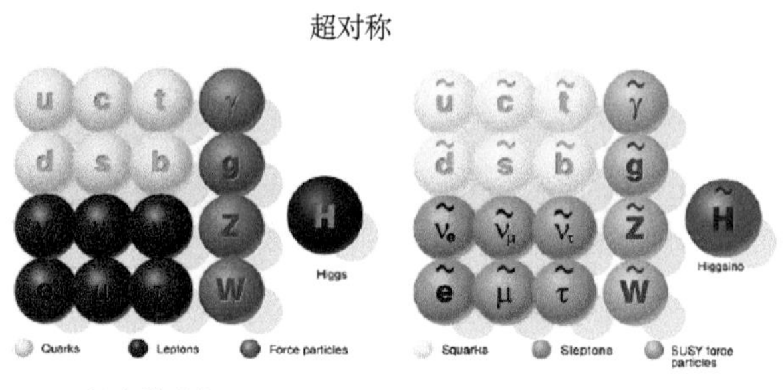

图 5-55　超对称理论示意图

资料来源：Tina Potter-LHC Seminar-Isoct 2013-2 Pdf

超对称理论的最大魅力在于经由一次超对称变换，粒子的自旋将改变 1/2。举例来说，对玻色子（自旋为整数，描述相互作用力）做一次超对称变换，玻色子将变成自旋与之差 1/2 的费米子（自旋为半整数，描述物质）。反之亦然。这样玻色子和费米子通过超对称变换联系在一起（物质和相互作用也联系在一起）。再通过一些变换，超对称中就包含引力了。自然界中四种相互作用力也就联系在一起了。引力子自旋是 2，其他三种相互作用传播子的自旋为 1，引力子通过一次超对称变换，变为自旋为 3/2 的费米子，再做一次超对称变换，则变为自旋为 1 的玻色子。

大统一理论若成立则强、弱及电磁相互作用的耦合常数将在大统一能标上彼此统一，然而在标准模型框架内上述耦合常数在任何能量下都不彼此相等，也就是说在标准模型框架内是实现不了强、弱及电磁相互作用大统一的，这无疑是对大统一理论的沉重打击，也是对物理学家们追求统一信念的沉重打击。超对称的引入给了大统一理论新的希望，因为计算表明，在对标准模型进行超对称化后所有这些耦合常数在高能下非常漂亮地汇聚到了一起。这一点大大增强了物理学家们对超对称的信心，也增强了人们统一自然界中四种相互作用的信心。虽然超对称理论本身并没有把引力和其他三种相互作用力统一在一起，但它是大统一理论和超弦理论（统一自然界中四种相互作用力）的基础和核心。超对称自提出到现在已 40 多年了，在实验上却始终未能观测到任何一种已知粒子的超对称伙伴，甚至于连确凿的间接证据也没能找到。一个具体的理论观念，在完全没有实验支持的情况下生存了 40 多年，而且在理论物理中的地位节节攀升，这在理论物理中是不多见的，可见其理论的非凡魅力。一旦它被实验证实，将引起的轰动是不言而喻的。正如温伯格（电弱统一理论的提出者之一）所说，那将是：纯理论洞察力的震撼性成就。

从 LHC 于 2010～2016 年获取的 7 TeV、8 TeV 和部分 13 TeV 的数据研究结果来看，我们没有发现任何超对称粒子的迹象。13 TeV 的数据获取将于 2018 年底结束，随后对撞机的能量将升级到设计能量 14 TeV，最终亮度也将是现在的 50 倍左右，我们或许将发现超对称粒子或其他新物理，或者排除掉更宽的可能质量范围。如果人类能够发现标准模型里没有的粒子，那将真正是具有改变自然科学世界观的重大突破。发现标准模型里没有的粒子，将完全改变理论物理学家看待自然世界的方式。但如果对撞机没能找到超对称粒子或其他新物理，那些完美的理论就会逐渐凋零，这不单是对超对称的打击，也是对更有抱负的以超对称为基础的物理学统一理论的打击。这包括超弦理论，以及其他一些途径。然而 LHC 物理学者对这种不确定性泰然处之，他们希望对撞机找到激动人心的新物理——也许不一定是理论学者期望的物理。对实验物理学者来说，最有趣的是我们也许会看到没人想到过的可能性，那将是非常激动人心的。

超弦理论

有科学家指出，自然界的基本单元不是电子、光子、中微子和夸克之类的点状“粒子”，而是线状的“弦”，只不过这些弦尺寸非常小，只有大约 10^{-35} 米，但弦理论预言，存在着几种尺度较大的薄膜状物体，后者被简称为“膜”。直观地说，我们所处的宇宙空间可能是九维空间中的三维膜。弦理论是现在最有希望将自然界的基本粒子和四种相互作用力统一起来的理论。

弦理论起源于 20 世纪 60 年代末，当时物理学家试图理解夸克是如何“绑”在一起的，也就是夸克之间是如何相互作用的。虽然弦理论最开始是理解强作用力的作用模式，但是后来的研究则发现了所有的最基本粒子，包含正反夸克、正反电子、正反中微子等，以及四种基本作用力“粒子”（强、弱作用力粒子，电磁力粒子，以及重力粒子），都是由一小段的不停抖动的能量弦线所构成，而各种粒子彼此之间的差异只是这弦线抖动的方式和形状的不同而已。

1984 年，人们在弦理论的基础上引入了超对称，称之为超弦理论。超弦理论第一次将 20 世纪的两大基础理论——广义相对论和量子力学结合到一个数学上自洽的框架里。与以往量子场论和规范理论不同的是：超弦理论已经包括引力，并引入了超对称。毫无疑问，将引力和其他由规范场引起的相互作用力自然地统一起来是超弦理论最吸引人的特点之一，并且超弦理论有可能解决一些长期困扰物理学家的世纪难题，如黑洞的本质和宇宙的起源。

一个有效的理论，必须通过实验与观察，并被经验证明。然而，超弦理论由于目前没有实验可验证而被归为一个数学框架而非科学，因为真实的情况完全有可能不是人们所预料的那样。科学史上这类情况比比皆是。无法获得实验证明的原因之一是，目前尚没有人对弦理论有足够的了解而做出正确的预测。这里只能做简单的介绍，可以扩大思考的领域，这也是很重要的。另一个原因则是目前的高速粒子加速器还不够强大。科学家们使用目前的和正在筹备中的新一代的高速粒子加速器，试图寻找超弦理论里主要的超对称性学说所预测的超粒子。如果超弦理论将来能被实验证实，它将从根本上改变人们对物质结构、空间和时间的认识。

5.6 夸克－胶子等离子体和相对论重离子碰撞

什么是等离子体

自然界中除了我们熟悉的固、液、气三种状态外，还存在第四种状态——等离子体，它是我们能观察到的高温物质状态。其中包括电子、带正电荷的离子和少量带负电荷的离子，以及一定数量的中性气体分子。等离子体广泛存在于宇宙中，恒星的主要成分是等离子体。闪电、极光、电弧放电等，是地面上常见的等离子体形式，它们具有非常炫目的色彩。

夸克－胶子等离子体

描述宇宙起源的大爆炸理论认为，在宇宙诞生初期，类似于等离子体中相对自由的带电粒子，曾存在一个夸克－胶子等离子体（QGP）阶段。当时大量的夸克、胶子以自由形式存在，弥漫于整个宇宙中。随着物质的持续膨胀和冷却，夸克逐渐结合成质子和中子等，并通过核反应生成各种元素，组成了我们当前的世界。然而，人们在自然界中并没有观察到单个自由的夸克。描述夸克、胶子间强相互作用的量子色动力学理论认为，这是由于在常态下夸克是被“囚禁”的，如“囚禁”在质子中的三个轻夸克，以及“囚禁”在介子中的正夸克和反夸克。只有当质子或中子密度极高时，或者重的原子核碰撞产生极高的温度时，夸克才能解除禁闭，成为自由的夸克－胶子等离子体态。

相对论重离子碰撞

相对论重离子碰撞实验是地球上能够产生夸克－胶子等离子体的唯一途径。实验中，重离子以接近光的速度（相对论性）发生碰撞，产生极高的温度，出现夸克－胶子等离子体状态。这里说的重离子通常是指重于 α 粒子并能被用来加速的原子核。该类实验的实现，将对宇宙演化、星体的形成，以及物质的微观结构与相互作用等诸多领域的研究产生深远影响。相对论重离子碰撞的理论已成为当前物理学的最重要的前沿课题之一，寻找夸克－胶子等离子体成为国际性的科学实验目标。

相对论重离子对撞机和螺线管径迹探测器

2000 年，位于美国布鲁克海文国家实验室的相对论重离子对撞机（RHIC）开始运行（图 5-56）。RHIC 是当前国际上进行核物理研究的主要科学装置之一。它包括四个大型探测器，其中螺线管径迹探测器（STAR）的主要科学目标就是寻找宇宙大爆炸早期的新物质形态，并研究高温度、高密度极端条件下的强相互作用物质的演化动力学，同时积极寻找新的粒子态。

图 5-56　美国布鲁克海文国家实验室和 RHIC

资料来源：BNL

STAR 由许多探测子系统构成。这些子系统就像身体的不同器官，既独立工作，又协同合作，从而使得身体的运转保持生命力。通过不同探测子系统，STAR 将信息汇集，获得原子核对撞后的末态产物信息。

图 5-57 是位于 RHIC 上的 STAR 的结构示意图。STAR 的主要部件包括时间投影室（TPC）、硅顶点探测器（upVPD）、桶型飞行时间探测器（TOF）、电磁量能器（BEMC）等。

图 5-57　STAR 的结构示意图

资料来源：Maria and Alex Schmah/STAR Collaboration/Lawrence Berkeley National Lab

STAR 是一个大型国际合作项目，中国科学院上海应用物理研究所、中国科学技术大学、清华大学、华中师范大学、中国科学院近代物理研究所和山东大学等六家中国研究单位参与了该项目的研究。

RHIC 十多年的实验研究结果显示，科学家已经探测到夸克－胶子等离子体存在的多方面证据。RHIC 上产生的夸克－胶子等离子体性质类似于存在强相互作用的理想流体，并且夸克－胶子等离子体中至少包括了 u、d、s 夸克，对应的物质是高温、高密度的。如果用专业语言来表述，就是 RHIC 上已产生了强耦合的夸克－胶子等离子体，或被形象地称作“夸克汤”。这与早期理论上认为的 RHIC 将制造出弱耦合的夸克－胶子等离子体（或称为类气体状的夸克－胶子等离子体）不同。该实验结果表明，要想产生自由状态的夸克－胶子等离子体物质，需要通过能量高得多的重离子对撞来实现。

其他相对论重离子碰撞实验

大型离子对撞机实验（ALICE）是欧洲核子中心的 LHC 上的四个项目之一（详见本书 5.4 节）。

目前世界上在中 – 高能段（几 GeV/c^2 至几十 GeV/c^2）有一些新建或在建的重离子对撞装置，如德国的 FAIR、俄罗斯的 NICA，以及将来中国的强流重离子加速器（HIAF）等。在未来的十几年间，这些实验也将为夸克 – 胶子等离子体的研究做出重要贡献。下面简单介绍 FAIR 和我国已在运行的 HIFRL-CSR。

FAIR 是近几年兴建的欧洲最重要的重离子反质子研究中心，建在 20 世纪 70 年代中期建立的德国重离子研究所（GSI）的附近。GSI 位于法兰克福和达姆施达德之间的一片树林中，骑自行车约半小时即可到法兰克福，如图 5-58 所示。GSI 原有的重离子直线加速器（UNILAC）于 1975 年建成，可将离子加速到每核子 15 MeV/u、注入 SIS18，进一步将周期表中所有的粒子加速到光速的 90%。近 40 年来已经做出了大量的重离子物理方面的工作。我国兰州的中国科学院近代物理研究所已与该所多年来有较多的合作，中国科学院高能物理研究所也有少数人员参加。SIS18 是 FAIR 的注入器。新建的 FAIR 的主要装置包括：主加速环 SIS100/300 周长 1083.6 米，其磁刚度为 100/300 特斯

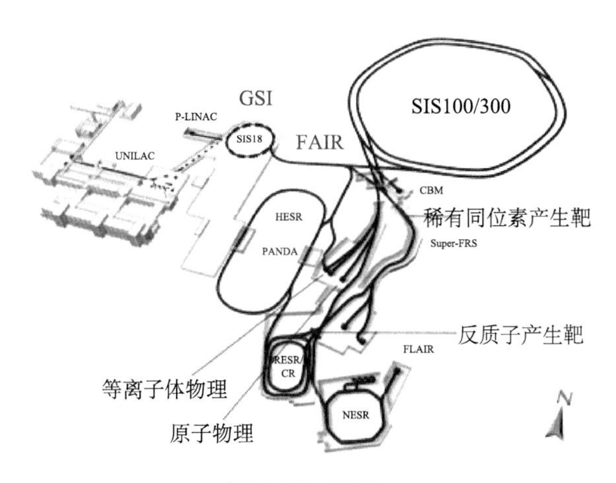

图 5-58　FAIR

资料来源：袁小华，陈金达，靳根明，等 . 2012. 反质子与离子研究装置 FAIR 介绍 . 现代物理知识，24(6): 13

拉·米（表示能将带电粒子偏转的程度，参见本书 3.5 节），当磁刚度为 300 特斯拉·米时，可将电荷态为 92 的铀 -238 离子加速到 8000 GeV。

CR（周长 212 米）和 RESR（周长 245 米）为套在一起的两个环，分别为反质子（包括放射性核）的收集环和反质子冷却储存环，用以积累反质子和减速短寿命核素。NESR 是更加精密的反质子与核素的新实验环以供高精度电子离子散射、高电荷态原子物理、反质子物理与核素物理方面研究。HESR 是一个周长更大（545 米）的高能反质子随机冷却与电子冷却环，利用环内的各种靶进行强子物理与各种核反应研究。在 HESR 旁边有一个能量为 50 MeV 的电子储存环与 NESR 结合开展电子离子散射等以研究核结构。Super-FRS 是一个产生和分离高纯度短寿命核素的装置，用以开展各种核物理研究。新加的质子直线加速器 p-LINAC 的能量比老的 UNILAC 高约 5 倍，为 70 MeV，并且具有强流和宽脉冲的特点，作为 SIS18 的注入器提高整体系统的性能。例如，FAIR 的稳定核束流强度比原来 GSI 的提高 100 倍，放射性核束流强度比原来 GSI 的提高 10 000 倍。

这一综合性极强的组合系统为开展多领域的最前沿研究提供了广阔的天地，如天体演化和元素的起源、夸克 - 胶子相互作用与夸克 - 胶子等离子体随温度相变问题、强子结构中的未知领域（如 QCD 奇异态）、特殊条件下的等离子体的物质结构，以及生物和材料科学中的挑战性问题等。说到探测装置，在不同的环和束流终端上都设有不同研究目的的探测器，如 PANDA、CBM、FLAIR 等。下面就用中国熊猫命名的 PANDA 为例来说明。

如图 5-59 所示，PANDA 是一台 FAIR 上的重要探测装置，同高能物理的大型实验类似，只是略小（以下各子探测器可参见本书 5.2 节）。反质子束流由左方束流管道进入与垂直注入的气体质子靶等相互作用。产生的各种末态粒子由内到外被以下探测器测量：微顶点探测器，稻草管径迹探测器（由互相垂直排列的直径为 1 厘米的细型万余支正比管组成，米色）、飞行时间系统（测量粒子速度，黑色）、桶部反射型切伦科夫探测器（棕色）、电磁量能器（紫色）、螺线管磁铁（蓝色）、μ 子探测器（灰色）。因为对这样的固定靶实验，精细鉴别前向的大量粒子是十分重要的。这样，在下游设置了一系列的探测器，依次为 GEM 探测器、盘型切伦科夫探测器、4 组稻草管径迹探测器（红色，用以测量在偶极磁铁内外弯曲径迹的粒子动量）、切伦科夫环探测器、飞行时间墙（蓝色）、高加索肉串型量能器和包在其外的 μ 子探测系统（灰色）。

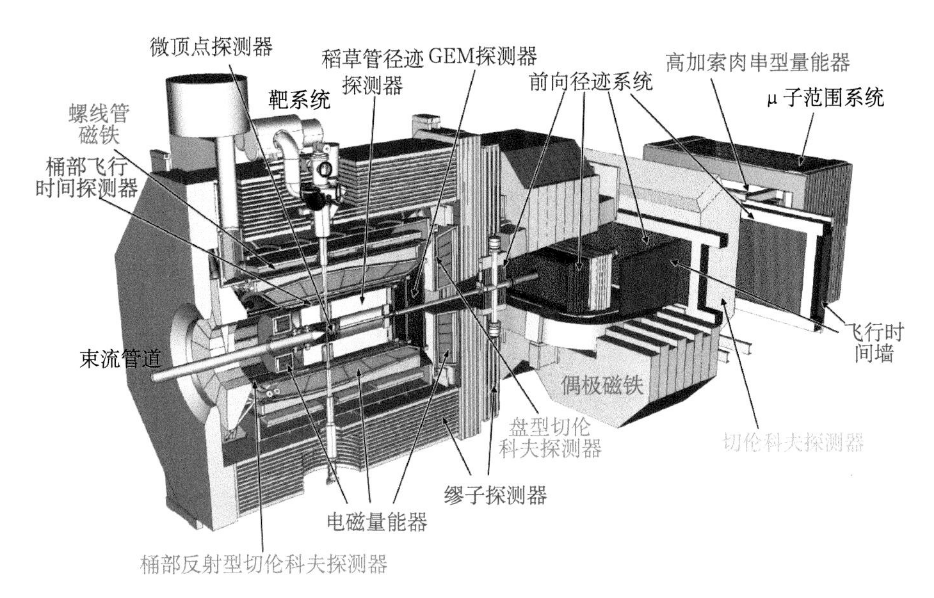

图 5-59 PANDA 结构示意图

资料来源：GSI/PANDA

我国在重离子物理方面的装置，同 FAIR 比较起来也有并驾齐驱之势。

20 世纪 50 年代后期已在兰州建立的中国科学院近代物理研究所经过 50 年的努力，已经建成完备的能加速电荷为 92 的铀离子到能量为 120 GeV 的重离子加速器装置（HIRFL）及其冷却储存环装置（CSR），另有高精度核素分离与质量测量和其他有关探测器等。如图 5-60 所示，HIFRL-CSR 有以下几部分：扇形聚焦回旋加速器（SFC）输出 17～35 MeV 质子或 10 MeV/u 重离子，分离扇形聚焦回旋加速器（SSC）输出 110 MeV 质子或 100 MeV/u 重离子，可分别注入周长为 161 米的主环 CSRm 中，可将碳离子 C^{6+} 能量加速到 12 GeV，或铀离子 U^{72+} 加速到 120 GeV，进一步注入周长为 128.5 米的实验环 CSRe 中，轰击各种靶，配合探测装置进行多项研究。另有放射性核素分离器（RIBLL1 和 RIBLL2）和重离子治癌等应用设备，是一个集重离子束流加速、累积、冷却、储存、内靶实验与高分辨核素质量测量和国民经济应用于一体的多功能大科学装置，为放射性束物理，高温高密度下核物质、高离化态原子物理，天体核物理，重离子辐照损伤，以及医学等多学科研究提供了国际先进平台。目前，该平台已在核素精确测量等方面处于国际领先地位，近期正在规划建造更加先进的将来中国的强流重离子加速器。

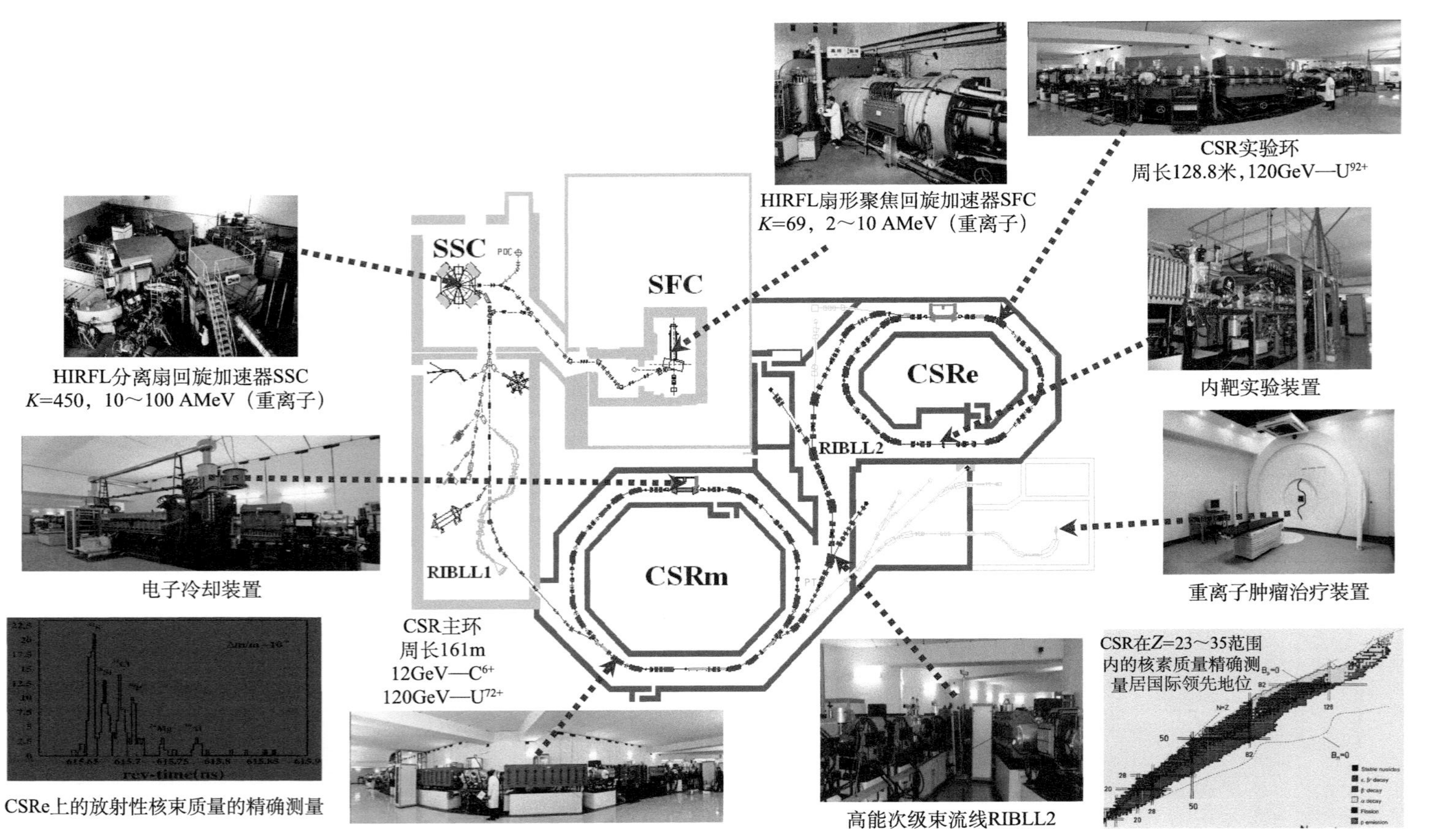

图 5-60　HIFRL-CSR

资料来源：中国科学院近代物理研究所

5.7 粒子–反粒子变换与 CP 破坏

电荷共轭变换和 CP 守恒

从本书 3.3 节和 4.2 节我们知道中微子是左旋的，而且它只参加弱作用，而弱作用的宇称不守恒的根源也正是它在起作用，可以说它是这个守恒性的破坏分子。在微观世界里，粒子和它对应的反粒子有什么关系呢？如何互相转换？用一个称为电荷共轭变换（简称正反变换）的 C 变换就可以将一个粒子转变为反粒子。这样，反粒子和原来的粒子的电荷相反，几个相应量子数如中微子的轻子数也反号，夸克与反夸克的几个量子数都反号（参见本书 3.8 节）等。现在来看图 5-61（下），左旋的中微子（右上分图）作正反变换后变成反中微子。但是，注意这个反中微子还仍然是左旋的（右下分图），而反中微子的自旋应该是右旋的，因此这个状态在自然界是不存在的。这个 C 变换并没有解决这个问题，必须再做一次宇称 P 变换，即这个中微子的空间方向反向。这就相当于这个反中微子成为右旋的了（左下分图）。这个状态在自然界存在。实验也证实了这一点。总起来经过这两次变换（CP 变换），左旋的中微子就变成右旋的反中微子了，这两种中微子在自然界是确实存在的。20 世纪 60 年代以来大量的物理实验证实粒子弱衰变前后的 CP 是守恒的（如 $\pi^+ \longrightarrow \mu^+ \nu_\mu$, $\pi^- \longrightarrow \mu^- \bar{\nu}_\mu$），变换前的中微子为左旋，变换后的反中微子是右旋，而只有 C 变换的实验过程从未观测到。即左旋反中微子不存在。

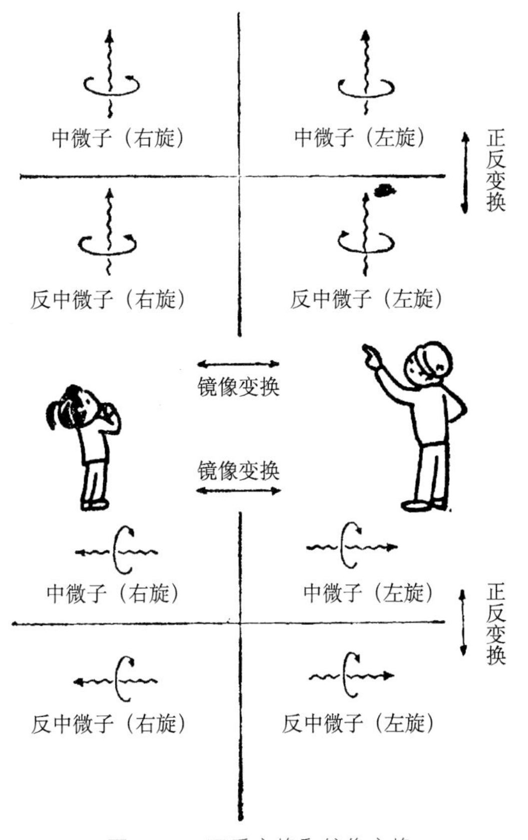

图 5-61　正反变换和镜像变换

资料来源：汪容．关于基本粒子的对话．1979

发现 CP 不守恒

20 世纪 50～60 年代一直认为弱作用 CP 都是守恒的。1964 年，实验发现 CP 在个别弱衰变中有部分不守恒的现象。这里稍加解释：中性介子 K^0 衰变到多个 π 介子可以有两种过程。一种是寿命很短（10^{-10} 秒）的 K_S 衰变成 2 个 π 介子。它的 CP 为正（=+1）。它实际是一种混合态（$K^0+\overline{K}^0$）。另一种是寿命很长（10^{-8} 秒）的 K_L，衰变为 3π。它的 CP 为负（= -1）。也是混合态（$K^0-\overline{K}^0$）。但相差一个负号。K_L 和 K_S 都是可测到有明确质量的粒子，物理上称作“质量本征态”。这样，根据 CP 守恒原理，K_L 只可能衰变成 3π，而不可能是 2π。但是实验发现，在 K_L 的衰变中有很小的成分是 2π。显然，这就表明 CP 破坏了。

根据前面说的二者的平均寿命相差两个数量级，1964 年克罗宁（James W. Cronin）和菲奇（Val L. Fitch）设计了下面的实验：因为在纯 K^0 束流的下游 16.76 米处 K_S 与 K_L 各占一半。这样 K_S 平均再飞行 2.68 米，衰变成的 2π 事例就完全消失了，而 K_L 的平均衰变距离为 15.34 米。这样再飞行一段距离后就只有 K_L 了。利用置于相当远处的双臂谱仪（图 5-62）他们测到了少量 2π 事例。具体鉴别 π 粒子的办法是用探测器双臂上的磁铁的磁场强度 B 与火花室定出粒子的曲率半径可以测量出粒子的动量，用切伦科夫探测器测量粒子速度（参见本书 5.2 节和 7.4 节）。这样就可鉴别出这两个粒子是 π 介子，进一步由这些双 π 的相应的动量、能量和夹角就可以计算出初态粒子的“不变质量”。他们注意到：大量的结果不符合 K_L 的质量，也就是说 K_L 衰变成 3π 的另一个

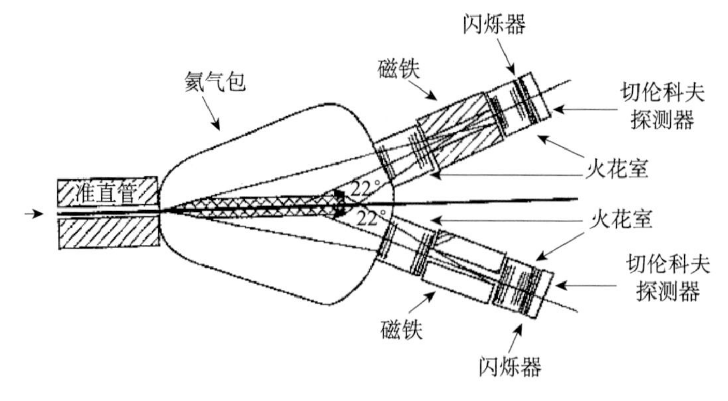

图 5-62　发现 CP 破坏的双臂谱仪
资料来源：杜东生 . 粒子物理导论，2015.P.69

π 在双臂谱仪之外。但是有极少量的双 π 有关参数所确定出的“不变质量”恰巧符合 K_L 的质量，这就证明了 CP 破坏。一般用 2π 出现的事例数与 3π+2π 总事例数的比值 ε 表示 CP 破坏的程度。他们当时测得的 $\varepsilon=2.3\times10^{-3}$，仅为千分之几。值得一提的是，菲奇花了 20 多年研究 K 介子（参见本书 3.6 节），由于他的锲而不舍的精神以及同克罗宁的通力合作，经过精细测量才获得了这重大的成功。他们二人获得了 1980 年诺贝尔物理学奖。

CP 破坏的有关实验

中性 K 介子的 CP 破坏现象在 20 世纪 80～90 年代初一直是实验室中唯一观察到的现象。因为它十分重要，测量的系数 ε 又非常小，所以一些大实验中心都有相应的实验出现。1993 年 CERN 的 NA31，以及费米国家加速器实验室的 E731 和 NA48 都测到了 K_L K_S 衰变为 $\pi^+\pi^-$ 和 $\pi^0\pi^0$，以及包括轻子的许多末态中的各种 CP 破坏因子，并探讨了 CP 破坏同下面将介绍的粒子混合的关系，如 CP 破坏在不在混合中的问题等。这些都导致进一步精密测量 CP 破坏的极大必要性，一些大型实验中心都相继建立精密测量装置。其中利用正负电子对撞下集中研究 K 介子 CP 破坏的是意大利弗拉斯卡蒂国家实验室。在 1995 年前后建造了 1.1 GeV 正负电子对撞机 ϕ 工厂 DAFNE（图 5-63）和 KLOE 谱仪（图 5-64）。该谱仪主要包括大型氦气漂移室（蓝色）以利于测量长径迹 K_L 和闪烁光纤－铅夹层电磁量能器（黄色）以利于测量各种 π 粒子末态。特别安

图 5-63　1.1 GeV 正负电子对撞机 ϕ 工厂 DAFNE

资料来源：INFN/LNF

排精密的内径迹室以利于测量 K_S。近几年进一步升级研制了用微结构气体探测器圆筒形室 CGEM，并将此技术应用于北京谱仪的升级（参见本书 5.2 节）。在这一领域自 1994 年以来，本书两位作者参加了 KLOE 国际合作，并组织中国科学院高能物理研究所先后派出约 30 人次参加该谱仪的各阶段建设、改进及物理分析工作，到 2008 年合作组有 35 篇文章结果被国际粒子数据（Particle Date）录用，图 5-65（a）为谱仪与合作组成员合组。大型氦漂移室与 CGEM 负责人本奇文芬尼（Giovanni Bencivenni）对我们高能物理研究所组各方面人员在各个时期都帮助很大，经常一同工作。图 5-65（b）为他同本书作者之一在探测器组装清洁间内的合影！

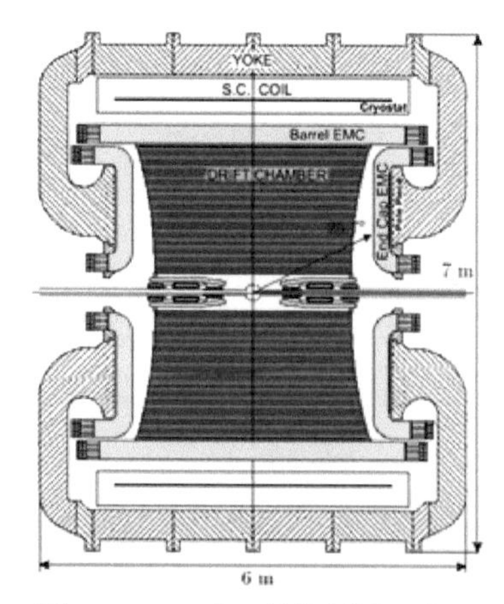

图 5-64　KLOE 谱仪侧视示意图
资料来源：INFN/LNF-KLOE

图 5-65（a） KLOE 合作组与谱仪

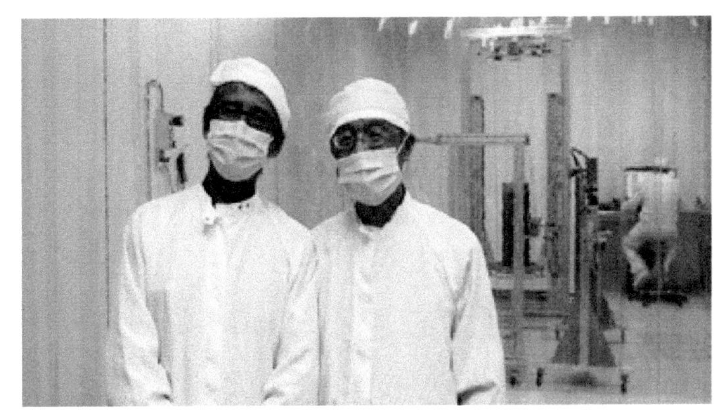

图 5-65（b） 本奇文尼与本书作者之一谢一冈在探测器组装车间
资料来源：INFN/LNF-KLOE

特别是 LHC 上的 LHCb 可提供最高能量和强度的 B 粒子，并且也会产生大量的粲粒子（参见本书4.5节）。关于CP破坏和很多新物理出现都有所期待，例如，利用不对称因子的测量探讨直接 CP 破坏是受重视的重要课题，还有很多尚待明确的问题。进一步精确测量很需要。

粒子和反粒子混合

前面已经谈到研究 CP 对称性时出现的混合态 $\overline{K}^0$。这种混合态有什么特点能够在空间和时间上表现出来呢？ K^0 介子和它的反介子 $\overline{K}^0$ 都可以通过衰变为 2π 和 3π，因而二者有共同的衰变末态，故可通过 2π 和 3π 中间态互相转化，如图 5-66（a）所示。

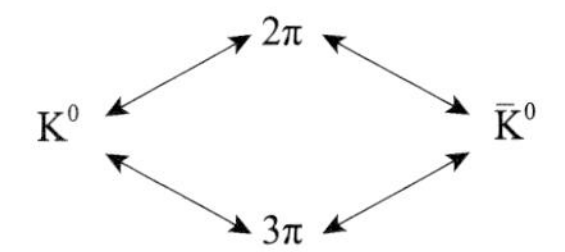

图 5-66（a） 2π 和 3π 互相转化
资料来源：杜东生等．2015．粒子物理导论．科学出版社．p165

经计算 K^0 和 $\overline{K}^0$ 各自随时间衰变过程中其强度就会出现不同的阻尼式振荡的现象。这就是混合态粒子之间的振荡。它们都有 cos（Δmt）的因子。Δm 即 K_S 与 K_L 的质量差。这样就可以预期长短寿命粒子质量差 Δm 和寿命值，例如记下 K^0 的产生时刻和位置，并在它前进方向按照其飞行速度，在不同距离设置记录 K^0 和（或）$\overline{K}^0$ 的探测器，就可以测量出与振荡规律的有关参数了，如

Δm 等。例如，观察到的是 K^0 随距离和时间 t/τ_s（τ_s 为飞行粒子的寿命）先衰减后缓慢增长而$\overline{K^0}$先增长后衰减的过程，如图 5-66（b）所示。

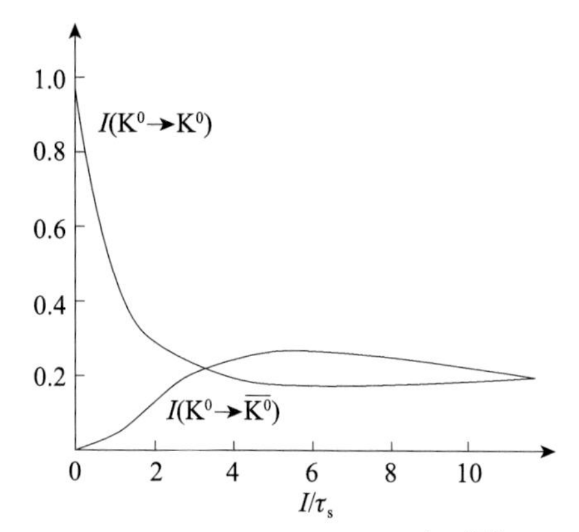

图 5-66（b） 同时间 t/τ_s 发现 K^0 和$\overline{K^0}$的强度

从图中可以看到，二者随时间延续其强度有不同的比例（其叠加即以 K_S 与 K_L 形式表现），这就是粒子混合效应。有人比喻说，这种混合效应就好像在空中飞舞的五彩蝴蝶，在不同位置和时间显示出不同颜色；也可以形容成中国川剧角色行进在不同位置很快变脸一样，很是有趣。当然近些年来不同类别的粒子混合问题研究很热门，可进一步测定许多重要的物理参数。例如，早在1956 年克洛宁等就利用这种 K 介子和其反介子混合系统强度的振荡方法测定出两个粒子 K_L 和 K_S 的质量差 Δm（约 3.5×10^{-12} MeV）。以上的介绍也可为读者在下一节了解 Δm 很小的长线中微子振荡打下基础。

CP 破坏在宇宙学中的意义

从科学家到怀有好奇心的青少年总是在不停地问：我们的世界是物质组成的，但是又发现了不少这样那样瞬间即逝的反物质粒子，这是怎么回事呢?这正好说明了 CP 破坏的发现和深入研究多么重要。根据目前被广泛承认的宇宙标准模型，即大爆炸理论（参见本书 6.4 节、6.5 节），早期宇宙中有同样多的物质和反物质，但是因为有微弱的重子反重子密度的不对称性，才形成了今天的世界。到现在为止，我们已经了解微观世界中各种相互作用中的一些微弱的不对称性对自然界的影响和我们对自然界规律的认识有多重要。当然对 CP 破坏的根源及其机制还远远没有认识清楚，继续进行各类实验是很有必要的。

5.8 三个精灵会变脸吗？——大亚湾中微子实验

在第 4 章中已经介绍了三种中微子，分别是电子中微子、μ 子中微子和 τ 子中微子。这三种中微子极难探测（分别见本书 3.3 节、3.7 节、4.8 节），古灵精怪。曾几何时，人们一度认为这些中微子是没有质量的，直到发现了这三个精灵可以互相转变，即从一种中微子变成另一种中微子，人们才意识到这三个精灵其实是有质量的，只是质量非常小，只有电子的 1/70 000，甚至更小。

是什么导致人们对这三个精灵的理解有了 180 度的转弯呢？其历史要追溯到 1956 年李政道先生和杨振宁先生提出的弱相互作用中宇称不守恒。人们认识到宇称不守恒的本质源于只有左旋中微子或右旋反中微子，不存在右旋中微子或左旋反中微子。假如中微子有质量，那么其运动速度就不可能是光速，这样如果我们用超过中微子速度的坐标系去看它，一个左旋的中微子就会变成右旋的中微子。但是迄今没有任何一个实验发现过右旋中微子，因此我们才认为这三个精灵是没有质量的。

1957 年，意大利人布鲁诺·蓬泰科尔沃（Bruno Pontecorvo）（参见本书 3.2 节）提出如果中微子有质量，那么就有可能出现中微子振荡现象。1968 年，美国的雷蒙德·戴维斯在霍姆斯达克（Homestake）地下金矿观测中发现，来自太阳的中微子的数量只有理论预言的 1/3，这被称为“太阳中微子消失之谜”。1998 年 6 月 5 日，日本超级神冈探测器的科学家们发现电子中微子和 μ 子中微子间发生了转换，而这种现象只在中微子的静止质量不为零时才会发生，人们对中微子有了更进一步的认识。日本科学家梶田隆章（Kajita Takaaki）和加拿大科学家阿瑟·麦克唐纳（Arthur B. McDonald）因发现由太阳发出的两类中微子在抵达地球过程中的转变分享了 2015 年诺贝尔物理学奖。

既然中微子有质量，为什么我们还是没有在实验上观测到右旋的中微子呢？科学家们仍在探索这个奥秘。目前实验上只观测到了左旋的中微子和右旋的反中微子，由于中微子不带电，那么一种可能的解释就是中微子就是自己的反中微子，也称为马约拉纳粒子（参见本书 3.2 节）；另一种可能的解释是右旋的中微子和左旋的反中微子不参加相互作用，那么自然也就探测不到，所以也被叫做“惰性中微子”。现在科学家们正试图通过寻找无中微子的双 β 衰变的物理过程来判断中微子到底是哪一种粒子。

上文提到的由于中微子有质量，因此观测发现不同的中微子之间发生了转换，这一现象被称为中微子振荡。我们称三种不同的中微子为中微子的“味道”，而不同“味道”所包含的中微子的“质量”是不同的。也就是说，味道本征态与质量本征态并不重合，每一种中微子是三种不同质量本征态的线性叠加。这样，由于不同质量本征态的固有频率不同，在中微子以非常接近光速传播过程中，就会出现其他味道本征态的干涉，这样一种味道的中微子的一部分就变成了另外一种味道。

细心的读者可能会问道：如果在出发时刻一种味道的中微子包含了三种质量本征态，那么在传播过程中这三种不同质量的本征态传播速度还会是一样的吗？答案是这三种不同质量的本征态传播速度确实是不同的，但由于中微子的质量非常轻，与光速的差别一般非常小，这个差别可以忽略，因此在长距离飞行后不同质量本征态之间仍能保持相干性。

中微子的质量和振荡及其有关参数的精确测定是粒子物理最重要的课题之一。在描述中微子振荡时需要使用的六个重要参数中，有三个半已经测出，分别是质量本征态 1 和 2 之间的混合 $\sin^2 2\theta_{12}$，质量本征态 2 和 3 之间的混合 $\sin^2 2\theta_{23}$，质量本征态 1 和 2 的质量差 Δm_{21}^2，以及质量本征态 2 和 3 的质量差的绝对值 $|\Delta m_{32}^2|$。还需要确定质量本征态 2 和 3 的质量差的符号，这个符号决定了不同代的中微子质量等级，以及 CP 破坏相角（参见本书 5.7 节）和质量本征态 1 和 3 之间的混合 $\sin^2 2\theta_{13}$。它们不仅都是自然界的基本参数，而且也都与影响宇宙演化中的反物质消失之谜有关。这正是人们常问的我们的世界为什么都是正物质而反物质只是极少或转瞬即逝的。另外，漫布在宇宙中的中微子又是目前的热门课题暗物质的“热暗物质”（参见本书 8.6 节）候选者，它可能决定宇宙的发展趋向和当前的状态。这是多么重要的问题啊！

大亚湾中微子实验

在核裂变反应中，会产生大量的不稳定放射性同位素。这些同位素通过 β 衰变放出一个电子与一个反电子中微子，因此核反应堆是很好的中微子源。大亚湾中微子实验就是利用了大亚湾核电站来进行实验的。

为了更好地理解中微子的振荡，我们给出一个公式，表示能量为 E（单位是 MeV）的反电子中微子，在飞行距离 L（单位是米）后，仍然是反电子中微子的概率：

$$P_{\bar{\nu}_e \to \bar{\nu}_e} = 1 - \sin^2 2\theta_{13} \sin^2\left(\frac{\Delta m_{31}^2 L}{4E}\right)$$

从上面的公式可以看到，我们所需要测量的 θ_{13} 用红色标出来，表示中微子振荡的振幅，由于反应堆中微子的平均能量约为 4 MeV，因此只需要求解一个简单的正弦函数的极值我们就可以估算出振荡的极大值在 2000 米左右，正是基于此我们的大亚湾实验设置在图 5-67 所示的位置，其中有大亚湾核电站和岭澳核电站（一期和二期）两个核电站，而探测中微子的远点探测器（Far）距离大亚湾核电站 1900 米，距离岭澳核电站 1550 米。如同国外科学家比喻的彩色蝴蝶在飞行中不断改变颜色，也正像我国川剧中角色的脸谱在行进中不时地改换脸谱一样。这都形象地描述了按物理学的说法正是这三种中微子因为质量不同而在飞行途中分别出现的概率不同，如在远点探测有多少电子中微子减少和有多少缪中微子增加等。所谓“振荡”只是它们沿着路径出现的机会都是按照正弦曲线此起彼伏变化着的而已。

图 5-67　大亚湾中微子实验整体布局示意图

要得到中微子振荡的概率，我们首先需要知道有多少个中微子产生。因此在每个核电站附近均放置了两个近点探测器，其中大亚湾近点探测器距离大亚湾反应堆 360 米，每个探测器每天约探测到 700 个中微子，而岭澳近点探测器距离岭澳反应堆平均约 500 米，每个探测器每天约观测到 500 个中微子。远点探测器每个探测器每天约探测到 70 个中微子。大亚湾的科学家们就是利用这样一个巧妙的方法，实现了中微子 θ_{13} 的测量。

上文提到中微子不带电，穿透能力强，科学家们为探测这些小精灵花费了不少力气。具体地说，针对核反应堆产生的反电子中微子，大亚湾中微子实验的科学家们利用了反 β 衰变这一手段来探测这些中微子：

$$\bar{\nu}_e + p \longrightarrow e^+ + n$$

反电子中微子与质子发生反应产生正电子和中子，通过探测这两种末态粒子，我们就实现了捕捉到了反电子中微子这个小精灵。大亚湾中微子实验采用了富含质子的液体闪烁体，这样一方面有利于捕获反电子中微子，另一方面末态产生的正电子会在液体闪烁体中迅速地发生电离能损，并与电子湮灭产生闪烁光。闪烁光产生得很快，而且几乎包含了中微子的所有能量，我们称为快信号。而此时产生的中子就不同了。由于中子也不带电，科学家们在液体闪烁体中加入了一个特殊的元素钆，中子会在液体闪烁体中跑约 30 微秒的时间后被钆所俘获，并产生另一个闪烁光信号，我们称之为慢信号。这样通过探测这两个闪烁光我们就能知道有中微子被捉到了（图 5-68）。

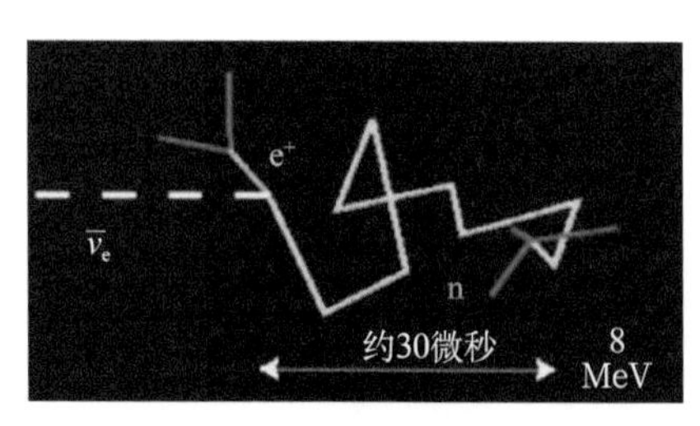

图 5-68　探测反电子中微子

大亚湾探测器设计为三层同心圆柱结构（图 5-69），最外层为直径 5 米、高 5 米的不锈钢罐，192 只 8 英寸的光电倍增管安装在其内壁，用来探测上文提到的闪烁光，同时灌有约 40 吨的矿物油来屏蔽来自宇宙射线或探测器材料的放射性本底。中层为直径 4 米的有机玻璃罐，灌有 20 吨的普通液体闪烁体，用来收集发生在内层边界中微子事例逃逸的能量

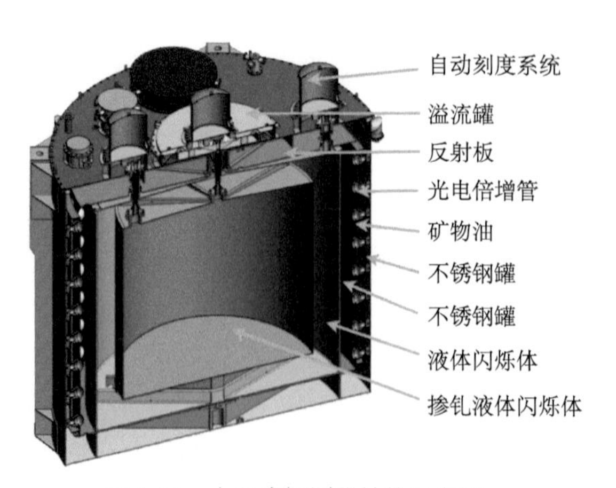

图 5-69　大亚湾探测器结构示意图

沉积。内层则是直径 3 米的有机玻璃罐，并装有 20 吨的掺钆液体闪烁体。在圆柱的上下表面均安装有反射板，这样打在上下表面的闪烁光被反射到四周的光电倍增管上，从而提高了闪烁光的收集效率。图 5-70 为由中心探测器顶部向内看的景象。

图 5-70　中心探测器顶部向内视

由于中微子与物质相互作用的概率非常小，甚至可以穿透地球而不发生任何作用，所以一方面我们需要足够强的中微子源（大功率的反应堆）和质量大的探测器（20 吨的掺钆液体闪烁体），另一方面还需要将宇宙射线、周围环境的放射性本底进行压低或扣除。因此，在探测器的设计上，为了屏蔽宇宙射线的信号，近点区的实验在地下 100 米处，而远点区的整个实验在地下 350 米处。同时将整个探测器都浸泡在巨大的水池中，四周至少有 2.5 米厚的水来屏蔽掉环境中的天然放射性本底。整个水池上方还有一层探测器用来探测宇宙射线来用于反符合[①]的阻性板室探测器（参见本书 5.2 节），也就是说剔除掉探测到的宇宙射线事例。

尽管如此，宇宙射线和天然放射性本底还是很多。例如，在近点探测器，宇宙射线的事例率约为 21 Hz，也就是说每秒有 21 个宇宙射线会产生信号，同时周围的环境辐射等放射性产生的事例率为 280 Hz，而中微子的事例只有 0.01 Hz，这样算来，每秒钟取得的事例里，有 99.996% 都不是我们需要的，因此科学家们需要找的，就是那万里挑一的事例。通过上文介绍的快慢两个信号的测量——如果不满足这个时间差，就肯定不是我们所需要的事例——再加上一些其他的辅助挑选条件，就可以将我们需要的这稀有的事例挑出来了。

① 反符合为一种特殊电子学电路，用以排除或禁止（veto）不需要的电学信号。

实验运行不久，科学家们就测量到了远点探测器的中微子“丢失”，也就是说反电子中微子比预计的要少，通过更细致的研究分析，得到 $\sin^2 2\theta_{13}=0.092$。这项发现一经公布，就在世界上引起了极大的轰动。在不到一天的时间里，就有了 1000 多条海外网络报道及评论。李政道先生等其他各大实验室的负责人发来贺信，李政道先生说：“这是物理学上具有重要基础意义的一项重大成就！”

测量发现的 $\sin^2 2\theta_{13}$ 比预料的要大，那么就意味着我们可以设计实验去测量中微子的 CP 破坏，从而来理解宇宙起源中的反物质消失之谜。

测量 $\sin^2 2\theta_{13}$ 之后，我们还需要回答另一个问题，那就是中微子的质量等级。科学家们来不及歇一口气，就已经开始设计实验来回答这个问题了。目前正在设计建造的位于广东江门的中微子实验（JUNO），采用了更加巨大的液体闪烁体探测器，直径为 35 米，重量达 2 万吨，可以捕获更多的中微子（图 5-71）。

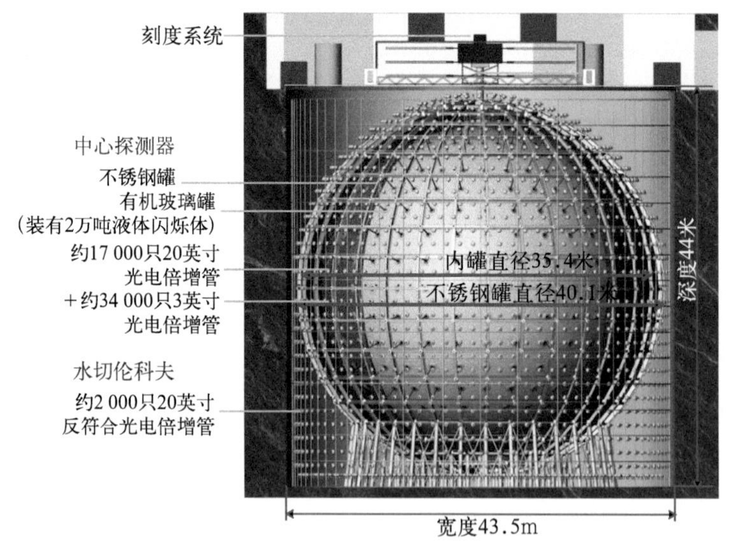

图 5-71　JUNO 正视图

资料来源：中国科学院高能物理研究所

第二部分 向外看

第二部分 向外看

第六章

认 识 宇 宙

6.1 从混沌到宇宙

我们看到的天空中的数不清的星星，除几颗绕太阳的行星外几乎都是恒星。中国在春秋战国时代，就把天空分为若干区域，即三垣四象二十八宿。“垣”是墙的意思，“宿”是住址的意思。四象三垣是天空中心的区域，其中心称为“北天极”，这个点就在北极星附近。整个天空和太阳、月亮一起，是我们最熟悉的景象。现在知道，这是地球自转的效应。日月穿行在黄道附近。四象分布在赤道和黄道区域。黄道就是地球绕太阳公转的平面，与地球赤道交角为23度左右。以春季黄昏所见各星方位划分：东之苍龙；北之玄武；西之白虎；南之朱雀。每象分为七宿，共二十八宿。通常所称“星宿”一词就是由此而来。

在西方国家，古巴比伦人和古希腊人把较亮的星划分成若干星座，并以神话人物、动物等命名形成星图，到托勒密时代北天已有45个星座。后来由于航海和南半球的观测陆续增补，到1928年国际天文学联合会确定，将整个天空分为三个区，即北天（29个星座）、南天（47个星座）和黄道（12个星座），共88个星座。例如，北天星座的小熊座、大熊座、仙后座、猎犬座等和黄道星座的金牛座、双子座、天蝎座、人马座等都是我们熟悉的。

盘古开天地是中华古文明对人类以外世界初创时的说法。西方的说法是从混沌到宇宙。按照古希腊神话的说法，人类以外的世界最早是黑暗的无形的一大团“混沌”（chaos），后来神把它理顺成“宇宙”（cosmos），cosmos这个词在希腊语中的含义是“顺序”“和谐”和“美”[“cosmetics”（化妆品）就是以此为词根的]。之后又出现一批神祇，它们分别代表地（gaia）、海

（pontus）、天（uranos）、时间（chronus）等。古希腊哲学家泰勒斯抛弃了神，但多少继承了“宇宙”这个的说法，认为平板型的地浮在海面上，星星是像蜡烛似的蒸汽球。喜欢数学对称的毕达哥拉斯认为地是球状的，地球、月亮和太阳围绕一个叫做“宙斯”（Zeus）的瞭望塔旋转。后来亚里士多德和他的弟子们虽然认为地是球状的，但它不动，是球状宇宙的中心，而月亮、太阳及许多星星围绕地球转，如图 6-1 所示。在这个基础上，公元 2 世纪，古埃及天文学家托勒密（Ptolemy，图 6-2）创立了地心说。中国早在东汉时，张衡就在《浑天仪注》一书中写道“浑天如鸡子……地如鸡中黄……宇之表无极，宙之端无穷”的浑天说（图 6-3），不但非常形象，而且认识到宇宙的无限性。

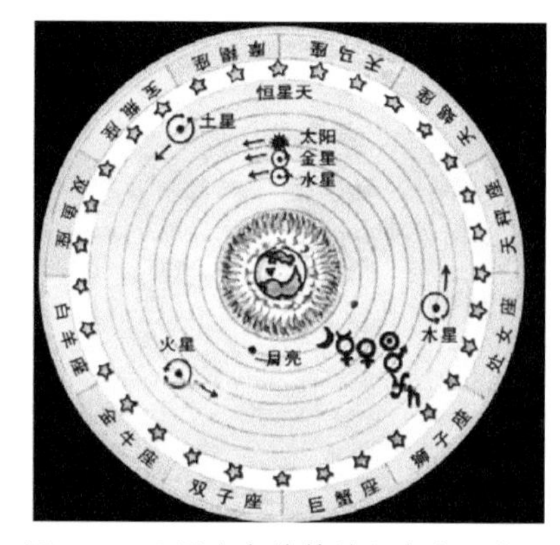

图 6-1　亚里士多德的地心宇宙示意图

资料来源：李良．2009. 宇宙探索纵横谈．现代物理知识，21（1）：3-36 彩图 -16

图 6-2　托勒密

资料来源：李良．2009. 宇宙探索纵横谈．现代物理知识，21（1）：3-36 彩图 -16

图 6-3　东汉张衡的浑天说示意图

资料来源：李良．2009. 宇宙探索纵横谈．现代物理知识，21（1）：3-37 彩图 -2

值得一提的是，早在公元前 3 世纪，古希腊的阿里斯达科斯就已提出日心说。不过因为教会的原因，直到 16 世纪，才由波兰天文学家哥白尼建立日心说，并于 1609 年伽利略发明望远镜后才得到确立。大家熟悉的原子论创立者德谟克利特当时已经注意到了星空中的那条窄亮带是由极多的小星星组成的，他把它称为银河（galaxy）。这个词在希腊语的意思是“牛奶之路”（milky way）。图 6-4 为在新西兰拍摄的漂亮的银河。

图 6-4　肉眼看到的银河系

资料来源：Week Information UK

6.2 从望远镜中看到了什么

哥白尼的日心说

从亚里士多德的古希腊时代到中世纪的时代都是以地球为中心的学说占统治地位，以埃及的托勒密地心说最为完整。波兰天文学家尼古拉·哥白尼（Nicolas Kopernik,1473—1543，图 6-5）的日心说的著作《天体运行论》（*De Revolutionibus Orbium Coelestium*）完成于 1543 年 5 月 24 日。他由于惧怕天主教教廷的迫害一直没敢发表，直到临近古稀之年才终于决定将它出版。到去世的那一天，他才收到出版商寄来的书。哥白尼的日心说（图 6-6）沉重地打击了教会的宇宙观。哥白尼是欧洲文艺复兴时期的一位巨人，他用毕生的精力去研究天文学，为后世留下了宝贵的遗产。哥白尼遗骨于 2010 年 5 月 22 日在波兰弗龙堡大教堂重新下葬。

图 6-5　哥白尼在观天象

资料来源：李良．2009．宇宙探索纵横谈．现代物理知识，21（1）：3-36 彩图 −20

1572 年 11 月 11 日，荷兰贵族第谷（Tycho Brache，又译作第赫·布拉赫）在仙后座（Cassiopeia）中发现了一颗比金星还要亮的星星，并且在两个星期后亮度逐渐变弱，在现在看来这是一颗超新星。这件事动摇了当时普遍认为天体是不变的观点。第谷在把那时已经出现了的名为“眼球”式的透镜改进到极致后又观测到彗星。他认为彗星并不是一般认为的大气的产物，而是一颗运动着的星体。第谷虽然不是一位日心说的信奉者，并十分相信太阳是绕地球

图 6-6 哥白尼的日心说示意图

资料来源：李良. 2009. 宇宙探索纵横谈. 现代物理知识，21（1）：3-39 彩图 -19

转的，但是他的观测结果却支持了新的天体是可以变化的这一学说。图 6-7 为第谷的观测室，它位于丹麦与瑞典之间的乌拉尼岛。1682 年，天文学家哈雷观测到一颗彗星，为此他曾访问过牛顿。这个彗星后来以他的名字命名。17 世纪，北欧还观测到几次彗星，后来牛顿逐步发展了数学形式的制约天体运行的万有引力，使天体理论有了系统的科学依据。

图 6-7 第谷的观测室

资料来源：Jean-Loup Charmet

伽利略的“玻璃眼”

1604 年，第谷的德国学生约翰尼斯·开普勒（Johannes Kepler）也观察到了一颗现在所谓的超新星。对这颗非常亮的星体而赞叹的人中就有意大利帕多瓦的教师伽利略。这颗超新星使伽利略迸发出好奇的火花，5 年后他做出了第一台天文望远镜——“玻璃眼”，这为后来军事和航海用的望远镜打下了基础。他于 1609 年用它观测行星，特别是观测月亮后，确信哥白尼的学说是正确的。伽利略继续观测到土星的 4 个卫星，这进一步表明地球绕着太阳转。伽利略由此写出了《星际旅行》一书。1633 年，在著名的审判中，因该书的内容和《圣经》（*Scripture*）不相容，伽利略长期被囚禁在家中，直到去世。360 年后的 1992 年教廷才承认了错误。

现在，普通人用肉眼仰望天空，就能看到无数的星星，例如，每年 5 月在北方天空可看到如图 6-8 所示的星空，如熟知的北极星、北斗七星、织女星等。举几个例子：在图 6-8 中织女星的右上方的武仙座，用高倍望远镜可看到一个球状星团，实际上包括 30 万颗星，如图 6-9 所示。再如，在图 6-8 中左下方的猎户座，可以看到清晰的三星和猎户座腰带上的马头状暗星云（图 6-10），正上方（图 6-11）为猎犬座 M51 和其中的超新星爆炸 SN2005c。它是德国业余天文学家沃纳·克卢格（Werner Klug）和赫曼·冯艾夫（Hermann von Eiff）于 2005 年拍摄到的。

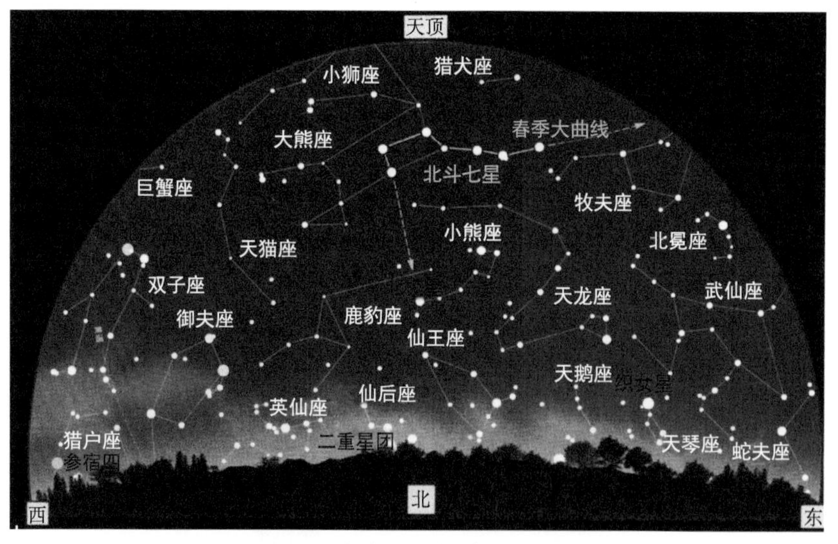

图 6-8　每年 5 月份的北方星空

资料来源：李良．2009．探索恒星世界．现代物理知识，21（2）：3- 彩图

图 6-9　武仙座星系 M13

资料来源：ESA/ 哈勃和 NASA

图 6-10　猎户座腰带上的马头状暗星云
资料来源：Nigel Sharp（NOAO），KPNO，AURA，NSF

图 6-11　猎犬座 M51 及其中的超新星爆炸 SN2005c
资料来源：NASA and ESA

在南方的天空上也可以看到一些大家熟知的星座，它们的尺度和离我们的距离也很不相同。较远的如大熊座、小熊座、室女座（按星系的分类属于星系团，见 6.3 节）等；较近的如半人马座（图 6-12），其中的 α-C 最明亮，也称比邻星，离太阳很近，只有 4.22 光年。

图 6-12　半人马座
资料来源：www.iac.es/felescopes/IAM

恒星的亮度与温度和赫 - 罗图

了解恒星的亮度和温度对于认识它们的成分、年龄、距离等是十分重要的，其分布可以用赫 - 罗图（图 6-13）表示。纵轴为相对于太阳的光度，横轴为温度。蓝色偏于高温，红色偏于低温，太阳恰在 5000 K 左右。大多数恒星都在一条斜的对角线上，称为主星序。它们也反映出恒星的演化过程，如蓝色的大巨星多是新生的，而下方的白矮星和主序星右下方的红矮星则是将要死亡的。

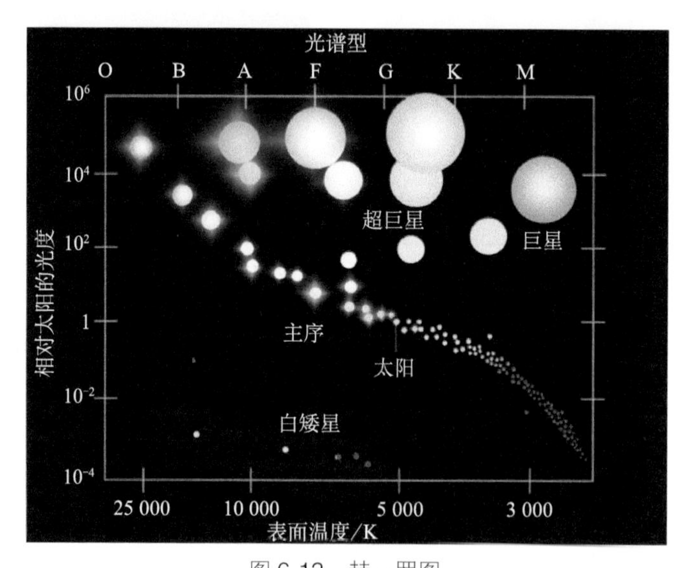

图 6-13 赫－罗图

资料来源：李良. 2009. 探索恒星世界. 现代物理知识，21（2）：3

我国大型天文望远镜站

我国已在各个大区建立了 12 个大型天文望远镜站，在北京地区有最先进的大天区面积多目标光纤光谱天文望远镜（LAMOST，2010 年 4 月 17 日更名为郭守敬望远镜），见图 6-14。利用多次反射聚焦各个方向信号并用 CCD 阵列可实时读出清晰度很高的视野可变的星系图，是十分精密和适应面很宽的装置。2011 年，在贵州境内建设世界最前列的超大型镜面的天文望远镜 FAST（图 6-15），其镜面直径 500 米，主反射面由 4600 块三角形单元拼接成。占地约 30 个足球场，比美国世界最大的 305 米直径的阿雷西博（Arecibo）望远镜还要大。FAST 选址在贵州多山的地区，且位于科斯特地形的天坑内，极有利于屏蔽各类射电辐射。FAST 的科学目标是：有能力将中性氢观测延伸至宇宙边缘；重现宇宙早期图像；约用一年时间发现上千颗脉冲星，建立脉冲星计时阵，参与未来脉冲星自主导航和引力波探测；参与国际甚长基线干涉测量网，提高非相干散射雷达双机系统性能，获得天体超精细结构；进行高分辨率微波巡视，检测微弱空间信号；参与地外文明搜寻；将深空通信能力延伸至太阳系外缘行星，将卫星数据接收能力提高 100 倍。经 5 年建成后，到 2017 年已经发现 6 颗新的脉冲星。

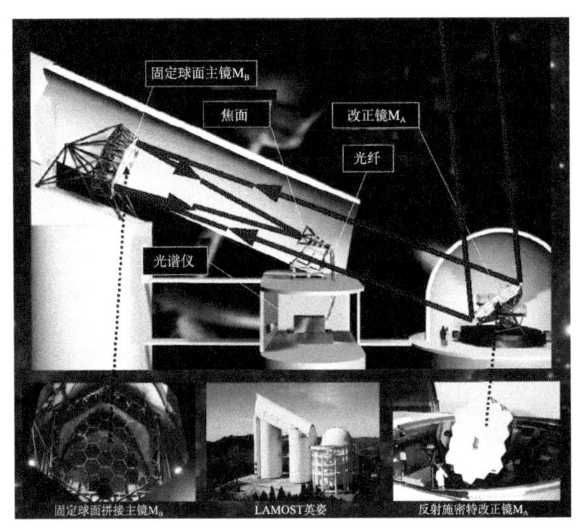

图 6-14　天文望远镜 LAMOST

资料来源：张闯．2013．我国物质结构研究的大型实验平台（续）——天文观测设施．现代物理知识，25（2）：33 彩图

图 6-15　超大型天文望远镜 FAST

资料来源：张闯．2013．我国物质结构研究的大型实验平台（续）——天文观测设施．现代物理知识，25（2）：33 彩图

6.3 银河系与银河系外的家族——宇宙在膨胀吗?

星系家族

我们认识宇宙的步骤总是一步一步地由近及远。围绕太阳运行的几颗行星的“小家族”之外是什么“大家族”呢？1784年，发现天王星的英国天文学家威廉·赫歇尔（William Herschel）做出结论说：太阳只是盘状银河系中极多星系中的一个恒星。他更注意到在银河外有许多看似漩涡状的云状块，他称之为“星云”（nebula），这让天文学家感到奇怪。1755年，德国哲学家伊曼努尔·康德曾经建议说这些可能是许多分离的星系，他称它们为“岛状宇宙”（island universe）。1758～1785年，法国天文学爱好者梅西耶（Mechiere）观察到103个雾状块星云，其中大多是银河外星系。以他命名的M31就是仙女座（Andromeda，希腊女神名）星系。

这里先说一说大家都熟悉的天文距离单位——光年（light year, l.y.），即光在一年传播的距离。光速为每秒30万千米，一年为60×60×24×365=31 536 000秒，1光年即为9.4608×10^{12}千米，约10^{16}米。另外，常用的天文距离单位为秒差距（pc），它是以大地测量中的三角视差法为基础的。例如，你用左眼和右眼看到的距离的差异就是视差。当恒星与地球连线垂直于地球绕太阳轨道半径时，恒星对日地距离的张角为1秒（以弧度为单位，1弧度=206 265秒），所对应的距离就称为秒差距（pc），它比光年还大约3倍（1秒差距=3.26光年）。日地距离按周年平均是很精确的。三角视差法是测定恒星距离最基本和最可靠的方法。恒星越远，视差角越小，精度要求越高。美国国家航空航天局已发布有11万颗星的精确周年视差值，精确到0.002秒。

以恒星为单元，已知的天体可分为多个层次：按大约的尺度分为恒星（10^6千米）、星团（300光年）、星系（10^5光年）、星系群（10^6光年）、星系团（10^7光年）、超星系团（10^7光年）、大尺度结构（10^7～10^8光年）。从质量上看超星系团为太阳的10^{16}倍。

银河系

在1995年之前，我们认为银河系为扁球状漩涡星系（图6-16）。主要物质部分是由恒星、气体和尘埃组成的银盘，直径大于等于16.3万光年。其中部隆起部分为恒星密集的棒状核球。科学家经过细致观测，1995年揭示出它应该属于涡旋星系 S 中的棒旋星系 Sb。银盘外层的很大区域为球状的由稀薄的炙热气体组成的银晕，其物质密度要低很多。从图 6-16 中可以看到太阳系位于它的边缘区，离中心小于 3 万光年。因此，我们可以看到的银河系只是一条带状体，如图 6-17 所示。在银河系内一共有 3000 亿颗恒星，其他星系或多或少。整个可观测的宇宙共约有 10^{12} 个星系，有不少和我们所在的银河系大

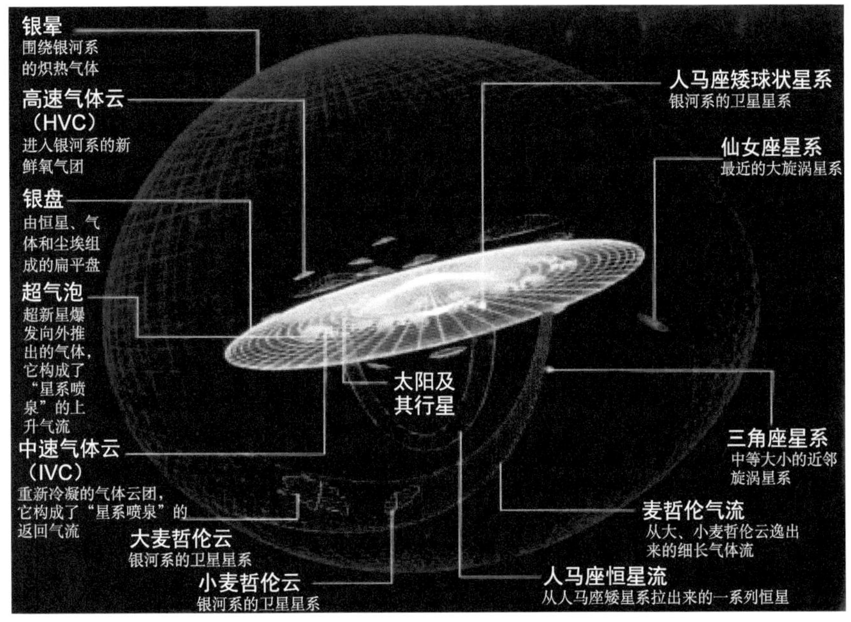

图 6-16　银河系结构及其周围示意图

资料来源：李良．2009．银河、星系和大宇宙．现代物理知识，21（6）

图 6-17　银河系的可见光图像

资料来源：李良．2009．银河、星系和大宇宙．现代物理知识，21（6）

小或质量相当，当然也有更大或更小的。可惜的是，人们用眼睛只可以看到约 6000 颗恒星。

在银河系银盘内有人马座星系等，在大的银晕区域内也有若干星云，如大、小麦哲伦星云，事实上是银河系的卫星星系，它们严格意义上讲已属于河外星系，如图 6-16 所示。

哈勃和河外星系

图 6-18　埃德温・哈勃

埃德温・哈勃（Edwin Hubble，图 6-18）于 1889 年出生于美国密苏里州，父亲是地方法官。他毕业于芝加哥大学，学习法律和天文。他还是个重量级的拳击手，甚至被邀请转为专职职业，并曾在一次表演赛中同法国冠军乔治・卡尔庞捷（Georges Carpentier）对抗。第一次世界大战时，哈勃曾经在法国战场任上校。此后 1919 年正式从事他爱好的天文学。可见，强健的身体对他以后长期从事艰巨的天文事业有重要作用。

20 世纪 20 年代，有一场激烈的争论：美国天文学家薛普利（Harlow Shapley）认为星系只有一个，而仙女座在银河系内；但柯提斯（Curtis）认为仙女座在银河系之外，且处于 50 万光年距离之外，远大于银河系的直径。后被尊为星系天文学之父的哈勃在 1923～1924 年观测到在仙女座 M31 中的 12 颗光亮度周期性变化的“造父变星”（Cepheids variable stars），周期为 5～6 天。

关于“造父变星”，中国古时就观察到并称之为“造父”。它是一种估量星体距离的“量天尺”。例如，根据已知银河系中“造父变星”的距离，并与其他的星云中有同样光变周期的“造父变星”做星级亮度比较就能确定这些星体的距离。1923 年，哈勃测定仙女座 M31 距离是 80 万光年（现在确定 M31 的距离 230 万光年）。根据周光关系，哈勃肯定这些造父变星所在的星系，不可能是银河系中的天体，而应该是在银河系之外。图 6-19 就是离我们很近的河外星系仙女座 M31，可以看见右上侧的“造父变星”。

哈勃对仙女座的距离的测定这一开创性的成果意义重大，它打开了河外星系研究的大门。哈勃根据星系的形态，将星系大致分为椭圆星系（E）、涡旋星系（S）、椭圆状星系、不规则星系（Irr）等。再细分如按涡旋型中旋臂缠绕松紧和中心凸起程度，又分为 Sa、Sb、Sc 型，另外还有草帽星系等。图 6-20 是距离 1200 万光年的 M81、M82 星系，属于 Sa 型，为典型的涡旋星系。

图 6-19　仙女座 M31
资料来源：Lorenzo Comoli

仙女座属于 Sb 型（图 6-19），它是距离地球最近的涡旋星系大星云。它包括 20 万颗星，在银河系以外。在它的左下方，还有一颗很亮的伴星系 NGC 205，属于椭圆星系 E6。

图 6-20　Sa 型 M81、82
资料来源：Week Information UK

每一个星系包含约数千亿颗恒星（银河系就约有 3000 亿颗恒星）。天文学家估计河外星系的个数约有 100 亿个，分布在宇宙海中，故河外星系也称为“宇宙岛”。

星系群和星系团

一般 100 个星系以下聚集在一起的称星系群。例如，银河系与仙女座星系和其他 40 个星系组成直径约 300 万光年的“本星系群”（“本”字的意思就是我们太阳系所处的）。从太阳系外离我们最近的半人马座发射出来的光传播到地球需要 4 年时间，著名的七姊妹星到地球的距离为 400 光年，仙女座到地球的距离约为 230 万光年。

约 100 个星系聚集在一起的称为星系团。现已观测到数千个星系团或将会更多。例如，仅仅在北方星图（参见本书 6.2 节图 6-8）中大家可以看到英仙座、蛇夫座星系团 NGC 8240，它的范围覆盖约 30 万光年的区域，是红外波段最亮的光源（图 6-21）。

图 6-21　蛇夫座星系团 NGC 8240

资料来源：NASA

若干个星系团又组成“超星系团”，如“本超星系团”就包括“室女星系团”和“大熊星系团”等，我们用肉眼都能看到。它的直径为 1 亿～2 亿光年。离银河系最近的“室女星系团”就包括约 2500 个星系，我们的银河系就在“本超星系团”的边缘，并围绕它的中心公转，周期约 1000 亿年。

20 世纪 50 年代提出并曾引起争论的“超星系团”经过哈勃太空望远镜（Hubble Space Telescope，HST）的观测（参见本书 7.8 节、8.1 节）已为超星系团等大宇宙结构提供了有力的证据。

随着宇宙的膨胀，相应的视界也随着扩大，在当前宇宙大爆炸后的 138 亿年，可观测的宇宙边界已达到 931 亿光年。到底天外还有天吗？这还是个未解之谜。

类星体

什么是类星体呢？因为光从外太空传播到地球需要如此长的时间，我们观察外太空就意味着在时间上往回看。我们今天看到的星光是很早以前就发射出来的。使用强大的望远镜，天体物理学家可以观测到宇宙的边缘，探测到一些非常明亮的物体，有的光度比一般星系高数万倍，属于典型的活动星系，但其尺度一般小于 0.1 秒差距。当初叫做神秘的类星体（quasistellar 或 quasars），是 20 世纪 60 年代的四大发现之一。一个类星体发出的能量可以相当于 1000 个银河系发出的能量，而且其光谱与一般恒星发出的很不一样，有明显的宽红移发射线等。1962 年第一次测量到了 3C273 类星体（图 6-22）。1977 年编制出 637 个类星体，到 2001 年编制出 23 760 个类星体。天文学家重视它有很多原因，其中之一是其核心可能是黑洞。2015 年年初，中国科学家发现了一颗大爆炸后约 6 亿年爆发的距离我们超过 130 多亿光年的极大能量的类星体，其中心是一个黑洞。

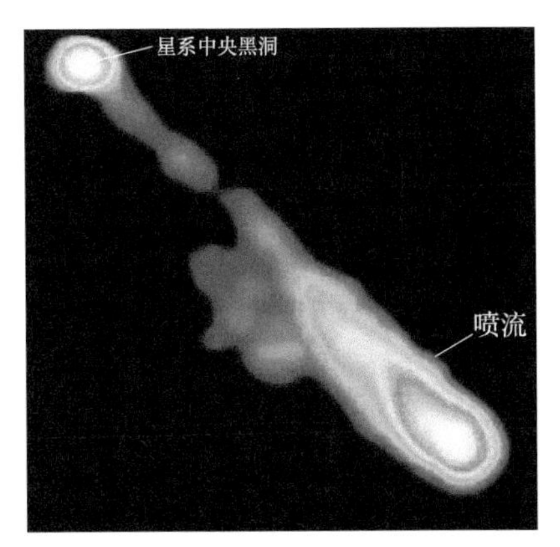

图 6-22　类星体 3C273

资料来源：NASA

宇宙在膨胀吗？

这些星系是运动的吗？要谈这个大问题，先谈谈光波和声波都有的“多普勒效应”。这个效应在生活中最明显的例子是当汽车作为声源接近我们时，喇叭声高，即频率比声源静止时传来的声音高。而一旦离我们而去时，突然变低。可以简单地理解为当声源接近听者时，它发出的波的波前被压缩了，波长就变短了。大家都熟悉，波长和频率成反比，频率也就变高了。长期以来，科学家已经可以通过对不同星体所发的光进行的光谱分析确定出是其中所包含的元素的特征谱线。1914 年，维斯托·斯里弗（Vesto Slipher）注意到从待测星体上传来的谱线虽然和在地球上测量到的那些元素的谱线非常接近，但是都向长波方向偏移。这就是红移现象，说明这个星体远离我们而去，称为光的“多普勒效应”。1929 年，哈勃又将那些星体的视亮度（可确定距离）和红移（可确定速度）相比，总结出了著名的哈勃定律，即越远距离的星体其运行速度越快（离开所处观察星体的速度称为“退行速度”），而且各星体间都是相互远离的。“退行速度”同距离之比称为“哈勃常数”。当时哈勃只测量了 24 个星系，证明绝大多数是红移，个别的还不是红移而是蓝移（波长变短），到 1935 年在美国加利福尼亚威尔逊山天文台（Mount Wilson Observatory）的口径 100 英寸的望远镜上，经过大量的观测，观测到距离 10 亿光年远的星系。到 20 世纪 70 年代，科学家得到了更为精确和正确的哈勃正比常数，这些都说明宇宙在膨胀。反过来人们也会推论：将时间反推，宇宙在缩小。下面就来谈这个大问题。

6.4 没有昨天的今天到微波的“嗞嗞声”

“没有昨天的今天”——大爆炸理论的提出

这句话是比利时天文学家兼牧师乔治·勒迈特（Georges Lemaitre）于 1927 年提出“原生爆炸”（primordial explosion）后说的一句话。人类生活的每一天当然都有它的昨天。只有绝对开始的那一天没有“昨天”，那就是说“宇宙有开始，它在变化，在膨胀”。这要从爱因斯坦的一个错误说起。故事开始于 1917 年。在爱因斯坦发表的《关于广义相对论的宇宙学》的文章中，他的计算指出宇宙是因重力而闭合在弯曲的直径为 1 亿光年的四维空间中，因此宇宙是静止的和不变的，这和当时科学界认可的宇宙图像是一致的。但当时已经知道银河系在运动，为此他在方程中引入一个“宇宙常数”使星体排斥以便和因重力互相吸引的作用相抵消。但这又破坏了他的“形式美”的方程。后来他承认这是他一生中犯的一个大错误。后来证明宇宙并不是静止的，而是膨胀的，原来他并没有错！ 1922～1924 年，苏联数学和气象学家亚历山大·弗里德曼（Alexander Friedmann）写信给爱因斯坦，指出方程求解中分式的分母中出现 0 导致不合理的无限大，他抛弃了爱因斯坦的“宇宙常数”并得出几个不同的解，说明宇宙在膨胀。勒迈特于 1920 年获得数学博士学位，后曾随英国著名天文学家亚瑟·艾丁顿在剑桥大学研究天文学。1927 年，勒迈特并不知道弗里德曼的计算结果，他指出宇宙是从“原生爆炸”开始的，那时物质只有密度极高的“原生原子”（primeval atom），实际是些超重的“中子”。这后一说法虽然同当今的研究结果相差较远，但学术界依然公认他为“大爆炸”理论之父。

大爆炸理论的先驱人物——乔治·伽莫夫（George Gamow，图 6-23）等在 1934～1948 年大大发展了大爆炸，特别是研究了爆炸初期化学元素形成过程。伽莫夫是一位十分杰出、贡献面极广的物理学家。在弱相互作用方面有伽莫夫－泰勒定则。在氢弹原理和宇宙演化等方面都有开创性的贡献。伽莫夫于 1904 年生于俄罗斯，1933 年经巴黎于 1934 年移居美国。他自孩童时期就兴趣广泛，早期一方面做基础科学研究，另一方面也写科学普及书籍，如他的系列读物中的主人公“汤姆金先生”（Mr. Tompkins）就是一个大家熟知的十分有趣的主人公。他总怀着“发明”的心态，例如，他把宇宙的原初物质称为“依勒姆”（ylem），在希腊语中的意思是“原初物质”。

图 6-23　乔治·伽莫夫

当今，也有一些与大爆炸不同的理论，如火宇宙和前大爆炸理论等，认为宇宙开始时不是极高密度的奇点，而且大爆炸前宇宙已存在。不过大多数宇宙学家认可大爆炸理论，而且到现在该理论已经相当成熟和定量化。应该说，人类的认识还在不断地发展。

微波的“嗞嗞声”和大爆炸有什么关系?

现代正式的宇宙大爆炸理论是于 1940 年由乔治·伽莫夫建立的。他和他的同事们相信，早期的宇宙是一个火球，其中的质子和中子互相碰撞结合成较轻的原子核。但是后来经过计算，这种聚合过程只能最终到氦。两个质子和两个中子在高温下聚合成氦，而后者的质量小于前二者质量之和。根据爱因斯坦的质能关系，这一“质量亏损”所相当的氦结合能转换可以释放出很大的能量，后来发展的氢弹也是由伽莫夫提出的，因此他也被公认为“氢弹之父”(详见 7.1 节)。从太阳光谱测量很容易了解太阳的绝大部分是氢和氦，我们世世代代的光和热就是从氢到氦的聚变来的。19 世纪发现的氦气就是以希腊语的“太阳”（helios）一词而来命名的。

1948 年，当伽莫夫发表宇宙是由大爆炸发展的图像时，英国的弗雷德·霍伊尔（Fred Hoyle）等提出完全不同的理论。他们认为，宇宙是在膨胀的，但是反对宇宙最初是由爆炸产生的，总是处于“稳定状态”，并没有开始和终结。他们认为新物质氢其实是由于星系间越来越远离而产生的。这两派争论了 10 多年。弗雷德·霍伊尔当时在 BBC 里讥讽性地称“大爆炸”为 Big Bang。但后来大家都用 Big Bang 来称呼宇宙大爆炸了。到 20 世纪 60 年代早期，由星光分析的结果得知整个宇宙中约有 3/4 是氢，1/4 是氦，而这么大成分的氦用“稳定状态”理论是难以解释的，然而这对大爆炸理论来说倒是个好消息。伽莫夫当时预计到大爆炸后宇宙膨胀的各阶段所发的热波的温度大概可低到 7 K（后来确定为更低的 2.7 K）。

15 年以后，发生了一件同这场争论无关，也同宇宙问题风马牛不相及的事，但却对大爆炸理论起了很重要的支持作用。1964 年。美国贝尔公司的两位人员阿尔诺·彭齐亚斯（Arno Penzias）与罗伯特·威尔逊在公司的牛角型天线站（图 6-24）偶然地听到了非常细微的“微波”嗞嗞声，而且各个方向都有，这显然不是从哪个定向天线传来的。因为这种波既弱又“冷”（波长很长），只有 2.7 K。他们那时并不知道什么 Big Bang，对此也没有什么兴趣。那么，它同大爆炸理论有什么联系呢？也就在 1964 年，美国普林斯顿大学的物理学家罗伯特·迪克（Robert Dick）建议建造一个射电望远镜，追随伽莫夫小组并联合起来研究宇宙初期火球遗迹的这种“冷”的残留的辐射理论。看来，宇宙学的理论家们的研究已经要联合起来了。彭齐亚斯与威尔逊知道迪克的这个建议后，就和普林斯顿大学组也联合起来。他们的成果是认识宇宙演化的里程碑式的进展，二人获得了 1978 年诺贝尔物理学奖。这也表明理论家和实验家的联合多么重要，更有意义的是，不同领域的沟通、联合会激发出更大的开创性。现在称为 2.7 K 的“宇宙微波背景”（cosmic microwave background,

CMB）在徘徊了上亿光年以后的当前在我们的世界上出现，而原来伽莫夫提出的“冷”的残留的辐射其温度和宇宙微波背景辐射又如此接近。宇宙微波背景辐射探索的发展使人类对宇宙的认识有很大意义！下一节将进一步探讨这个辐射的特点以及大爆炸详细演化过程。现在公认伽莫夫是现代大爆炸理论之父。

阿尔诺·彭齐亚斯

罗伯特·威尔逊

图 6-24　彭齐亚斯与威尔逊通过偶尔发现了宇宙微波背景天线站

6.5　什么是宇宙暴涨?

宇宙的临界能量密度

到此，大爆炸理论已被承认，但是又遇到了新的难题，主要是：在大爆炸时间接近于零（10^{-45} 秒）时一切条件都变得非常特殊，特别是那时的宇宙学和粒子物理学有着什么关系？还有在如此高密度下，引力的吸引作用是那么强，一切又会怎样呢?

有关大爆炸初期的话题，还需要从“临界能量密度”谈起，关于这个话题还是从我们所熟悉的发射卫星时的临界速度谈起。若卫星的发射速度是 7.9 千米 / 秒，它可以恰巧能脱离地球的引力束缚，这是由地球的质量决定的。试想相对于远大于地球质量的木星，其引力也就远比地球的大。7.9 千米 / 秒这个速度就远在临界条件以下就不可能脱离了。这对于宇宙来说只是一个类比。今天的宇宙膨胀速度已有测量，如果宇宙的物质（常用相应的能量或质量密度表示）足够多，因为相互的吸引作用，终有一天宇宙还会塌缩回大爆炸的起点。当宇宙的密度处在某个临界值上时，那么宇宙将会一直膨胀下去，大量的天文观测表明，我们的宇宙空间是平坦的。这个平坦性也表明宇宙的能量密度值就是宇宙的“临界能量密度”。1998 年在宇宙学观测中，发现当前宇宙正在加速膨胀，而且在 50 亿年前就开始了。这表明宇宙中存在排斥力的暗能量。它与宇宙的物质和辐射能量相加在一起，在误差范围内与临界能量密度一致。这表明在大爆炸的最早时刻（10^{-45} 秒），宇宙的密度与临界质量密度的差别在 10^{-58} 范围内是一样的！这是非常令人费解的事情，这要在下一节里用暴涨的理论来解释。

平坦性与视界和暴涨理论的提出

根据宇宙动力学得到的三种可能的发展趋势，即闭合宇宙（空间曲率是正的）、开放宇宙、（空间曲率是负的）和前面已经谈到说当宇宙的密度处在临界值时，宇宙属于平坦宇宙。前面已经谈到天文观测可以表明，我们的宇宙是平坦的或非常接近平坦的（曲率是零或接近于零）。也就是说宇宙也将无限的膨胀下去，但是空间是平坦的，平坦性的意思就是大家熟知的欧几里得空间。例如在大地上测量任意三角形的内角之和为 180 度。在球面上 测量结果就不对了。关于视界的矛盾是指什么呢？ 在宇宙历史上的任意时刻都有一个极限的可以见到的距离（该时刻光线传播的最远距离）称为视界。宇宙微波背景辐射是那么“怪异地”均匀，这些辐射光子向太空任何方向发射，在各个地方都有极近相同的温度，（参见本书 8.5 节）。但是宇宙微波背景辐射出现时期所对应的视界只有当今广大范围视界（931 亿光年）的 0.03 倍。这两者应该是毫无因果关系的。当今测到太空各处有如此好的温度均匀性又如何解释呢？另外再加上磁单极问题。宇宙学的这三大困难的解决导致暴涨理论的提出，也就是在大爆炸后 10^{-35}～10^{-32} 秒的期间有一个宇宙快速膨胀的阶段（参看本书 6.6 节，以及本书附录杜东生著，粒子物理导论第二版第 12 章）。

相变和古兹的暴涨理论

1978 年的时候，美国年轻的专注于大统一理论的粒子物理理论家阿兰·古兹（Alan Guth，图 6-25）对宇宙学还并不熟悉。他生于 1947 年，他提出这个理论时还只是一位博士后。而现在他已经是美国麻省理工学院的教授了。他在听了迪克关于大爆炸的演讲后想到：和水到冰或物体的流体态到晶体的互相转变的物理学相变类似，相变时都会发生某种状态的“突变”，在宇宙初期某一时刻，宇宙会突然膨胀。有一天他似乎悟出了什么似的，说道：“膨胀正似乎掉进了我的衣兜一样，所有的重要信息都在里面了。”1979 年 12 月 6 日，他在 SLAC（参见本书 3.9 节）工作后回到家中，用了几个小时计算了些什么，第二天一早，就挥舞起一个红色小笔记本，上面写着“壮观的景象实现”（spectacular realization）。是的，深思、创造、激情总是联系在一起的。这也正是每一个科学家所梦想的被突破的一种景象吧。

图 6-25　粒子物理理论家阿兰·古兹

古兹的暴涨理论的思路大概是这样的，我们相应地做一点解释：各种作用力逐次地从渐渐变冷的大统一力里冻结出来，粒子相互作用突然转变，例如，原来引力、强相互作用和电弱力统一的“相”（即 GUT，参见本书 5.5 节和 6.6 节）突然“冻结”成分立（即两种独立的力）的引力和强相互作用力。但是生活中的相变还有一个特点，例如，水的温度降低得非常缓慢时，可以过渡到零下 20℃时还保持液体状态，称为“超冷”水。我们生活中过饱和气体当有微粒干扰时才会变成小水滴。粒子探测器的威尔逊云室就是利用这个原理：当有带电粒子进入时就会使“过饱和”气体的“老状态”改变，促使粒子周围成为液态（参见本书 3.2 节和 5.2 节）。早期宇宙或许也发生过类似的情况吧。当新作用力形式应该在某种程度上冻住的时候，旧的形态因故侥幸保持一段时间也是可能的，即当粒子相互作用力形态改变后一段时间，老的作用方式还能保持一段时间。具体一点说：当正好宇宙开始后的 10^{-35} 秒时，温度在 10^{17} K 以下，这时强相互作用力应该能够“冻结出来”，即独立地起作用，但是宇宙的某些部分还按老的大统一力作用，就像一个远超警戒水位水库里的水决堤一样，会溅出大片水花。超冷对称性里的量子小泡泡会渗入周围的真空而膨胀。当这些特殊的小泡泡膨胀的时候，它产生出新的空间和相应的能量密度。为摆脱这不停的剧烈能量聚积，它以比宇宙里任何已知的东西都要快的速度膨胀，速度快过光速。古兹把它叫做暴涨，它使小泡泡最终增大了 10^{50} 倍。

在每一个 10^{-34} 秒的时间内，即光穿过百万分之一的夸克大小时，小泡泡的直径增大一倍。这个不起眼的小不点变成了我们身边最大的东西（图 6-26）。最后，超冷的强力作用区“记忆起”自己是不稳定的，然后就冻住了。与此同时产生的多余的能量尽情挥洒，把宇宙重新加热到 10^{27} K 并产生出许多粒子。此后，宇宙开始慢慢膨胀，距今 50 亿年前开始，宇宙进入加速膨胀阶段。

图 6-26　古兹暴涨

资料来源：李良 . 现代物理知识 . 2009 年，21（1）：42，彩图 41

6.6　空前的大爆炸

小宇宙被大宇宙的吞食

前面谈到的几节已一步一步地为本节打下了基础，这里介绍它的全过程。当然，一些重要的阶段和细节，在后面两章还要陆续引出。关于本节，也请读者同第一部分联系起来，特别是同粒子物理和核物理的结合，如氢弹的巨大威力、探索人工利用核能等，特别是同最新的物理进展联系起来。格拉肖引用古希腊神话里的一个怪物，即用一条吞吃自己尾巴的蛇将小宇宙被大宇宙所吞食的景象来描述粒子物理小宇宙和大宇宙的关系，（参见本书 5.5 节）并将各种相互作用的统一与分解（参见本书 4.7 节、5.4 节和 5.5 节）结合起来。这样进行思考，也许能够理解得会更清晰些。

直到当今，大爆炸理论为大多数科学家认可，并进行了大量深入的研究。这个理论同宇宙的观测结果符合。我们的宇宙诞生于 138 亿年前的一次超级大爆炸。针尖大小超密、极热的物质喷发而出，形成了可怕的能量暴以至于产生出空间自身，这个空间至今还在膨胀着。宇宙生命中的第一秒首先出场。尽管按照通常的标准，一秒钟短得微不足道，但这初始的瞬间却承载了最主要的那些宇宙事件。近年来已逐步形成宇宙的“标准模型”。

大爆炸的 11 个阶段

如图 6-27 所示，本书特别选用粒子数据组（Particle Data Group）公布的图示，图中也给出了 LHC 对撞机能量所相应的宇宙条件（参见本书 4.7 节、5.4 节、5.6 节）。图中扇形展开表示时间 t（自左至右）与空间 R（扇开）的拓展，并在时间方向标出相应的时间（秒或年）、温度（K）、能量 E（GeV）。能量与温度呈正比关系：E=3/2kT。这里 k 是玻尔兹曼常量（参见本书 1.1 节）。它们之间的比例关系大致为 $R \sim T^{-1} \sim E^{-1} \sim t^{1/2}$（先以辐射为主时期），$t^{2/3}$（后以物质为主时期）关系。例如，对 E约为100 GeV 数量级的质子－反质子对撞能量，约 10^{15} K、约 10^{-11} 秒（参见本书 4.7 节）；对 LHC 的 E 约为 10 TeV 的质子－质子对撞能量，约 10^{17} K、约 10^{-15} 秒（参见本书 5.4 节）。图 6-27 即给出了按 R、T、E、t 各个阶段产生的粒子或星体（用符号表示），如夸克、光子、介子、电子、离子、原子、星体、星系、黑洞暗物质遗迹、宇宙微波背景辐射等，各阶段分别描述如下。

（1）10^{-43} 秒：简短的序幕之后活动开始，时间和空间开始有意义。在一个尺度为 10^{-32} 厘米的宇宙尺度内，粒子和反粒子在 10^{32} K 的高温下产生或湮灭。宇宙此刻见证了它的第一段历史：重力与母作用力分离，称为独立的力。此次分离是众多“相变”里的一个，随着温度的下降，这些相变使各种力从统一力中渐次冻结出来。

（2）10^{-35} 秒：暴涨开始。正当强作用力试图冻结出来的时候，量子泡泡悄然进入周围的真空。一个泡泡以巨大的速度暴涨，“量子泡”冲出真空，宇宙急剧膨胀，我们的可见宇宙达到了网球的大小。除引力外的其他力还是统一

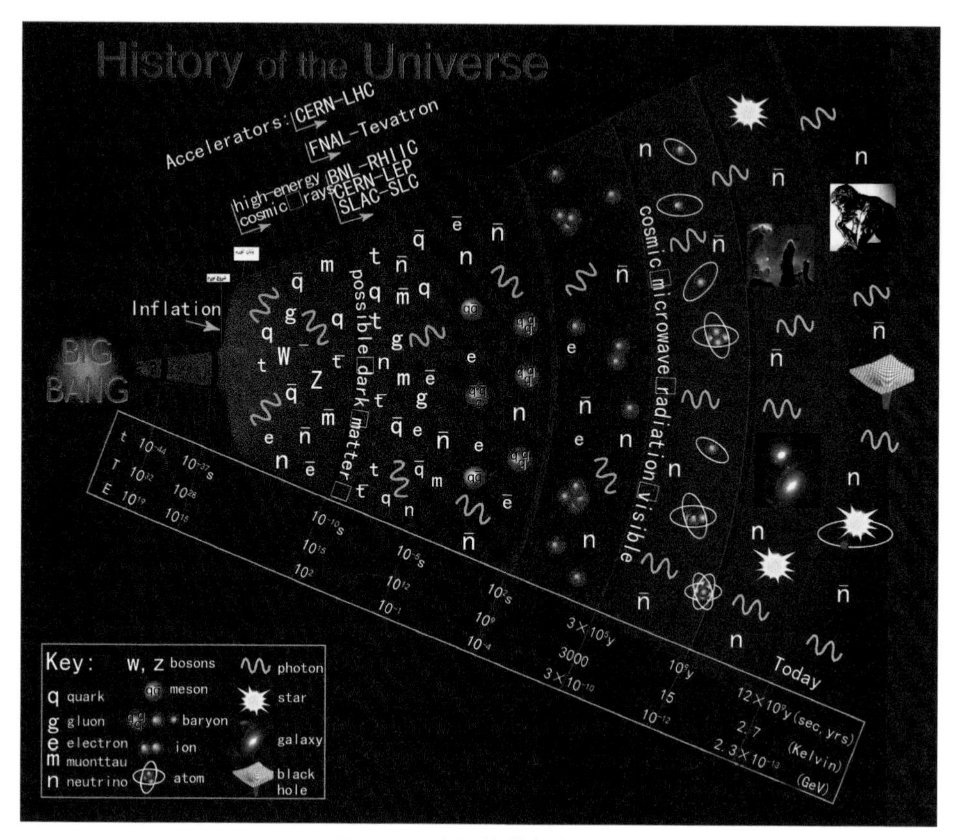

图 6-27　大爆炸的各个阶段

资料来源：Particle Data Group LBNL 2000　另参考：Chinese Physics. C. 2014

在一起的，但对称的真空突然“意识到”自己并不稳定，崩泻出它的能量，并产生出大量的物质，强作用力冻结出来了（暴涨参见上一节）。

（3）10^{-32} 秒：急剧膨胀后暴涨停止。膨胀速度大减，但依然威猛的大爆炸宇宙继续膨胀，接过接力棒，这时又有两种粒子，具有强作用的夸克和具有电弱作用的轻子出现。

（4）10^{-11} 秒：电弱分离。当温度降低到 10^{15} K（约 100 GeV）时，通过自发对称破坏，电弱作用分离为弱作用与电磁作用（参见本书 4.7 节）。弱作用的传播子 W 和 Z 很重，但电磁作用传播子“光子”也独立出来（没有质量）。

（5）10^{-6} 秒：夸克屠杀。温度继续降低到 10^{13} K（约 16 GeV）时，正反夸克已无足够能量独立自发产生，只有继续成对地湮灭。湮灭率大大高于产生率，从图 6-27 中可以看出已经没有独立的夸克了。残留部分还有三代轻子及夸克－胶子等离子体。

（6）10^{-4} 秒：重子形成。温度继续降低到 10^{11} K（约 10 MeV），夸克湮灭停止，夸克－胶子等离子体到强子的相变产生（参见本书 5.6 节），剩余的夸克结合成质子和中子等重子，宇宙已有太阳系尺度。这时大量的介子也衰变掉了。在图 6-27 中这个时间段还可以看到少数介子（如 $q\bar{q}$）。

（7）10^{-2}～1 秒：中微子逃逸。因为弱作用的减弱不足以紧抓中微子以“控制”极活跃的中微子，中微子可以自由地飞翔，它们至今还大量存在于宇宙里。

（8）1～100 秒：当温度（$T=10^{10}$～10^{9} K），能量 $E=$（1～0.1 MeV）时，第一个元素出现，质子和中子迅速合成为氦元素，因此，在 1 万年内，没有大变化。氢、氦几种轻核和电子，电磁辐射共存。温度最后下降到差不多铁熔炉里的温度。

（9）9.6×10^{12} 秒（30 万年）：宇宙开始放光，如华灯初上，也是黎明之光。电子因电磁作用附在核子周围形成原子，第一个原子物质开始出现。能量高的光子因光电离而消失。辐射光子能量的减弱不再能够打碎原子，原子因而也不再吸收辐射。这些低能辐射就是在可见光范围，它的自由使宇宙透光。宇宙变得透明且充满光亮，故也称“宇宙放晴”。图 6-27 中可以看到“放晴”的界限和这个区间中呈现的原子种子和光子。

（10）3.2×10^{16} 秒（10 亿年）：因万有引力的吸引，宇宙物质的局部起伏导致密度非均匀地集结，星系形成，主要以氢、氦等为主体逐渐形成宇宙近似当前的形态。

（11）4.5×10^{17} 秒（138 亿年）：当今已了解和观察到的基本粒子、原子、分子和宇宙层次。

下面两章我们介绍用当今的各种精密装置和已经了解的理论去观测和探索宇宙，以便进一步开拓对宇宙的认识。

第七章

从不同方式进一步探索宇宙

7.1 核物理揭开群星闪烁的天幕和恒星的生死之谜

群星闪烁

近几十年来科学家们利用不断发展的观测设备条件得到许多新的结果，拓宽了对宇宙的认识。首先，人们在暗而冷的宇宙星空中都能看到大量的微弱发光的星星，它们是怎么产生的呢？星星是在星际空间中的气体和尘粒因重力作用互相吸引而逐渐聚集起来的。那又为什么会闪闪发光呢？一直到20世纪30年代，在物理学家发现了原子核里的物理规律，如原子核之间的相互作用和不同的结合能后（参见本书2.8节和2.9节），天体物理学家才开始弄明白。乍一看起来，似乎星星永远在那里发光。但是从宇宙的时间尺度考察，它们是有寿命的。有些慢慢衰落，有些最后剧烈爆炸而亡。

太阳火球

我们就从大家最熟悉的离我们最近的太阳（图7-1）说起吧。19世纪末，苏格兰的威廉·汤姆生（William Thompson）和德国的亥姆霍兹（Hermann von Helmholtz）提出星体是一堆气体云，它们之间由于引力互相吸引摩擦而发热发光。但通过这种方式，太阳只能维持大约2000万年的寿命。地质学家发现地球有几十亿年的历史，如果说太阳至少也具有地球这么古老的历史的话，太阳的持续能量来自哪里呢？一位著名的英国天文学家亚瑟·爱丁顿（Arthur Eddington，1882—1944）非常重视爱因斯坦的成就，他曾注意到1919年在热带观测日食时证明光线经过太阳而弯曲的现象，并介绍和强调了爱因斯坦的

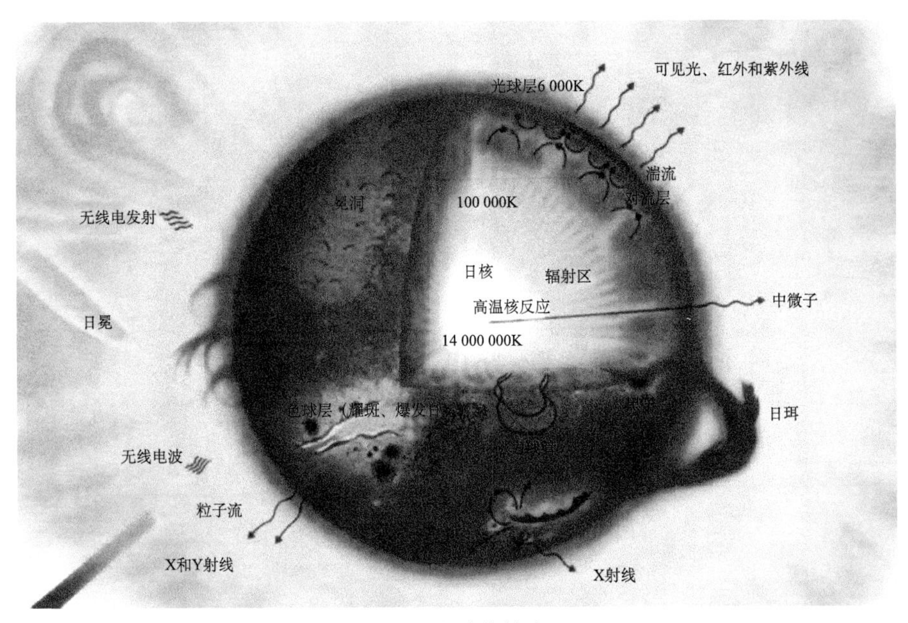

图 7-1　火球状的太阳
资料来源：李良. 2009. 不平静的太阳. 现代物理知识，21（3）：彩图

名字。后来，他也曾猜想太阳通过氢燃烧成氦产生能量，但他不能解释其中的缘由。这个问题留给了 20 世纪 30 年代。1930 年在美国工作的德国物理学家汉斯·贝特（Hans Bethe）和卡尔·维茨塞克（Carl Weizsacker）解决了这个问题。那就是理解星体发光需要从核物理原理的角度来研究：太阳炉膛内的炉子开始通过一个得之不易的核火花来点火。平均来讲，氢原子核来回弹跳相撞，需要几十亿年的时间才有机会冲破它们之间的库仑排斥力，在弱力（参见本书 3.4 节）作用下融合在一起。因为太阳上有大量的质子供应，依据概率论，许多这样的反应可以发生。几次聚合下来，就产生氦核。由两个氢原子核（即质子）在高温下聚合，开始点火，经过几十亿年的历程，这些质子一方面因正电斥力而互相"躲闪开"，另一方面，它们又有可能聚合，聚合后变成氦原子核，它的质量小于两个质子（组分核子）的质量之和。按照爱因斯坦质能公式，这个聚合反应发出大量的能量，表现为光和热。更具体的步骤如图 7-2 所示：①两个质子（即氢原子核 ^{1}H）在高温（10^7K）、高压（10^{11}atm）下聚合成重氢 ^{2}H（即氘）并放出正电子和中微子等；②重氢和质子聚合成 ^{3}He；③两组 ^{3}He 聚合成 ^{4}He 和两个质子。各阶段反应前后所发生的质量亏损都相应地释放出能量，共 26.7MeV。这样，质子就可以不断地进行链式反应了。进一步的发展参见本书 7.2 节。

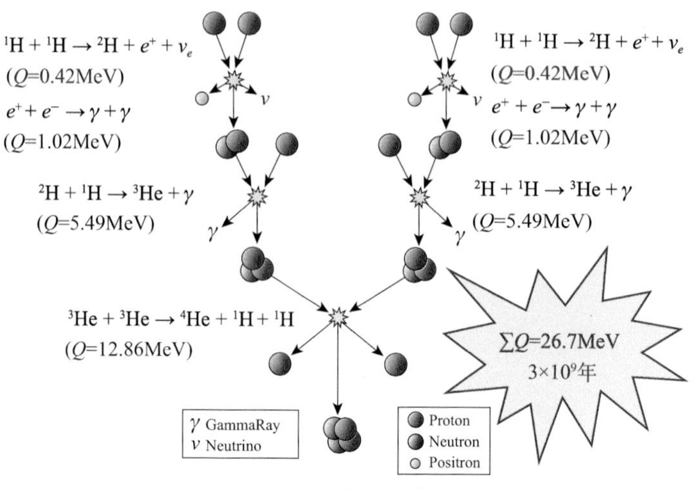

图 7-2　太阳类恒星聚变示意图

资料来源：Wikipedia

这些“炉膛内的星光”向外喷发的压力抗衡着向内的引力，只要炉膛内还有燃料，太阳就是稳定的。当炉子内的热核反应原料烧尽以后，向内的重力压力最后就使我们的太阳星体开始塌缩。诞生于 46 亿年前的太阳出生后每秒要用掉 10 亿吨的氢（转变成氦），太阳重约 2×10^{27} 吨，还要再经过差不多同样长的时间之后，即经过 46 亿年后才会耗尽。所以我们何必为人类的未来“杞人忧天”呢？这里先附带说一下，围绕太阳旋转的不能发光和发热的地球等卫星是太阳分离出来的吗？以前常有一种看法，认为地球是从太阳分离出来的。诚然 19 世纪末恩斯特·海克尔所著的著名的《宇宙之谜》一书也这样肯定了 18 世纪康德和拉普拉斯关于宇宙中恒星都起源于涡旋状星云的论断在当时是了不起的，但是由此提出作为“母亲”的太阳，其旋转使“地球曾从它母亲那里产生出来”的描述现在看来是不正确的，至少是不全面的。由近几十年的研究知道，太阳成分主要是氢和氦，而地球上这两种元素都很少，我们的地球由多种元素组成，有大量的碳、硅等，还有多种重元素。最近登月的记载还报道：地球的卫星——月球上的重金属元素比地球上的多很多。它们都是宇宙碎片吗？星体上各种物质的形成请看本书 7.2 节。

恒星的演化

到此已经谈到了这么多的恒星，五彩缤纷。它们是如何从出生到死亡的，即经过青年、中年到老年直到衰亡大概都要经过怎样一个过程？这里只是对后面章节陆续出现的现象提供一条线索。

婴儿期的原恒星大都起源于银河系银道面内的密集的气体和尘粒。它们按本身的质量 M 沿不同趋向演化，恒星在其核心的氢聚变燃料耗尽时会膨胀和温度升高，这都会形成红巨星。根据质量与太阳质量 $M_{\odot}$ 的不同比例，其演化趋向可分为四类，如图 7-3 所示。

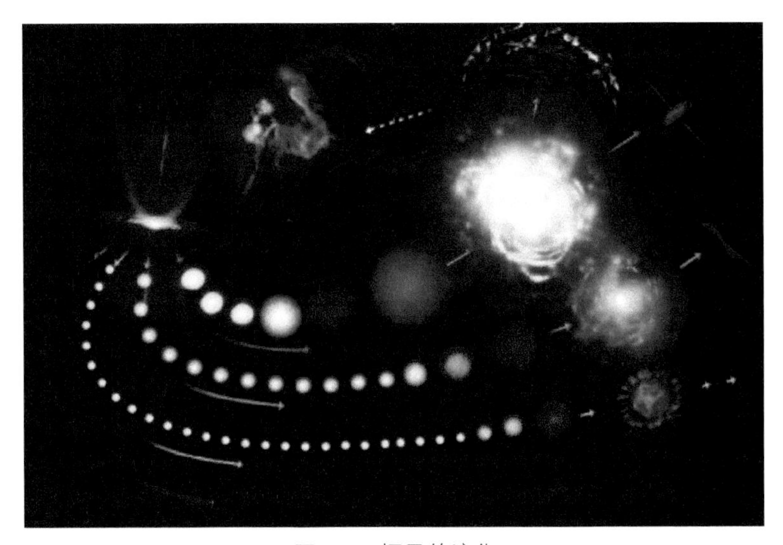

图 7-3　恒星的演化

$M_{\odot}$ 表示太阳质量　①紫色箭头：$M>30M_{\odot}$→红超巨星→蓝超巨星→最强超新星爆发→形成黑洞并喷发残骸──→遗迹为恒星原始物质（太阳）。②蓝色箭头：$8M_{\odot}<M<30M_{\odot}$→红超新星→超新星爆发→脉冲星、中子星，$M>3.2M_{\odot}$ 形成黑洞。③黄色箭头：M 约为 $1M_{\odot}$ 恒星（太阳等）→红巨星→行星状星云→白矮星、黑矮星，$1.4M_{\odot}<M<3.2M_{\odot}$ 形成中子星。④红色箭头 $M<1M_{\odot}$→白矮星、褐矮星

资料来源：李良．2009．现代物理知识，1（2）：彩图

“红巨人”

我们来谈一谈“红巨人”的出生和死亡过程。一个星体的命运由它的质量决定。例如，一个像太阳一样大的星体，当它开始塌缩时，收缩的核心开始变热，点着了原先热核聚变的灰烬“氦”并把它们聚合成碳。这额外的热把外层的气体顶出，使它胀大到原来百倍的尺寸。由于辐射能散布在一个大得多的表面积上，它色泽黯淡，成为“红巨星”。它的内部一直在进行热核反应，产生的氦不断聚合成碳，一般三个氦聚合成一个碳。喷发出的大量的辐射能使

原来的星体又增加出比它原来大几倍的火焰区，出现“红巨人”。这个短命的“巨人”并不是个好兆头，而是它寿终正寝前的回光返照。从图 7-4 可以看到猎户座中几个特别亮的“红超巨人”，它们都在膨胀。其中一颗最亮的在该图左上角，称为 Betelgeuse（参宿四），它有太阳的 1000 倍大小，60 000 倍的亮度。当这个“红巨人”星体的燃料燃烧尽时，星体外壳逐渐被来自恒星内部的热气流捣碎，同时喷发出千百万吨的物质到太空中。就形成了一个中空的气体壳，被称为“行星状星云”。天文学家已观测到约 1600 个。图 7-5 为距离我们 500 光年的“旋涡星云”（Helix Nebula）。其旋涡部分每秒向外扩展 30 千米。中空部分实际上有一个原来星体收缩成的很小但很重的“白矮星”。它的尺寸同地球差不多，但重量比地球重 100 万倍。白矮星之所以不再继续塌缩，可以用量子力学来解释。当恒星的内核被压缩后，其中的原子被挤在一块，电子被挤出原来的原子轨道，泡利不相容原理（参见本书 3.3 节）产生的排斥力抵消了引力的作用，这就使它能够相对稳定。它开始还是很亮的，可以照亮“蟹状星云”（Crab Nebula）等，但是随着燃料耗尽而呜呼哀哉！那些由大质量演化成的超红巨星到晚年时温度升高到几百亿摄氏度，继续聚变生成比碳更重的物质以致超新星爆发，其核心形成中子星。

图 7-4　猎户座中的“红巨人”
资料来源：Hubble European Space Agency

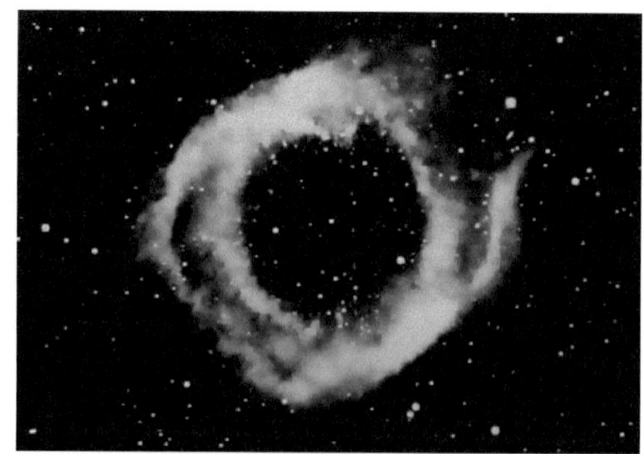

图 7-5　旋涡星云
资料来源：NASA, ESA

20 世纪初，天文学家认为白矮星是所有恒星的“墓碑”。1930 年，一位印度天文学家萨拉马尼安 · 昌德拉塞卡（Sabrahmanyan Chandrasekhar，1910—1995，见图 7-6）在他由印度去英国的船上意识到，当烧尽的恒星质量达到大约 1.5 倍的太阳质量时，引力还是会超过电子因不相容原理而产生的斥力，并预示出在白矮星死亡之前，当它的尺度萎缩到约太阳的 1.5 倍极限值时，其所剩余的“核浆”会是超新星爆发的原料，并会出现类似放烟火一样的爆发。在去英国短短 10 天的航程中，他初步计算出这个极限值。经过长期思考和精确的计算，1935 年他的白矮星寿命上限的理论开始公之于众。但是此后多年他遭到了来自不同方面的质疑和反对。大约 30 年后，他在白矮星方面的理论才得到长期实验观察验证，终于得到了天体物理学家们的公认。又过了 20 年他为此获得了 1983 年的诺贝尔物理学奖。这时他已经 70 多岁了！值得一提的是，1944 年他在曾经坚决反对他理论的天文学界权威爱丁顿的葬礼致辞中仍然高度评价爱丁顿是最伟大的天文学家，并说没有爱丁顿的反对，他就会在成绩面前止步不前或者傲慢起来。这种不计前嫌并将反对意见作为不断前进的动力的精神是何等可贵！确实 50 多年来，他在恒星动力学、恒星大气、广义相对论、黑洞理论研究等多方面都做出了重要贡献。他培养了大批年轻人才，包括芝加哥大学研修的李政道、杨振宁都是他的学生。他还担任天文物理杂志编辑达 19 年之久。研究对他来说成为爱好，荣誉和成就全都抛到脑后了。

图 7-6　昌德拉塞卡

许多恒星只遗留下不多的遗迹残渣，静静地待在空中，收集着尘埃。这个过程，或者其他获得额外物质的机缘巧合，都能造成恒星质量超过昌德拉塞卡极限，而导致一次新的超新星爆炸。下一节将来谈这个问题。

7.2　从灰烬到尘埃——老年星熔炉中的新物质和超新星爆发时重核产生

老年星制成新物质

1987 年 2 月 23 日，在离我们 17 万光年的银河系附近星系——大麦哲伦星云（参见本书 6.3 节）里的一颗最亮的超新星爆炸。这是近 400 年来人类记录到的最亮的一颗超新星，它使我们在很稀有的机会中认识到：在巨星陨落的地方也正是重原子核诞生之地。

前文已经谈过，宇宙初期最多的只有氢和氦两种原子核，并构成了基本的宇宙材料（原子序数排在第3位的锂元素含量仅有百亿分之一），当今地球上也有锂元素。尽管当今地球上有90多种自然元素，其中较重的元素和宇宙中的情况类似，所占比例不多于1%。40多年前，天体物理学家认为大多数的元素都是在恒星内部的核反应链里逐级产生出来的。后来他们意识到在恒星内，由聚变合成的核反应能生成最重的原子核是铁，即众所周知的周期表内的第26号元素。只有在大质量恒星爆炸时，由于大星体的爆炸而死亡才有可能在迸发出极高的额外能量时产生进一步的核反应。

在这个大质量的恒星"暴死"过程中会发生什么呢？一种典型的图景是一个比太阳大到10倍以上的恒星体"暴死"的演变就表现为超新星產生（参见本书7.1节）。由于巨大的引力挤压，大质量的恒星内核的引力的向内冲压使星体内的温度上升到6亿℃，成了一个"烤制"重元素的"炉灶"。对于小一些的星体，由氢聚变到氦，然后到碳，也不过放出一些能量，如图7-7和图7-8所示。这个过程也就终止而变成"白矮星"。对于大的星体，由于继续压缩而升温，碳进一步聚变而"烤制"生成更重的原子核，如氖（Ne）、氧（O）、镁（Mg）、硅（Si）等。最后，硅利用释放的能量由聚变而生成铁，在此之后反应通道就被阻断了。因为铁是最稳定的元素，聚变出比铁轻的核会释放能量，聚变出比铁重的核则要倒贴能量（参见本书2.9节结合能释放的反效益）。也就是说，不再可能由聚变反应产生能量了。当能量供应突然中断的时候，恒星的核会在不到一秒的时间里坍缩掉。恒星的地幔砸向内核，紧紧地挤压它。正是这最终的内向爆炸所产生的额外冲击能量把恒星的灰烬，即超热的铁元素，变成了各式各样的重元素。科学家通过最新的研究已经明确了在极高温下产生重于铁的元素的过程与各种重核的化学反应过程。最后，这个星体只剩下一堆铁和其他更重元素的"炉渣"外套。由超新星爆炸所产生的重于铁的元素只有一小部分，大部分由中子星-中子星合并时的中子核反应产生。

事情还没有这样简单，或者说这个星体还要再垂死挣扎一番。它还有些余力。因为星体核心部分被挤压得太厉害而会产生像皮球一样的反弹，产生剧烈的冲击波一直到星体外层，也就把那些外套中已经"炖熟"了的重核碎片一同抛到太空中。这样，核心部分就沉积为致密的中子星（下面介绍），特别大

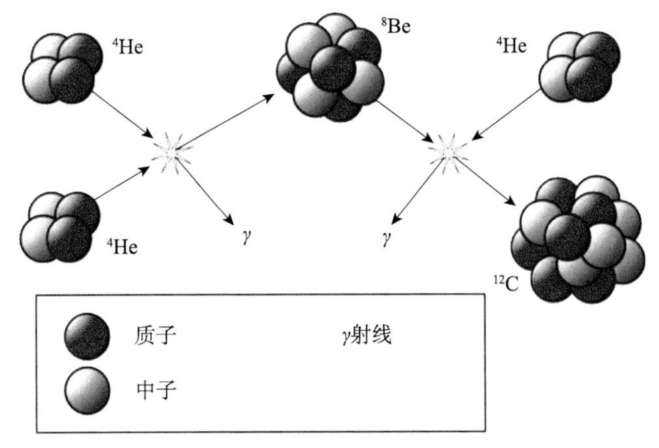

图 7-7　氦聚变为碳

资料来源：赵永恒．2014．化学元素的起源．现代物理知识，26（3）：20

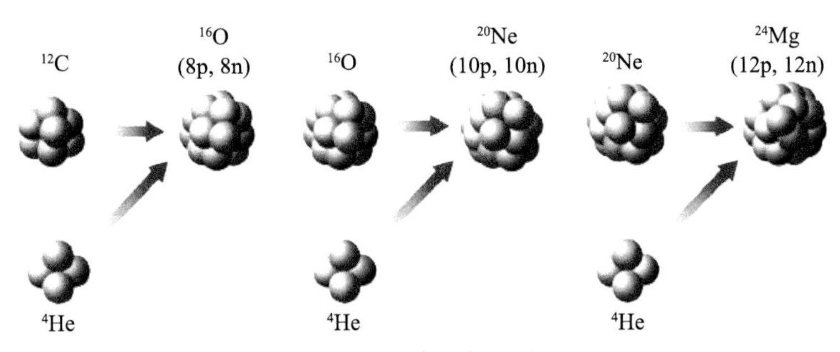

图 7-8　碳聚变为镁

资料来源：赵永恒．2014．化学元素的起源．现代物理知识，26（3）：20

的恒星还有可能进一步塌缩成为黑洞。

再谈一谈那些被抛出的重核碎片，它和我们所在的地球还有很大关系呢！这些富含不同原子核的宇宙灰尘或尘粒就是形成一些新天体的原料。地球的形成就是 46 亿年前一颗或两颗超新星爆炸所产生的尘粒由于引力吸引而聚集在一起的。这些尘粒的成分提供了我们地球上几乎所有轻重元素，包括组成我们人体的 65% 的氧和 18% 的碳，以及其他各种如硫、硅、铁等矿物质。这些元素的来源（参见本书 7.1 节）正是超新星爆炸所产生的尘粒。这些元素成分也可以表明地球的来历。

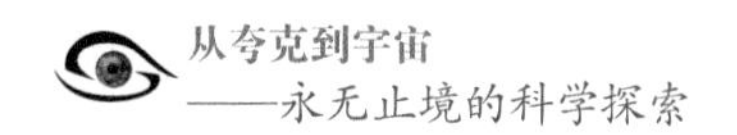

超新星

超新星是典型的灾变星，是大质量恒星死亡之前的一次壮举。有的亮度会突然增大 100 亿倍以上，用肉眼就可以看到。每年平均可以用望远镜观察到 20 次超新星爆发。绝大多数都因为太远而无法提供这些大质量恒星的“暴死”迹象的细节。以往的 1000 年里，人们用肉眼看到过 4 次，分别在 1006 年、1054 年（SN1054 也称为中国新星，出现在金牛星座旁，中国称“天关星”）、1572 年和 1604 年。1987 年 2 月 23～24 日，加拿大年轻的天文学家希尔顿（Shelton）仅仅用 25 厘米口径的天体照相仪就看到了大麦哲伦星云里出现的一颗新星，最亮时的光度是太阳的 1 亿倍，然后在 500 天内逐渐淡出。图 7-9 与图 7-10 为超新星 SN1987A 爆炸前（摄于 1969 年）和爆炸后（摄于 1987 年）的景象（可见图 7-10 右侧出现亮点，另详见本书 7.4 节）。这是 1604 年以来在银河系附近大麦哲伦星云（参见本书 6.3 节）内最为明亮的一个超新星。这是天文学家第一次有机会细致了解并追踪超新星的演化过程，不仅对恒星演化研究有重要意义，而且因同时检测到 24 个中微子事例而开启了太阳系外中微子天文学的大门（参见本书 7.4 节）。

兹维基和中子星的归宿

弗里茨·兹维基（Fritz Zwickyi）生于保加利亚，成长在瑞士，双亲都是挪威人，后来在美国加州理工学院工作。由于他有思索一些“牵强附会”（far-fetched）事物的癖好，因而他的加州理工学院的同事们戏称他为“瑞士疯子”。是呀！不少的新思想就是从看似遥远的出处抓来的呢！ 1934 年，弗里茨·兹维基大胆地提出由于中子星塌缩产生的爆炸就是超新星。后来他与加州理工学院的巴德一起寻找，发现了 100 个这样的爆炸。到 2014 年已有数百个记录并被分类（参见本书 7.3 节）。他大胆建议中子星不是最后的归属，坍塌还会进一步发展，产生他称之为“阎王星”的天体，即后来知道的黑洞（参见本书 7.6 节和 7.7 节）。

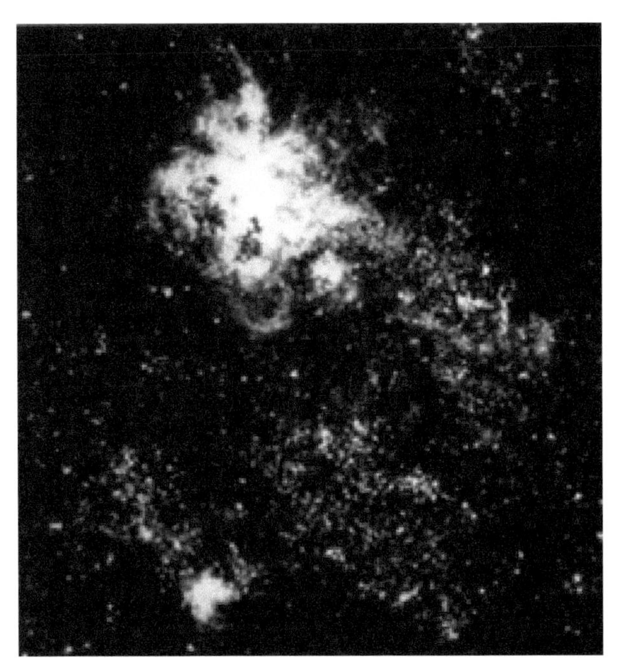

图 7-9　超新星 SN1987A 爆炸前

资料来源：Australian Astronomical Observatory

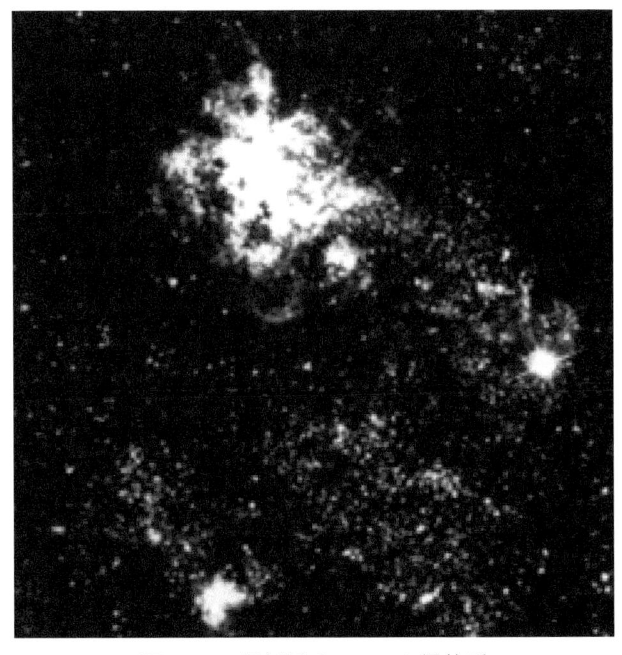

图 7-10　超新星 SN1987A 爆炸后

资料来源：Australian Astronomical Observatory

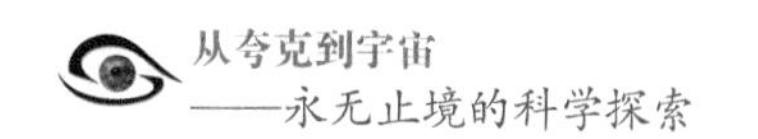

7.3 恒星灯塔——中子星和脉冲星

1967年人们第一次看到中子星和脉冲星。它们是怎样产生的呢？当超新星的核心坍缩时，压力很大以至于压碎所有的原子核，质子和电子互相撞击变成中子。苏联物理学家列夫·朗道（Lev Landau）早在1932年就预言这些中子星的尺度仅仅约为30千米，中子星的质量约为太阳的0.5～1.5倍，但密度却大得惊人，为每立方厘米1亿吨。两年后德国天文学家巴德和瑞士天文学家兹维基指出，一旦超新星爆炸，就会在核心形成中子星。中子星的外层为致密的铁，包围着超流状态的中子流等。中子星的引力如此之大，要是抛下一枚钱币，它撞到中子星表面时的速度可以大到光速的一半。要是有一种生物能在中子星上生存，那只能是扁平矮小的，因为要是高一点的话，它的骨骼就需要极为坚固才行。

中子星虽然很亮，但是它们实在是太小，以致无法直接看到。而且中子星自转非常快，可以产生极强的磁场，如图7-11所示，图中可见到中子星的自转（旋转）轴与其偶极磁场的磁轴（图中蓝色）的夹角并不一定为零。在旋转的磁场的磁层中感生出的电场使带电粒子加速。大量的电子陷入磁场的漩涡中，

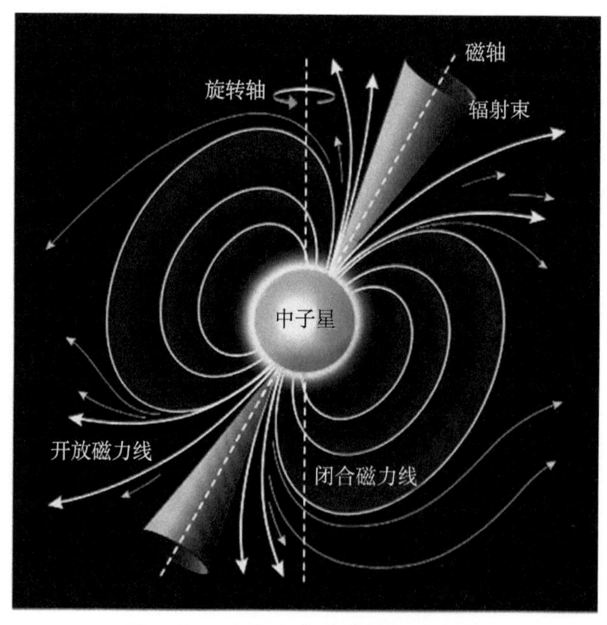

图7-11　中子星产生的磁场与辐射

资料来源：李博文绘。参考《基础天文学》（p. 247）和 *The Search for Infinity*（p.110）

在这巨型粒子加速器中沿着电力线被加速、弯曲，进一步使周围产生大量的高能辐射，如同步辐射 X 射线等（参见本书 3.5 节和 4.5 节）。这样在磁轴周围产生强烈的中心辐射束（紫色）与旋转轴（红色）形成一定夹角。由于中子星沿自转轴不断旋转，辐射束周期性地扫过太空，从地球就会看到周期性的闪光脉冲。这样的闪光第一次被一位年轻的英国剑桥大学的女研究生贝尔（Jocelyn Bell）观察到（图 7-12），后被命名为 CP1919。贝尔每天照例检查 100 英尺（30.48 米），长的图纸以搜寻新的射电源，1967 年的一天她看到了被她称为“一个小颈背”（bit of scruff），即抓提小动物颈部凸起的地方，意思可能是指图纸中一些凸起的信号，但英文也有无价值的意思。她的老师鼓励她继续跟踪这个奇怪的现象。一个月过去了，她没再看到什么，但过后，那怪事情又开始出现了。它每 3/4 秒闪一次，非常有规律，就好像是人为的一样。像是两亿光年外的外星人要同我们约会似的！他们师徒俩根据科幻小说里地外世界的“小绿人”，为它取了个昵称。当他们 1968 年发布这个结果时，她和她的老师安东尼·休伊什（Antony Hewish，图 7-13）还不知道这是什么，但英 1 国天文学家托马斯·戈尔德（Thomas Gold）马上明确指出这是快速旋转的中子星，并命名为脉冲星。安东尼·休伊什因开拓射电天文和发现脉冲星获得 1974 年诺贝尔物理学奖。

图 7-12　贝尔
资料来源：Rubin Seagell

图 7-13　休伊什

再谈一谈贝尔这位 1943 年出生的北爱尔兰姑娘。她早期就从建筑师父亲那里借来的书籍中对天文学有了兴趣，在格拉斯哥大学学习物理时她是班上 50 个学生中唯一的女学生，后来在剑桥大学获得射电天文学博士。1967 年，在她细致、耐心的观察下发现了脉冲星信号，此后她进一步研究 X 射线和 γ 射线天文学。目前，她是英国最大的大学格拉斯哥大学（Glasgow University）的教授。她希望能鼓励更多的女性研究物理。她认为脉冲星仍然是她的“小宝贝”，她还在继续研究。到 20 世纪 90 年代初她还说：“发现它以后又老了 25 年，我猜想任何课题都会越来越老，但是脉冲星一直会令我惊奇的！”这是多么执著的科学精神啊!

到20世纪90年代，已观察到600多个脉冲星。到2002年，发现的脉冲星中脉冲周期在1.5～25毫秒的有75个，包括脉冲周期最短的两个：PSR1913＋16（1.667毫秒，600次/秒）和PSR1937+214（1.558毫秒，642次/秒），而且非常稳定，简直比我们现在最精准的原子钟还要精确。以著名的蟹状星云为例，它既发射X射线，又发射γ射线。图7-14为蟹状星云的脉冲星开始闪烁（开），图7-15为该脉冲星停止闪烁（关）的对比。照片来自爱因斯坦（X射线）天文卫星观测。蟹状星云脉冲星也叫Taurus A，每秒闪烁33次。图7-14中闪烁点周围的浅蓝色的亮团是在远离中子星外的广大区域内多种次级效应所产生的与脉冲星闪光并不同步的连续杂乱辐射。这也都在两张图片中被观察到了。

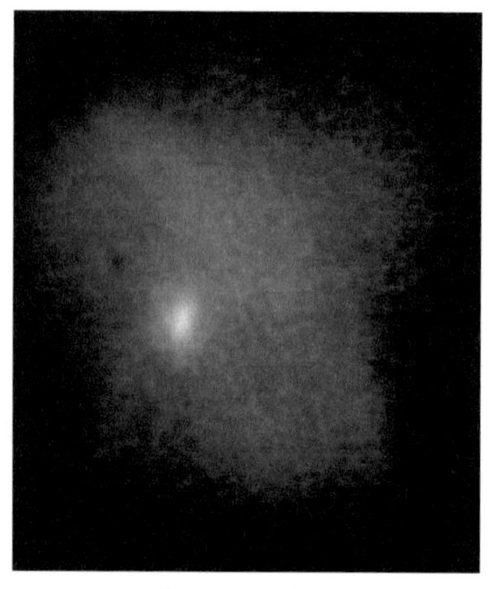
图7-14　蟹状星云的脉冲星闪烁
资料来源：Smithsonian Institution

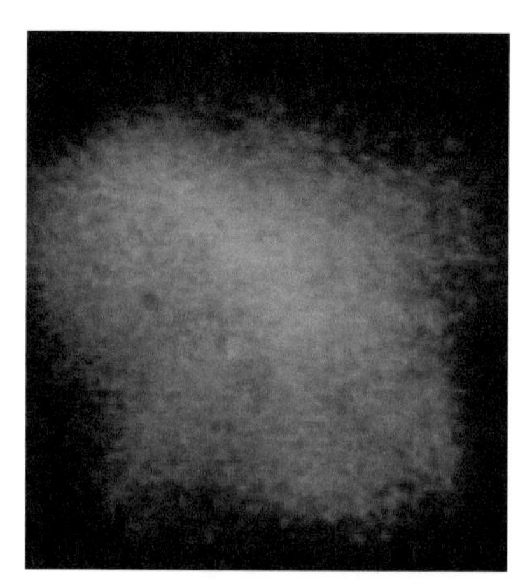
图7-15　蟹状星云的脉冲星不闪烁
资料来源：Smithsonian Institution

1974年，两位美国天文学家泰勒（Joseph H. Taylor，图7-16）和赫尔斯（Russell A. Hulse，图7-17）发现了一个奇怪的脉冲星，就是前面提到的PSR1913＋16，在它的“主旋律”之上还有一个小的“颤音”。这里不只有一颗脉冲星，而是一对星。这个小颤音就是由脉冲星环绕它的非脉冲星伴星来回“荡动”而产生的，它们的轨道半径大概是地月间距，公转周期为8小时。这个紧致的“脉冲双星”是一个非常特别的“天体物理实验室”，可完美地用于检验爱因斯坦广义相对论理论。泰勒和赫尔斯发现这两颗星不断地相互靠近并加快它们的轨道旋转，就像滑冰和芭蕾舞蹈里的竖趾旋转（Pirouette）。这个频率每年加快百万分之76秒。这个效应归根结底来自引力波，即两颗相互距离很近因而吸引力强烈的星星间的时空里所产生的微小涟漪。如同两个正负点电荷间的振荡运动发射电磁波，引力波也类似地发射出去而造成双星系统的能量减少，运动轨道变小，绕转周期变小，频率变大。由于首次观测到爱因斯坦预言的引力波效应，开辟了研究引力新的可能领域，泰勒和赫尔斯获得了 1993 年的诺贝尔物理学奖。这是脉冲星工作的第二次获奖。这个双星系统是两颗中子星。主星中子星的伴星大多为比太阳质量小，但密度很大的白矮星等。图 7-18 所示的是伴星为正常星物质（体积大密度小）的 S433 双星系统，其伴星受到中子星的吸积作用，它的物质流向中子星而形成了吸积盘，产生 X 射线。吸盘受到气流冲击进而促成与吸盘垂直的两个相反方向的含 X 射线的喷流。上面谈到的 PSR1913＋16 射电脉冲星的伴星，即中子星其质量比太阳大，另外，如 PSR9820＋02（周期 1.23 天）和 PSRJ2051-0827（0.099 天，其伴星为中子星）。通过观测这些密度极大的双星系统的相对运动所导致脉冲周期随时间的变化，科学家就可以检测引力波了。

图 7-16　泰勒

图 7-17　赫尔斯

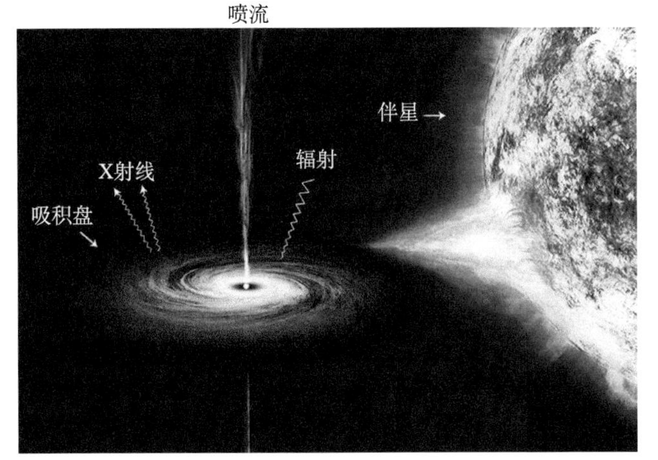

图 7-18　中子星 - 伴星（双星，S433）
资料来源：李博文绘，参考《基础天文学》（p. 249）

到 21 世纪初，科学家们已观测到约 1500 个射电脉冲星。其中 1991 年发现的 PSR1534＋12 比 PSR1913＋16 从观测角度考虑更为有利，其优势是脉冲窄，因而测量时间精度更高。图 7-19 是观测到的晃动的脉冲星景象，其中双星比例约为 5%。

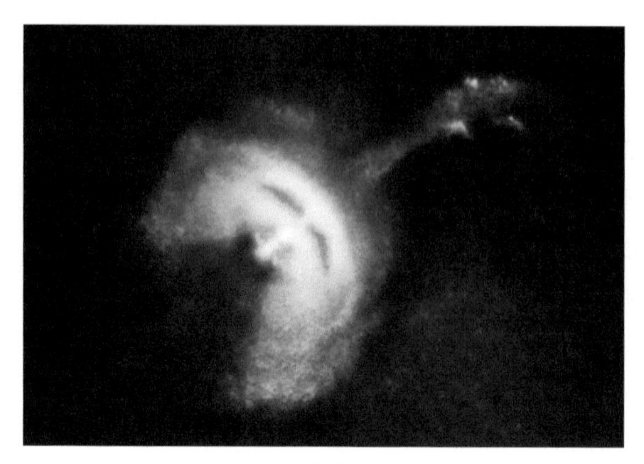

图 7-19　晃动的脉冲星景象
资料来源：National Geography

7.4　中微子天文学的黎明——从超新星来的精灵

从超新星来的精灵

1987 年的一次超新星爆炸的光线到达地球之前的几个小时，日本、美国和苏联的三个地下实验室都突然接收到反常得多的中微子暴，共有 24 个来自银河系外星体爆炸的中微子事例。中微子和太空中的星体爆炸联系上了，由此揭开了天文学的新篇章。它们是怎样的关系呢？前面已经谈过：超新星由于引力而坍缩释放出巨大的能量。把这些能量分配到 3000 亿个银河系内的星体，每个星体接受到相当于 1000 万颗氢弹爆炸的能量。可是，这些能量的 99.99% 都给了中微子。它们是在超新星坍缩时的高温下生成的。尽管中微子通常可以不受阻碍地穿过普通物质，但这些超新星内部的粒子在穿过因爆炸而形成的冲击阻挡层时却颇费周折。由于超新星坍缩的初期有一个很硬的外壳，生成的中微子还只能深藏在外壳内。产生巨大的爆炸以后几秒钟，外层变为对中微子透明了，中微子从而飞入太空。又轻又有高能量的中微子的速度已接近光速，这就很难限制住它们了。虽然超新星本身很亮，但各种辐射只是极其微小的一小部分。只有当巨大的冲击波将核心以外的覆盖层轰击开后，这些辐射才不被遮挡。这样，超新星的亮光才能显现出来。不过中微子在这之前已经飞出去，捷足先登了。图 7-20（a）是哈勃太空望远镜拍摄到的围绕超新星 SN1987A 的光环，其直径为 1.4 光年。这个 1.4 光年直径的环是在超新星最终爆炸 10 000 年前被炸出去的。这些气体正被超新星爆炸后所产生的烈焰照亮（这种两次爆炸的超新星为 1a 型）。图 7-20（b）是 1987～1994 年的这个超新星演变的多幅照片。

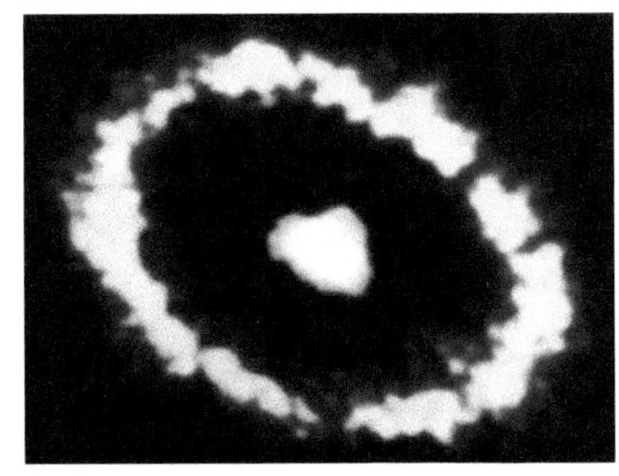

（a）SN1987A 超新星爆炸光环

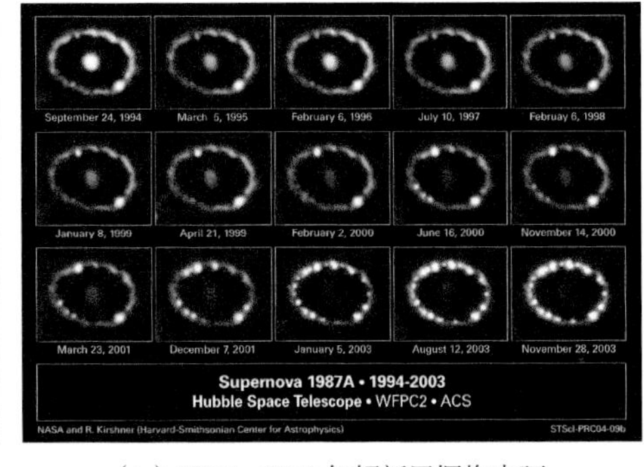

（b）1987～1994 年超新星爆炸光环

图 7-20　超新星爆炸光环

资料来源：NASA

耐心等待稀有事例

1987 年，世界上有几个大型实验室既可以做质子衰变（参见本书 5.5 节）也可以探测从地面以外来的中微子。当由天文学家那里了解到超新星爆发的消息后，这几个实验室都急忙注视起自己的探测器数据来。日本神冈（Kamiokanda）实验组率先于 3 月 10 日报道了于 2 月 23 日观察到超新星爆炸前 3 小时的大量中微子信号。这次爆炸发出了 10^{58} 个中微子。其中有 3×10^{14}（300 万亿）个进入探测器，但是因为它们同探测器介质的作用概率太小，只记录到 11 个事例。但是这已经是惊人的结果。该实验发言人小柴昌俊（图 7-21）获得了 2002 年诺贝尔物理学奖。此后日本断续建成有 2.5 万吨水和 11 000 个光电倍增管的超级神冈（Super Kamiokanda）。继超级神冈之后，日本正计划建造“超超级神冈”（Hyper K），其物质质量将从原来的 2.5 万吨提高到 100 万吨。

图 7-21　小柴昌俊

图 7-22 为日本超级神冈的实验装置。可见 11 000 个大型光电倍增管（直径达 49 厘米），用它们测量在其环绕的水中发出的切伦科夫光（参见 P.276）。

图 7-22　日本超级神冈实验装置
资料来源：东京大学宇宙线研究所神冈宇宙素粒研究设施

很快位于美国俄亥俄州地下 600 米的 7000 吨水探测器中也证实观察到 8 个中微子事例（图 7-23）。此外，苏联的巴喀山中微子观测站也同时看到了 5 个中微子事例。这 24 个中微子的到达时间在一分钟以内。另外，意大利的勃朗峰下的质子衰变实验 NUSEX（参见本书 5.6 节）也报告了 5 个中微子事件，但它们的时间比其他 3 个实验都早了近 3 小时，科学家因而认为它们与 SN1987A 无关，关于它们来自何处，成为一个悬案。

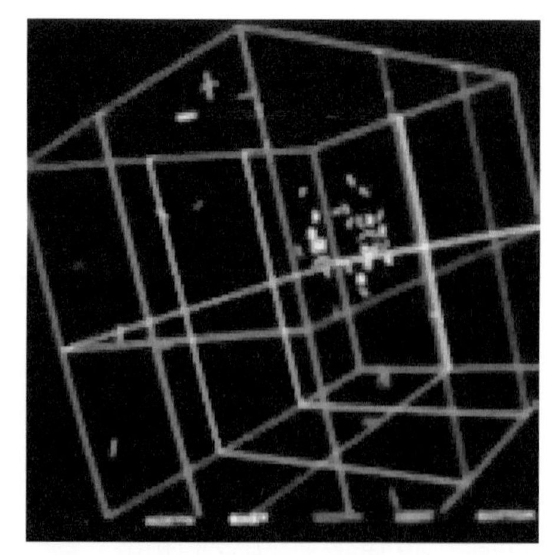

图 7-23　美国俄亥俄州地下水探测器中微子事例
资料来源：Los Alamos National Laboratory

在这里值得一提的是因在超级神冈实验中发现大气中微子振荡，日本的梶田隆章（TaKaoki Kajita）和加拿大的阿瑟麦克唐纳（Arthur B Mcdondld）两位科学家获得了2015年诺贝尔奖。

切伦科夫探测器

因为切伦科夫探测器在上述类型的实验（参见本书7.5节和5.8节等）及其他高能物理实验中很重要，在此稍加介绍是很有必要的（参见本书5.2节）。1934年帕维尔·切伦科夫（Pavel Cherenkov，图7-24）在研究铀盐受到γ射线照射时，发出一种奇特的沿着γ射线导致的康普顿电子方向发射的浅蓝色的光，后由理论物理学家伊利亚·弗兰克（Ilya Frank）和伊戈尔·塔姆（Igor Tamm）用经典电动力学才做出了正确的解释。当一个带电粒子穿过某介质的速度高于光在该介质中的速度时，就会产生一种圆锥状向前传播的电磁辐射。因为利用它既能确定粒子的速度又能确定其位置，在高能粒子探测，特别是鉴别粒子方面特别有用，他们三人因此获得了1958年诺贝尔物理学奖。

图7-24　帕维尔·切伦科夫

这种辐射光是怎样产生的呢？读者先仔细比较一下图7-25（a）和图7-25（b）。带电粒子在介质中运动使介质中的分子瞬时极化，也就是使其附近的分子形成了偶极子。例如，图中的带电粒子带负电荷，则偶极子的正极都趋向入射的带电粒子（反之带正电荷，则偶极子的负极趋向入射粒子）。当粒子过去后，其周围的偶极子就很快地退极化，也就是恢复原来状态。退极化会释放一些能量，但是请读者注意，从图7-25（a）可以看到相对较低速度的粒子，极化的偶极子都是按粒子瞬时位置对称排列的，偶极子正极性都指向带电粒子，因此没有出现按“特定方向的辐射”。然而对图7-25（b），当粒子速度高于介质中光速时，附近极化的偶极子正极都趋向粒子运动方向，它们合成的退极化能量就形成了一种称为圆锥状波前（图7-25）传播的光，这就是切伦科夫辐射。这样就像一辆高于水波传播速度的快艇快速前进时使它两侧传播的水波波前呈现锥状一样。附带举个例子：人们看电视从接收天线（探测器）接收到的就是从瞬变电偶极子似的快速变动的电流辐射出来的电磁波。

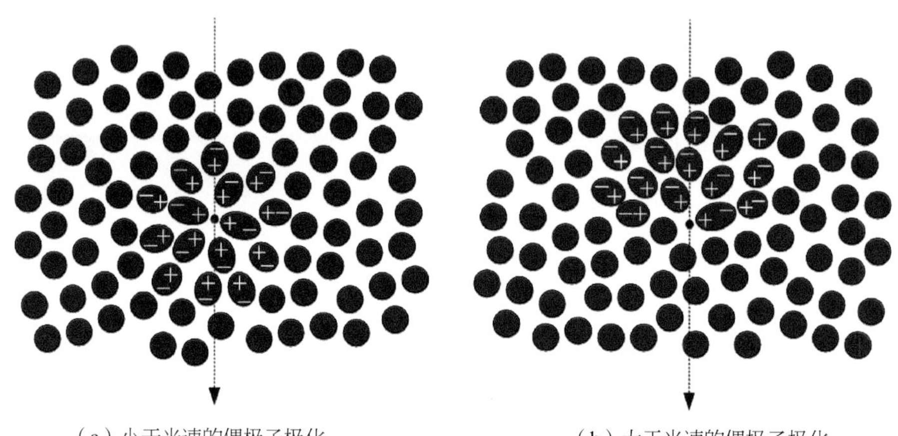

图 7-25　高速粒子导致介质偶极子极化

当高能粒子的速度 v（$\beta=v/c$）超过介质中的光速 c/n 时称为阈值速度（n 为介质的光折射系数），所产生的切伦科夫光按图 7-26 的圆锥角发射，辐射的波长一般在紫外区和紫区，而且波长越短，其强度越大。利用大量的光电倍增管或其他的辐射探测器就可以测得（参见本书 5.2 节），特别是用大量的光电倍增管位置灵敏探测器（参见本书 5.2 节）排成环状等就可以得到粒子的速度和位置信息。切伦科夫探测器有极广泛的用途，如超级神冈实验和南极冰立方实验、大亚湾中微子振荡实验（参见本书 5.8 节）、西藏羊八井及四川稻城 LASSAO 的宇宙射线观测站（参见本书 7.5 节）等都选用了切伦科夫探测器阵列。

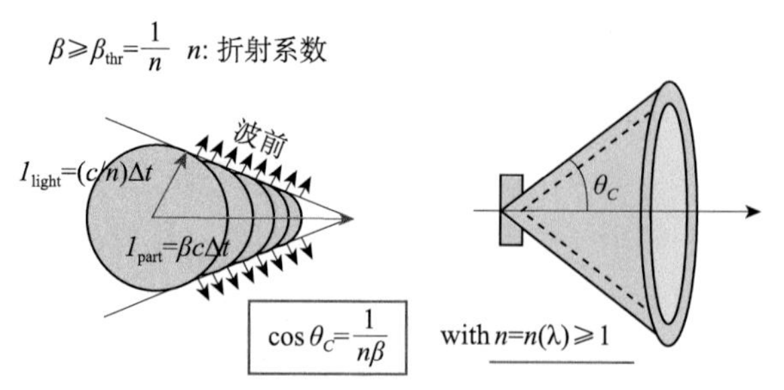

图 7-26　切伦科夫光按圆锥角发射

资料来源：Joram C. 2001. CERN Summer Students Lectures，Particle Detectors

利用带电粒子穿过多层不同介质界面的偶极子极化原理的穿越辐射探测

器限于篇幅不多介绍，读者可参阅有关书籍。

南极的冰体庞然大物——冰立方探测器

前面已经谈到中微子与物质作用概率极低，因此对于从宇宙来的中微子必须用大量物质（如上千米的尺度）才能有效地探测。20 世纪 80~90 年代人们曾经利用海水或湖水在太平洋夏威夷附近开展 DUMAND 实验，在地中海开展 ANTARES 实验、NESTRA 实验，在贝加尔湖开展 BAIKAL 实验。但是水的透明度和稳定性不如冰，科学家开始考虑利用冰。于是 20 世纪末在南极建立的 μ 子与高能中微子阵列 AMANDA 已于 2000 年运行。它由 700 个探测单元组成，置于直径 200 米、高约 1000 米的圆筒内，安装在冰下 1400 米处。它的运行证明了在冰下进行实验的可行性。

2006 年开始建设规模大得多的大型国际合作实验——冰立方（图 7-27）

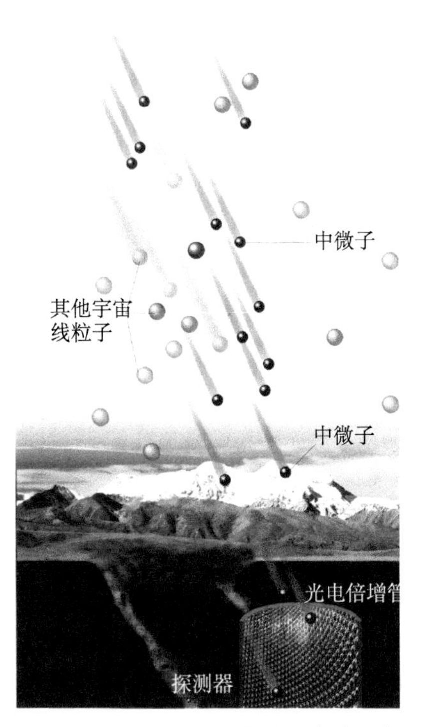

图 7-27　南极冰体宇宙中微子实验示意图

资料来源：Ice Cube Science Team/Francis Halzen；李良 . 2010. "冰立方"：南极冰层下的巨型中微子望远镜 . 现代物理知识，22（5）：3

位于南极附近冰下 1450～2450 米处。在 1 立方千米的六面体内钻 80 个孔（图 7-28）。每个孔内将 60 个切伦科夫探测器模块隔 17 米像糖葫芦一样串成一串送入钻好的冰孔中（图 7-29），用电缆连接起来，将数据等传至冰面测量室。探测器模块共有 4800 个。探测器探测到的主要是蓝色的闪光。冰层的光透过率很好，这是因为在 1400 米以下的深度，冰中的微小气泡因冰的压力消失。这项目前世界最大的宇宙中微子探测装置在 2010 年前已发现几十个中微子。它将对宇宙演化、暗物质、超新星爆发、宇宙中微子（包括穿过地球进

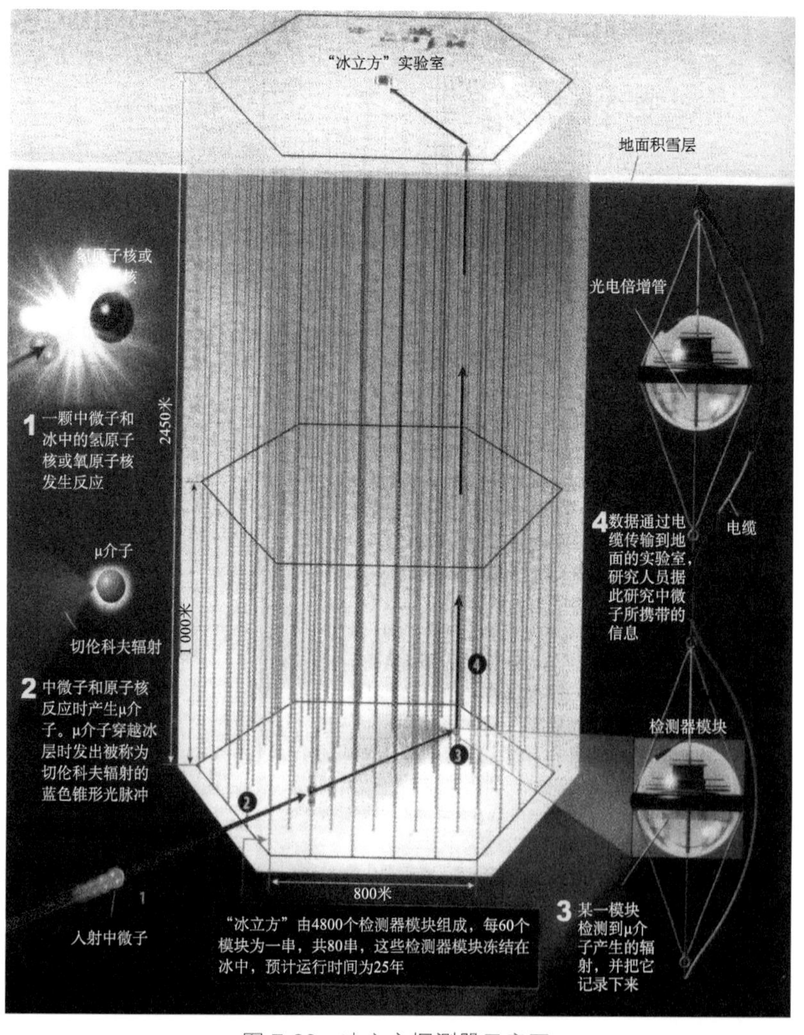

图 7-28　冰立方探测器示意图

资料来源：Ice Cube Science Team/Francis Halzen；李良 . 2010. "冰立方"：南极冰层下的巨型中微子望远镜 . 现代物理知识，22（5）：3

而可以研究其内部）等21世纪的重要课题的研究和发展有重要意义。目前已经取得有价值的结果。近期已在筹备在其核心区建造更为密集的阵列PINGO，其有效物质质量为100万～1000万吨，可以探测中微子的质量顺序等。

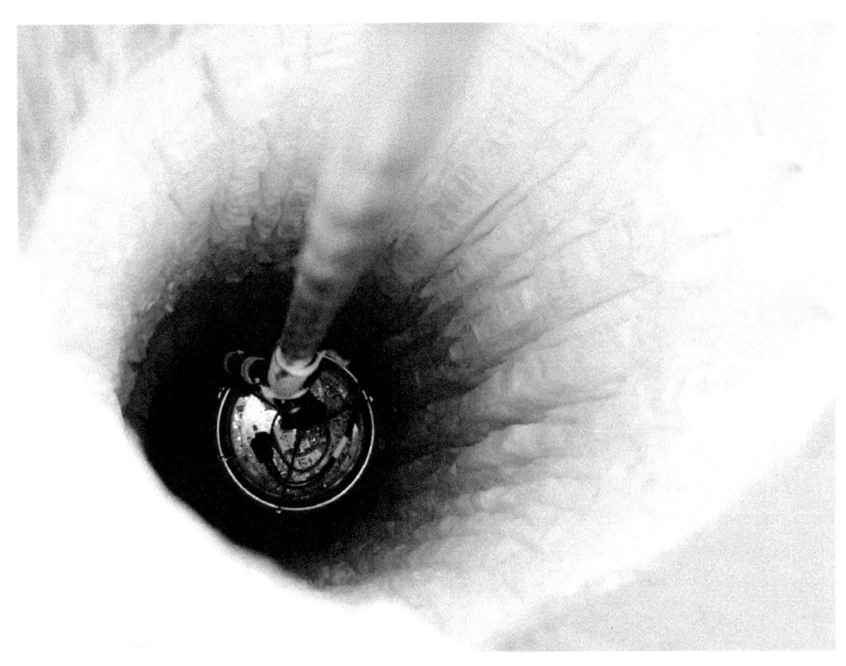

图7-29　冰孔内探测器

资料来源：李良．2010．“冰立方”：南极冰层下的巨型中微子望远镜．现代物理知识．22（5）：3

7.5　宇宙加速器——宇宙射线源及其传播

极高能量的原初宇宙射线粒子是从哪里来的？

天体物理学家长期以来一直不清楚比地面上人造加速器能产生的高能粒子高1000万倍以上的极高能粒子是从哪里来的。1912年，赫斯利用高空气球上的电离计测量到高度越高电离越大的效应，证明存在来自地球外层的辐射，密立根将它们命名为宇宙射线（参见本书3.1节）。此后，在地面上研究已经历了百年，发现了许多新粒子（参见本书3.1节等），并且知道到达地球大气层外的主要是质子（氢核）和氦核，也有约1%的重一些的核和约1%的电子等。这其中的大部分粒子恐怕都是来自银河系。带电粒子于无所不在的银河磁场中回旋并曲折运动。银河系有约 10 万光年的直径，但宇宙射线粒子可以很容易地在其中穿行千万年。当它们来到地球的大气层遇到上层的气体时发生撞击，使它们粉身碎骨，并在大气层中产生次级粒子，像雷阵雨一样降落到地面上。这种过程称为广延大气簇射（参见本书 3.1 节）。

无序的路径

由于宇宙射线的轨道像一团乱麻那样没有头绪，当它们到达地球时，它们几乎在所有方向上的强度都是一样的。这样的混乱使人难以判断它们的本来的方向。根据著名的科学家费米的最早想法，物理学家相信宇宙射线先由低能源发射出来，带电粒子同巨大的磁化云（magnetic cloud）碰撞后反弹出更高的能量，就像从球拍反弹出的快速小球一样。然后通过一系列相同的过程，不断得到加速。

后来的研究进一步发展了费米的理论，人们目前普遍认为宇宙线起源于剧烈的天体演化（如超新星爆发遗迹、伽马射线暴、微类星体和活动星系核的吸积等）并被其产生的激波所加速。激波是由剧烈爆发过程所产生出来的超声速物质和环境中的介质相撞时挤压而成，在这高速运动的薄层里，高温高压使物质电离成为含有湍流的等离子体。当一个带电的粒子和这个激波面相碰时，会被激波里的无规磁场反弹回去。在质心坐标系里这是一个弹性的散射，但在实验室坐标系里看则是激波把一部分机械能传递给了粒子，使粒子得到了加速。由于普遍存在的磁场，一部分粒子又会回转过来形成多次加速。

宇宙射线的起源仍然是一个深深的迷，尤其是极高能的宇宙射线，它们的能量达到 10^{20}eV，千万倍于当今最大的粒子加速器的能量。最新实验结果显示，这些粒子很可能来自我们星系之外。

但是更原初的源头又是从哪里来的呢？对如此高能量的粒子，我们先从熟知的 GeV（10^{9}eV）说起并介绍几个定义：TeV（10^{12}eV）、PeV（10^{15}eV，膝区）、EeV［10^{18} 踝区，截断 GZK（几十个 EeV）］。科学家发现高能粒子到达地面的强度分布大概在 PeV 和 EeV 这两个能量附近随能量增加分别变陡和变缓，就好像人的膝盖和踝关节处似的。至于详细的原因，是科学家还在研究的课题。目前已观测到 3×10^{20}eV 的最高能量的粒子，相当 50 焦，形象地说就是 5 千克的铅球由一米高落到地面时的动能。

超新星爆炸的遗迹

超新星爆发遗迹作为超新星爆发后的残骸一直是天体物理学的重要研究对象。

超新星爆炸产生的激波在星际空间传播，可把粒子加速到相对论级别的能量，这些高能粒子可以发射从低频射电到高频伽玛射线的各个波段的辐射，实现爆炸气体的动能向辐射能的转化，它们提供了有关超新星遗迹各种物理机制和过程的信息。目前一般认为超新星遗迹是银河系内宇宙线的主要起源。

这里介绍一个激波加速宇宙线的典型的例子 RX J1713.7-3946，如图 7-30（a）所示。

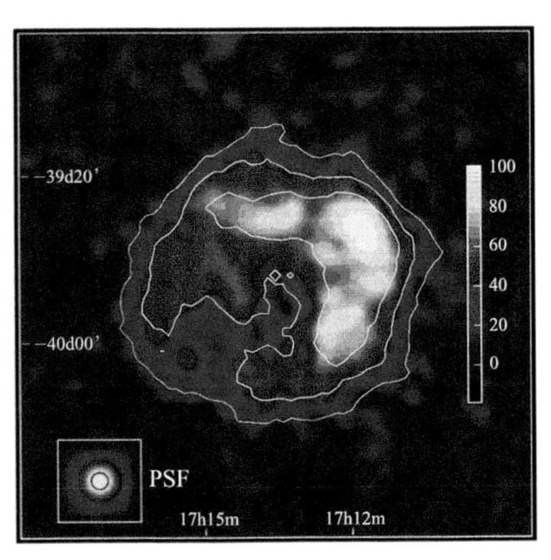

图 7-30（a） RX J1713.7-3946

资料来源：ASCA RX J1713.7-3946

超新星遗迹 RX J1713.7-3946 自 1997 年探测到非热 X 射线辐射以来，一直就是超新星遗迹领域的焦点对象之一。且随着 TeV 辐射的发现，更是成为了研究超新星遗迹上宇宙线加速问题的一个很好"实验室"。这个典型的遗迹，目前继续备受关注。图中黑色等亮度线为探测到 X 射线辐射。

关于蟹状星云，近一千年来记录到的银河系超新星爆炸有 8 次。例如，如图 7-30（b）所示，爆发于 1064 年的距离我们 6500 光年的蟹状星云就是一个超新星的遗迹。它的气球状的气云以每秒 1450 千米的速度向四周喷发。这些气云中的大量电子不断加速，进而可以产生 TeV 级的 γ 射线。蟹状星云的多波段电磁辐射的特殊结构就是来自电子辐射的典型结构。现在已经观测到约 1500 个 GeV 源和约 200 个 TeV 源，这些 TeV 伽玛发射的源基本上都可以解释为高能电子的辐射。（脉冲星的辐射束流参看 7.3 节和图 7.11）。

图 7-30 (b)　1054 年的超新星的爆炸遗迹

资料来源：Hubble Space Telescope，mosaic image/wikipedia

宇宙射线观测

高能宇宙线粒子也可以从星系内的中子星处产生（参见本书 7.3 节）。那里的极高的磁场和旋转速度相当于一个巨大的发电机，可以加速带电粒子。相伴随的 X 射线和高频无线电波也可能产生，如位于我们的银河系边缘距离我们 2.3 万光年的天鹅座（Cygnux）X-3 于 1960 年就发现是 X 射线源，并于 1973 年第一次观察到 X 射线爆发。图 7-31 为用欧洲空间局 1990 年发射的尤利西斯（Ulysses）航天器 1994 年到太阳附近测到高速宇宙射线的次级粒子，其中一类直接来自太阳内，另一类来自星系（图 7-31）。

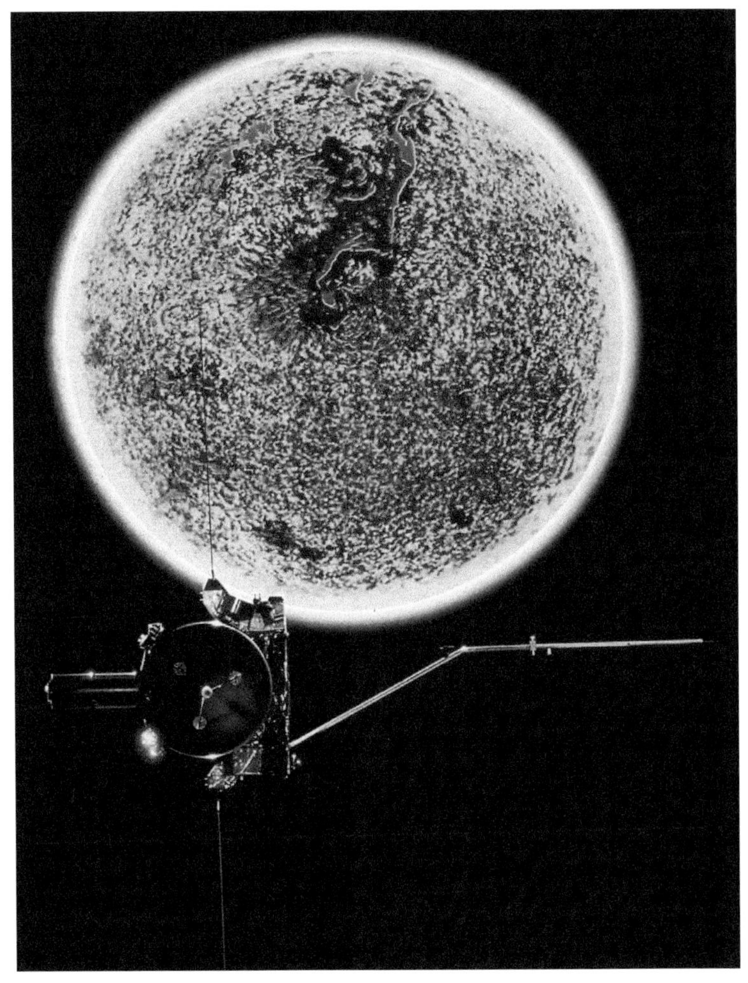

图 7-31　观测高速宇宙射线进入太阳和射出的尤利西斯航天器示意图
资料来源：European Space Agency

图 7-32 是 Fermi 太空 GeV 卫星大型天文望远镜合作组拍摄的太空 GeV 宇宙射线源。图 7-33（a）是世界重要地面多个高能宇宙射线观测装置；图 7-33（b）是积累得到的天体范围的 TeV 级宇宙射线源的综合总结结果。有关内容在本章后几节中还要陆续谈到。

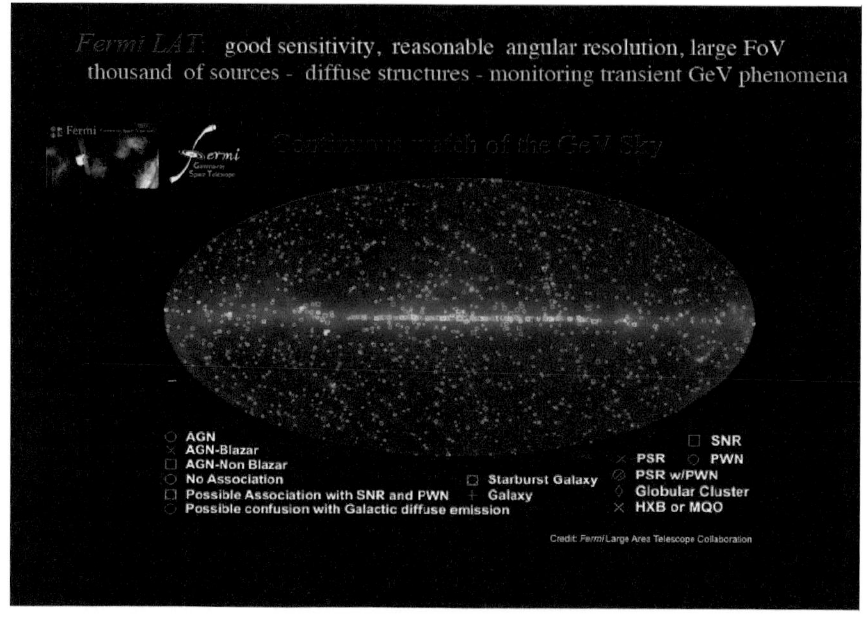

图 7-32 太空 GeV 宇宙射线源

资料来源：Fermi Large Area Telescope Collaboration

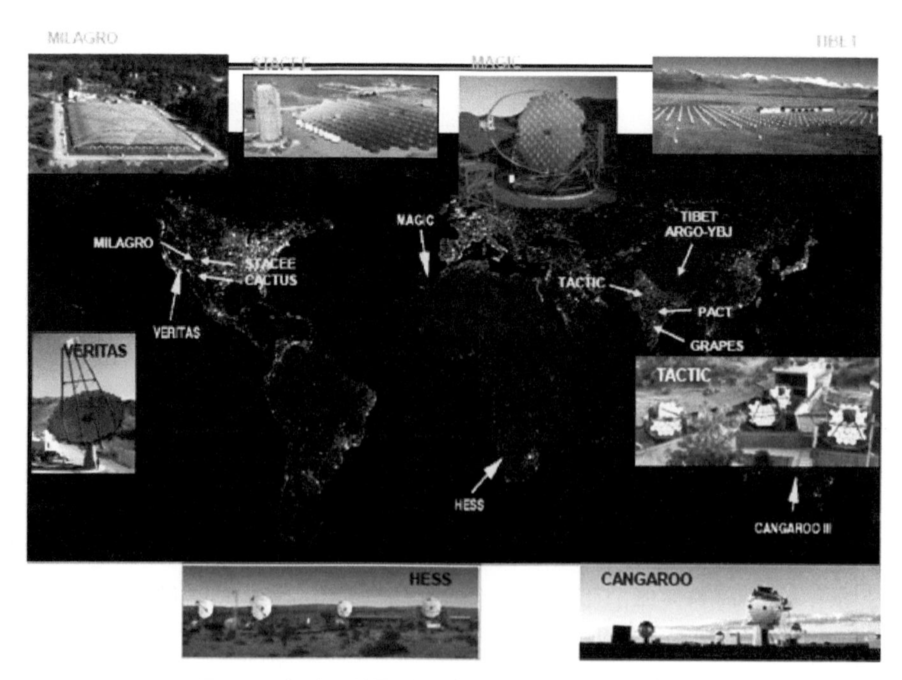

图 7-33（a） 世界重要地面高能宇宙线观测装置

资料来源：Hinton J: Giovanni F. Bignami/NAF

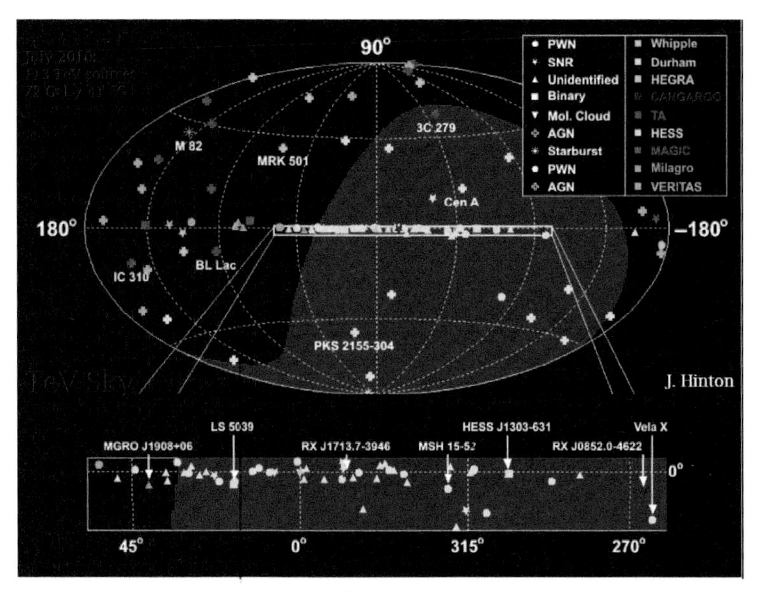

图 7-33（b） 地面测得的天图范围的 TeV 级宇宙射线源

资料来源：Hinton J，Giovanni F Bignami，INAF

我国的西藏羊八井宇宙射线观测站

当今国内外已有数十个地面大型宇宙射线研究装置，利用宇宙射线粒子在大气层中和气体原子产生的广延大气簇射（EAS）以研究原初宇宙射线的各种性质。中国西藏拉萨西北海拔 4300 米的羊八井国际宇宙射线观测站为 EAS 研究中心之一（图 7-34）。

图 7-34 羊八井国际宇宙射线观测站

资料来源：中国科学院高能物理研究所

羊八井宇宙射线观测站位于西藏念青唐古拉山脚下，现在包括两个大型国际合作实验：①中日合作空气簇射（ASγ）宇宙射线实验，主要由约 800 个闪烁计数器阵列组成，覆盖面积约 0.1 平方千米，如图 7-34 中白点所示。

②中意合作（ARGO）实验，主要由7800平方米的阻性板室（参见本书5.2节）组成，每个室体的面积为2～3平方米，整体装置如地毯式，建设在图7-34最右侧的蓝顶大棚内。图7-34下侧蓝色部分为正在升级的地下水切伦科夫探测器。这两个大型国际合作项目作为天体物理基地同时开展了多年观测研究超高能宇宙线及空间天气等方面的研究。该站1995年被美国《科学》杂志列为中国的25个科研基地之一，2002年被科技部列入首批25个野外试点台站之一。

基于羊八井ASγ阵列九年1997～2005年观测，在10^{12}～10^{14}eV能区以1°～0.4°的方向精度积累了370亿个有效的广延大气簇射事例，对阵列有效视场（赤纬-10°～+70°）内的天空做出了迄今国际上最精细的北天区二维宇宙射线强度的各向异性分布图（图7-35）。所得到的宇宙射线等离子体流与太阳一起绕银心共转的结论引起了学界的高度关注，《科学》审稿人给出了“里程碑式的成果”的评价，中国科学院将之评为2006年度十大创新成果之一，写入了《2007科学发展报告》，并且获得第一届“中国百篇最具影响优秀国际学

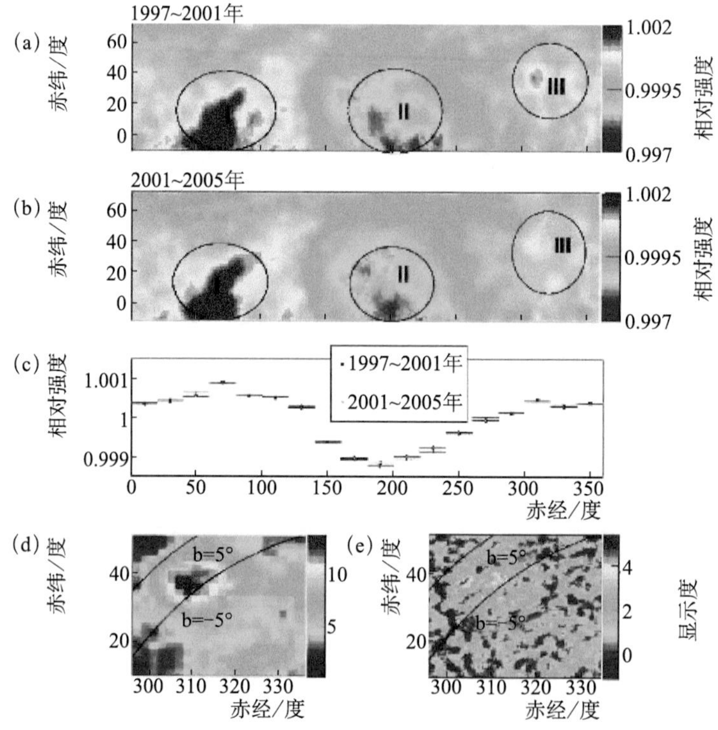

图7-35 羊八井ASγ实验观测到的银河系宇宙射线各向异性结果
资料来源：中国科学院高能物理研究所ASγ组

术论文”。这是羊八井数据绝对优势与研究人员创新思维相结合的结果。

作为羊八井宇宙射线实验的延续，下一代地面大型空气簇射阵列（LHAASO）实验也在建设中。地址在四川西部靠近西藏的稻城，面积约 1 平方千米的广延大气簇射探测器阵列（环形）和 7.8 万平方米（蓝色）γ 射线监测望远镜，如图 7-36 所示，5～8 年建成。羊八井升级与 LHAASO 建成对研究超高能宇宙射线的起源、加速与传播，间接探测暗物质等起到重要作用。

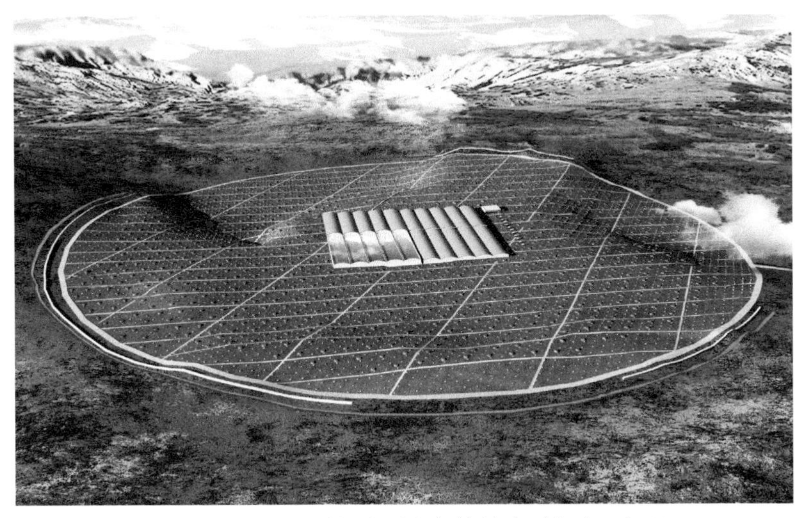

图 7-36　下一代地面大型空气簇射阵列实验示意图
资料来源：中国科学院高能物理研究所

7.6　最后的坍塌——进入黑洞

大质量星体塌缩吞食光子

不同质量的恒星演变的最终命运是不一样的。一些质量很大的星体会因为引力而最后崩溃。它们在结束超新星爆炸之后因为质量太大不会变成白矮星或中子星，而是会变成黑洞。黑洞的引力是如此之大，以至于连光线也逃不出来。这是什么原因呢？我们从地面发射到太空的火箭说起吧！当火箭速度超过或恰好等于每秒 11.2 千米时，它会脱离地球轨道进入太空或绕地球转。但若小于这个速度，则像扔石头一样落回地面。我们称这个速度为“逃逸速度”。类似地推算可得，若能脱离太阳，则要求物体速度大于每秒 620 千米。对于脱离更重的中子星，则要求高于每秒 20 万千米了。1783 年，英国天文学家约翰·米歇尔（John Michell）首先意识到如果一颗星能重到它的逃逸速度超过光速，大家知道光速是每秒 30 万千米，那么这颗星就会看不见了。基于牛顿的理论，光线也是粒子，约翰·米歇尔认为引力会直接影响星体发射的光子并把它们拽回来，他写道，“从这样的天体上发射的光子都会被它强大的引力吸回来”。尽管引力不会改变光速，但米歇尔的结论还是正确的。对质量大的星体，光子作为粒子，就会被拉到星体内，即光被俘获（图 7-37 内白线），另外，图中黑洞内外的引力线（黑色）在塌陷的势井内越来越密集，表明引力越来越大（同电力线表示一样）。根据爱因斯坦的广义相对论理论，在重如恒星的天体旁边，光线沿着弯曲了的空间运动。当数倍于太阳质量的天体，其半径恰等于史瓦西（Schwarz）半径塌缩之后，所产生的引力势井很深，越靠里面的光子越难逃逸出来。即使星体内部发出的光也会都拉回去，以至于在某个半径以内的光子就完全抛不出来了，因而这个天体成为“黑洞”。

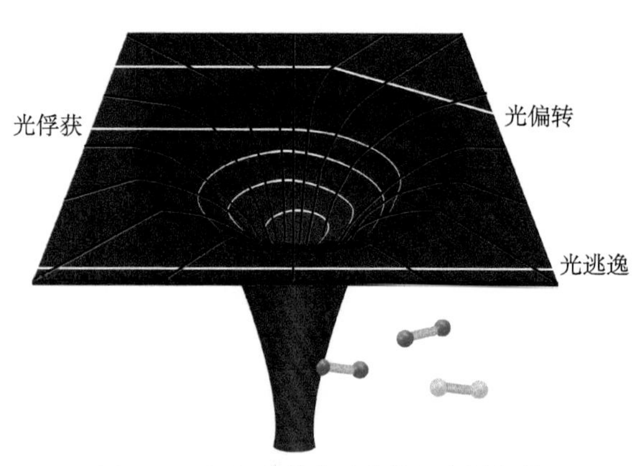

图 7-37　黑洞内外的引力线和光被俘获
资料来源：韩红光绘

这样一个完全引力坍缩的可能性是美国的奥本海默于 1939 年提出的。然而，他认为这只不过是广义相对论方程的一个怪异解，并没有真实物理意义。他本人后来成为领导美国原子弹项目的资深科学家，并没有继续研究这个问题。除了少数黑洞的热衷者，直到 20 世纪 60 年代人们通过新的巡天观测从深空发现令人诧异的强大的引力源，这个被人遗忘的想法才被重新重视。概括地说：坍缩是向内的引力和向外的排斥力的不平衡的对抗所引起的。质量越大的星体引力越大。排斥力则是由热核聚变（参见本书 2.2 节）与类似的中子“简并压”共同产生的。当核聚变燃料耗尽到死亡时，引力远大于排斥力后，大质量的星体坍缩而成黑洞。对小于太阳质量 1.4 倍的星体，电子的简并压力会抵挡引力，衰亡成白矮星（参见本书 7.1 节），大于太阳质量 1.4 倍的星体电子的简并压力也抵挡不住引力，而中子的简并压力还能抵挡下去，且因星体收缩升温，继续热核反应直到中子的简并压力排斥和引力平衡，则形成了中子星。

1969 年，在人们对这种灾变恒星再度感兴趣以后，美国天文学家约翰·惠勒敲定了“黑洞”这个名称。惠勒曾对广义相对论通俗地解释说：“时空告诉物质如何运动，物质告诉时空如何弯曲。”从图 7-37 可以形象地看到，包括各种粒子和辐射的各种物质掉入弯曲的引力网内就再也出不来了，黑洞也可以表述为一个质量密度极大的奇点，被一个半径为史瓦西半径的球即视界所包围。英国牛津的罗杰·彭罗斯和史蒂芬·霍金指出黑洞中包含相对论的一个“奇点”——密度无穷大的一个零点，“奇点”因坍缩和内聚的挤压而成，那里的物理过程无法被预言。作为对比，宇宙大爆炸正是这一灾变过程的逆过程，物理从爆炸中变为现实存在。

事件的视界

一个黑洞深藏于我们的视线之外，隐身于它的“视界”之内。这里的“视界”指的是环绕的一个球体，里面的空间弯曲得如此严重以至于光线和任何其他的东西无法逃逸出来。任何被吸入黑洞的东西也会一直藏身在里面。“视界”也会永久地把黑洞中央的“奇点”摒除在我们的视线之外。

一个落入黑洞的时钟看起来会越走越慢，慢慢地变红变暗，最终从我们的视线里消失。一个物体，在接近黑洞时会被引力扯碎，因为接近黑洞一端的引力会远大于另一端的引力。

比较可能的黑洞候选者

质量大于约十倍太阳质量的恒星有望演化为黑洞的候选者。尽管一个孤立的黑洞是看不见的，但由于黑洞常常会与一颗临近星相互绕行，大跳“双人舞”而泄露其踪迹。有几个可能的黑洞被观测到了，其中最为可能的竞争者就是距离地球 6500 光年远的天鹅座 X-1（图 7-38）。由于它吞食来自一颗绕行伴星的物质，X 射线会在这些物质旋转落入黑洞的过程中发射出来。在许多星系的中心都会隐藏着黑洞，从而成为许多远古恒星的葬身之地。

1915 年，科学家运用爱因斯坦的广义相对论就描绘出光落入重力陷阱的螺旋路径。再推论下去，重量大于太阳 3～10 倍的星体就可能成为一个坍塌的星体。也就是说，越重的星体越容易吞吃附近的小星体。另外，一些老星体，由于其热核反应的能量来源已快耗尽，它的外壳向内塌陷，最后的塌陷也会形成极高密度的黑洞。

黑洞引力如此之大连光也无法逃脱它的吸引，它只吸收物质不吐出物质。后来，霍金提出黑洞不是完全“黑”的。霍金等人提出黑洞包括相对论的“奇点”（Singularity）。近期，一些已经发现了的黑洞，如前述的天鹅座X-1等。图7-39为1999年由哈勃卫星发现的M87中黑洞发出的高速电子。图7-40为2000年由M87中黑洞发出的亚原子－电子喷注。

图7-38　天鹅座X-1和黑洞（小图）
资料来源：NASA

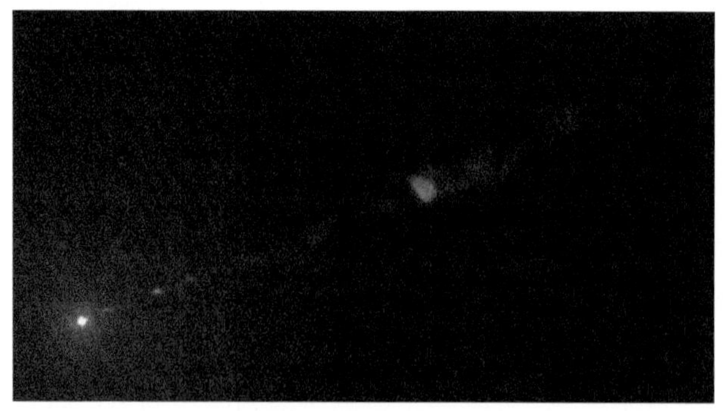

图7-39　M87中黑洞发出的高速电子
资料来源：NASA

图7-40　M87中黑洞发出的亚原子－电子喷注
资料来源：NASA

7.7 黑洞还是“灰洞”

黑洞的提出和热力学

20世纪产生了两大物理理论，即用于描述宏观引力的广义相对论和描述微观运动过程的量子力学，但它们是完全风马牛不相及的两套理论，又曾是相互抵制的两大阵营。亚原子世界如原子、核、夸克等都用的是量子理论，而爱因斯坦的广义相对论适用于极大尺度的宇宙学。直到20世纪60年代，是黑洞唤醒了物理学家的丰富想象力，黑洞其实可以辐射，黑洞不黑。是黑洞的革命性想法把广义相对论和量子力学最终联系到了一起。

一方面黑洞像咒语一样制造着麻烦，另一方面它初登物理学的舞台之后就数次呼唤理性的反思和提出杰出的思想。

其复杂性和新颖性是由有丰富想象力的史蒂芬·霍金（图7-41）于1970年出于解决黑洞问题的各种矛盾而提出的。由前面一节大家已经了解，黑洞是由质量足够大的恒星在核聚变反应的燃料耗尽而死亡后，发生引力坍缩而形成的。黑洞不断吞噬它外面的一切物质，包括各种星体和光。就像一个真空清洁工一样将外太空清理干净。但是这就违背了热力学基本定律熵增原理，也就是说所有的闭合系统都应该是逐步“无序化”的。但是太空清理干净不就是意味着整齐有序了吗？熵是一个很重要的物理量，在热力学中总要用到它。这里简单地说一下：自然界中，你最熟悉的例子，如你用手摩擦物体会使物体发热，但是绝不可能倒过来，也就是热不会再变成你手的机械运动动作——热不能变成机械功，这就是熵增原理。换句话说，有序化（机械运动）可转换成无序（分子杂乱的热运动），但不可逆。

图7-41　史蒂芬·霍金

这个“无序化”与“清理干净有序化”的悖论是在思想丰富的霍金深入思考黑洞以后开始解决的。20世纪70年代，霍金考虑到，既然黑洞因吸食了物质而变得越来越重，视界会相应变大，因而视界的大小反映出黑洞的胃口。普林斯顿的雅各布·伯肯斯坦（Jacob Bekenstein）受霍金思想的启发提出视界是测量黑洞内部隐秘无序世界的参数。

但是这又出现了一个新问题：熵和温度是密切相关联的两个物理量。如果黑洞有熵，它就应该有温度，一个物体有温度，它就应该有辐射，即便是黑洞，它也必须发射出些什么东西来。无序化越高即熵增，则温度越高就越要向外部辐射。1973 年，在前往莫斯科的旅途中，通过与苏联宇宙学家的讨论，霍金确信通过量子力学的魔力可以揭开问题的谜底。

测不准关系与霍金辐射

霍金于是想到了前面介绍过的海森堡的量子力学测不准关系（见第一部分），即能测准坐标和动量中的一个就测不准另一个。同样地，能量和时间也是如此。这样一来，在很短的时间内真空里就有可能突然出现许多量子的焰火，出现带有相当大能量的一对粒子。我们姑且把它们称作“借来的”能量“火花”。它们闪耀得太快，以致自然界无法注意到。如果这样的火花出现在黑洞的附近，巨大的引力就会影响到能量收支平衡了。比如，产生了一对正反粒子，如果它们都落入到黑洞里面，那么就没人会注意到。但倘若仅有一个粒子掉进去了，那么黑洞就承担了能量的“借账”，而另一个粒子突然获得了自由。对于远离黑洞的观测者而言，这就好像是黑洞辐射出了一个粒子。在图 7-37，大家还可以看到在黑洞边界上画了几个正反粒子就表示瞬时产生的一对正反粒子，恰好其中一个跳出黑洞的边界，又落回黑洞，而另外一个则跳出了黑洞，这就相当于它们在黑洞边出现时，就好像黑洞有辐射，一些粒子已经飞出去了。这就是所谓的“霍金辐射”。这里，我们稍微回忆一下，20 世纪初期，由于注意到电子环绕原子核做轨道运动是不可能的，因为按照经典电磁理论，电子的圆周运动会自然地消耗能量（自能效应），因而会速度越来越小而最终沿螺旋轨道吸附到原子核上。这个矛盾被玻尔提出的轨道量子化而解决，并同当时测量到的氢光谱的断续谱线十分一致。类似于这里的量子化问题，也正是用了测不准关系及正反粒子产生的量子理论解决了霍金辐射问题。

黑洞与量子效应

读者也会想：在宇宙的黑洞里，也会有量子效应吧！富于想象的霍金正是这样思索的：黑洞由于“蒸发”辐射，会越来越小和越来越热。1971 年，还在黑洞的早期研究中，霍金大胆地建议说，大爆炸初期由于温度和压强的局部聚集可以产生尺度只有 10^{-13} 厘米大小的黑洞，其大小同质子相当，而重达数百万吨。他还通过计算得出，黑洞的温度同尺度成反比，即尺度越小温度越高，也就辐射越多。最后微小的黑洞就会产生巨大的爆炸，不断辐射而最后死亡。一些实验在寻找这些火焰，但尚没有观测到令人信服的信号。

图 7-42 是使用哈勃太空望远镜观察到的黑洞图像，一个 400 光年跨度的包含热气和灰尘的大火盘，围绕着 VIRGO 星系群中的 NGC4261 活动星系，其中心部分包括不断吸收外部能量和物质的黑洞。

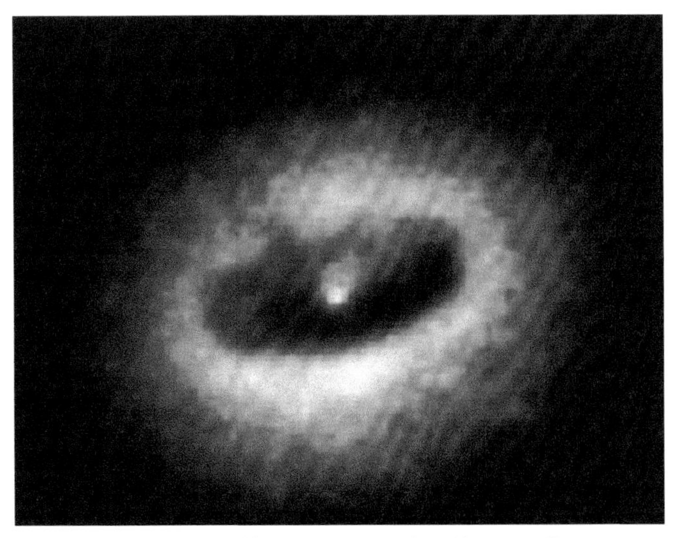

图 7-42　哈勃太空望远镜观察到的黑洞图像
资料来源：NASA

说到此，我们已经知道：恒星的质量是它死亡的重要条件。当恒星质量大于 3 倍太阳质量，就会无阻碍地坍缩成黑洞而再不可见；对质量为 1.4～3 倍太阳质量的恒星，其电子和氢核组成中子，中子之间因费米统计原因产生的简并排斥力会阻止继续坍缩以致形不成黑洞，这就是中子星；对质量小于 1.4 倍太阳质量的恒星，其气云中的电子的斥力足够大以至能够阻止这个恒星继续坍缩，就演化为白矮星。这些在本书 7.1 节的恒星演化图中已有初步介绍，这里作一简要归纳看来是有意义的。

是“灰洞”吗？

其实，早在 2004 年霍金就曾做出过类似表述。当年 7 月 21 日，霍金在第17届国际广义相对论和万有引力大会上指出，黑洞并非如他和其他大多数物理学家以前认为的那样，对其周围的一切“完全吞噬”，事实上被吸入黑洞深处的物质的某些信息可能会在某个时候释放出来。

霍金的最新“灰洞”理论认为，物质和能量在被黑洞困住一段时间以后，又会被重新释放到宇宙中。他在论文中承认，自己最初有关视界的认识是有缺陷的，光线其实是可以穿越视界的。当光线逃离黑洞核心时，它的运动就像人在跑步机上奔跑一样，慢慢地通过向外辐射而收缩。经典黑洞理论认为，任何物质和辐射都不能逃离黑洞，而量子力学理论表明，能量和信息是可以从黑洞中逃离出来的。霍金同时指出，对于这种逃离过程的解释需要一个能够将重力和其他基本力成功融合的理论。在过去近一百年间，物理学界没有人解释这一过程。

现在看来，霍金终于给了这个当年自相矛盾的观点一个更具有说服力的答案。霍金称，黑洞从来都不会完全关闭自身，它们在一段漫长的时间里逐步向外界辐射出越来越多的热量，随后黑洞将最终开放自己并释放出其中包含的物质信息。

7.8 太空中的大眼睛——哈勃太空望远镜和它看到的

第一次不受大气层阻挡的太空观测

人们在地面通过大气层观测太空，就像鱼儿从水下看天空一样，或是有如我们从游泳池的池底观鸟一样。大气层使银河系等星体来的光线变得模糊和闪烁，即使在高山上观测也因为大气层的遮挡总是显得模糊，因此大气层外的太空观测就十分重要了。从可见光波段的太空望远镜开始，下面三节我们将从几个不同波段的太空设备的角度了解宇宙。

1990年，哈勃太空望远镜由航天飞机携带进入太空，它的长期运行使得人类得到大量的宇宙知识（图7-43、图7-44）。

图 7-43　哈勃太空望远镜
资料来源：NASA

图 7-44　哈勃太空望远镜近观
资料来源：NASA

1990 年 4 月 24 日 11 吨重、直径 2.4 米的哈勃太空望远镜在距地面 610 千米的太空巡游并开始工作，天文学家多年的梦想终于实现了。为它进行的设计和装置可以使图像很清晰，10 倍于以往的望远镜。但开始阶段由于发生于主镜镜面的一个错误结果图像效果并不太理想，此外，一个机械问题还造成了太阳能电池板的晃动。但经过复杂的图像处理和飞船控制，这些问题得以弥补，因而在运行的头三年里哈勃太空望远镜仍获得了大丰收，如发现了几个超大质量黑洞存在的无可辩驳的线索，还有令人惊奇的猎户座奥利翁星云（Orion Nebula）特写并观测到其气体云里新星的诞生。1993 年 6 月，哈勃太空望远镜发现从猎户座奥利翁星云中诞生的新星发射出的高速气体喷注，它产生的冲击波使一大片被称为奈尔比锡 - 哈诺 No.2（Nerbig-Hano No.2）的气体云被“热化”。这一壮丽的镜头让天文学家史无前例地看到了恒星形成过程的刹那一刻。哈勃太空望远镜还细致观测了被称为 Veil 星云的天鹅环中的超新星遗迹；看到 2 亿光年远的由两个星系“碰撞”而产生的巨大的星群集中的现象——属于“星爆星系”（starburst galaxy）；1992 年 2 月，哈勃太空望远镜在 Cygni1992 新星方向看到了膨胀中的气体环，直径达到太阳系直径的 400 倍——这是发生在白矮星表面上的一次热核爆炸事件。

引力透镜和“爱因斯坦十字”

一个最为引人注意的哈勃照片就是那张所谓的“爱因斯坦十字”（图 7-45）：

当光线由 80 亿光年远处的类星体发出后，在离银河系 4 亿光年处擦过一个星系，这时光线的方向发生了弯曲。我们在地球上看到的是四个类星体的图像，另外中间还有一个前景星系，这就是爱因斯坦所预期的引力透镜现象。光通过大而重的物体，如一些星体或银河系，就会弯曲，利用这一效应可以观测很亮的星体前面的那些本来会无法观测到的天体（参见本书 8.4 节）。引力透镜现在也是研究暗物质和宇宙演化的一个重要手段。

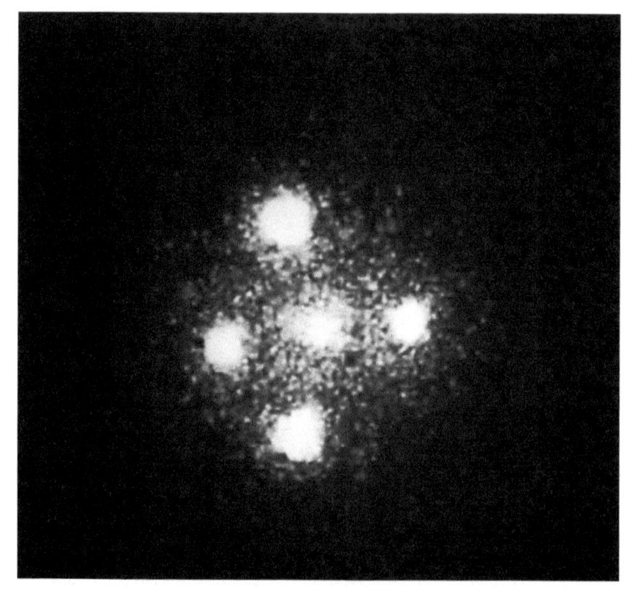

图 7-45 “爱因斯坦十字”
资料来源：NASA/ESA/STSeI

高清晰度的螺旋形星系 M100 图像

1993 年 12 月，“奋进号”航天飞机上勇敢的宇航员为哈勃太空望远镜安装了用于修正模糊图像的光学装置和新的太阳能电池板。在 1994 年 1 月首次发表哈勃太空望远镜的新结果时，美国空间望远镜科学研究所的克里斯托夫·伯罗称此结果为：镜面的一个小改变，天文学的一次大飞跃。这的确是一次很大的进步：观察到一个活跃的处于几千万光年远的 M100 巨大的螺旋形星系的图像（图 7-46），其清晰度堪比以往拍摄的少数几个位于本征星系群里的星系照片高，而要知道 M100 星系要比我们所处的本征星系群里的星系距离远 10 倍呢！

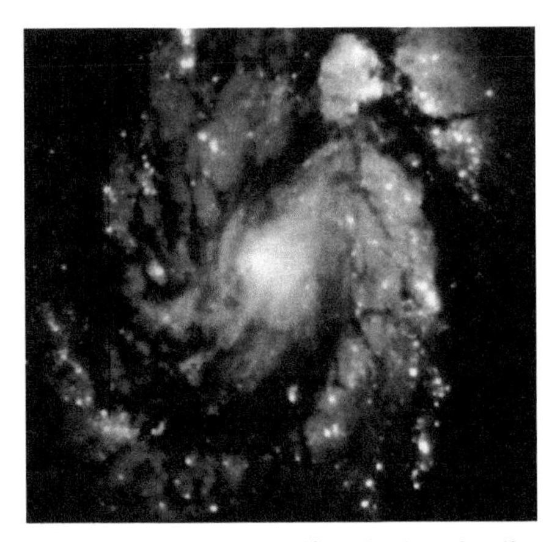

图 7-46　M100 巨大的螺旋形星系图像

资料来源：NASA

超新星爆发遗迹

图 7-47 是一个由哈勃太空望远镜拍摄的超新星爆发遗迹——女巫头星云 IC2118。另外，本书 7.4 节中的图 7-20（b）揭示出的 SN1987 超新星爆发 1994 年 9 月到 2003 年 11 月阶段演变景象的 15 张照片，对爆发过程的研究有重要意义。

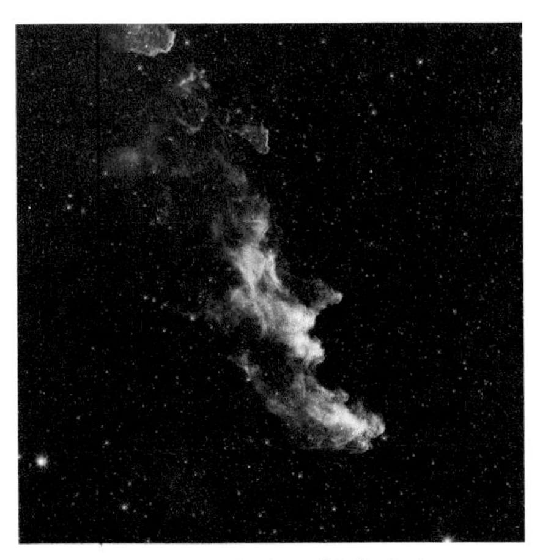

图 7-47　超新星爆发遗迹

资料来源：NASA

其他用哈勃太空望远镜拍摄的图像

1995～2011 年还有一系列的结果。例如，图 7-48 为蟹状星云；图 7-49 为

2000 年观测到的星云环（nebula ring）；图 7-50 为 2000 年观测到的 M16 天鹰座星云（Eagal Nebula）中的一些新形成的恒星；图 7-51 为 2004 年极端深度区域的（ultra-deep field closeup）星体群。

本节仅仅列举了几个典型的例子，用哈勃太空望远镜得到的结果在其他节中也有介绍（参见本书 6.3 节等）。还有很多用哈勃太空望远镜拍摄的图像，对了解太空都有重要意义。应该说哈勃太空望远镜已经立下了汗马功劳。

图 7-48　蟹状星云

资料来源：NASA

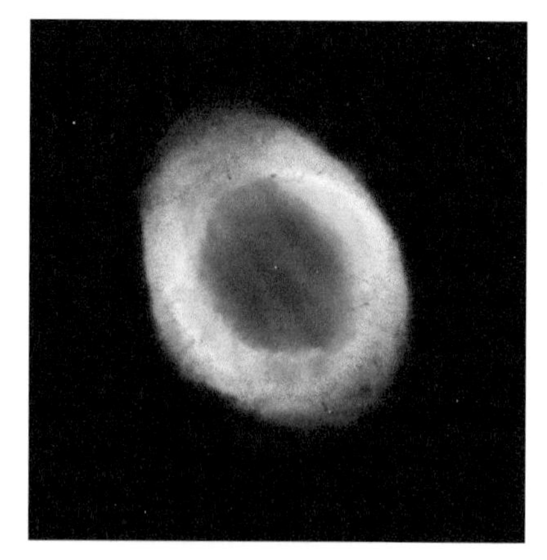

图 7-49　星云环

资料来源：NASA

图 7-50　M16 天鹰座星云和新形成的恒星

资料来源：NASA

图 7-51　极端深度区域的星体群

资料来源：NASA

7.9 狂暴的太空——远紫外线和 X 射线的观测

太空中的电磁波

可见光在电磁辐射宽阔的谱中只是极窄的一段（电磁辐射各种波段详见本书 1.1 节）。上一节的哈勃太空望远镜是在可见光波段。这两节我们重点了解非可见光波段电磁波的太空装置和一些观测结果。可以说，近年来发展了各种“颜色”的大眼睛，也就是各种波段的探测器，它们使我们眼花缭乱。原来太空如此光彩夺目，还有极为壮丽的非可见光的宇宙！我们可以用凡胎肉眼之外的“目力”看到宇宙中更加“狂暴”的那一面，真是“狂暴的太空”！图 7-52 是不同波段的电磁波在大气层里的透过率。所覆盖的波长范围从无线电波（米，射电）、微波（厘米、毫米）、红外（微米，热辐射）、可见光（300～800 纳米）、紫外、X 射线到 γ 射线。

图 7-52 各种波长范围及其大气透明率

资料来源：Bignami Report at IHEP. Beijing，2012

非可见光天文学时代可以说是从 1931 年美国贝尔实验室的卡尔·简斯基（Karl Jansky）开始的，他在无线电通信工作中探测到了由银河系中心发来的奇怪的噪声。但是他的这一篇题为“地球外起源的电干扰”的报告并未引起注意。得益于第二次世界大战的雷达先进技术，射电天文学得到了飞速发展。电磁辐射射电波段开辟了观测宇宙的一个新的窗口，观测到许多重要的结果，如类星体和微波背景辐射等。

红外线和紫外线的太空景象

什么是“热宇宙”呢？射电天文学的巨大成功鼓励天文学家进一步探索无线电波段以外的电磁辐射领域，首先是红外线波段。虽然它容易被大气吸收，但是在高山上或太空探测就没有问题了。红外线波也称“热辐射”。人体能感受到并自身向周围发射的就是这一波段的电磁波，就是热的感觉，因此得名。前节提到过的离我们1500光年的猎户座星云，用红外望远镜去观测，得到的照片如图7-53所示。猎户座奥利翁星云图中用不同的颜色表示温度，其中红色部分为较冷的区域，白色和蓝色部分为较热的区域，白色区域内有新星群诞生。

图7-54是1990年美国“哥伦比亚”号航天飞机上的紫外线图像望远镜装置拍摄到的M81漩涡状大熊星座，它离我们1000万光年。从图像中可以看到星体形成和漩涡臂的扇出结构。

图7-53　奥利翁星云的红外线景象
资料来源：European Southern Observatory ESO/MPG telescope

图7-54　1000万光年远的大熊星座M81
资料来源：NASA

比可见光更短的紫外光区的太空成功观测开始于1978年发射的国际紫外线探索者（International Ultra Violet Explorer，IUE）。这是真正研究热暴宇宙的起点。

X射线天文的太空观测装置和结果

“热宇宙”的范围可以延伸到探测由几百万摄氏度的高温直到X射线和γ射线的辐射。关于X射线探测可以追溯到1948年，那时美国科学家利用德国的V-2火箭并装上X射线装置，观测到了太阳发出的X射线（图7-55）。

1962年，美国科学家利用探测火箭在研究太阳发射的高能粒子轰击月球的效应时，无意中发现远处有预料之外的X射线星体，被命名为天蝎-X1。要知道，那时候许多天文学家还拒不相信天体会发出X射线呢。此后，许多

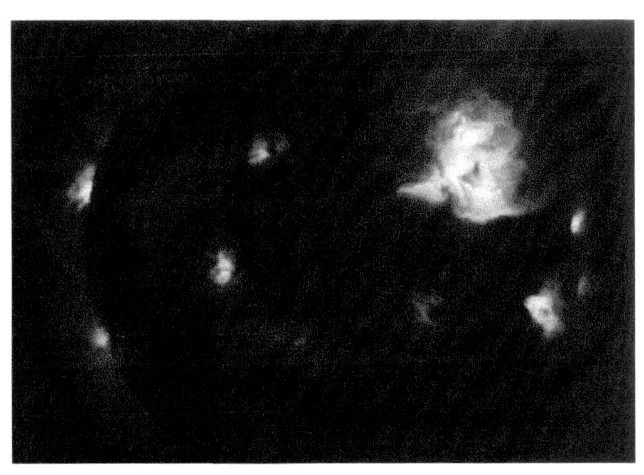

图 7-55　太阳发出的 X 射线
资料来源：NASA

天文学家开始相信宇宙中存在发射 X 射线的星体。也就在 20 世纪 60 年代，又有几颗这种 X 射线的星体被发现。受到这样的激励，美国国家航空航天局于 1970 年发射了第一颗专门探测 X 射线的名为 UHURU（非洲斯瓦希里语里自由的意思）的人造卫星。到 70 年代末，已经记录到 1000 多个这类 X 射线天体。

图 7-56 显示了 1975～2000 年前后几个从远紫外到 X 射线再到 γ 射线的装置。从 ROSAT（图 7-57）装置观测到的 3 个较软的 X 射线波段（0.25 keV、0.5 keV、0.75 keV）全太空分布如图 7-58 所示。

值得一提的是，日本研制的 X 射线极化实验选用了特殊的精密液晶基板（LCP）的 GEM 探测器（参见本书第 5.2 节），已经进行太空测量（图 7-59）。

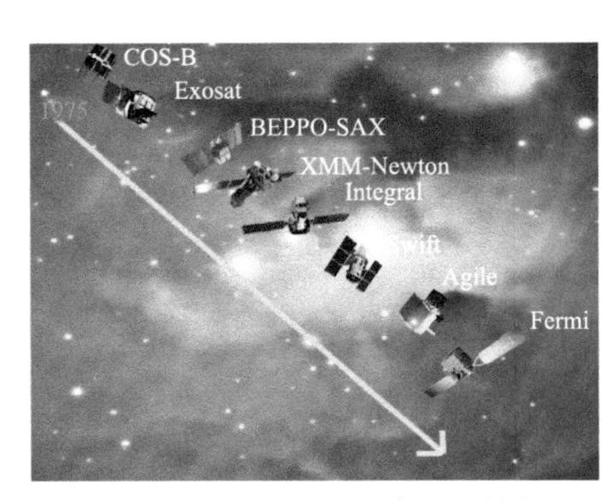

图 7-56　几个从远紫外到 X 射线和 γ 射线的装置
资料来源：Bignami Report at IHEP. Beijing，2012

图 7-57　ROSAT 卫星
资料来源：Bignami Report at IHEP. Beijing，2012

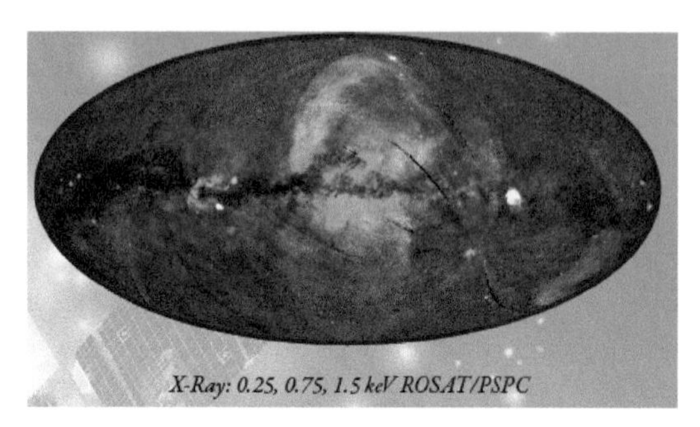

图 7-58　用 ROSAT 卫星观测到的 X 射线分布
资料来源：Bignami Report at IHEP. Beijing，2012

图 7-59　日本 X 射线极化测量卫星
资料来源：MPGD Conference Kobe Japan，2013

我国的硬 X 射线调制望远镜

我国已研制成功重点探测硬 X 射线调制望远镜（HXMT）（图 7-60），这是我国第一个天文卫星上的宽波段高灵敏度 X 射线巡天成像探测器。它是一套灵敏度、分辨本领相当好的空间硬 X 射线调制望远镜，2017 年 6 月 15 日升空（图 7-61）。其轨道距离地面 600 千米，重点观测中子星等短时标光变与能谱等。它的主要部件包括测量高、中、低能 X 射线三部分。高能 X 射线探测器（HE）由 18 套碘化钠和碘化铯双层闪烁晶体和光电倍增管组成（参见本书 5.2 节），测量 20～250 keV 的硬 X 射线，并在其前部用高原子序数的钽（Ta）金属筒状准直器收集一定方向与屏蔽其他方向的 X 射线，加以周围的塑料闪烁探测器利用反符合技术以剔除出带电粒子（参见本书 5.2 节）；中能部分（ME）由 864 片硅光电二极管（Si-Pin）组成，测量 5～30 keV 的 X 射线；

低能部分（LE）由扫描式电荷耦合器件（SCD）组成，测量能量为 1～15 keV 的光子，需处于低温系统内才能保证测量精度。2000 年立项以来已全部完成研制，即将取得重要数据。

图 7-60　硬 X 射线调制望远镜
资料来源：中国科学院高能物理研究所

图 7-61　硬 X 射线调制望远镜运行示意图
资料来源：张闯．2013．我国物质结构研究的大型实验平台（续）——天文观测设施．现代物理知识，25（2）：33

我国登月的 X 射线探测器

我国已在 2007 年“嫦娥一号”第一次登月成功，由中国科学院高能物理研究所研制的 10～60 keV X 射线谱仪和软 X 射线探测器填补了在国际方面环月的该能段的空白。测量到铬元素的特征谱和铝元素的全月分布图，如图 7-62 所示。另外，在“嫦娥三号”上的粒子激发 X 射线谱仪（图 7-63）已经研制成功。

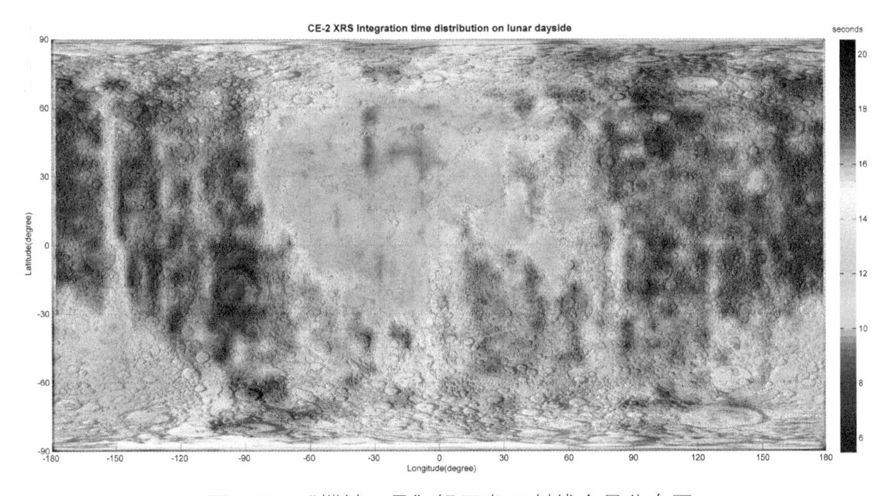

图 7-62　“嫦娥一号”铝元素 X 射线全月分布图
资料来源：中国科学院高能物理研究所

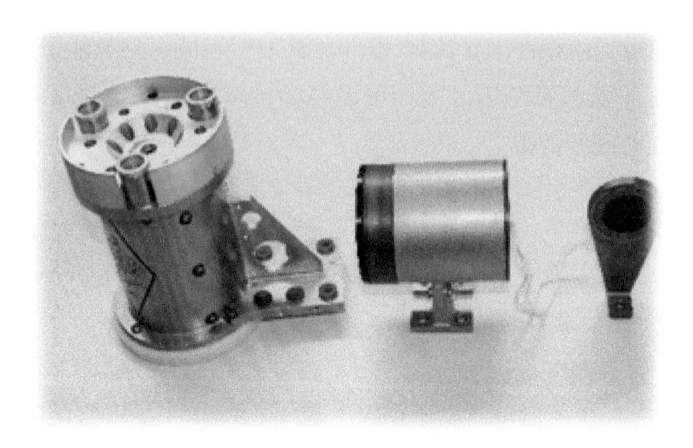

图 7-63 “嫦娥三号”卫星上的粒子激发 X 射线谱仪
资料来源：中国科学院高能物理研究所

7.10 神秘的太空γ射线与γ暴

γ射线来自何处?

高能γ射线几乎在所有的宇宙过程中都出现，如超新星爆发、强磁场中的粒子加速、物质－反物质湮灭，以及从中子星、黑洞、活跃的银河系核心区等发出的辐射，而且它出现得比较频繁。而在这个波段最为奇特的现象被称为γ暴，即在很短的时间内发出的强度比较大的γ射线流，它们随机出现，瞬时的持续时间从 1/100 秒到 1000 秒不等。γ暴最早由美国的间谍卫星 Vela 于 1967 年发现，该卫星原来是用于监测人类核试验的。

40 年来的γ射线观测

40 年来，从 1972 年小天文卫星（SAS）到 2010 年的 Fermi/GLAST 多用途大型装置都对γ射线做了大量观测，如图 7-64 所示。早在 1973 年就观测到很活跃的γ源，称为 GEMINGA，由 NASA 的小天文卫星（SAS-2）观测到。现在人们已经知道它是一个脉冲星γ源。

由图 7-65 可见，40 年来 50 MeV 以上γ射线源的测量数据分别为：SAS-2（1972～1973 年，1.17 万个），COS-B（1975～1982 年，20.7 万个），EGRET（1990～1998 年，115 万个），Fermi/GLAST（2008～2012 年，4311 万个）。即在 40 年内增加了约 4000 倍。

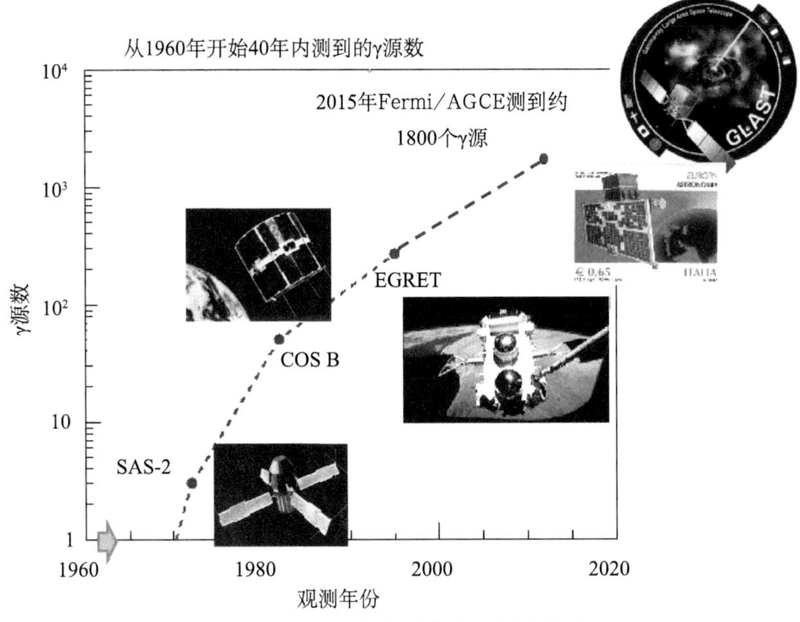

图 7-64　40 年来的太空 γ 射线测量

资料来源：Bignami report at IHEP. Beijing，2012

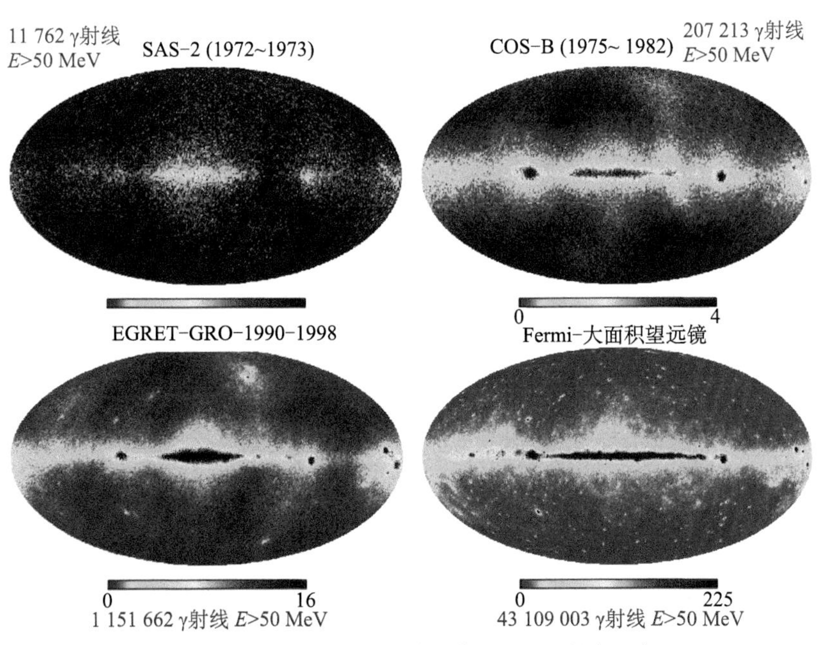

图 7-65　40 年内四阶段测到的全太空 γ 射线分布

资料来源：Bignami Report at IHEP. Beijing，2012

GEMINGA

早在 1973 年就第一次观测到 γ 源 GEMINGA。图 7-66 所示的是康普顿卫星 1991～2000 年在轨观测期间进行 γ 射线观测时得到的一张图像。它的中心白点是蟹状星云（crab nebula）中的脉冲星，是一颗中子星，离我们大约有 6000 光年远，是由 1054 年 7 月 4 日爆发的一颗超新星形成的，当时我国宋朝的天文学家对它进行了详细和持续的观测。根据资料记载，在最初的 23 天，即使在白天，也光芒四射，颜色偏红和白，亮度有如金星。直至一年多后（即 1056 年 4 月 5 日）才消失不见。蟹状星云的细节如图 7-67 所示。

图 7-66 中左上方的橙色的亮点就是 GEMINGA 脉冲星，它爆发于 34 万年以前。它是"巨型太阳"的遗迹，在 34 万年前曾是超新星，在观测到的 500 多个射电脉冲星中，只有少数是 γ 源。GEMINGA 为其中之一，是一种新型的快速旋转的中子星的脉冲星。这个脉冲星可能是在离开猎户座只有 100 光年远处爆炸的。通过运动，现在已离开原先的位置。当这个超新星爆发时，它比满月时的月亮还要亮 20 倍，在白天也看得见，一直持续了两年。也许我们的祖先曾经有眼福看见过。它的冲击波在我们的太阳周围形成巨大的低密度区域——"局域泡"。

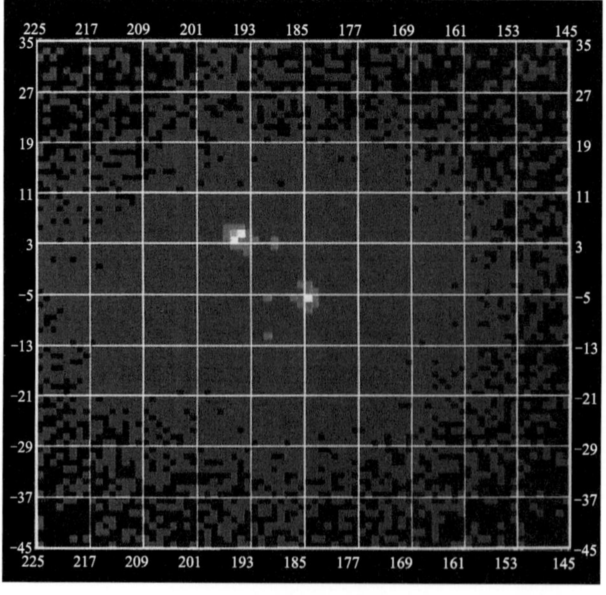

图 7-66　GEMINGAγ 射线源和蟹状星云中脉冲星

资料来源：NASA

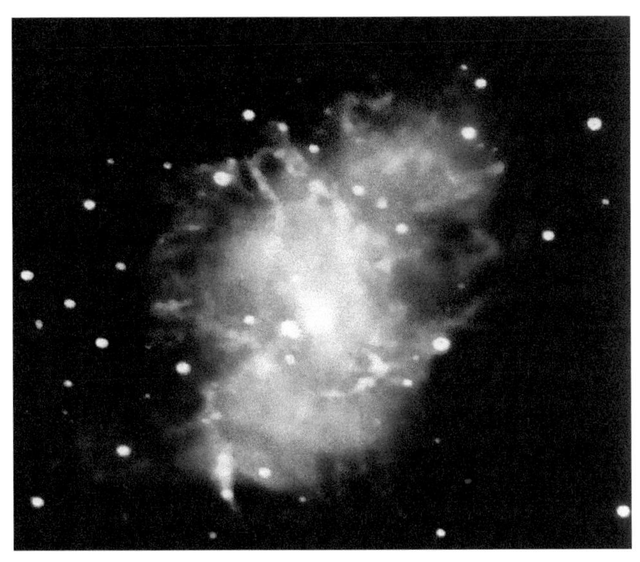

图 7-67　蟹状星云脉冲星群
资料来源：NASA

CGRO

CGRO 是康普顿γ射线观测器的简称。它于 1991 年由“亚特兰蒂斯”号航天飞机载入升空，卫星重 16 吨，也称为“γ眼”（图 7-68），能观测到比以前测到的信号弱 1/50 的信号。在头两年内平均每天测到 1 个γ暴，图 7-69 是它在地球外 400 千米轨道上拍摄得到的全太空高能γ射线分布的图像，用它扫描可以得到γ全能区的结果。图中水平带为银河，中部白色部分为最强的γ射线分布区，其最右方的白色点就是 GEMINGA，蓝色为最弱的区域。γ暴是在很短时间内发出的强γ射线。科学家认为γ暴的源头是中子星 - 中子星合并或是中子星 - 黑洞的合并，以及大质量恒星的塌缩等。CGRO 那时还观察到γ暴的分布限

图 7-68　“γ眼”CGRO
资料来源：NASA

制在围绕地球的球状范围内。也有人说γ暴是从宇宙中遥远的彗星碰撞处产生的，等等。是的，γ暴多种来源的探索还是一个未解之谜。

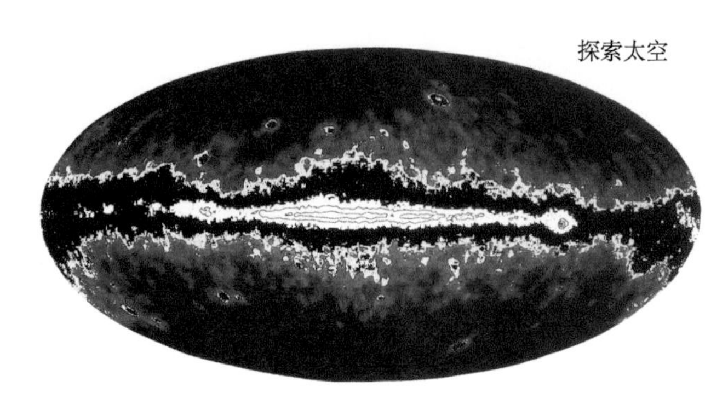

图 7-69　CGRO γ 暴太空分布暴
资料来源：NASA

GLAST

GLAST，即大面积γ太空望远镜（图 7-70），其测量范围覆盖重点在 20 MeV～300 GeV γ 射线。在卫星上测量如此高能的γ射线是前所未有的。以前用 EGRET 装置（图 7-64）测到的上限只不过到 30 GeV。2010 年 GLAST 由

图 7-70　GLAST 装置
资料来源：李良．2008．GLAST：观察宇宙的新窗口——美国 2008 年发射γ射线大面积空间望远镜．现代物理知识，20（3）：31

Fermi 卫星运行。它的主要设备为 16 组大面积望远镜（图 7-70）。该望远镜每组包括半导体硅微条和钨箔片部分，用以测定入射 γ 粒子的轨迹，其下部为测定该粒子能量的量能器（参见本书 5.2 节）。所测到的最好的全天空 γ 射线细致分布结构如图 7-65 所示。图 7-65 比图 7-64 中的其他探测卫星测到更多的和能量更高的 γ 暴事例，也比图 7-69 CGRO 的结果要精细得多。图 7-71 为近期观测到的由超大质量黑洞同周围物质作用形成的向两侧喷发出的 γ 暴的情景。科学家希望进一步利用超级黑洞研究暗物质微粒碰撞，这有可能产生剧烈的 γ 暴。这些都是 GLAST 重点研究的课题。

图 7-71　由黑洞向两侧喷发出的 γ 暴

资料来源：NASA

我国的 γ 暴探测器

2001 年 1 月 10 日，在我国成功发射的“神州二号”无人飞船上安装了自制的 γ 暴探测器（图 7-72）成功地获得了多个宇宙 γ 暴完整的光变曲线、能谱和时间结构，发现有超软 X 射线、硬 X 射线到 γ 射线宽能谱覆盖的事例，这是我国在 γ 暴实测研究这一前沿领域的重要突破。作为重点探测 γ 暴的“γ 暴偏振探测器”POLAR 已于 2010 年开始初样研制，重点同欧洲方面合作，并已升空运行（参见本书 7.11 节）。

从 X 射线到 γ 射线能量范围的测量

前几十年来 X-γ 射线能量的测量范围在不断拓宽，以下为五个卫星的测量范围：① 1972 年，SAS-2，20MeV～10 GeV；② 1990，Integral，1 keV～10 MeV；③ 1995 年，EGRET，约 30 GeV；④ 2004 年，Swift，0.05keV～1MeV；⑤ 2008 年，Fermi/GLAST，8KeV～30 MeV，20MeV～300GeV。

图 7-72 “神州二号”γ 暴探测器
资料来源：中国科学院高能物理研究所

7.11 进一步开拓探测宇宙太空窗口

前面几节主要的探索对象是没有质量的电磁波或光子。本节我们介绍和探测空间高能粒子，从小的重粒子到巨大的星体变动导致引力波等完全不同的装置。最后介绍我国已在筹建中的几个大型探索太空的平台。这些都是最新开拓的观测窗口。

太空中高能粒子探索

太空中的高能粒子，如带电的正负电子，特别是重粒子，如质子、反质子到氘、氦甚至更重的粒子的研究近年来受到重视。国外已发射了如 Fermi/GLAST（参见本书 7.10 节）等几种探测各种粒子的装置。

这里简要介绍我国重点参加的由诺贝尔物理学奖获得者丁肇中领导的阿尔法磁谱仪（AMS）。该实验共有16个国家60个大学与研究所（包括中国科学院高能物理研究所、中国科学院电工研究所等），约600人参加。它的科学目标是寻找太空中的反物质、暗物质，并精确测量宇宙射线的成分。借助航天飞机“发现号”（图7-73），1998年6月AMS-1第一次升空，在太空中进行了试验飞行。AMS-1重约3吨，只运行了180小时。尽管时间较短，但也观测到几个意料之外的重要结果。例如，在赤道附近400千米上空低于100 GeV的质子能谱，说明0.1～2GeV的异常低能质子不是来自原初宇宙射线，而可能是更高能的宇宙射线在大气中产生的次级粒子；另外，在地球极区测到了正电子比电子多4倍的谱，提示存在暗物质的迹象和少量的重氦核。AMS-1主要由半导体硅微条、闪烁探测器和中国科学院电工研究所负责研制的永久磁铁组成。

图7-73　AMS-01被航天器“发现号”载入太空

资料来源：http://www.nasa.gov/glast. 杨明，陈国明．2011．国际空间站上的AMS实验．现代物理知识，23（5）：10

2011年5月AMS-02搭乘美国最后一次升空飞行的航天飞机“奋进号”升空。它比AMS-01要复杂得多，简直就是一台小型化的地面高能粒子综合谱仪（参见本书5.2节）。如图7-74所示，在永久磁体内的硅微条探测器和穿越辐射探测器可以测量正负电子和重粒子的动量，并且用飞行时间探测器或一种特殊的环形切伦科夫探测器（参见本书7.4节）就可以确定粒子的速度和位置，进一步定出粒子电荷和质量，以此鉴别各种粒子并确定出它们的路径和位置。另外，用闪烁光纤与铅夹层电磁量能器测量高能正负电子和γ光子（参见本书5.2节、5.7节）。利用复杂的电子学系统可以进行实时测量和后处理。中国科学院高能物理研究所、中国科学院电工研究所、上海交通大学、山东大学等参加此项目，在电磁量能器、永磁体、数据分析方面等做出了重要贡献。至今已经收集到 900 亿宇宙线事例，得到一些重要结果，如由正电子流强和正电子－电子比例与一般宇宙射线不同的结果为暗物质、反质子－质子流强与当前宇宙理论有区别，以及观察到电荷为 2 的反物质核提供了重要信息。这些将对进一步开拓对宇宙的认识有相当大的影响。

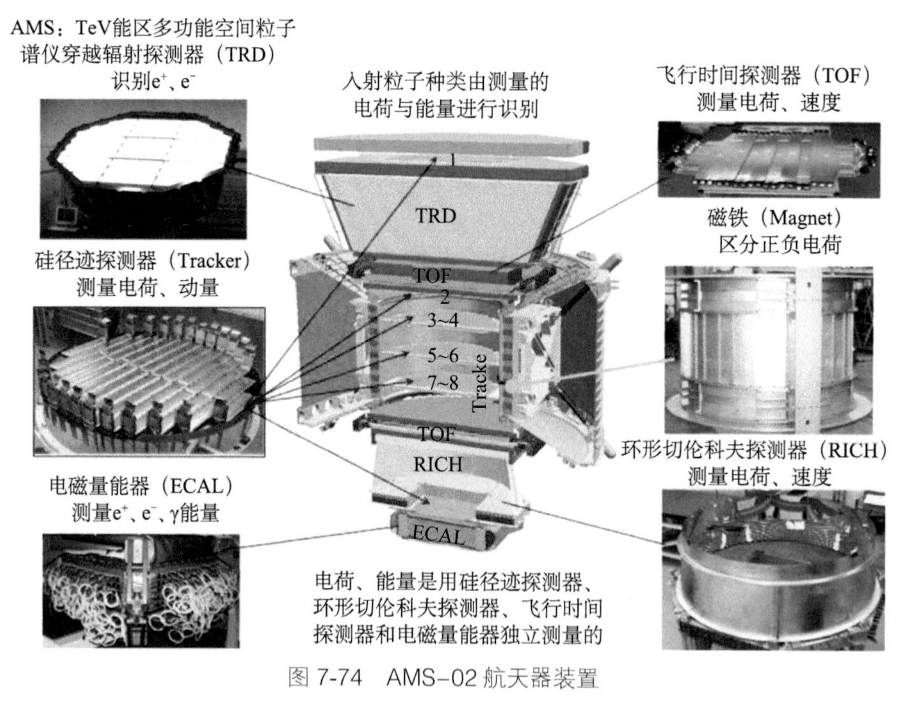

图 7-74　AMS-02 航天器装置

资料来源：杨明，陈国明. 2011. 国际空间站上的 AMS 实验. 现代物理知识，23（5）：10

探索巨大质量星体——引力波实验

巨大的星体变动会生成引力波。在太空和地面上都会出现。这个新窗口能够提供其他观测方法不可能获得的信息。引力波也是爱因斯坦广义相对论最重要的预言，对宇宙的起源、进化和拓宽宇宙的探索领域都有重要的意义。

就像水池中的扰动向外传播一样，天体中任何大块物质变动时都会发出引力辐射。大家回想一下，天线上的高频电流就像哑铃一样的两个正负电荷的按电偶极矩式的往复振动就会辐射电磁波使我们能够随时看到电视节目，但物质质量的变动要通过它的比哑铃式的偶极矩振动更为复杂的四极矩等多极振动才能发出在太空中按光速传播的变化能量的引力波。它的一个最重要的特点就是它有极化，即横向偏振特性。简单地说，垂直于它的传播方向可使两个互相垂直方向的空间按其波频率周期性地伸长或缩短。也就是在一个周期内按垂直空间的尺度（图 7-75），即两个极化方向的强度分别按圆—椭圆—圆的关系变化。因为两个垂直方向时间相差 1/4 周期，所以其中之一是正椭圆时另一则是斜椭圆。这样在地面上利用激光测距的方法就得到了引力波的数据。如图 7-76 所示，单束光经过分光镜分成 X、Y 两束，经远端的镜面反射测量这两束光的干涉信号就可以估算出引力波的变化了。

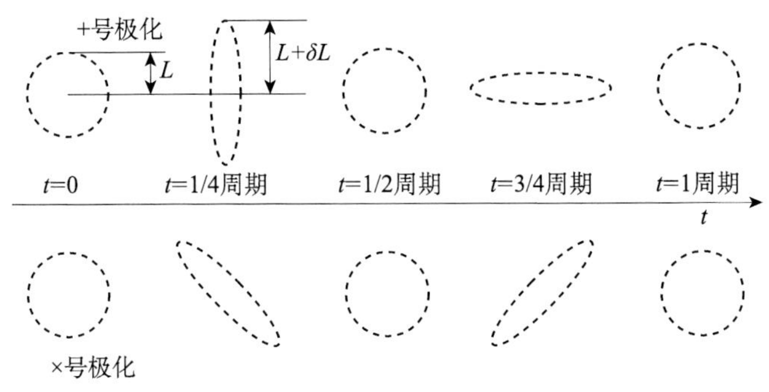

图 7-75　互相垂直的极化强度变化椭圆

资料来源：王运永，朱宗宏，R. 迪萨沃．2013．引力波天文学——一个观测宇宙的新窗口．现代物理知识，25（4）：25

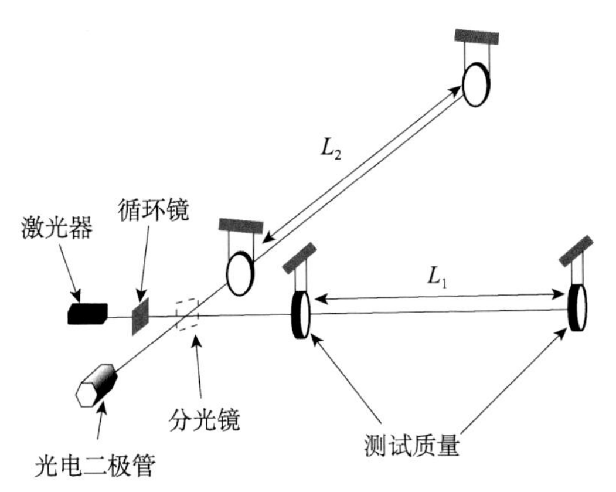

图 7-76　引力波激光测距实验

资料来源：王运永，朱宗宏，R 迪萨沃．2013．引力波天文学——一个观测宇宙的新窗口．现代物理知识，25（4）：25

20 世纪 90 年代世界上几个大型装置已逐步建设，其中在地面主要有 3 个大型装置，因为引力波很弱，需要很长距离的装置才能得到一定的精度，如美国东南部路易斯安那州与西北部华盛顿州的臂长 4 千米的 LIGO-llo（图 7-77）、德国的臂长 600 米的 GEO、日本的臂长 300 米的 TAMA300 和在意大利比萨附近的法国 - 意大利合作的臂长 3 千米的 VIRGO（图 7-78）等。目前还在不断升级，计划建设第二代位于地下的具有极高精度的 10 千米臂长的望远镜。除地面外，欧洲空间局 2015 年 12 月发射的 LISA 探路者号和正在筹建的太空探测器 eLISA，以及地下探测器如在日本神冈位于地下 300 多米的 KAGRA 等都有其特点。除欧美外，日本、印度、澳大利亚等也都在筹建精度更高的新一代探测器，目的都是提高精度。我国已于 2017 年 1 月在西藏阿里地区开始建立原初引力波观测站。

图 7-77　LIGO-llo 实验

资料来源：LIGO: California Institute of Technology

图 7-78　VIRGO 实验

资料来源：Virgo Collaboration

引力波研究已经或预期在黑洞形成过程、中子星变动时和超新星爆发时形成。关于宇宙大爆炸的引力遗迹也有研究，对暗物质、暗能量等方面将会取得有价值的结果。例如，2014 年 3 月，哈佛大学的科学家曾经利用设在南极的设备 BICEP2 发现宇宙大爆炸后产生的原初引力波有可能存在的证据，即原初引力波叠加在宇宙微波背景辐射上产生一种独特的“B 模”偏振形态，其特点是形成漩涡。但后来表明很难排除宇宙尘埃的影响。

致密双星系统，如双中子星、中子星－白矮星、中子星－黑洞、双黑洞等，是首选的引力波源。因为这些致密星体的体积都很小（如中子星的直径只有 20 千米左右），密度又极大，所以，它们绕质心转动引起的质量四极矩对时间的二阶导数很大，产生很大的引力波辐射，且其频率和振幅随两个星体靠近而增大，直到两个星体并合为止。图 7-79 为 2016 年 2 月 9 日 LIGO 报道的黑洞－黑洞并和过程所产生的明显引力波信号示意图。结果表明，两个黑洞距离地球约 13 亿光年，每个黑洞质量约为太阳的 30 倍。信号在约 200 毫秒内由慢到快，其频率从 20 到 1000 Hz，正像旋转的滑冰者双臂收紧，最后合抱在一起。美国东南与西北两套装置得到的结果完全一致，排除了许多形式的偶然干扰因素，应该说有较强的说服力。这一成果是近期天文学界的重大事件（图 7-79）。美国物理学家雷纳·韦斯（Rainer Weiss）、基普·索恩（Kip Thorne）和巴里·巴里什（Barry Barish）因构思和设计 LIGO 对直接探测引力波做出杰出贡献，获 2017 年诺贝尔物理学奖。

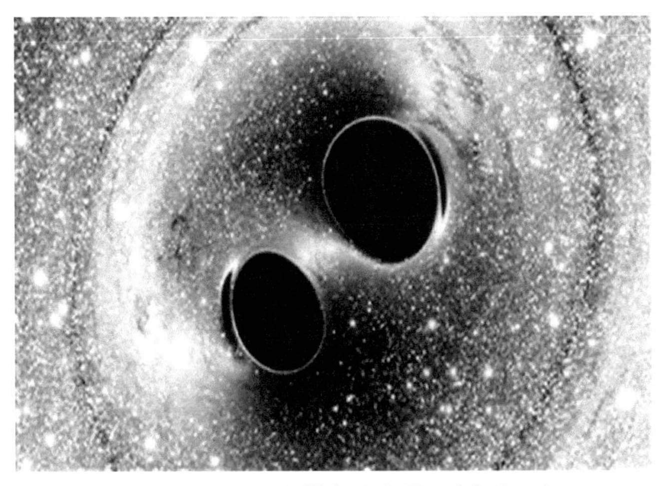

图 7-79　黑洞－黑洞并合导致明显引力波示意图
资料来源：LIGO California Institute of Technology

我国开拓新宇宙探索平台

我国已经筹备或已经实施开拓新宇宙探索平台，这其中有些内容在前面和后面各节中已有或多或少的叙述。这里只是简单展示开拓新窗口的部分项目。

（1）黑洞探针计划：通过观测致密天体和γ暴等研究天体的高能过程和黑洞物理以黑洞等极端天体作为研究天体演化的探针研究宇宙极端物理过程。其中设备包括本书7.9节已经介绍的硬X射线调制望远镜（图7-59、图7-60），已于2017年6月升空，投入运行。另外研究项目有γ暴偏振探测项目（POLAR，已投入运行）和空间变源监视器（SVOM）等。

（2）天体号脉计划：天体号脉计划就是对天体各种波段的电磁波等进行高定时精度的探测。这些辐射相当于天体的脉搏，通过它们就能够了解天体的重要规律，特别有利于监测一些天体的剧烈活动，就如同监测人们到何时患什么病一样。其中重要的设备是X射线时变和偏振卫星（XTP，图7-80），深入了解X射线按时间的变化及其极化现象等，规划于2020年前后发射运行。

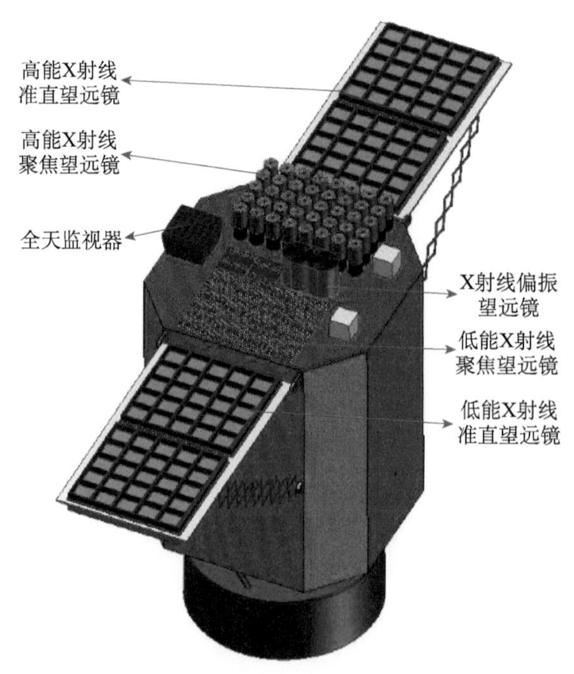

图7-80　天体号脉计划XTP示意图

资料来源：张闯．2013．我国物质结构研究的大型实验平台（续）——天文观测设施．现代物理知识，25（2）：33

（3）暗物质探测计划：已经初步了解到宇宙中不发射电磁波的物质占大部分（参见本书 7.6 节），而且对宇宙演化起着重要作用，因此对暗物质、暗能量的研究有重大的科学意义，另外也适于银河系等的宇宙成分直接探测。由于探测暗物质不需要精确的卫星平台指向，因此更适于在宇宙空间站上安置测量高能 γ 射线和电子能谱以寻找暗物质粒子。由中国科学院高能物理研究所提出的空间高能宇宙辐射探测设施（HERD），计划在 2020～2025 年安装于中国的宇宙空间站（图 7-81）上。其硅半导体径迹探测器和闪烁光纤量能器（参见本书 5.2 节）的选型已经明确。再有如“暗物质粒子探测卫星”（DAMPE）也已建成，采用了多个 60 厘米长 BGO 晶体的量能器等（图 7-82），定名为“悟空”于 2015 年 12 月进入太空。2017 年 11 月，“悟空”号在 0.9TeV 能区处第一次在空中观测到拐点和 TeV 能量级的正负电子对，可能是暗物质迹象。

图 7-81　中国宇宙空间站

资料来源：张闯．2013．我国物质结构研究的大型实验平台（续）——天文观测设施．现代物理知识，25（2）：33

（4）宇宙灯塔计划：宇宙灯塔计划也是利用中国空间站，在其上建立天文观测和物理实验平台。主要是利用遥远脉冲星作为天然和稳定的 X 射线信号（参见本书 7.4 节），为航天器自主航行导航，起到永久性灯塔作用。该平台强调利用宇宙中标准频率的脉冲星信号（参见本书 7.3 节）捕捉各种天体的快速变化信号，研究宇宙暗能量和天体演化等。

图 7-82 暗物质粒子探测卫星 DAMPE

资料来源：张闯．2013．我国物质结构研究的大型实验平台（续）——天文观测设施．现代物理知识，25（2）：33

第八章

无穷宇宙中的图案与精细探索宇宙

8.1 万物中最大的结构

星系的分布和分群

在本书6.2节我们已经介绍了银河系及河外星系甚至更远。这一节我们从二维到三维进一步了解星系更广泛和更精细的分布，其对象诸如类似“长城”状结构等。这里做一个简单历史回顾。

1980年前后，天文学家发现星系团等还不算是天体里最大的聚合体，在更深度的空间里星系团可以形成更大、更复杂的结构。早在古希腊时代，人们就按神话中的形象将星群组成了48个图案体，分为48群，或者现在称为星座。天文学（astronomy）这个词就是从希腊民间俗语“星星的排列”一词转译过来的。

我们所处的星系称为银河系（Milky Way Galaxy，MWG）或仅用首字母大写的Galaxy表示，包含有约3000亿个恒星。其他星系（用首字母小写的galaxy表示）统称为河外星系，它们彼此相隔较远，形成“宇宙岛”，它们性状各异，有涡旋状、棒状、椭圆状等。在更大的尺度上，通过引力，几十个或者几百个星系相互吸引形成一个球状的团，其直径为1000～2000万光年。我们的银河系位于一个仅有约35个星系构成的星系群中，它被称为本星系群（local group），银河系在它的边缘上。本星系群中包括距离我们最近（230万光年）的仙女座（Andromeda）星系（参见本书6.3节）。值得一提的是，直到1924年天文界才最终明确仙女座星系是在银河系之外的一个河外星系。M13是比较近的一个球状星团（图8-1），包括50万个星体，距离我们2.25万光年远，比星系小。星系团之上还有结构，被称为超星系团（super-cluster）。

距离本星系群最近的一个大星系团称为Virgo，离我们约5000万光年，包括几千个星系。这个星系团又位于更大的本超星系团（local super-cluster）的中心，本超星系团的尺度约为1亿光年，形状如一个透镜。它至少包含11个星系团和40个星系群，其中就有我们本星系群，本超星系团点共有约5万个星系。一般来说，星系群也是在不断演化的。例如，用哈勃太空望远镜所拍摄到的CL0939＋4713星系群（合成图8-2）比演化更为彻底的其他星系群包括更多的涡旋星系。这些照片预示着一些涡旋星系将要碰撞合并从而变成椭圆星系。

图8-1　M13球状星团

图8-2　CL0939＋4713星系群

三维观测和“长城”结构

在早期，天文观测只是二维的，那时看起来星系团在星空中的分布似乎是比较均匀的。在同一张照片上，很多星星的位置可以同时拍摄到，但拍摄三维的分布就要麻烦得多了，因为每个星系的距离都要分别进行测量。一个星系的颜色移动可以告诉我们它的运动有多快。在一个连续膨胀的宇宙里，一个天体离开我们的距离越远，它的退行速度就越快，因此星系的速度标志了它的距离。但对于很小距离尺度而言，物质的不均匀分布也会造成一些小小的偏离。例如，我们银河系就以每秒600千米的速度滑向半人马座（Centaurio）方向，如同被那里的一个巨大质量所吸引，这被称为“巨吸引体”（great attractor）。根据20世纪80年代初期开始的大量观察，天文学家惊异地发现，一些超星系团看起来是薄片型的，像挂满露水的蜘蛛网，另外一些是链状的，看起来像是珍珠串，这些串也可能是从薄片侧面所看到的形状。在超星系团之间有很大的空间完全没有任何星系。

最大的宇宙空洞的尺度为3亿光年，它位于BOOTES星座方向，其周围被超星系团的“墙”所包围。在1978年它刚被发现的时候，人们还以为这是宇宙里唯一的空洞呢。值得注意的是，1985年美国哈佛–史密斯天文物理中心的玛格丽特·盖拉（Margret Gellar）（图8-3）和约翰·胡赫拉（John Huchra）仔细观察了远在6亿光年之外的15 000个星系，发现它们分布在薄层上，有如厨房洗碗池里的肥皂泡沫。此项研究中还发现了星系“长城”结构（图8-2）。这是一个巨大的横亘北天区的薄片结构，宽5亿光年，厚仅数百万光年。

图8-3　玛格丽特·盖拉
资料来源：Harvard Smithsonian Center for Astrophysics

8.2　耀眼的余烬——活跃星系核的故事

从“红移”看星系

用一般的光学望远镜观察星系似乎它是安静的。但是用射电望远镜，也就是用一般无线电波段观测，就完全不是一回事情了。星系是十分活跃的。早在1943年美国天文学家塞菲尔特（Carl Seyfert）观察到有一个中心特别明亮的涡旋星系，现在称塞菲尔特星系（图8-4）。20世纪50年代，新技术开启了射电天文学的时代，可以跟踪遥远天空的微弱射电信号。其中一些源无法找到光学波段的对应体，即便用最强大的光学望远镜也看不到。

大约在1960年，天文学家确定了一些非常明显的射电源，它们与一些看似很暗的星星是相关联的，这些星如此暗，以至于需要用望远镜持续曝光几个小时后才能在底片上显现出来。通常，恒星光谱上的颜色条带可以表明它们是由什么物质构成的。但这次看到的光谱却和以往的全都不一样，天文学家开始犯迷糊了。

直到20世纪60年代无线电（射电）天文学发展起来，与可见光望远镜

图 8-4　塞菲尔特 NGC1068 涡旋星系
资料来源：Jean Lorre

相比，射电望远镜或 X 射线探测器很快就可测量到。1963 年，在美国加州理工学院工作的荷兰天文学家马尔滕·施密特（Maarten Schmidt）领悟到了事情的原委，他当时正在观测射电源 3C273（图 8-5）的谱。如果一个源很古老，那么它所发射的光的波长就会随宇宙的膨胀而变长，使它看起来变红。不过，他所观测的这个射电源是如此遥远，它的颜色发生太大的红移以至于让人完全无从辨认了。3C273 位于膨胀宇宙的外缘上，离开我们有 20 亿光年之远。在本书 6.3 节中已经谈到这个类星体以及我国科学家最近发现的一个新的类星体。2011 年，欧洲南方天文台发现了迄今距离最为遥远的类星体 ULAS J1120＋0641，它的光发自大爆炸之后 7.7 亿年，在太空中传播了 129 亿年才到达我们地球。要让我们能够看得见它们，这些遥远距离的天体就如同宇宙破晓时分的灯塔，就必须喷发出巨大的能量。平均说来，类星体的尺寸不会大过太阳系的大小，但它发出的光能量是银河系的 1 亿倍。

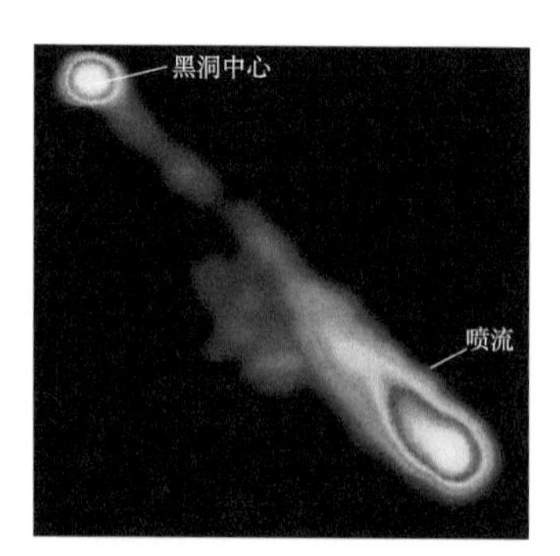

图 8-5　3C273
资料来源：NASA

巨大能量来源于星系核

这些星系的巨大的能量到底是从哪里来的呢？早期猜测集中于超新星和巨型脉冲星的链式反应，但理论学家们最终认为类星体需要一个更加强大的引擎。这可能是由一个比太阳重 1000 亿倍的超重的黑洞引起的。这个超大黑洞吸食附近的物质，在物质和天体最终消失在黑洞的魔口之前，旋入的物质形成了一个“吸积盘”。它可以被想象为压扁了的龙卷风。这个机制点着了类星体，喷发出剧烈的物质喷流，各种带电粒子和辐射如 X 射线等竞相绽放。

尽管仍存在谜团，但大量证据表明类星体就是最亮的星系核。它对于研究星系的形成和发展是很重要的。根据现在的统一理论，不同种类的活跃星系核——类星体、射电星系和塞菲尔特星系等都是从不同侧面看到的活动星系核。最早的类星体很可能出现在宇宙诞生后 10 亿年时，那个时期恰好是凝聚成星系的时期（参见本书 6.6 节）。

图 8-6 就是距离 3.5 亿光年远的椭圆形射频星系 3C449。它有很亮的核心，并发出两个等离子体喷注，展宽成射频发射体，发出大量电磁波。图 8-7 是离我们最近的星系 M87 的中心部分。它的重量比太阳还要重 20 亿倍，很可能是个黑洞。M87 星系也是很活跃的，离地球 5000 万光年，属于 Virgo 星系。它发出的喷注可达 5000 光年远。核心中的“气体”按每小时 75 万千米的速度进行旋涡状运动。

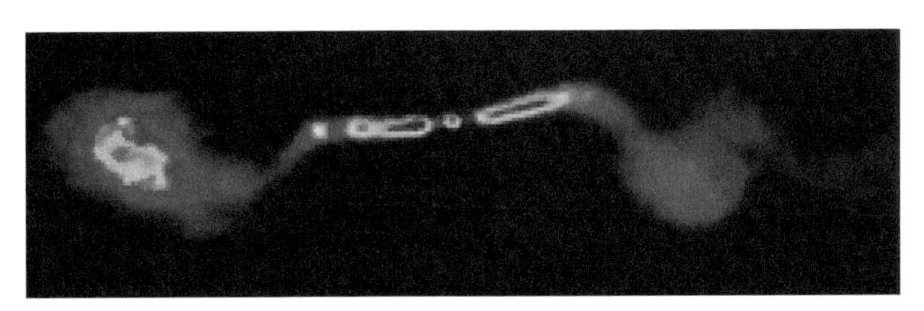

图 8-6　3C449
资料来源：NASA

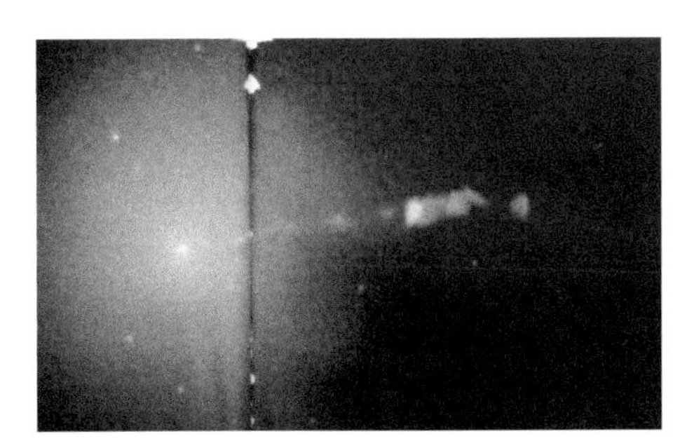

图 8-7　M87 中心部分
资料来源：NASA

8.3 探索难以捕捉的暗物质

暗物质的提出

说到暗物质，先从中学课本中讲的牛顿万有引力说起吧！月球（质量 m）以半径 R 绕地球（质量 M）或地球绕太阳都是在做圆周（或椭圆）运动，能做这种运动的绕行星体的惯性离心力 $F=mv^2/R$ 必须和万有引力 $F=mMG/R^2$ 相等，式中 v 是绕行物体的切向速度。由两式相等得出 v 和 M/R 的平方根成正比。因此，若当同样在 R 轨道上运动的星体的速度 v 过大时，就必须在其轨道内还有比处于圆周运动中心的 M 更多的物质（或在 R 以内的区域）才能不让环绕的星体甩出去。具体对旋转的仙女座和我们所在银河系这类的漩涡星系来说，其外旋臂（R）的速度按照前面的公式估计出的比原来预计的要大，即相应的 M 应该大，才能使旋臂区的星体不被甩出去。这就是说，在这类星系的外旋臂区域与该星系中心区之间，人们除了能够看见的“明物质”的众多繁星以外还有看不见的“暗物质”。下面就介绍暗物质提出的过程。

通过仔细研究引力系统的运动规律，人们发现宇宙里一定存在许多看不到的物质。所有星系和宇宙物质中，多达 80% 的部分都是由不可见的“暗物质”构成的。1932 年荷兰天文学家简・奥尔特（Jan Oort）发表了一个奇怪的见解，而这个意见他已经在讲座中多次提到了，即天体和星系都是通过它们的质量在引力的牵引下运动。奥尔特分析了我们星系里的恒星的运动并从中估算出了其中物质的总量，但是这个量比实际通过望远镜所观察到的要多出一倍。这表明星系里可能存在一部分看不到的物质。

1933 年，瑞士天文学家弗里茨・兹维基则在一个更大的尺度上看到了相同的效应。他在测量 Coma 星座的速度时，发现许多星系团里的星系运动速度都特别大，除非那里含有比可见物质多 10 倍的物质，否则这个星系团会分崩离析的。此后，不可见的暗物质的想法便成了一个未解之谜，直到维拉・鲁宾（Vela Lubin，图 8-8）和她在华盛顿州的卡耐基研究所的同事开始观测涡旋星系的转动。维拉・鲁宾小组的研究是从离我们 200 万光年远的仙女座星系开始的。这个星系很像我们银河系，有外旋臂，鲁宾预计外旋臂上的恒星应该比中心的恒星转动得慢。但观测结果使她感到吃惊，她发现这些仙女座的恒星有相同的旋转速度，几乎与恒星到星系中心的距离无关。开始她想到：是仙女座特别吗？后来得到的其他涡旋状星系的结果也是如此。到 1970 年，把所有最新观测结果输入大型计算机计算后发现，奥尔特的建议得到了肯定。涡旋状星系中约有90%部分看来都是暗物质。正是这神秘的中心区外的“晕”才能使旋臂区的星体不至于由于离心力的作用而被撕碎，并甩飞出去。

图8-8　维拉·鲁宾

维拉·鲁宾于1950年第一个宣称她发现了关于涡旋状星系的运动。那时她才22岁，在此前3个星期她刚生了一个小宝宝。到20世纪90年代她66岁时，她的孙女写了一本书，献给她的祖母书名为“我的祖母是一位天文学家”。鲁宾受到著名科学家乔治·伽莫夫的鼓励选择了从事天文学研究。她的发现直到1963年才被科学家们重视。她在卡耐基研究所的地磁学部门工作多年，从事200多个星系的研究，探索暗物质。她特别鼓励青年们，特别是姑娘们从事组成宇宙的看不见的物质的寻找。

X射线卫星看到的暗物质

1993年天文学家用ROSAT射线卫星（参见本书7.9节）在1.5亿光年远的NGC2300星系中观察到一个1.3百万光年跨度庞大的暗物质迹象，它包含在这个1000万℃热气云内（图8-9）。

图8-9　NGC2300星系热气云内的暗物质迹象
资料来源：NGC2300 Group of Galaxies

暗物质在宇宙学中的意义

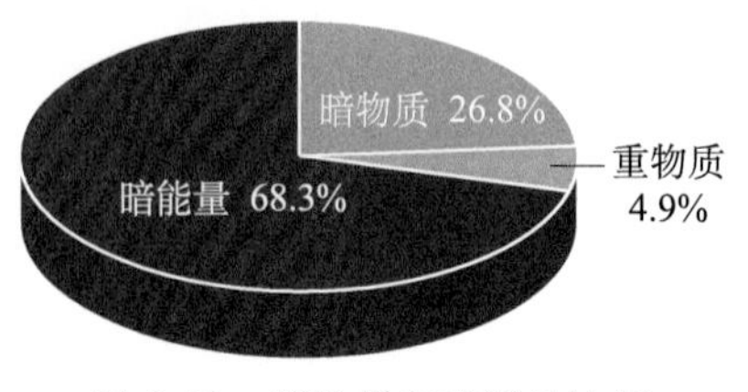

图 8-10　暗物质和暗能量比例

宇宙学的研究告诉我们，可见的宇宙部分的平均密度最多只提供不到 10% 的物质。必须另外还有暗物质才能使我们的宇宙成为现在这个样子。在这个宇宙平衡中，暗物质起重要作用。科学家已经估计出宇宙中“实体”物质（重子或重）世界，如地球和各个星系只占 4.9%，暗物质占 26.8%，暗能量占 68.3%（图 8-10），为近期更精确的结果（参见本书第 8.6 节）。

那么隐藏在星系晕中的暗物质究竟是些什么？是粒子还是什么别的。有人提出可能是一种普通物质——褐矮星，即木星大小的星体、星系际气体和尘埃或黑洞。

近年来，科学家已经在理论和实验方面就暗物质的实质进行了大量的探讨。从理论预期方面暗物质可主要分为冷和热的两类，还有温暗物质。冷暗物质只可能是一种重粒子，“冷”表示这些暗物质粒子在星系形成时的运动速度很慢，它和宇宙中的可见物质只可能有极弱的作用，有一种这样的冷暗物质被称为重弱相互作用粒子（weak interacting massive particle，WIMP）。另外还有如超对称粒子和轴子等（参见本书 5.5 节）。热暗物质则指它们在星系形成时的速度接近光速，因而质量很小。这个候选者目前集中在中微子上，人们认为，只要中微子有一点点质量就足以提供当前的宇宙所需要的暗物质了。话说回来，在大爆炸的初期，大量的中微子已经漫无方向地释放出来充斥着整个太空了。

8.4　从“壮汉”“褐矮子”的暗物质迹象到暗物质粒子探索热潮

寻找“壮汉”

前一节我们大致谈到暗物质的提出和它在宇宙学中的意义。这一节我们从最初认为是暗物质的实验证据到近年来国内外逐步掀起的暗物质粒子探索热潮进行介绍。

1993 年，科学家看到了以“褐矮子”，即褐矮星形式存在的暗物质，这是相对较小且从未有机会成为恒星的一团气体物质。只有当这些“暗到不可见”的纤细云块飘过而扰动一些星星时（图 8-12），我们才有机会看见它的踪迹。

我们的宇宙可能充满了行星大小的纤细的气体云，它们太小了，以至于不能启动绚丽恒星所需要的核火花。这些飘浮在星系的外缘的轻浮纤细的气体可能提供宇宙缺失物质当中的一些，可以称为“重的天体物理的致密晕状天体”（massive astrophysical compact halo objects，MACHO，西班牙语中“壮汉”的意思）。问题是如何才能看到它们。

1986 年，普林斯顿的玻丹・帕琴斯基（Bohdan Paczynski）建议将望远镜聚焦在 MACHO 可能存在的区域之外的那些很亮的恒星上以便寻找它们。当 MACHO 在离我们最近的星系，比如在距离我们 15 万光年的最明亮的大麦哲伦星云的前方穿过时，它们可能会对星光造成扰动。通常，一个天体在另一个天体的前方通过时会遮挡后者的光线，使后者变暗。但帕琴斯基指出，在某些适当的条件下，相反的情况会发生，远距离的星可能会变得更亮。帕琴斯基说：“当我提出这个想法时，我觉得它像是科学幻想故事。”

光线会被引力微微地偏转。这是爱因斯坦广义相对论的一个预言。1919 年，通过比较日食期间和之后的星星的位置，人们看到了太阳引力对光线的拉动（参见本书 4.1 节、7.8 节）。通过观测远距离星光被穿越其前方的 MACHO 偏转的效应，人们可以看到这些否则无法看到的 MACHO。MACHO 就像一个透镜，可以使光线更明亮。

因为银河系在转动，当“壮汉”掠过闪闪群星时就相当于在天空拉过一片窗帘一样。一旦掠过，一切又恢复原样。计算表明，要观测到这种微透镜或窗帘效应需要观测约 100 万个星体，这是件很烦琐的工作。另一种间接探索暗物质的方法是利用星体因暗物质重力而使光线弯曲的原理，图 8-11 是哈勃太空望远镜观测到的 Ac114 星系图像，“壮汉”的重力使整个图像出现对称的两个图样（参见本书 7.8 节）。

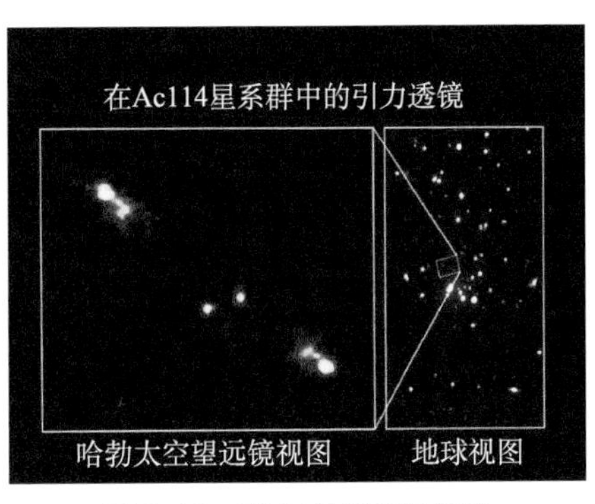

图 8-11 引力引起双星图像
资料来源：NASA/ESA

有几个组在进行这方面的实验。

1989～1995 年美国和澳大利亚合作的 MACHO 组（以“壮汉”为名）在澳大利亚的坎贝拉附近的斯特罗姆洛山（Mount Stromlo）观象台曾观测过 50 万颗星，以寻找 MACHO。

另一个是法国、智利合作在智利的拉希拉（La Silla）的艾罗斯（EROS）观测站，用了 300 个面积为每个 5 平方米的感光板，每个板可以扫描 1/1000 的全空间星体。1989～1993 年共记录了 1000 万个星体，用以抓住尺度为太阳尺度 1/10 的“壮汉”，以研究暗物质。该站的另一个方法是利用 CCD 照相机拍摄尺度为太阳 1/1000 的小“壮汉”。

从“褐矮子”探查暗物质

“褐矮星”是宇宙形成早期的少量氢和氦的聚集体，其质量只有太阳的 1/10 左右，所以昵称为“矮子”。它同白矮星有相似之处，它也是重而小，很快会变成老年星体（参见本书 6.3 节）。它本身有足够的引力，即大量的暗物质，这样才能使聚变反应的氢和氦不至于“蒸发”而逃逸出去。它使由更远处的星体发射到地球的光也因其引力而产生弯曲（图 8-12）。图中左右部分分别是当“矮子”还没有进入和已离开远处星体的照射区内的情形，中间部分是“矮子”进入星体的照射区内使光线弯曲的情形。

在斯特罗姆洛山观测站，利用 CCD 照相法观测到在大麦哲伦稳定的星云中突然有一个星体变亮了许多倍。他们分析出这个星体实际上就是比太阳小 10 倍的“褐矮子”。

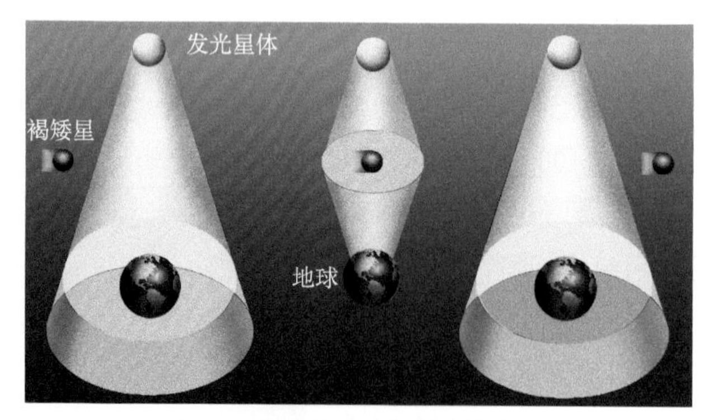

图 8-12　因褐矮星重力引起的光弯曲

资料来源：李博文绘

在1993年的太空测量中，ROSAT X射线观测卫星（参见本书7.9节图7-56和图7-57）观测到的NGC2300星族中有大片暗物质跡象，如图8-13所示。该星族属于猎户座。

图 8-13　NGC2300 中的暗物质图像

资料来源：The NGC/IC Project

测量暗物质粒子

以上可以说是对暗物质的间接观测，直接测量暗物质粒子 WIMP 和轴子（axion）等的实验近年来特别活跃。可以说暗物质研究已经掀起热潮，特别是近 10 年来从太空到地面的装置已有很多。太空飞行的间接测量方面有欧洲的 GLAST（参见本书 7.10 节）和丁肇中领导的我国参加的 AMS（参见本书 7.11 节）等。地面已有约 30 个直接测量装置，其中有的已经关闭。其探测原理无非是利用期待的暗物质粒子同固、液、气介质发生电、光、声、热等物理作用探测其产生的信号，用其中的一到两种方法进行测量，并根据各自的探测重点进行选择。目前多为重点探索 WIMP 粒子、轴子或其他候选者。根据 WIMP 粒子进入介质使其中的原子核反冲散射，致使介质原子电离、激发出闪烁光（参见本书 5.2 节）或与介质晶格作用产生声子或发热。另外越小的反冲核动能（实验可能测到的最小值称为阈能）产生反冲的几率越大。特别要剔除本底特别是 γ 射线，中子等的影响，这是一些实验追求的目标，因此装置选在地下深处和其部件的极低放射性都是是非常重要的。下面简要列举国外 10 个和国内 3 个实验，包括其装置选用的介质、探测器、国家、地点等（部分详情参见本书参考文献中李金所著的《寻找缺失的宇宙——暗物质》和《新科学家》

2011，5 月快报）。

（1）DAMA：意大利格兰萨索（Gran Sasso）非加速器物理研究中心。用碘化钠（铊）晶体探测器。曾报导观察到季节性周期调制信号，为暗物质存在的信息，需与其他实验结合理解。

（2）XENON：位于 Gran Sasso，100 千克液氙，已建造 1 吨 XENON1T。

（3）CDMS：美国苏丹（Sudan）。利用超低温高纯锗晶体测量信号总能量与超低温声子传感器测量声子热能相配合以鉴别 WIMP 和 γ 射线本底。

（4）CoGeNT：美国，高纯锗晶体 440～1000 克，测量闪烁能谱。2010 年仅用 475 克晶体得到阈能低，灵敏度高的结果。

（5）CAST：CERN－法国合作，观测轴子（axion），用新型微结构气体探测器 MicroMegas（参见本书 5.2 节）。

（6）DarkSide：美国、意大利等，位于 Gran Sasso，液氩时间投影室（TPC），液氩用耗尽（depletion）^{39}Ar 的液体，可以避免其 β 放射性，该实验采用多光阴极光电倍增管 MPMT 探测器。其原理与 XENON 和 WArP 类似。

（7）WArP（ArDM）：意大利 Gran Sasso，液氩 TPC，用 THGEM 探测器（参见本书 5.2 节）。

（8）CRESST：美国，用钨酸钙晶体产生闪烁光和该晶体振动产生声子发热，利用极低温下的热敏超导传感器测量，用以区别 WIMP 和 γ 射线、电子。

（9）Kiseki：日本，强调用 MPGD（参见本书 5.2 节）用于暗物质研究的优点：即低气压时间投影室（μ-TPC）容易分辨电子和 WIMP 导致低于 100 keV 的反冲核的径迹。

（10）MIMAC：位于法国 Modane，利用 MicroMegas 探测器（参见本书 5.2 节）。

（11）KIMs：位于韩国 Yang yang 地区，探测器为碘化铯（鉈）（CsI（Tl））。

（12）PandaX：高气压与液氙时间投影室 TPC：上海交通大学等。

（13）CDEX：清华大学等。高纯赭晶体，重点利用低阈能高灵敏度特点探测 10GeV 以下的 WIMP 粒子。

（14）CINDMS：碘化铯（钠）：中国科学院高能物理研究所等。

以上中国的 3 个实验都已或将设在四川锦屏山地下实验室。

上述实验大都有大型反符合装置和很厚的铅、钨等重金属和含硼聚乙烯等轻物质屏蔽层以剔除外来本底如（γ射线和中子等），并需仔细挑选或特殊加工全部器材以最大限度地剔除本底。一些实验组已经报道测量出 WIMP 粒子的可能的质量范围或阈值。

这里简单介绍意大利东部格兰萨索（Gran Sasso）高 1500 米山下的山洞中的非加速器实验中心，由罗马乘汽车约 1 小时可达，是意大利核科学院（INFN）建立的世界最大的国际非加速器实验室之一。该中心包括多个大型天体或粒子物理实验（如 ICARUS、MACRO（已停）、OPERA），专门测量由 CERN 的中微子束流经过约 750 千米射至此地点进行长基线中微子振荡研究等（图 8-14），在暗物质方面至少有 5 个探测暗物质的实验，即 DAMA、WArP 液氩 TPC（图 8-17 左）、XENON-1T 的液氙 TPC（图 8-17 右）和 DarkSide。后 3 个可以说都是以液体时间投影室 TPC（参见本书 5.2 节）为基础的，但也有相当的区别。

图 8-14　格兰萨索非加速器实验中心

资料来源：Laboratori Nazionali del Gran Sasso（LNGS）

以中国为主的暗物质实验设在四川西部的锦屏山的水利发电站附近的隧道内，它是目前世界上岩石层最深（2500 米）的地下实验室 CJPL-I（图 8-15），其布局如图 8-16 所示。近来已有多个国外单位有意向在此参加或建立实验，因此已开辟有很大空间的地下隧道和实验基础设施。正在建设二期工程 CJPL-II, 即 4 个主实验厅，共 20 万立方米，有望建成世界上最大的地下实验室。

间接测量方面的还有：ATIC、PAMELA、DAMPE、AMS2（参见本书

7.11 节）。其中 ATIC、AMS2、DAMPE 和 PAMELA 曾宣称观测到正电子反常的现象。目前还有（美国－瑞士合作）新出现的用多层半导体器件（如 CCD 等）探测暗物质，虽然其尺度难以做到很大，但是在探测甚低能 WIMP 等候选者方面应该是有其优势和特色的。

图 8-15　四川西部暗物质实验

资料来源：Yue Qian et al. Journal of Physical; Conference Series, 375(2012)042061

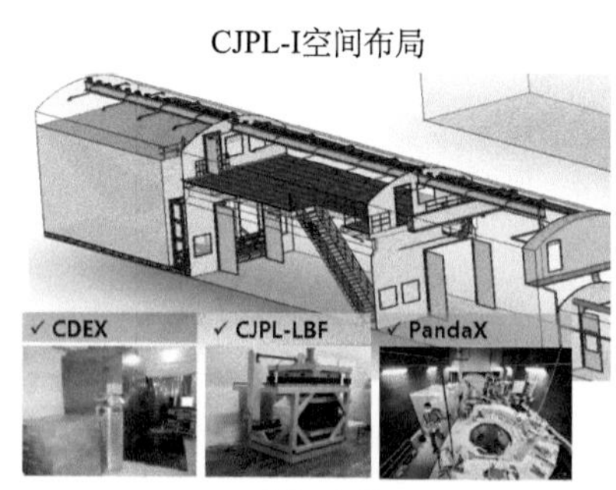

（a）实验

（b）实验大厅

图 8-16　四川西部暗物质实验布局

我国的暗物质空间探索平台计划见本书 7.11 节和在南极筹建 DOME-A “南极昆仑站”的近红外望远镜用以研究暗物质、暗能量等。

以下按图 8-17 简单说一下 XENON-1T（Darkside 和 WArP 等都类似）的原理。

因为 WIMP 粒子是弱作用粒子，与物质作用几率很小，因此要用密度大，尺寸大的，且作用后能够产生次级效应如电离、发光等的物质（如液氙、液氩），而且这些物质要求非常纯和稳定。目前研制初期一般为几公斤，正式装置可数十公斤到几吨，图 8-17 的右部分所示为物质量为 1 吨的 XENON-1T

示意图。

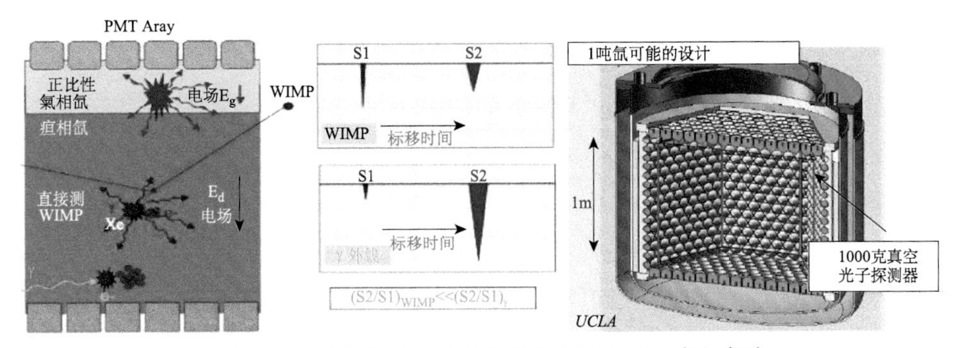

图 8-17 XENON 原理（左）和 XENON-1T（右）实验

氩或氙核受到 WIMP 碰撞产生反冲氩，反冲动能约为 50 keV 或更小。反冲的核使介质的原子电离和激发产生电离电子和闪烁光（参看本书 5.2 节），弱光信号被介质体积周围的数百个光电倍增管瞬时地记录下来，首先测到弱闪烁光 S1，如图 8-17 的左部分所示。产生的电离电子在有效介质周围配置一定梯度的高电压环产生的空间电场 E_d 的作用下按一定速度渡越到阳极，这样，WIMP 碰撞的作用点位置和次级粒子的径迹就可以由其在液氩（氙）中漂移的时间 t（沿 z 轴）和其投影在端部阳极附近的位置灵敏探测器确定其坐标（x, y）。这种探测器称为液体时间投影室 TPC（参看本书 5.2 节）。XENON-1T 和 Darkside 与 WArP 在顶部阳极附近都有一层气体，因此也称为气液两相 TPC，由此可以记录延迟到达的电子在其气体中产生的闪光信号或正比性电离雪崩信号 S2。XENON-1T 采用大量多阳极光电倍加管（MAPMT）记录闪光信号，WArP 用厚型电子倍增器（THGEM）测量从液相进入气相的电子在高场强 E_g 的作用下产生雪崩倍增信号 S2（目前还在研究液相中雪崩倍增效应等）。由于 γ 射线只同介质原子中的电子产生散射，形成的信号 S1 很小，而 WIMP 与核作用产生多次电离、激发等效应形成的 S1 很大，这样根据 WIMP 的比例 S2/S1 远小于电子的 S2 /S1（如图 8.17 的中间部分所示）就可以鉴别 WIMP 和 γ 射线本底了。

8.5 “精密宇宙”时代研究的开端——COBE 观测卫星

微波背景辐射的黑体辐射特性和各向异性

我们现在看到的宇宙微波背景辐射的光子是大爆炸后 38 万年时期，也就是 138.1 亿年前的产物，也可以说是宇宙中最古老的辐射。粗略的观测表明，它在我们的四面八方都一样（参见本书 6.4 节），即是各向同性的，而不像人们通信使用的电波有一定的方向性。精细的测定发现，微波背景辐射具有黑体辐射特性和全太空分布为各向异性。可以说它对宇宙演化的认识有直接的指导意义。从电磁学可知，一个绝对的黑体，它的热辐射能量（或波长）分布具有特定的分布形式，这也能说明宇宙早期确实处于热平衡状态，也就证明宇宙学原理的正确性。从前面各节我们已经介绍的宇宙极早期因量子涨落和暴胀过程使宇宙后来变得非常空，而涨落也可以说是不均匀的，这就演化为当今的各种星体。而这也使得热平衡的黑体辐射出现分布不均匀的现象。大家知道，温度是最为直观的“热辐射”表现。在 20 世纪 90 年代初，宇宙背景探索者卫星（图 8-18）已测到全天空在角度为 10° 范围内的温度涨落（不均匀性）为 10^{-5}。这就支持了宇宙的当今结构的形成。

图 8-18　COBE 卫星
资料来源：NASA/COBE Science Team

便宜的卫星 COBE

1989 年，美国国家航空航天局发射了它的第一颗专门用于宇宙学研究的卫星——宇宙背景探索者（Cosmic Background Explorer，COBE），用来测量微弱的微波背景。微波背景是弥漫于宇宙空间的大爆炸遗迹。此外，COBE 的另一个目的是寻找星系起源的线索。事实表明，这样一个并不起眼的空间器却获得了巨大的成功。

就在微波背景辐射被发现的那一刻，天体物理学家就想仔细地看一看它是否携带了大爆炸的信息。精确测量这么微弱的效应是很困难的，因为它的强度只有我们日常生活中热源的亿分之一。然而，不屈不挠的科学家们则在气球上、火箭上和高空飞机上开展了实验。

1974 年，约翰·马瑟（John Mather），这位 1946 年出生于新泽西，当时正在位于纽约的戈达德（Goddard）空间研究所工作的年轻人，提议美国国家航空航天局建造一个小的飞行器，在大气层之上研究微波背景。他已经在地面上测量过此种辐射，他在考虑继续前进时，恰好有了机会，当时美国国家航空航天局开始寻找新的计划并发布“机遇公告”。

美国国家航空航天局看上了马瑟的想法。那是一个相当便宜的卫星，因而完全不必担心会有多大的损失。就这样，1982 年美国国家航空航天局批准了这个项目，COBE 诞生了。这个新的航天器在 1986 年已准备就绪，但“挑战者”号航天飞机的空难使美国的空间项目中断了 4 年之久，COBE 项目也被延期了。在一个紧急的安排下，COBE 重新建造，很大程度地减轻了重量，以便用火箭发射。最终，1989 年 11 月 18 日，COBE 进入了轨道。

精确地符合于理想黑体辐射谱

在 COBE 发射升空两个月后，马瑟领导的 COBE 小组就发布了他们的第一个重要发现。三个探测器之中的远红外绝对光谱仪（far infarred absolute spectro-photometer，FIRAS）测量到了背景辐射的能谱，而且发现它精确地符合于理想辐射物质谱或典型的黑体辐射谱（图 8-19），这正是大爆炸理论在最简单条件下所要求的结果。COBE 测量到的背景辐射温度为绝对零度以上 2.735 K（绝对温度的零度为−273℃）（参看图 6-27）。黑体谱的拟合是如此之完美，以至于可以得到一个结论，微波的背景辐射能量来自大爆炸之后的 38 万年的时间以内[①]。

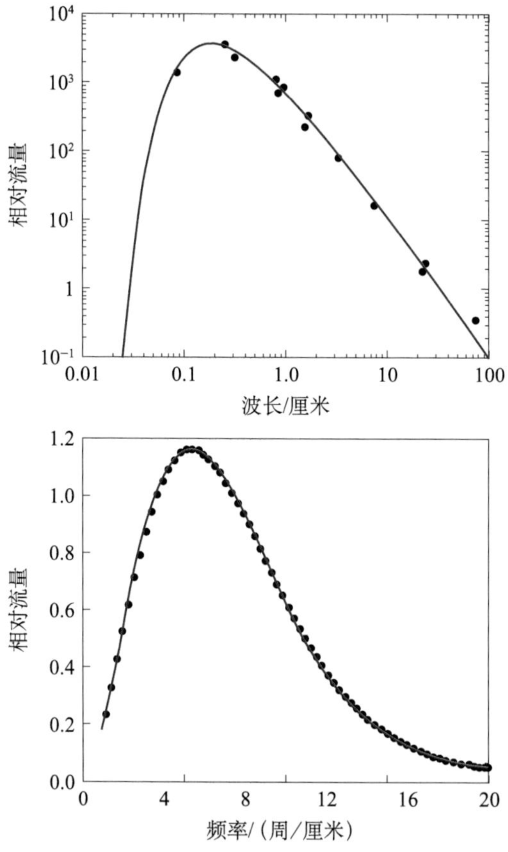

图 8-19 大爆炸黑体辐射按波长和频率分布

资料来源：Search for Infinity，p135

马瑟在 1990 年 1 月美国天文学会发布了这个结果，立刻带来了一片的欢呼。与以前的测量相比，此次测量把精度提高了 100 倍，此前一个火箭实验所显示的结果与理想谱的较大偏差曾经让大家担忧。这次测量结果消除了宇宙学家心中的困惑。

① 黑体辐射是先由经典电磁理论计算出后由普朗克的量子理论修正的一个黑体（全吸收物体）在特定温度下的电磁波辐射的分布（按波长或频率）。大爆炸后的微波背景辐射一般指大爆炸后 38 万年时期，温度约 3000K，光子退耦开始独立自由运动，经过与物质粒子多次碰撞而减速，形成 2.7K 辐射谱的低能光子。

从“太光滑了”到“微小起伏”

新测量还在继续。COBE 卫星利用另一个装置——微分微波辐射仪（differential microwave radiometer，DMR）扫描了整个太空，绘制出了全天空里的第一张微波背景各向异性图。由于太阳系相对于宇宙太空的运动而使辐射的空间分布逐渐从蓝色变为粉红色（图 8-20），把这个渐变为粉红色的影响成份减去后就得到了整个太空很均匀的颜色。科学家又想，这么均匀光滑的分布太好了，以致不敢相信它证实了宇宙学家预期的来自完美、光滑、均匀大爆炸的图像。

尽管 COBE 的首批结果为它在科学史上赢得了地位，但它的一个原初使命仍然没有得到解答。一个刚刚发生了大爆炸的“婴儿宇宙”，如果说在每个方向上的爆炸程度是如此高度一致，实在是好得过了头了。现在的宇宙空间里，物质分布都是起伏不平的，有包含许多恒星的星系，有星系团，甚至还有超星系团。出于这些结构演化的考虑，早期宇宙一定也会包含“微小起伏”，而且它们一定会在微波背景上遗留下一些痕迹。这些原初密度变化成为后来星系形成的种子。

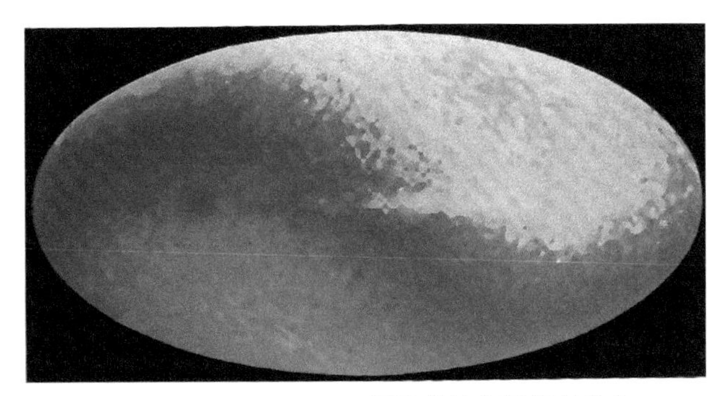

图 8-20　COBE-DMR 测量微波背景辐射分布

资料来源：NASA

20 世纪 80 年代早期，宇宙学家们曾经担心过背景辐射的连续光滑性，表现为全天区里的温度是完全一样的。COBE 的初期发现结果强调指出了这个平坦性，宇宙不同空间方向的温度在 1/25 000 的均匀度以内是一致的。这已经是够精确了！宇宙学家们都开始修改他们的计算以保证他们所估计的密度变化可以足够小，并且不与 COBE 的结果矛盾。

实际上根据 COBE 的 DMR 测量结果，后来分析说明更加精细的数据分布并不那么光滑。此后，1992 年，在仔细检查了各种误差来源并进行考虑之后，COBE 组首次在他们的微波背景图上看到了极其微小的结构。COBE 卫星令人惊异的一生中的第二个辉煌一页被翻开了。这正是精密宇宙探索时代的开始！

8.6 宇宙的种子——时间零点处的涟漪和 COBE-WMAP-PLANCK

暴涨小亮点和“不再光滑”

大爆炸微小的空间－时间泡泡里充满了量子的闪烁（参见本书 6.5 节）。当暴涨的巨大力量被释放出来的时候，这些闪烁变成了蕾丝花边那样的图案，永远地印记在宇宙这块织物上。这里大家可以看到指挥巨大引力画笔是如何在宇宙布上作画的。

由大爆炸所产生的空间－时间并不是空无一物的。不到一秒钟之前的宇宙束缚在一个比原子还小的空间里，非常狂野，非常混乱，仅受到测不准原理的制约。粒子－反粒子对以及其他的量子回波持续的或闪或灭，使微小的瞬变能量在真空里闪耀和迸发。但在大爆炸之后 10^{-35} 秒的时候，伴随着能量被大量地释放到真空里，巨大的暴涨力攫住“婴儿期”的小不点宇宙，像吹气球一样，以超光速把它吹大起来。那些无规则且随机的量子亮斑也随之被撑大。在暴涨这个巨大的扩大器的约束下，它们向外爆炸，摆脱它们那永远消失的量子命运。在 10^{-32} 秒的时候，暴涨突然消失了，我们今天能看得见的宇宙那时大概是一个棒球的大小，其中充满着经历了暴涨的小亮点。它们已不再是分布得那么均匀了，宇宙的种子已经播下了。现在就靠引力来使它们生长了。引力是一个单向的力，总是把物质往一起拉。逐渐地，越来越多的物质像滚雪球一样，为星系奠定下基础。

20 世纪 70 年代早期，英国理论家特德·哈里森（Ted Harrison）和苏联宇宙学家雅科夫·泽利多维奇（Yakov Zelidovich）就指出，所有的原初量子小亮点都经历了相同的膨胀。当覆盖有许多亮点的气球膨胀的时候，这些量子亮点会互相分开，但相对的图案却会完全保留下来。因而，引力的图案也会保留在微波背景辐射里。

COBE 的冷－热涟漪

1992 年 4 月 23 日，在华盛顿特区召开的美国物理学会的一次会议上，来自旧金山附近的美国劳伦斯伯克利国家实验室的天体物理学家乔治·斯穆特（George Smoot）向惊讶不已的听众描述了 COBE 卫星已经“看到”了空间中那些热的和冷的小板块——涟漪（图 8-21）。它们的温度差别很小，不过 3×10^{-5} K。一项科学发现能如此广泛和迅速地得到大家的认可也是很少有的事情。第二天，全世界的媒体都以头号大字标题进行了报道，诸如“宇宙是如何创造的”。霍金则说：“这是世纪的科学大发现，如果不说是有史以来的话。”斯穆特在报告结果时说了一句后来广为大家引用的名言：“如果你是一个宗教人士，这就像是你看到了上帝的脸。”

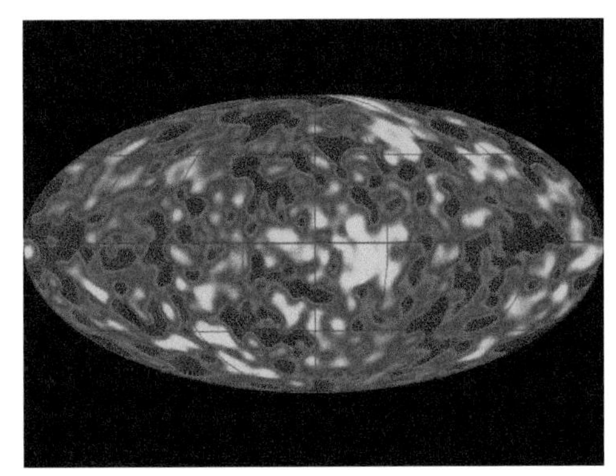

图 8-21　3×10^{-5} K 的宇宙涟漪
资料来源：NASA

在 COBE 做出让大家惊讶不已的发现之后 8 个月，由来自麻省理工学院、美国国家航空航天局和普林斯顿的科学家小组利用安装在高空气球上的精密探测器独立测量到了宇宙微波背景辐射，并且证实了微小涟漪的存在。尽管受限于高空气球 40 千米的高度，而非卫星所翱翔的 900 千米高空，这个探测器的灵敏度仍是 COBE 的 25 倍，因而仅需 6 小时的曝光就足以看到这个微小的涟漪。在不同条件下，两个精确实验看到了类似的微小涨落。这样两个不同的实验都证实了宇宙的量子起源。

COBE 的使命已经完成，下一个任务就是要把这些涟漪与今天的宇宙对应起来。

进入“精确宇宙学”时代和宇宙标准模型

目前已到“精确宇宙学”研究的新阶段。前面已经介绍了 1989 年升空的 COBE 卫星与 1992 年第一次报道了 COBE 上的 DMR 探测器第一次观测到宇宙微波背景辐射各向异性。1998 年以来的重大成就包括：1998 年对超新星的观测证明宇宙在加速膨胀；2000 年 BOOMERANG 和 MAXIMA 的气球实验对宇宙微波背景辐射观测表明宇宙是平坦的；2002 年 DASI 观察到宇宙微波背景辐射的极化现象，使宇宙学正式进入“精确宇宙学”时代。这样，科学家利用少数宇宙学参数和微观宏观知识建造起来的“宇宙学模型”所得到的各种结果就能够很好地同这些实验的精确结果比较。即人们所称的运用唯象方法建立的标准模型，类似粒子物理的标准模型，通过与实验比较修正逐步就成为普遍而精准的体系了。

COBE 的结果和诺贝尔物理学奖

上节谈到 COBE 卫星开始阶段，科学家们对辐射分布似乎“不平滑”或温度有起伏还有些怀疑。1992 年 4 月美国劳伦斯伯克利国家实验室的乔治・斯穆特用 DMR 测量到了整个太空的辐射与宇宙微波背景辐射的温度确实有起伏，并不平滑均匀，但温度起伏只有 3×10^{-5} K（图 8-21）。国际方面许多媒体报道称这是 21 世纪最伟大的成果，霍金也这样赞叹。最重要的是这一结果和宇宙学理论预期的十分相近。精确宇宙学的研究就此开端，促进科学家进一步向其深度和广度进军。由于这一贡献，约翰・马瑟（图 8-22）和乔治・斯穆特（图 8-23）获得 2006 年诺贝尔物理学奖。

图 8-22　约翰・马瑟

图 8-23　乔治・斯穆特

从 WMAP 到 PLANCK

在 COBE 取得巨大成果的推动下，2001 年 6 月美国的新一代卫星威尔金森微波背景辐射各向异性探测器（Wilkinson microwave anisotropy probe，WMAP）开始在距离地球 150 万千米的轨道运行，进行全天空扫描。它的精度比 COBE 提高了 50 倍，即空间精度可达 0.2°（图 8-24），并用了 5 个不同频率波段（23～94 GHz）运行，其目的是实验测量宇宙微波背景辐射温度的

图 8-24　WMAP 全天空观测宇宙微波背景辐射
资料来源：NASA/WMAP Science Team

微小差别。WMAP 选择这个轨道是要消除地球和太阳光亮方面的干扰。宇宙微波背景辐射精密谱和各向异性等对宇宙学的许多重要参数给出了精确的限制，如宇宙年龄、宇宙组分等，被美国《科学》杂志评为 2003 年十大科技新闻。到 2010 年，十年的观测得到许多精细结果。

欧洲方面也不示弱。欧洲空间局（ESA）在 COBE 和 WMAP 之后发射了第三代宇宙微波背景辐射观测卫星 PLANCK，它以量子论开创者德国的普朗克命名，在 WMAP 接近尾声时于 2009 年 5 月升空，重点研究温度各向异性等。

图 8-25 为 PLANCK 卫星和 WMAP 卫星对宇宙微波背景辐射温度涨落测量精度的比较。PLANCK 卫星的灵敏度比 WMAP 高 10 倍，角分辨率高近 3 倍，可在 30～857 GHz 的 9 个频率波段上对全天空进行史无前例的精确扫描。从图 8-25 中可以发现，PLANCK 卫星对于宇宙微波背景辐射温度涨落的测量明显要精确很多，可以观测到更小尺度上温度涨落的结构。

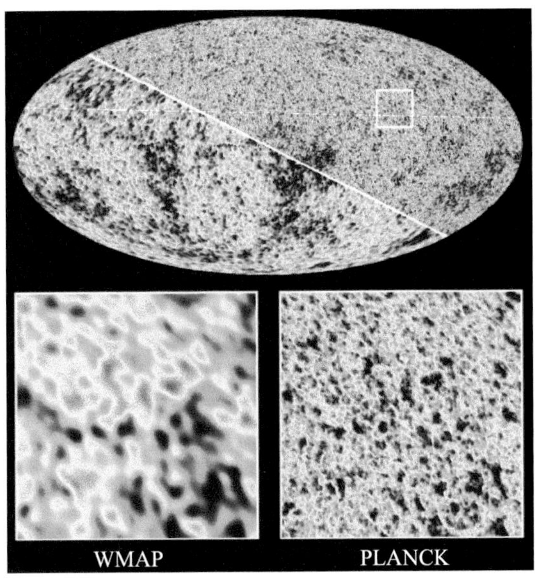

图 8-25　WMAP-PLANCK 全天空观测宇宙微波背景辐射起伏比较
资料来源：ESA and the PLANCK Collaboration；NASA/WMAP Science Team

PLANCK（图 8-26）的研制费用是 WMAP 的 5 倍，为 7 亿欧元。它有什么高超之处呢？确实有重大改进并得到许多重要结果：所用高频率辐射热计比 WMAP 的高 10 倍；角度分辨能力高 3 倍；频段多到 9 个，覆盖 30～857 GHz，可以得到更精确的全天空宇宙微波背景辐射温度涨落图像。从前文中已经知道，由于宇宙微波背景辐射的温度已经很低，当然测量温度之间的涨落更是微乎其微。这些在很宽的微波波段的放大器都要在氦低温冷却器内工作，氦 3（^{3}He）与氦 4（^{4}He）分别用于高频（100～857 GHz）与低频（30～70 GHz）放大器。^{3}He 于 2012 年 1 月用完，成功完成比预期进行 2 次更多的 5 次扫描。原设计寿命为一年半，到 2013 年已超额一倍时间运行。它的结果如辐射谱的分布为高斯型，同大爆炸理论特别是暴胀模型精确符合；暗能量比原来预期的更少（从 72.8% 降为 68.3%）（参见本书 8.4 节），而物质组分更高（从 4.5% 增至 4.9 %）；宇宙年龄更老，由 WMAP 估计的 137 亿年增至 138.13±0.58 亿年，改进了中微子质量上限，确认了中微子的有效代数和同宇宙标准模型相偏离的一些反常现象。这些都是非常有价值的。

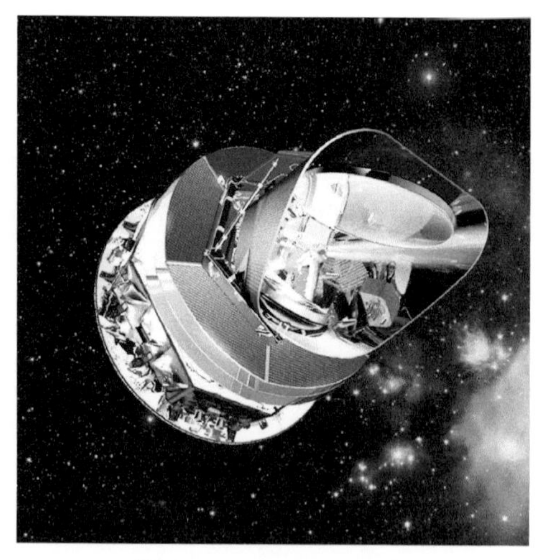

图 8-26　PLANCK 卫星

资料来源：NASA/ESA (Image by AOES)

WMAP 组提供的根据截至 2010 年 WMAP 公布的前 7 年的观测数据为精密宇宙学研究确定“宇宙标准模型”基本参数做出了巨大贡献，美国约翰 · 霍普金斯大学物理与天文学教授查理斯班尼特，美国普林斯顿大学物理学讲座教授莱曼 · 佩治和天体物理科学主任及天文学讲座教授大卫 · 斯佩格因此项目获得了2010年邵逸夫天文学奖。这些参数的测量也有其他探测设备的贡献，如斯隆数字巡天（SDSS）大尺度结构（LSS）的观测。加上精度更高的PLANCK卫星的进一步修正等使精密宇宙学标准模型不断完善。

特别是1998年发现了Ia型超新星观测发现宇宙在加速膨胀，而暗能量的存在是加速膨胀的重要驱动者，其本质尚在探索中。一些科学家认为是暗能量一种具有排斥效应的动力学的场，并有着一个很浪漫的名字，科学家常称暗能量为“精质”（quintessence）——来自古希腊的传说。索尔・珀尔马特（Saul Perlmuttter）、亚当・里斯（Adam G. Riess）和布赖恩・施密特（Brian Schmidt）三位科学家因为通过观测遥远超新星发现宇宙的加速膨胀而获得了2011年诺贝尔物理学奖。由此进一步掀起进一步观测超新星热潮，如近年来的美国和法国合作的“近邻超新星工厂”（SN Factory）利用低红移Ia超新星观测，美国近10年天文计划排在首位的大视场红外巡天望远镜（WFIRST）及地面的大型综合巡天望远镜（LSST）都将重点研究超新星。我国在南极建设的南极巡天望远镜（AST3）也将开展高时间分辨的大视场滚动巡天，以观测低红移爆发极早期的年轻超新星。

中国科学家也有突出的贡献，在某些领域已经走在国际最前列，如提出精密宇宙学微波背景辐射的极化旋转角及新的数据分析算法，并与实验结果一致；除热暗物质（如中微子）、冷暗物质（如WIMP）外，提出温暗物质并进行了详细的研究；提出“精灵”（Quintom）机制及计算暗能量扰动的新方法等受到国内外关注，并得到国外WMAP权威实验组的肯定，成为国际上这一领域不可忽视的力量。中国粒子物理学家与天文学家密切合作在近期提出精密宇宙学发展的“上天、入地到南极”的路线图，并于近几年已有相当规模的进展，读者可参看本书6.2节、6.3节、7.5节、7.9节、7.10节、7.11节、8.4节等。

8.7 宇宙到底有多老?

这是一个在前面很多节都谈到的课题。这里我们从历史到当前做一个值得的甚至有趣的回顾，它可以表明确定“年龄”走了多少曲折的路。

哈勃比引起的麻烦

测量到达多个星系的距离这个困难课题一直同宇宙膨胀有多快这一命题

相关。测量的不确定性直接使宇宙年龄受到质疑。这是一个老问题，也还是一个新问题，甚至历史上一些估算荒谬地得出宇宙年龄比最老的星体还要年轻。

1929 年埃德温・哈勃发现宇宙正在膨胀，即许多星系都在以正比于它的距离的速度远离我们所处的银河系。它们离我们越远，离去得越快。这就是有名的哈勃定律（参见本书 6.3 节），即远离的“退行速度”与距离之比为一常数——哈勃比（哈勃常数）。

实际上并不是那些星系各自在离开远去，而是包括其间的空间在内都在膨胀，也就是大爆炸的延续。哈勃比告诉我们这个过程有多快，也暗示了宇宙有多老，这是显而易见的。膨胀越快就表明从大爆炸开始到现在的时间也就越短。但是宇宙中的物质因受重力而互相吸引，因此哈勃比与宇宙动力学的方程式中的宇宙物质密度有关。显然，这些量可不是容易确定的。直到现在也在不断地向精确逼近。

哈勃最初确定的比值为 530，这个值过于大了，由此得出宇宙年龄只有 10 亿～20 亿年。艾伦・桑德奇（Allan Sandage）一直继续着这项工作，他得到的比值为 180，从而得出宇宙年龄为 50 亿年。后来，他又同瑞士天文学家古斯塔夫・达尔曼（Gustav Dallman）合作得到比值降到 50，宇宙年龄增加到 120 亿年。然而，这一年龄是基于很不准确的宇宙物质密度而得出的。

1976 年，在美国得克萨斯大学工作的法国天文学家盖拉德・范古勒（Gailard Fankule）挑战了艾伦・桑德奇的结果，给出哈勃比为 100、年龄为 100 亿年的结果。这两个阵营间经过了长期而艰苦的斗争，并仔细估计了误差。一种可能性是哈勃比并不是一个固定的值，而是在宇宙的不同演化阶段具有不同的值。

关于哈勃流。哈勃比方程式是通过测量宇宙膨胀使远处各星系光谱红移所决定的。星系的红移也就称为哈勃流。由于临近星系的运动主要受当地引力的影响，几乎达 1/4 的水平，天文学家必须观测远达 5000 万光年的威尔戈星系群（Virgo Cluster）以及更远的星系，才能正确地理解红移。在这些地方，高红移星系的运动才由宇宙膨胀主导，即从红移和退行速度进而确定星系的距离。已经用过几种方法。对于较近的银河系，其中一种方法就是利用造父变星（参见本书 6.3 节）于 1912 年由亨利达・李维特（Henrida Livett）提出，但是，这些规则膨胀和收缩的星体，最多只能为 2500 万光年以内的星系确定可靠的距离。到 2003 年，由巡天测量已得到许多遥远星体精确的距离位。

关于“宇宙烛光”

在一般光学教科书中，“烛光”是一个标定物体发光的亮度单位。近年来在宇宙学中看起来越来越有希望将Ⅰa型超新星选作为测定距离超过5000万光年以外星体距离的“标准烛光”，这种超新星经常在椭圆状星系或古老的涡旋状星系中当白矮星从其周围聚集物质而突然达到临界质量条件时，即达到所谓昌德拉塞卡极限（参见本书7.1节）就发生爆炸。这些超新星的出现都是按同一种途径产生的，所以它们都有同样的亮度。这种Ⅰa型超新星一般比Ⅱ型超新星更亮（参见本书7.2节）。利用它的视亮度来确定距离可以延长到10亿光年甚至更长。

上述的较为近距的Ⅰa型超新星是1937年在IC4182星系中发现的，它的距离为1600万光年左右。1992年，有一组包括艾伦·桑德奇在内的天文学家利用哈勃太空望远镜测量进一步转向寻找这组星系中的造父变星，由此得到哈勃值为45，进而得出宇宙的年龄为150亿年。

图8-27为涡旋状银河系M81中用哈勃太空望远镜测量到的30个造父变星（用白线分成16个方格，以显示亮度变化），并得出M81的精确距离为1180万光年。这些造父变星为黄色超大型星体，它们在1～20天的脉冲周期

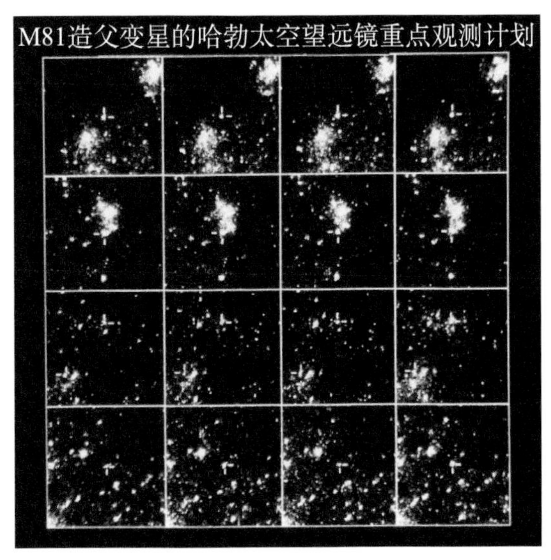

图8-27　M81造父变星
资料来源：NASA/ESA，STSECI

里有规律地膨胀和明暗发光。利用它们进一步可测定其他星体的距离。脉冲周期越长，星体亮度越大。

图 8-28 称为第谷星（Tycho），它是 I 型超新星 SN1572 的遗迹，这个超新星于 1572 年在仙后座卡西欧佩亚（Cassiopeia）星座中爆炸。这个超新星由丹麦天文学家第谷观察到的（参见本书 6.2 节），用肉眼就可以看到。爆炸中产生的气体，一直以每秒 11 000 千米的速度向外喷发。图 8-28 中所示的景象是由 ROSAT 卫星（参见本书 7.9 节）用 X 射线装置拍摄到的。

以上都是科学家们用不同方式估计各个星体的距离或估计宇宙的年龄。

21 世纪以来的精细观测中，WMAP 得到的宇宙年龄为 137.3 亿年（哈勃比为 70）。进而 PLANCK 报道为（138.13±0.58）亿年，精确度到 0.01 亿年（哈勃比为 67.4±1.4），相当精确了。诚然，随着时间的推移，宇宙年龄还是会不断精确化的。

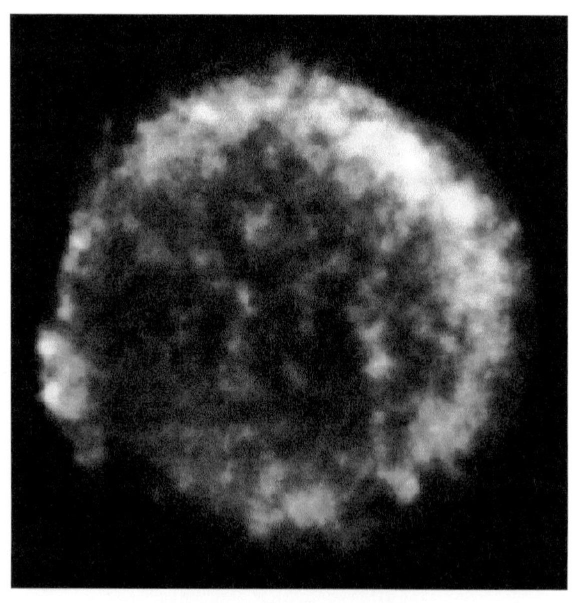

图 8-28　超新星 SN1572
资料来源：NASA/GSFC/LHEA

8.8 21 世纪探索夸克与宇宙相联系的 11 个问题

2002 年美国国家研究委员会确定的 21 世纪 11 个研究前沿课题如下所示[①]。

（1）什么是暗物质？

（2）暗能量的性质是什么？

（3）宇宙是如何起源的？

（4）爱因斯坦有关于引力的最后论述吗？

（5）几种中微子质量意味着什么？

（6）宇宙加速器是如何工作的？

（7）质子不稳定吗？

（8）什么是物质在极高密度和极高温度下的新形态？

（9）有额外的时间 - 空间维度或有额外维度的时间和空间吗？

（10）从铁到铀元素是如何生成的？

（11）在最高的能量下光与物质有新的理论吗？

图 8-29 《夸克与宇宙相联系》封面

资料来源：National Research Council of the National Academies Cos

① 11 个问题转引自《夸克与宇宙相联系》（图 8-29）一书。

结语

20世纪，人类在认识我们生存的物质世界方面取得了非常大的进展，小到微观世界的夸克层次，大到460多亿光年的可视宇宙边界。越来越精密的仪器设备使我们能够“看到”这样小和这样大的外部世界。特别是微观世界和宏观宇宙的密切关系和统一更是20世纪后期以来对物质世界认识的最重要进展。不间断地、越来越深入地认识人类外部世界是人类文明进步的重要标志。

仪器和设备的重要性对基础理论的发展的作用不言而喻，很重要的事实是它们的发展更渗透到国民经济和人类生活的各个方面。例如，加速器、探测器技术和宇航的大量高科技成果在生物、医疗、探矿、新材料、探伤、通信、考古等不胜枚举的领域都有广泛的应用和推动作用。例如，利用中国科学院高能物理研究所的正负电子对撞机束流切向射出的同步辐射已经建立的20余个实验站，为各领域约500家用户提供实验研究服务，在矿物分析、集成电路、高分子结构甚至SARS病毒结构、模拟地球内部高压高温物态等很多科学领域都做出了重要贡献。在多学科应用方面，如生物、医学成像、加速器技术、大体积高真空、超导体、大功率高频发射等在民生、军事等方面的开拓应用都是十分明确的。另外，正在广东建设的散裂中子源工程，也为广泛的国民经济应用设立了大型平台。这些都说明：由于对物质的不断认识所开发的越来越高级的设备与技术对国民经济所需的各种高科技也起到推动作用。本书中所述的国内外的历史进程也证实了这一点。

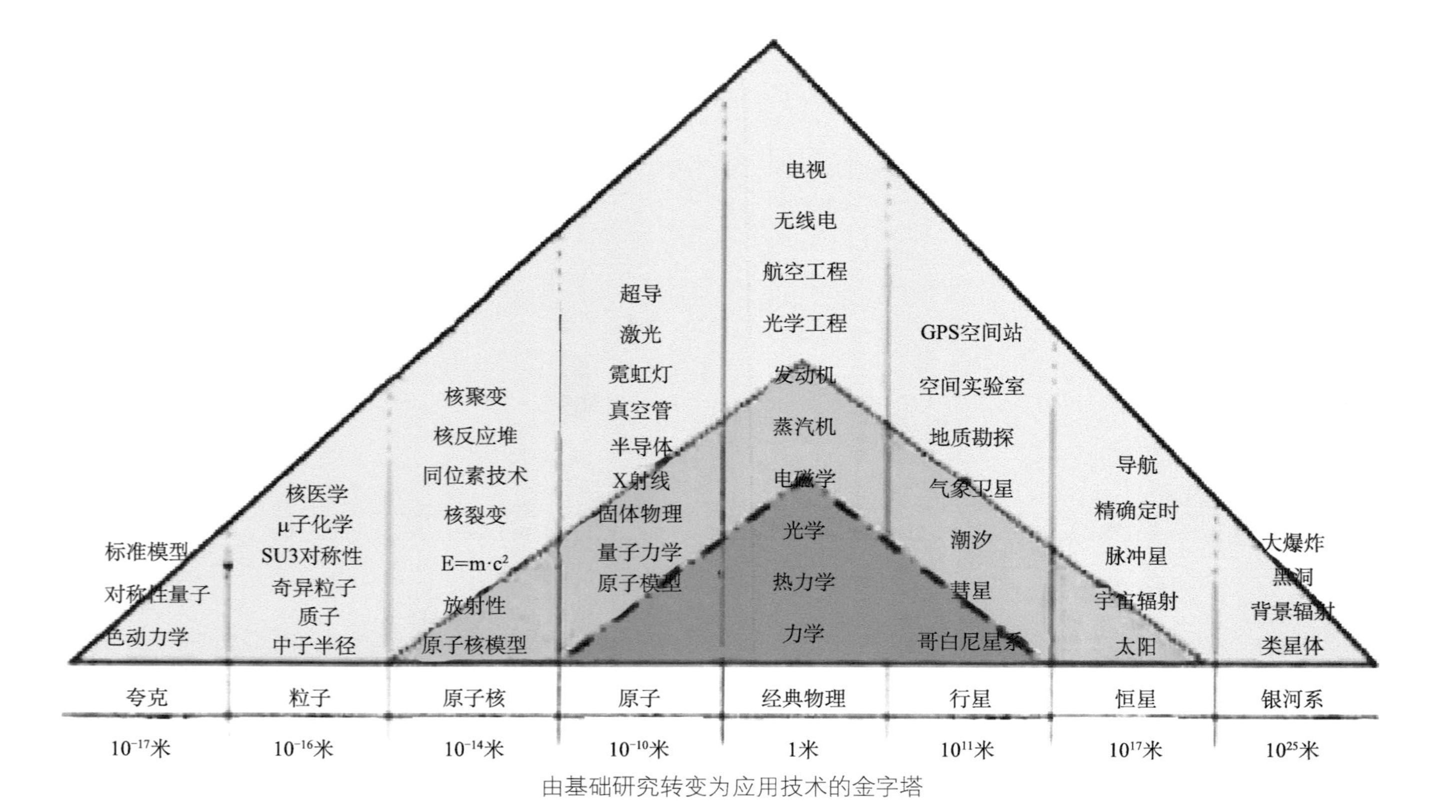

由基础研究转变为应用技术的金字塔

资料来源：丁肇中.2015. 我所经历的物理实验. 实验室研究与探索，34（3）：3

关于基础研究和应用技术以及人们日常生活的金字塔关系[①]，丁肇中先生有段语重心长的话值得我们思考："今天，我们正享受着由人们对基础学科的研究所带来的成果，这里包括技术、通信、计算机、交通、医疗等，这些大大提高了我们的生活质量。可是常常被人们忘记的是，为这些成果奠定基础的科学家，这些科学家是出于对自然界的好奇，才开始的探索和研究。这是一座由基础研究转变为应用技术的金字塔。100年前，最尖端的科学是光学、力学，现在被用在电视、无线电、航空航天工程；20世纪30年代，最尖端的科学就是量子力学和原子物理，当时所有人都不理解它的用处，现在被用在IT上；20世纪40年代最尖端的科学是原子核物理，现在被用在核聚变。从大距离方面看，20世纪30年代最尖端的科学，就是对太阳系的研究，现在被用在导航和定时上，金字塔在不断地增高，因为研究不断扩大它的底部，基础研究越来越走到角落，因为它远离日常生活……所以，技术的发展是生根于基础研究之中。"[②]

话说回来，处在"角落里"的基础研究"一切都完美了吗"？不，人类就像还站在一个不稳定的大梯子的下面。我们虽然有了粒子物理的"标准模型"和"精确宇宙学模型"，但还有大量的问题不清楚或悬而未决，还有一系列已经提出来或还没有提出来的带问号的课题需要创新思维和切实苦干的精神去开拓。

21世纪有关这一领域已提出有待探索的11个问题（见本书8.8节）。另外，关于所有的相互作用力的统一问题、中微子在宇宙演化中的作用、对称性破坏使反物质世界不能稳定地存在、有没有反物质宇宙，以及标准模型以外还能确定些什么等也都是未来关注的问题，想象的空间和实验研究的园地还十分广阔，转化为新的应用技术也仍然指日可待，大有可为。

下图表述了粒子物理研究三个发展前沿，即与高能量、高密度和宇宙学有关各研究领域的相互联系与交叠。高能量可以由甚高能量的对撞机和宇宙射线提供；例如图中的"高密度前沿"指的是高束流强度的加速器或高亮度的对撞机（各种粒子工厂）以及反应堆等设备。它们能够提供图中圆环内标出的可做的物理研究领域。

① 丁肇中. 2015. 我所经历的物理实验. 实验室研究与探索，34（3）：3.

② 丁肇中. 从物理实验中获得的体会. 光明日报，2015年1月29日011版.

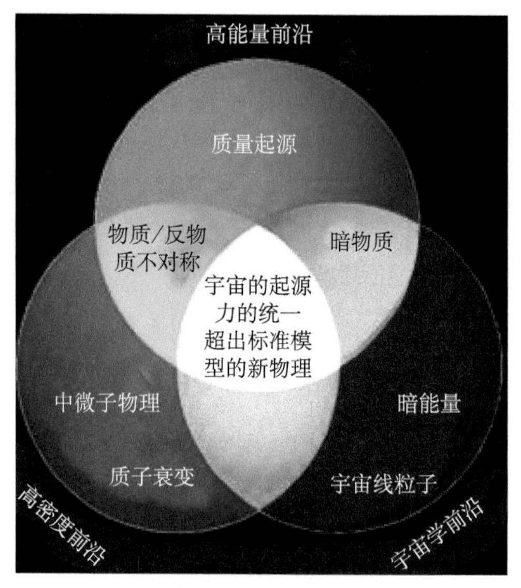

粒子物理的三个发展前沿

参考文献

一、图书

阿米尔·阿克塞尔 . 2014. 目睹创世：欧洲核子研究中心及大型强子对撞机史话 . 乔从丰，田雨，吕晓睿，等译 . 上海：上海科技教育出版社 .

安德鲁·华生 . 2009. 量子夸克 . 刘健，雷奕安译 . 长沙：湖南科学技术出版社 .

安东尼·黑，帕特里克·沃尔特斯 . 2009. 新量子世界 . 雷奕安译 . 长沙：湖南科学技术出版社 .

陈泽民 . 2001. 现代物理与高新技术物理基础 . 北京：清华大学出版社 .

戴念祖 . 2001. 中国科学技术史 . 北京：科学出版社 .

丹尼尔 . 1975. 科学史 . 北京：商务印书馆 .

杜东生，杨茂志 . 2017. 基本粒子物理导论 . 北京：科学出版社 .

郭豫斌 . 2009. 诺贝尔物理学奖明星故事 . 西安：陕西人民出版社 .

黄涛 . 2011. 量子色动力学引论 . 北京：北京大学出版社 .

吉姆·巴格特 . 2013. 希格斯 . 邢志忠译 . 上海：上海科技教育出版社 .

江向东，黄艳华 . 2001. 诺贝尔奖百年鉴：睿智神工（基本粒子探测）. 上海：上海科技教育出版社 .

李金 . 2017. 寻找缺失的宇宙——暗物质 . 清华大学出版社 .

刘学富 . 2004. 基础天文学 . 北京：高等教育出版社 .

吕才典，肖振军 . 2016. 基本粒子物理学导论 . 北京：科学出版社 .

马丁纽斯·韦尔特曼 . 2012. 神奇的粒子世界 . 丁亦兵，乔从丰等译 . 北京：科学出版社 .

南部阳一郎 . 2011. 夸克基本粒子物理前沿 . 陈宏芳译 . 合肥：中国科学技术大学出版社 .

施密斯 . 1982. 脉冲星 . 李启斌译 . 北京：科学出版社 .

史蒂芬·霍金 . 1988. 时间简史 . 许明贤，吴忠超译 . 长沙：湖南科学技术出版社 .

史蒂芬·霍金 . 2011. 果壳中的宇宙 . 吴忠超译 . 长沙：湖南科学技术出版社 .

斯蒂芬·温伯格 . 2007. 亚原子粒子的发现 . 杨建邺，肖明译 . 长沙：湖南科学技术出版社 .

汪容 . 1979. 在 10^{-13} 厘米以内——关于基本粒子的对话 . 上海：上海科学技术出版社 .

王宇琨，童志道 . 2011. 图解时间简史大全集 . 海口：南海出版公司 .

王祝翔 . 1983. 粒子与辐射探测器 . 北京：科学出版社 .

温伯格 .2013. 宇宙学 . 向守平译 . 合肥：中国科学技术大学出版社 .

谢一冈，陈昌，王曼，等 . 2003. 粒子探测器与数据获取 . 北京：科学出版社 .

许咨宗 . 2009. 核与粒子物理导论 . 合肥：中国科学技术大学出版社 .

张礼 . 2009. 近代物理学进展 . 北京：清华大学出版社 .

章乃森 . 1984. 粒子物理导论 .

Frazer G, Lillestol E, Seffevag I. 1996. The Search for Infinity. Reed Press, Octopus Press.

Revol C M. 2004. Prestigious Discoveries at CERN on Neutral Current W Z Bosons. Springer Press.

二、第一部分参考期刊文章

卞蔚 . 2013. 世界上的高能物理实验室 . 现代物理知识，25（3）：33.

卞蔚 . 2013. 世界上的高能物理实验室 . 现代物理知识，25（4）：33-40.

陈国明 . 2012. 在 LHC 上寻找希格斯粒子 . 现代物理知识，21（1）：26.

陈和生，王贻芳，张闯，等 . 2009. 北京正负电子对撞机 BEPCII 专题 . 现代物理知识，21（5）：20.

方亚泉，金山 . 2013. 探寻上帝粒子的踪迹 . 现代物理知识，25（6）：84.

韩涛，王连涛 . 2013. 希格斯及高能物理的新时代 . 现代物理知识，25（6）：3.

何小刚，李学潜 . 2008. 宇称、时间反演与粒子－反粒子对称性的破坏 . 现代物理知识，20（3）：3.

黄涛 . 2011. 量子色动力学札记 . 现代物理知识，23（3）：51.

李淼 . 2008. 弦论小史 1. 现代物理知识，20（1）：7.

李淼 . 2008. 弦论小史 2. 现代物理知识，20（2）：16.

李淼 . 2008. 弦论小史 3. 现代物理知识，20（3）：18.

李之 . 2015. 科学家发现“五夸克粒子”＋LHC 新发现 . 现代物理知识，27（4）：封 3.

厉光烈，刘明 . 2015. 走向统一的自然力　超弦理论：四种自然力走向统的一种尝试（Ⅰ）. 现代物理知识，27（4）：25.

厉光烈，鹿桂花 . 2013. 弱力和电磁力的统一（1）. 现代物理知识，25（5）：3.

厉光烈，阮建红 . 2014. 强力、弱力和电磁力的大统一（1）. 现代物理知识，26（2）：3.

厉光烈，赵洪明 . 2013. 爱因斯坦：试图统一电磁力和引力未能如愿，现代物理知识，25（2）：44.

马余刚 . 2013. 高能核物理前沿 . 现代物理知识，25（5）：27.

童国梁 . 2012. 亚原子物理百年回眸 . 现代物理知识，24（2）：7.

王贻芳，曹俊，钟伟丽，等 . 2012. 大亚湾中微子实验专题 . 现代物理知识，24（3）：4.

王贻芳 . 2014. 建设大型加速器 实现科学梦 . 现代物理知识，26（2）：29.

维尔切克 . 2011.QCD 揭秘 . 丁亦兵，乔从丰，李学潜，等译 . 现代物理知识，23（1）：13.

吴为民 . 2009. 中国第一封电子邮件 . 现代物理知识，21（3）：57.

谢一冈 . 1988. 发现中间玻色子的实验回顾和展望 . 高能物理，（1）：12.

谢一冈 . 2011. 气体粒子探测器回顾 . 现代物理知识，23（4）：23.

谢一冈 . 2011. 微结构气体探测器及其应用 . 现代物理知识，23（5）：10.

谢一冈 . 2012. 从近代物理学到高新技术浅谈 . 现代物理知识，24（4）：40-44.

袁小华，陈金达，靳根明，等 . 2012. 反质子与离子研究装置 FAIR 介绍 . 现代物理知识，24（6）：13.

张家铨 . 1984. τ 重轻子物理 . 高能物理，（2）：14.

张家铨 . 1988. 高能中微子实验——对弱电统一理论的验证 . 高能物理，（1）：18.

周淑华 . 2013. 大型强子对撞机上的 ALICE 实验 . 现代物理知识，25（5）：35.

庄胥爱 . 2013. 标准模型之外的超对称 . 现代物理知识，25（4）：10.

三、第二部分参考期刊文章

蔡荣根，曹利明，胡亚鹏 . 2015. 黑洞物理 . 现代物理知识，27（5）：16.

蔡荣根 . 2013. 黑洞热力学、引力的全息性及时空呈展性 . 现代物理知识，25（4）：13.

蔡一夫，朴云松，张新民 . 2015. 现代宇宙学简史 . 现代物理知识，27（5）：26.

曹俊 . 2014. 中微子——通往新物理之门 . 现代物理知识，26（3）：35.

陈洪 . 2009. 大爆炸理论 . 现代物理知识，21（6）：32.

陈佳，王晓峰 . 2011. 宇宙的灯塔：Ia 型超新星——漫谈 2011 年诺贝尔物理学奖 . 现代物理知识，25（6）：6.

高昕，康召峰，李田军 . 2011. 暗物质模型简介 . 现代物理知识，23（5）：31.

胡红波 . 2011. 银河系宇宙线起源、加速和传播问题的一些研究进展 . 现代物理知识，23（4）：33.

李虹，李明哲，笵祖辉，等 . 2011.WMAP 和精确宇宙学 . 现代物理知识，23（6）：21.

李良 . 2008.GLAST 观测宇宙的新窗口—— γ 射线大面积空间望远镜 . 现代物理知识，20（3）：31.

李良 . 2009. 探索恒星世界 . 现代物理知识，21（2）：3.

李良 . 2009. 探索恒星世界 . 现代物理知识，21（6）：银河系、河外星系彩图 .

李良 . 2009. 宇宙探索纵横谈 . 现代物理知识，21（1）：3.

李良 . 2010. 南极的冰立方探测器 . 现代物理知识，22（5）：33.

李良 . 2014. 夏夜星空与银河系的发现 . 现代物理知识，26（3）：25.

李淼 . 2009. 量子引力和弦论在中国 . 现代物理知识，21（5）：20.

李明哲，毕效军，张新民 . 2011.WIMP 暗物质 . 现代物理知识，23（4）：33.

马欣华 . 2011. 直接探测暗物质 . 现代物理知识，23（6）：30.

童国梁 . 2011. 纷繁隐秘的暗世界 . 现代物理知识，23（1）：35.

王贻芳，曹俊，廖玮，等 . 2015. 中微子研究与进展专辑 . 现代物理知识，27（6）：3-65.

王运永，朱宗宏，R. 迪萨沃 . 2013. 引力波与宇宙学 . 现代物理知识，25（4）：25.

夏俊卿 . 2013. 普朗克卫星与微波宇宙背景辐射 . 现代物理知识，25（3）：27.

杨明，陈国明 . 2011. 国际空间站上的 AMS 实验 . 现代物理知识，23（5）：10.

杨谦，王洪见，刘树勇 . 2012. 从静止宇宙向膨胀宇宙的发展 . 现代物理知识，24（2）：49.

袁业飞 . 2015. 相对论天体物理 . 现代物理知识，27（5）：3.

张闯 . 2013. 我国物质结构研究的大型实验平台（续）——天文观测设施 . 现代物理知识，25（2）：33.

张家铨 . 1984. 探寻轴子 . 高能物理，（13）：326.

张双南，卢方军，刘聪展，等 . 2016. 硬 X 射线调制望远镜卫星专题,（3）：3-38.

张天蓉 . 2014. 黑洞的最新解释 . 现代物理知识，26（2）：32.

张新民 . 2012.WMAP 和精确宇宙学 . 现代物理知识，23（6）：21.

张杨 . 2014. 引力波与微波宇宙背景辐射旋度星偏振的探测 . 现代物理知识，26（3）：31.

张元仲 . 2015. 广义相对论及其实验证明 . 现代物理知识，27（5）：3.

张元仲 . 2015. 广义相对论及其实验证明 . 现代物理知识，27（5）：9.

赵永恒 . 2014. 化学元素的起源 . 现代物理知识，26（3）：20.

赵挣 . 2010. 黑洞与它的研究者 . 现代物理知识，21（5）：20.

附录 1　英文缩写

ADS　Accelerator Driven Subcritical System

ALEPH　Apparatus for LEP Physics（希伯来语第一个字母名称）

ALICE　A Large Ion Collider Experiment

AMS　Alpha Magnetic Spectrometer

ARGO　Apparatus for Research Gamma-ray Observation

ATLAS　Air-core Toroid LHC Apparatus

ATIC　Advanced Thin Ionization Calorimeter（Antarctica）

Barbar　（B meson B-bar meson）(SLAC)

Belle　B meson el-le（electron-positron）(Japan)

BEPC　Beijing Electron Positron Collider（北京）

BES　Beijing Electron-positron Spectrometer（北京）

BNL　Brookhaven National Laboratory（USA）

BOMERANG　Balloon Observation of Millimetric Extragalactic Radiation and Geophysics

BSRF　Beijing Synchrotron Radiation Facility（北京）

CALET　CALorimetric Electron Telescope

CAST　CERN Axion Search Telescope

CDEX　China Dark-matter EXperiment

CDF　Colliding Detector Facility

CERN　Organization European for Nuclear Research（Organization Europeenne pour la Recherche Nucleaire 法语）

CGRO　Compton Gamma Ray Observatory

CINDMS　CsI（Na）Dark Matter Search（计划于中国景屏山地下实验室）

CMB　Cosmic Microwave Background

CMS　Compact Muon Solenoid Detector

COBE　Cosmic Background Explorer…

DAMA　DArk Matter Apparatus（at Gran Sasso，Italy）

DAMPE　Dark Matter Particle Explore

DELPHI　Detector with Lepton, Photon, Hadron Identification（希腊神庙名称）

DESY　Deutches Elektronen Synchrotron（德语）

DORIS　DOppel RIng Speicher（德语）（Double Storage Ring）

DMR　Differential Microwave Radiation meter

EGRET　Energetic Gamma Ray Experiment Telescope（NASA）

FAIR　Facility for Antiproton and Ion Research（Germany）

FAST　Five hundred meters Aperture Spherical Telescope（贵州）

FNAL　Fermi National Laboratory（USA）

GEM　Gas Electron Multiplier

GEMINGA　Gemini gamma-ray source，Geminga signifies "it is not there" in Milanese dialect

GEO　A gravitational wave detector located near Sarstedt in the South of Hanover, Germany

GLAST　Gamma-ray Large Area Space Telescope

GSI　Gesellschaft der Schwer Ionen（德语）（Community for heavy ions）

HERA　Hadron Electron Ring Accelerator（DESY）

HERD　High Energy cosmic Radiation Detection facility

HIAF　High Intensity Heavy-ion Accelerator Facility（兰州）

HXMT　Hard X-ray Modulation Telescope

IHEP　Institute of High Energy Physics（北京，俄罗斯）

INFN　Istituto Nazionale di Fisica Nucleare（意大利语，National Institute of Nuclear Physics）

JINR　Joint Institute for Nuclear Research（俄罗斯）

KEK　Kou Enerugii Butsurigaku Kenkyusho（High Energy Accelerator Research Organization; Tsukuba, Japan）

KIMS　Korea Invisible Mass Search

LAMOST　Large Sky Area Multi-Object Fiber Spectroscopy Telescope

LEAR　Lower Energy Antiproton Ring

LEP　Large Electron Positron collider

LHC　Large Hadron Collider

LIGO　Laser Interferometer Gravitational–wave Observatory（USA）

LNF　Laboratoria Nazionali di Frascati（意大利语）

LSST　Large Synoptic Survey Telescope（Chile, 智利）

MACHO　Massive Compact Halo Object

MAXIMA　Millimetric Anisotropy Experiment Imaging Array

MIMAC　MIcromegas meter for Dark MAtter Research（in France）

MPGD　Micro Pattern Gas Detector

MRPC　Multi-gap Resistive Plate Chamber

MWPC　Multi-Wire Proportional Chamber

NASA　National Aeronautics and Space Administration

OPAL　Omni Purpose Apparatus for LEP

PANDA　Anti Proton Annihillation at Damstadt（Germany）

PANDAX　PandaX Dark Matter Experiment（位于中国景屏山地下实验室）

PAMELA　a Payload for Antimatter Matter Exploration and Light-nuclei Astrophysics

PEP　Positron Electron Project collider（SLAC）

PETRA　Positron Electron Tandem Ring Accelerator（DESY）

POLAR　Polar Satellite was a NASA science spacecraft designed to study the polar magneto-sphere and aurora

QED　Quantum Electric Dynamics

QCD　Quantum Chromatic Dynamics

QGP　Quark Gluon Plasma

RAL　Rutherford Appleton Laboratory（in UK）

RHIC　Relativistic Heavy Ion Collider

ROSAT　Röntgensatellit, a German Aerospace Center-led satellite X-ray telescope

RPC　Resistive Plate Chamber

SAS　Small Astronomy Satellite

SLAC　Stanford Linear Accelarator Center（National Accelerator Laboratory, California，USA.）

SLC　SLAC Large Collider

SLD　SLC Large Detector

SPEAR　Stanford Positron Electron Anti-symmetric Ring

STAR　Solenoid Tracker At RICH（BNL）

SVOM　Space Variable Obsevatory Meter

THGEM　Thick Gas Electron Multiplier

TOF　Time of Flight meter

TPC　Time Projection Chamber

T2T　Tolai to Kamioka（Japan）

VIRGO　A Michelson laser interferometer with two orthogonal arms each 3 kilometers long（in Italy, near Pisa）

WIMP　Weak Interaction Massive Particle

WMAP　Wilkinson Microwave Anisotropy Probe（NASA）

XTP　X-ray Time Polariation

附录 2 诺贝尔物理学奖年表①

获奖年份	中英文姓名（生卒年月）	国籍	重大发现及主要成果
1901 年	威廉·伦琴（Wilhelm C. Röntgen）（1845—1923）	德国	1895 年研究真空管放电时发现 X 射线
1902 年	亨德里克·洛伦兹（Hendrik A. Lorentz）（1853—1928）	荷兰	对塞曼效应的理论研究
	彼得·塞曼（Pieter Zeeman）（1865—1943）	荷兰	1896 年发现磁场对辐射现象的影响即塞曼效应
1903 年	安托万·贝克勒尔（Antoine H. Becquerel）（1852—1908）	法国	1896 年发现天然放射性
	皮埃尔·居里（Pierre Curie）（1859—1906）	法国	对天然放射性现象的研究
	玛丽·居里（Marie Curie）（1867—1934）	法籍波兰人	
1904 年	约翰·斯特拉特（John W. Strutt, 第三代瑞利男爵）（1842—1919）	英国	研究重要气体的密度和发现氩
1905 年	菲利普·莱纳德（Philipp Lenard）（1862—1947）	德籍匈牙利人	1892 年把阴极射线通过金属窗引出，进行阴极射线研究
1906 年	约瑟夫·汤姆孙（Joseph J. Thomson）（1856—1940）	英国	电荷通过气体的理论和实验研究，1897 年发现电子
1907 年	阿尔伯特·迈克耳孙（Albert A. Michelson）（1852—1931）	美籍德国人	创制光学精密仪器，从事光谱学和精密度量学研究
1908 年	加布里埃尔·李普曼（Gabriel Lippmann）（1845—1921）	法国	发明基于干涉现象的彩色照相法
1909 年	古列尔莫·马可尼（Guglielmo Marconi）（1874—1937）	意大利	发明无线电报及其对发展无线电通信的贡献
	卡尔·布劳恩（Carl F. Braun）（1850—1918）	德国	
1910 年	约翰内斯·范德华（Johannes von der Waals）（1837—1923）	荷兰	关于气体和液体的状态方程的研究
1911 年	威廉·维恩（Wilhelm C. Wien）（1864—1928）	德国	发现热辐射定律
1912 年	尼尔斯·达伦（Nils G. Dalen）（1869—1937）	瑞典	发明灯塔与浮标照明用的瓦斯自动调节器
1913 年	海克·卡末林·昂内斯（Heike Kamerlingh Onnes）（1853—1926）	荷兰	对低温下物质性质的研究，特别是液氦的制备，发现超导现象

① 注：按陈泽民和江向东书中（见参考文献）附表增改。

续表

获奖年份	中英文姓名（生卒年月）	国籍	重大发现及主要成果
1914 年	马克斯·冯·劳厄（Max von Laue）（1879—1960）	德国	发现晶体中的 X 射线衍射现象
1915 年	威廉·亨利·布拉格（William H. Bragg）（1862—1942）	英国	用 X 射线对晶体结构的研究
	威廉·劳伦斯·布拉格（William L. Bragg）（1890—1971）		
1916 年	（未发奖）		
1917 年	查尔斯·巴克拉（Charles G. Barkla）（1877—1944）	英国	发现元素的特征伦琴辐射
1918 年	马克斯·普朗克（Max K. Planck）（1858—1947）	德国	发现基本量子，提出能量量子化的假设，解释了黑体辐射的经验定律
1919 年	约翰内斯·斯塔克（Johannes Stark）（1874—1957）	德国	发现极隧射线的多普勒效应和原子光谱线在电场中的分裂
1920 年	查尔斯·纪尧姆（Charles E. Guillaume）（1861—1938）	瑞士	发现镍钢合金的反常性以及在精密仪器中的应用
1921 年	阿尔伯特·爱因斯坦（Albert Einstein）（1879—1955）	德国	1904 年发现光电效应规律。1905 年提出狭义相对论，革新了物理学的时空理论，第一次提出了质量和能量之间的关系。相对论是现代物理学的两大支柱之一（另一个是量子力学）
1922 年	尼尔斯·玻尔（Niels H. Bohr）（1885—1962）	丹麦	研究原子结构和原子辐射，提出量子化原子结构模型
1923 年	罗伯特·密立根（Robert A. Millikan）（1868—1953）	美国	研究基本电荷和光电效应，特别是通过著名的油滴实验证明电荷有最小单位
1924 年	卡尔·西格巴恩（Karl M. Siegbahn）（1886—1978）	瑞典	X 射线光谱学方面的发现和研究
1925 年	詹姆斯·弗兰克（James Franck）（1882—1964）	德国	发现电子与原子碰撞时只能传给原子分立能量，电子与气体原子的非弹性碰撞
	古斯塔夫·赫兹（Gustav L. Hertz）（1887—1975）	德国	
1926 年	皮兰（Jean B. Perrin）（1870—1942）	法国	有关物质不连续结构的研究，特别是沉积平衡的发现
1927 年	阿瑟·康普顿（Arthur H. Compton）（1892—1962）	美国	1923 年发现光子与自由电子的非弹性散射作用即康普顿效应
	查尔斯·威尔逊（Charles T. Wilson）（1869—1959）	英国	发明用过饱和气体凝结法观测带电粒子径迹的装置——威尔逊云室
1928 年	里查孙（Owen W. Richardson）（1879—1959）	英国	在热离子现象方面的工作，特别是发现里查孙定律（金属加热后发射出的电子数和温度的关系）

续表

获奖年份	中英文姓名（生卒年月）	国籍	重大发现及主要成果
1929 年	路易・德布罗意（Prince-victor de Broglie）（1892—1987）	法国	提出电子的波动性
1930 年	昌德拉塞卡・拉曼（Chandrasekhara V. Raman）（1888—1970）	印度	1928 年研究光的散射并发现拉曼效应
1931 年	（未发奖）		
1932 年	沃纳・海森堡（Werner K. Heisenberg）（1901—1976）	德国	1925 年创立量子力学矩阵力学，1927 年提出不确定关系，他的《量子论的物理学基础》是量子力学领域的一部经典著作
1933 年	欧文・薛定谔（Erwin Schrödinger）（1887—1961）	奥地利	1926 年发现了有效的、新形式的原子理论，建立量子力学的基本方程
	保罗・狄拉克（Paul A. Dirac）（1902—1984）	英国	发现原子理论新的有效的形式，建立相对论性量子力学理论并预言正电子的存在
1934 年	（未发奖）		
1935 年	詹姆斯・查德威克（James Chadwick）（1891—1974）	英国	1932 年发现中子
1936 年	卡尔・安德森（Carl D. Anderson）（1905—1991）	美国	1932 年发现正电子
	维克托・赫斯（Victor F. Hess）（1883—1964）	奥地利	1911 年发现宇宙射线
1937 年	克林顿・戴维孙（Clinton J. Davisson）（1881—1958）	美国	1927 年实验上发现电子在晶体中的衍射现象，证明德布罗意的物质波
	乔治・汤姆孙（George P. Thomson）（1892—1975）	英国	同上（各自独立进行）
1938 年	恩里科・费米（Enrico Fermi）（1901—1954）	意大利	证实中子辐射产生新放射性核素及慢中子产生核反应
1939 年	欧内斯特・劳伦斯（Ernest O. Lawrence）（1901—1958）	美国	发明与发展回旋加速器以及利用它所取得的成果，特别是有关人工放射性元素的研究
1940 年	（未发奖）		
1941 年	（未发奖）		
1942 年	（未发奖）		
1943 年	奥托・斯特恩（Otto Stern）（1888—1969）	美籍德国人	发展分子束的方法发现质子磁矩
1944 年	伊西多・拉比（Isidor I. Rabi）（1898—1988）	美籍奥地利人	以核磁共振方法测量原子核的磁矩
1945 年	沃尔夫冈・泡利（Wolfgang Pauli）（1900—1958）	美籍奥地利人	1924 年发现泡利不相容原理
1946 年	珀西・布里奇曼（Percy W. Bridgman）（1882—1961）	美国	发明高压装置以及利用这种装置在高压物理学领域中所做出的贡献

续表

获奖年份	中英文姓名（生卒年月）	国籍	重大发现及主要成果
1947 年	爱德华·阿普顿（Edward V. Appleton）（1892—1965）	英国	研究大气高层的物理性质，特别是发现了阿普顿层
1948 年	帕特里克·布莱克特（Patrick M. Blackett）（1897—1974）	英国	改进威尔逊云室方法，并在核物理和宇宙射线领域有所发现
1949 年	汤川秀树（Hideki Yukawa）（1907—1981）	日本	在核力理论研究的基础上预言了介子的存在
1950 年	塞西尔·鲍威尔（Cecil F. Powell）（1903—1969）	英国	研究核过程的照相乳胶记录法以及发现 π 介子
1951 年	约翰·科克罗夫特（John D. Cockcroft）（1897—1967）	英国	在用人工加速粒子使原子核蜕变方面做了开创性工作
	欧内斯特·瓦尔顿（Ernest T. Walton）（1903—1995）	爱尔兰	
1952 年	费利克斯·布洛赫（Felix Bloch）（1905—1983）	美籍瑞士人	用感应法高精度测量核磁矩，发展了核磁共振精密测量方法
	爱德华·珀塞耳（Edward M. Purcell）（1912—1997）	美国	
1953 年	弗里茨·塞尔尼克（Frits Zernike）（1888—1966）	荷兰	论证相衬法，特别是发明相衬显微镜
1954 年	瓦尔特·博特（Walther W. Bothe）（1891—1957）	德国	用符合电路法分析宇宙辐射
	马克斯·玻恩（Max Born）（1882—1970）	英籍德国人	进行量子力学基本研究，特别是对波函数的统计解释
1955 年	威利斯·兰姆（Willis E. Lamb）（1913—2008）	美国	有关氢光谱精细结构（兰姆位移）的发现
	波利卡普·库施（Polykarp Kusch）（1911—1993）	美籍德国人	1947 年精密测定电子磁矩
1956 年	威廉·肖克利（William Shockley）（1910—1989）	美国	在半导体方面的研究，1947 年发现晶体管放大效应
	约翰·巴丁（John Bardeen）（1908—1991）		
	沃尔特·布喇顿（Walter H. Brattain）（1902—1987）		
1957 年	杨振宁（Chen Ning Yang）（1922—）	美籍中国人	发现弱相互作用下宇称不守恒
	李政道（Tsung Dao Lee）（1926—）	美籍中国人	
1958 年	帕维尔·切伦科夫（Pavel A. Cherenkov）（1904—1990）	苏联	1934 年发现和解释切伦科夫效应（高速带电粒子在透明物质中传递时放出蓝光的现象）
	伊利亚·弗兰克（TIya M. Frank）（1908—1990）	苏联	
	伊戈尔·塔姆（Igor Y. Tamm）（1895—1971）	苏联	

续表

获奖年份	中英文姓名（生卒年月）	国籍	重大发现及主要成果
1959 年	埃米利奥・塞格雷（Emilio G. Segrè）（1905—1989）	美籍意大利人	1955 年发现反质子
	欧文・张伯伦（Owen Chamberlain）（1920—2006）	美国	
1960 年	唐纳德・格莱塞（Donald A. Glaser）（1926—2013）	美国	1953 年发明氢气泡室
1961 年	罗伯特・霍夫斯塔特（Robert Hofstadter）（1915—1990）	美国	由高能电子原子核散射发现核子的结构
	鲁道夫・默斯鲍尔（Rudolf L. Mössbauer）（1929— ）	德国	1958 年研究γ射线的无反冲共振吸收和发现默斯鲍尔效应。默斯鲍尔效应成为核物理、固体物理和普通物理领域内的一种实验研究方法，预示着一些新的研究方向
1962 年	列夫・朗道（Lev D. Landau）（1908—1968）	苏联	物质凝聚态理论的研究，特别是液氦的开创性理论
1963 年	尤金・维格纳（Eugene P. Wigner）（1902—1995）	美籍匈牙利人	对原子核及基本粒子的理论贡献，特别是发现和应用对称性基本原理方面的贡献
	玛丽亚・迈耶（Maria G. Mayer）（1906—1972）	美籍德国人	1949 年发展原子核结构的壳层模型理论，成功地解释了原子核的长周期和其他幻数性质的问题
	汉斯・延森（Hans D. Jensen）（1907—1973）	德国	
1964 年	查尔斯・汤斯（Charles H. Townes）（1915—2015）	美国	在量子电子学领域中的基础研究，导致根据微波激射器和激光器的原理所制成的振荡器和放大器
	尼科莱・巴索夫（Nikolay G. Basov）（1922—2001）	苏联	用于产生激光光束的振荡器和放大器的研究工作
	亚历山大・普罗霍罗夫（Alexander M. Prokhorov）（1916—2002）	苏联	在量子电子学中的研究工作，导致微波激射器和激光器的制作
1965 年	理查德・费曼（Richard P. Feynman）（1918—1988）	美国	在量子电动力学方面所做的对基本粒子物理学具有深刻影响的工作
	朱利安・施温格（Julian S. Schwinger）（1918—1994）	美国	
	朝永振一郎（Sinitiro Tomonaga）（1906—1979）	日本	
1966 年	阿尔弗雷德・卡斯特勒（Alfred Kastler）（1902—1984）	法国	发现并发展了研究原子中赫兹共振的光学方法
1967 年	汉斯・贝特（Hans A. Bethe）（1906—2005）	美籍德国人	对核反应理论的贡献，特别是建立关于恒星能量产生方面的理论
1968 年	路易斯・阿尔瓦雷茨（Luis W. Alvarez）（1911—1988）	美国	对基本粒子物理学的决定性贡献，特别是通过发展氢气泡室和数据分析技术而发现许多共振态

续表

获奖年份	中英文姓名（生卒年月）	国籍	重大发现及主要成果
1969 年	默里·盖尔曼（Murray Gell-Mann）（1929—）	美国	关于基本粒子的分类和相互作用方面的贡献，1964 年提出夸克模型
1970 年	汉内斯·阿尔文（Hannes O. Alfven）（1908—1995）	瑞典	在磁流体动力学方面的基础研究和发现，以及其在等离子体物理中的广泛应用
	路易·奈尔（Louis E. Neel）（1904—2000）	法国	对反铁磁性和铁氧体磁性的基本研究和发现，这在固体物理中具有重要的应用
1971 年	丹尼斯·伽博（Dennis Gabor）（1900—1979）	英籍匈牙利人	全息照相术的发明与发展
1972 年	利昂·库珀（Leon N. Cooper）（1930—）	美国	1957 年提出称作 BCS 理论的超导理论
	约翰·施里弗（John R. Schrieffer）（1931—）		
	约翰·巴丁（John Bardeen）（1908—1991）		
1973 年	布赖恩·约瑟夫森（Brain D. Josephson）（1940—）	英国	关于固体中隧道现象的发现，从理论上预言了超导电流能够通过隧道阻挡层（即约瑟夫森效应）
	伊瓦尔·贾埃弗（Ivar Giaever）（1929—）	美籍挪威人	从实验上发现超导体的隧道效应
	江崎玲于奈（Leona Esaki）（1925—）	日本	从实验上发现半导体的隧道效应，1957 年制成隧道二极管
1974 年	马丁·赖尔（Martin Ryle）（1918—1984）	英国	在射电天文学的先驱性研究，发明射电望远镜，特别是在孔径合成技术方面的创造与发展
	安东尼·休伊什（Antony Hewish）（1924—）	英国	在射电天文学方面的先驱性研究，对发现脉冲星所起的决定性作用
1975 年	阿格·玻尔（Aage N. Bohr）（1922—2009）	丹麦	发现原子核中集体运动与粒子运动之间的联系，并在此基础上发展了原子核结构理论
	本·莫特尔松（Ben R. Mottelson）（1926—）	丹麦	关于原子核内部结构的研究工作
	利奥·雷恩沃特（Leo J. Rainwater）（1917—1986）	美国	
1976 年	丁肇中（Chao Chung Ting）（1936—）	美籍中国人	1974 年各自独立地发现了新粒子 J/Ψ
	伯顿·里克特（Burton Richter）（1931—）	美国	
1977 年	菲利浦·安德森（Philip W. Anderson）（1923—）	美国	对晶态与非晶态固体的电子结构作了基本的理论研究，提出“固态”物理理论
	尼维洛·莫特（Nevill F. Mott）（1905—1996）	英国	对磁性与不规则系统的电子结构所作的基础研究
	约翰·范弗莱克（John H. von Vleck）（1899—1980）	美国	

续表

获奖年份	中英文姓名（生卒年月）	国籍	重大发现及主要成果
1978年	阿尔诺·彭齐亚斯（Arno A. Penzias）（1933—）	美籍德国人	1965年宇宙微波背景辐射的发现
	罗伯特·威尔逊（Robert W. Wilson）（1936—）	美国	
	彼德·卡皮查（Peter L. Kapitza）（1894—1984）	苏联	1937年在低温物理学领域的发明与发现，包括液氦超流理论等
1979年	谢尔登·格拉肖（Sheldon L. Glashow）（1932—）	美国	1967～1973年对统一基本粒子之间弱相互作用与电磁相互作用统一的理论所作的贡献，特别是预言弱中性流的存在
	斯蒂芬·温伯格（Steven Weinberg）（1933—）	美国	
	阿卜杜勒·萨拉姆（Abdus L. Salam）（1926—1996）	巴基斯坦	
1980年	维尔·菲奇（Val L. Fitch）（1923—2015）	美国	1964年在实验上发现K介子联合宇称CP不守恒
	詹姆斯·克罗宁（James W. Cronin）（1931—）	美国	
1981年	凯·西格巴恩（Kai M. Siegbahn）（1918—2007）	瑞典	对开发高分辨率电子光谱仪的贡献以及光电子和轻元素定量分析方面的工作
	阿瑟·肖洛（Arthur L. Schawlow）（1921—1999）	美国	激光及激光光谱学方面的研究
	尼古拉斯·布洛姆伯根（Nicolaas Bloembergen）（1920—）	美籍荷兰人	
1982年	肯尼斯·威尔逊（Kenneth G. Wilson）（1936—2013）	美国	建立相变的临界现象理论，即重正化群变换理论
1983年	昌德拉塞卡（Subrahmanyan Chandrasekhar）（1910—1995）	美籍巴基斯坦人	对恒星结构和演化过程的研究，特别是对白矮星的结构和变化的精确预言
	威廉·福勒（William A. Fowler）（1911—1995）	美国	与核起源有关的核反应的实验和理论研究，以及对宇宙化学元素形成的理论做出的贡献
1984年	卡洛·卢比亚（Carlo Rubbia）（1934—）	意大利	发现传递弱作用的$W^{\pm}$粒子和Z^{0}粒子，以及为发现这些粒子而建造质子－反质子对撞机和探测器所做的贡献
	西蒙·范德梅尔（Simon van der Meer）（1925—2011）	荷兰	
1985年	克劳斯·克利青（Klaus von Klitzing）（1943—）	德国	从金属－氧化物－半导体场效应晶体管发现量子霍尔效应
1986年	欧内斯特·鲁斯卡（Ernest Ruska）（1906—1988）	德国	1933年发明电子显微镜
	杰德·宾尼（Gerd Binning）（1947—）	德国	1981年发明扫描隧道电子显微镜
	亨利克·罗雷尔（Heinrich Rohrer）（1933—2013）	瑞士	

续表

获奖年份	中英文姓名（生卒年月）	国籍	重大发现及主要成果
1987 年	卡尔·穆勒（Karl A. Müller）(1927—）	德国	对新的超导材料方面的研究
	乔治·柏诺兹（J. Georg Bednorz）(1911—1995）	瑞士	
1988 年	利昂·莱德曼（Leon Lederman）(1922—）	美国	用中微子束方法和通过发现 μ 子型中微子验证了轻子的二重态结构，为研究物质的最深层结构和动态开创了崭新的机会
	梅尔文·施瓦茨（Melvin Schwartz）(1932—2006）	美国	
	杰克·斯坦伯格（Jack Steinberger）(1921—）	美籍德国人	
1989 年	诺曼·拉姆齐（Norman F. Ramsey）(1915—2011）	美国	发明了一种精确观察和测量原子辐射的方法，这种方法为当前世界上使用的时间标准（铯原子钟标准）奠定了基础
	汉斯·德莫尔特（Hans G. Dehmelt）(1922—）	美籍德国人	发明了用电磁陷阱捕捉质子、电子和离子的技术，并将其应用于原子基本常数和光谱学的测量
	沃尔夫冈·保罗（Wolfgang Paul）(1913—1993）	德国	发明了离子阱，即使用六极磁场将原子束聚于一束射线的方法
1990 年	杰罗姆·弗里德曼（Jerome I. Friedman）(1930—）	美国	对电子与质子及束缚中子深度非弹性散射进行的先驱性研究，证实强子有结构，对粒子物理学中夸克模型的发展起到了重要作用
	亨利·肯德尔（Henry W. Kendall）(1926—1990）	美国	
	理查德·泰勒（Richard Taylor）(1929—）	加拿大	
1991 年	皮埃尔·德让纳（Pierre G. de Gennes）(1932—2007）	法国	为研究简单系统中的有序现象而创造的方法，推广到更复杂的物质态，尤其是对液晶和聚合物，建立了相变理论
1992 年	乔治·沙尔帕克（George Charpak）(1924—2010）	法国	对粒子探测器的研制与发展，特别是在正比计数管的基础上发明了多丝正比室
1993 年	拉塞尔·赫尔斯（Russell A. Hulse）(1950—）	美国	发现脉冲双星，从而为有关引力的研究提供了新的机会
	小约瑟夫·泰勒（Joseph H. Taylor, Jr.）(1941—）	美国	
1994 年	伯特伦·布罗克豪斯（Bertram N. Brockhouse）(1918—2003）	加拿大	利用中子散射技术研究凝聚态物质而做出先驱贡献
	克利福德·沙尔（Clifford G. Shull）(1915—2001）	美国	
1995 年	马丁·佩尔（Martin L. Perl）(1927—2014）	美国	1977 年对轻子物理实验有开创性贡献，探测到了 τ 轻子
	弗雷德里克·莱因斯（Frederick Reines）(1918—1998）	美国	1956 年对轻子物理实验有开创性贡献，在核反应堆上探测到了电子中微子

续表

获奖年份	中英文姓名（生卒年月）	国籍	重大发现及主要成果
1996 年	戴维·李（David M. Lee）（1931—）	美国	发现了 ^{3}He 的超流动性
	道格拉斯·奥谢罗夫（Douglas D. Osheroff）（1945—）		
	罗伯特·理查森（Robert C. Richardson）（1937—2013）		
1997 年	朱棣文（Stephen Chu）（1948—）	美籍中国人	发明了用激光冷却技术俘获原子的方法，对促进人类了解放射线与物质之间的相互作用，特别是为深入理解气体在低温下的量子物理特性开辟了道路
	威廉·菲利普斯（William D. Phillips）（1948—）	美国	
	克洛德·科恩-塔努基（Claude Cohen Tannoudji）（1933—）	法国	
1998 年	罗伯特·劳克林（Robert B. Laughlin）（1950—）	德国	发现分数量子霍尔效应，以及对分数量子霍尔液体的研究在实验和理论上的贡献
	霍斯特·斯特默（Horst L. Störmer）（1949—）	美国	
	崔琦（Daniel C. Tsui）（1939—）	美籍中国人	
1999 年	赫拉尔杜斯·霍夫特（Gerardus't Hooft）（1946—）	荷兰	解释了物理学中的电弱相互作用的量子场论，提出非阿贝尔规范场重整化理论
	马丁努斯·韦尔特曼（Martinus Veltman）（1931—）	荷兰	
2000 年	若列斯·阿尔费罗夫（Zhores I. Alferov）（1930—）	俄罗斯	各自发展了应用于蜂窝电话的半导体技术，研究半导体异质结构
	赫伯特·克罗默（Herbert Kroemer）（1928—）	美国	
	杰克·基尔比（Jack S. Kilby）（1923—2005）	美国	对发明集成电路、高速电脑芯片做出贡献
2001 年	埃里克·康奈尔（Eric A. Cornell）（1961—）	美国	在碱性原子稀薄气体的玻色-爱因斯坦凝聚态方面取得的成就，以及凝聚态物质属性质的早期基础性研究
	卡尔·维曼（Carl E. Wieman）（1951—）		
	沃尔夫冈·克特勒（Wolfgang Ketterle）（1957—）	德国	
2002 年	雷蒙德·戴维斯（Raymond Davis，Jr.）（1914—2006）	美国	在天体物理学领域做出的先驱性贡献，尤其是探测宇宙中微子
	小柴昌俊（Masatoshi Koshiba）（1926—）	日本	
	里卡尔多·贾科尼（Riccardo Giacconi）（1931—）	美国	在天体物理学领域做出的先驱性贡献，这些研究导致了宇宙 X 射线源的发现

续表

获奖年份	中英文姓名（生卒年月）	国籍	重大发现及主要成果
2003 年	阿列克谢·阿布里科索夫（Alexei A. Abrikosov）（1928—）	俄罗斯 / 美双重国籍	在超导体和超流体理论上做出了开创性贡献而获奖
	维塔利·金茨堡（Vitaly Lazarevich Ginzburg）（1916—2009）	俄罗斯	
	安东尼·莱格特（Anthony Leggett）（1938—）	英 / 美双重国籍	
2004 年	戴维·格罗斯（David Jonathan Gross）（1941—）	美国	发现强相互作用理论中的渐近自由
	戴维·波利策（Hugh Politzer）（1949—）		
	弗兰克·维尔切克（Frank Wilczek）（1951—）		
2005 年	罗伊·格劳伯（Roy J. Glauber）（1925—）	美国	对光学相干的量子理论的贡献
	约翰·霍尔（John L. Hall）（1934—）	美国	对包括光频梳技术在内的，基于激光的精密光谱学发展做出的贡献
	特奥多尔·亨施（Theodor W. Hänsch）（1941—）	德国	
2006 年	约翰·马瑟（John C. Mather）（1945—）	美国	发现宇宙微波背景辐射的黑体形式和各向异性
	乔治·斯穆特（George Fitzgerald Smoot）（1945—）	美国	
2007 年	阿尔贝·费尔（Albert Fert）（1938—）	法国	发现巨磁阻效应
	彼得·格林贝格尔（Peter Grünberg）（1939—）	德国	
2008 年	南部阳一郎（Yoichiro Nambu）（1921—2015）	美籍日本人	发现亚原子物理学的自发对称性破缺机制和量子色动力学方面贡献
	小林诚（Makoto Kobayashi）（1944—）	日本	发现对称性破缺的来源，并预测了至少三大类夸克在自然界中的存在
	益川敏英（Toshihide Maskawa）（1940—）		
2009 年	高锟（Charles Kuen Kao）（1933—）	英美双重国籍华裔	在光传输于纤维的光学通信领域突破性成就
	威拉德·博伊尔（Willard S. Boyle）（1924—）	美国	发明了半导体成像器件——电荷耦合器件（CCD）图像传感器
	乔治·史密斯（George Elwood Smith）（1930—）	美国	
2010 年	安德烈·盖姆（Andre Geim）（1958—）	荷兰 / 俄罗斯	在二维石墨烯材料的开创性实验
	康斯坦丁·诺沃肖罗夫（Konstantin Novoselov）（1974—）	英国 / 俄罗斯	
2011 年	索尔·珀尔马特（Saul Perlmutter）（1959—）	美国	通过观测遥距超新星而发现宇宙加速膨胀
	布赖恩·施密特（Brian P. Schmidt）（1967—）	美国 / 澳大利亚	
	亚当·盖伊（Adam G. Riess）（1969—）	美国	

续表

获奖年份	中英文姓名（生卒年月）	国籍	重大发现及主要成果
2012 年	塞尔日·阿罗什（Serge Haroche）（1944—）	法国	发现测量和操控单个量子系统的突破性实验方法
	戴维·瓦兰（David J. Wineland）（1944—）	美国	
2013 年	弗朗索瓦·恩格勒（Francois Englert）（1932—）	比利时	1964 年对希格斯玻色子的预测
	彼得·希格斯（Peter W. Higgs）（1929—）	英国	
2014 年	赤崎勇（Isamu Akasaki）（1929—）	日本	发明高亮度蓝色发光二极管
	天野浩（Hiroshi Amano）（1960—）	日本	
	中村修二（Shuji Nakamura）（1954—）	美籍日本人	
2015 年	梶田隆章（Takaaki Kajita）（1959—）	日本	发现中微子振荡现象，该发现表明中微子拥有质量
	阿瑟·麦克唐纳（Arthur B. McDonald）（1943—）	加拿大	
2016 年	戴维 · 索利斯（David Thouless）	英国	在拓扑相变以及拓扑材料方面的理论发现
	邓肯 · 霍尔丹（Duncan Haldane）	英国	
	迈克尔 · 科斯特利茨（Michael Kosterlitz）	英国	
2017 年	雷纳 · 维斯 (Rainer Weiss)	美国	对 LIGO 检测器和引力波观测的决定性贡献
	巴里 · 巴里什（ Barry C. Barish）	美国	
	基普 · S. 索恩（Kip S.Thorne）	美国	

附录 3　中国暨华裔相关部分科研重大贡献人物简表

分类	姓名	科学成就
“两弹一星”奖获得者	于敏（1926—）	核物理学家，中国科学院学部委员。1960 年年底开始从事核武器理论研究，在氢弹原理突破中解决了热核武器物理中一系列关键问题。1999 年荣获“两弹一星功勋奖章”。获 2014 年度国家最高科学技术奖
	王大珩（1915—2011）	光学专家。中国光学界的主要学术奠基人、开拓者和组织领导者。开拓和推动了中国国防光学工程事业。1999 年荣获“两弹一星功勋奖章”
	王希季（1921—）	卫星和卫星返回技术专家。曾任航天工业部总工程师，返回式卫星总设计师。1999 年荣获“两弹一星功勋奖章”
	朱光亚（1924—2011）	核物理学家。1957 年后从事核反应堆的研究工作。1994 年出任中国工程院首任院长。1999 年荣获“两弹一星功勋奖章”
	孙家栋（1929—）	长期领导中国人造卫星事业，中国探月工程总设计师。20 世纪 60 年代，孙家栋受命为卫星计划技术总负责人。1999 年荣获“两弹一星功勋奖章”
	任新民（1915—）	航天技术和火箭发动机专家，中国导弹与航天事业开创人之一，曾任卫星工程总设计师。1999 年荣获“两弹一星功勋奖章”
	吴自良（1917—2008）	材料学家。在分离铀 -235 同位素方面做出突出贡献。1999 年荣获“两弹一星功勋奖章”
	陈芳允（1916—2000）	无线电电子学家。1964～1965 年提出方案并参与研制出原子弹爆炸测试仪器，并为人造卫星上天做出了贡献。1999 年荣获“两弹一星功勋奖章”
	陈能宽（1923—）	材料科学与工程专家，生于湖南慈利县。1960 年以后从事原子弹、氢弹及核武器的发展研制。1999 年荣获“两弹一星功勋奖章”
	杨嘉墀（1919—2006）	中国航天科技专家和自动控制专家、自动检测学的奠基者。领导和参加了卫星总体及自动控制系统研制。1999 年荣获“两弹一星功勋奖章”
	周光召（1929—）	理论物理、粒子物理学家。20 世纪 60 年代初开始核武器的理论研究工作，曾任中国科学院院长。1999 年荣获“两弹一星功勋奖章”
	钱学森（1911—2009）	被誉为“中国导弹之父”“中国火箭之父”，1999 年荣获“两弹一星功勋奖章”，2007 年被评为感动中国年度人物
	屠守锷（1917—2012）	火箭技术和结构强度专家。曾任地空导弹型号的副总设计师，远程洲际导弹和“长征二号”运载火箭的总设计师。1999 年荣获“两弹一星功勋奖章”
	黄纬禄（1916—2011）	自动控制和导弹技术专家，中国导弹与航天技术的主要开拓者之一。曾任中国液体战略导弹控制系统的总设计师。1999 年荣获“两弹一星功勋奖章”

续表

分类	姓名	科学成就
“两弹一星”奖获得者	程开甲（1918—）	核武器技术专家。中国第一颗原子弹研制的开拓者之一、核武器试验事业的创始人之一，核试验总体技术的设计者。1999 年荣获“两弹一星功勋奖章”
	彭桓武（1915—2007）	理论物理学家。曾参与并领导了中国的原子弹、氢弹的研制计划。1999 年荣获“两弹一星功勋奖章”
	王淦昌（1907—1998）	核物理学家，中国惯性约束核聚变研究的奠基者，中国核武器研制的主要科学技术领导人之一。1999 年荣获“两弹一星功勋奖章”
	邓稼先（1924—1986）	理论物理学家，核物理学家。在原子弹、氢弹研究中，领导了爆轰物理、流体力学、状态方程、中子输运等基础理论研究。1999 年被追授予“两弹一星功勋奖章”
	赵九章（1907—1968）	地球物理学家和气象学家。是中国地球物理和空间物理的开拓者，人造卫星事业的倡导者、组织者和奠基人之一。1999 年被追授予“两弹一星功勋奖章”
	姚桐斌（1922—1968）	导弹和航天材料与工艺技术专家，中国导弹与航天材料、工艺技术研究所的主要创建者、领导者。1999 年被追授予“两弹一星功勋奖章”
	钱骥（1917—1983）	地球物理与空间物理学家、气象学家、航天专家。是中国人造卫星事业的先驱和奠基人。1999 年被追授予“两弹一星功勋奖章”
	钱三强（1913—1992）	原子核物理学家，中国原子能事业的主要奠基人和组织领导者之一，在研究铀核三裂变中取得了突破性成果。1999 年被追授予“两弹一星功勋奖章”
	郭永怀（1909—1968）	空气动力学家。中国大陆力学事业的奠基人之一，在力学、应用数学和航空事业方面有卓越贡献。1999 年被追授予“两弹一星功勋奖章”
美籍华人	吴健雄（Chien-Shiung Wu）（1912—1997）	著名核物理学家。用 β 衰变实验证明了在弱相互作用中的宇称不守恒。1958 年当选为美国科学院院士。1975 年获得美国最高科学荣誉——国家科学勋章。1994 年当选为中国科学院首批外籍院士。1990 年，中国科学院紫金山天文台将国际编号为 2752 号的小行星命名为“吴健雄星”
	莫玮	1979 年发表了在美国费米国家加速器实验室做的“μ 中微子与电子散射截面测量”实验结果，证实了弱中性流的存在，验证了电弱统一理论的正确性
	吴秀兰（Sau Lan Wu）	① High Energy and Particle Physics Prize of the European Physical Society 1995, with Paul Söding, Björn Wiik, and Günter Wolf, for the discovery of the gluon. Fellow, American Academy of Arts and Sciences 1996 ②在 TASSO 实验中第一次观测到三喷注，其中一个是胶子形成的。在这个实验中吴秀兰起到很大的作用。她曾在诺贝尔奖得主丁肇中 1974 年发现 J/ψ 粒子的实验中起过重要作用，在近 30 年的科研事业中培养了多位中国青年科学工作者，曾获 1995 年度欧洲物理学会奖。在 CERN 的 ALEPH、SLAC 的 BARBAR 和 LHC 的 ATLAS 多个国际合作中都有她领导的美国威斯康星大学组并做出了出色贡献

续表

分类	姓名	科学成就
其他	何泽慧 （1914—2011）	和钱三强合作发现了铀核裂变的新方式——三分裂和四分裂现象。1948 年回国后成功地研制出原子核乳胶探测器，领导和建立了中子物理和裂变物理实验室，完成了大量的核参数测量，开展了相应基础学科的研究，培养了一批具有基础科学研究素质的人才。20 世纪 70 年代后研制高空气球和建立西藏高山宇宙射线观测站，开展高能天体物理、宇宙射线物理和超高能核物理等领域的研究，取得了很多重要的科研成果。因首先发现铀核的三分裂现象，她被西方媒体称为“中国的居里夫人”
	赵忠尧 （1902—1998）	中国核物理、中子物理、加速器和宇宙射线研究的先驱和启蒙者。其早期对 γ 射线散射中反常吸收和特殊辐射的实验发现，在正电子、反物质的科学发现史上有重要意义。1930 年在美国 CIT 实验室发现硬 γ 射线通过重物质時产生反常吸收和未知辐射，实际上是正、负电子产生和湮灭现象，第一次在实验中产生正电子
	张文裕 （1910—1992）	我国宇宙射线研究和高能实验物理的开创人之一。发现 μ 介原子，开创了奇特原子物理的深入研究。重视实验科学，重视实验基地的建设，为我国高能物理的发展、北京正负电子对撞机的建成奠定了坚实基础
	谢家麟 （1920—2016）	著名加速器物理及技术专家、2011 年度国家最高科学技术奖获得者
	叶铭汉 （1925—）	中国工程院院士，中国当代著名物理学家
	方守贤 （1932—）	加速器物理专家。2013 年荣获 ACFA-IPAC'13 的终身成就奖
	王贻芳 （1963—）	2014 年荣获美国物理学会颁发的潘诺夫斯基实验粒子物理学奖。2015 年获得基础物理学突破奖。我国大亚湾中微子实验与 JUNO 中微子实验首席科学家，在精确测量 $\sin^2 2\theta_{13}$ 方面有突出贡献

注：获得诺贝尔物理学奖的华裔科学家见附录 2，本表中不重复列出。

后 记

本书责任编辑建议并鼓励我写一个后记，写出编写此书的过程和值得告诉读者的事情。下面就说几点吧！

“应该出本书吧！”

2011年，我的老同事张家铨要回老家，该地区文史委员会、科学技术委员会、科学技术协会的朋友考虑他已在高能物理领域工作近50年，就邀请他回乡时给青年学生做一个科普报告。他找到我，我说有美籍华裔科学家吴秀兰①教授于1995年在CERN送我的一本《探索极限——解读奇妙的宇宙》(另有一本请我转送给中国科学院高能物理研究所图书馆)，该书图文并茂，虽然出版年份早一些，但可以从中选一些内容，并结合本人的阅历讲。张的报告受到中学生等的热烈欢迎，并引起年轻人很大兴趣。很快，我们深感都已是七老八十的人，虽然视力都不太好，但是也想到参考此书介绍粒子物理的知识与发展，并把过去近40年的工作经历和心得回顾编写出来，同时也是一个再学习的过程，也许还能起到一些承上启下的作用，对年轻人或许会有点帮助，对同龄人有些回顾作用，另外对帮助过我们的外国领导和朋友也是一个怀念。“应该出本书吧。”这是我与张的共识。

于是我们二人开始动手写作，并联系了几位年轻的同事参加。考虑《探索极限——解读奇妙的宇宙》框架和一些内容不错，可将该书作为主要参考书。在同吴秀兰教授联系后，她同该书作者之一CERN实验物理部副主任埃

① 吴秀兰是20世纪80～90年代在这一领域培养了大批中国年轻人员的著名华裔科学家。

基尔·里勒斯托（Egil Lillestol）联系，他认为因该书已太老，回答称“不要翻译，重新写，并增加近若干年的进展内容，若需要愿意协助”［注：另一作者哥登·弗莱瑟（Gordon Fraser）是《CERN 快报》的主编。遗憾的是，他在 2013 年去世了，这里也借此机会悼念］。同时，我作为 CERN-ALEPH 国际合作实验北京组联系人，与 ALEPH 国际合作前发言人，诺贝尔奖获得者杰克·斯坦伯格（Jack Steinberger）联系（他是本书审校者胡洪波的博士论文的指导者），他也支持编写中文版，并在给我的邮件中称“若有困难，愿意帮助”。2013 年，本书获得中国科学院科学传播局的经费支持。

救命和救火

我们两位作者（谢和张）在参加国际合作中遇到的动心又动情的事，使我们永生难忘，写出来也是对国际友人对我们的帮助和关心的怀念。1988 年，我们 ALEPH 组的一位同事在 CERN 心脏病突发，生命危在旦夕，组长老张急忙求救，很快 CERN 的红色消防车将该同事送往附近医院，第二天杰克·斯坦伯格知道后很快与在意大利的罗伦佐·弗阿联系，设法将患者的保险转到日内瓦。杰克·斯坦伯格每个星期都去医院看望，还给护士送花，并请求医生多多关照。我的同事出院后，杰克·斯坦伯格还为他联系了一个疗养院（sanatorium），修养了两个月才回国。我们组的同事们为此都十分感谢他的救命之恩。Foa 当时是 ALEPH μ 子探测器总负责人，负责全部中方人员（前后约 20 人次）的接待安排，他也是本人的多年挚友，对我们帮助极大，并曾两次到北京指导工作。在 CERN 工作时，他曾邀我去他在比萨的家里小住，以便于联系那边的工作。另一次，我刚到 CERN，他说这个夏季他要回老家，便立刻将他的房门钥匙塞给我，让我住他的房子。因那时住处紧张，我在他家里住了两个月。他在担任 ALEPH 发言人后，任职 CERN 副所长期间，曾对我说工作很忙，2008 年 9 月 LHC 隧道发生火灾，为及时处理，他几天都没有睡好觉，还要赴美国，而且俄罗斯方面还催钱。但是到近几年担任 CMS 主席后，他告诉我：“年纪老了，就像……只给青年人发发奖状什么的。”2009 年 11 月在 CERN 的合照中，他已显衰老。2012 年秋我趁去罗马的弗拉斯卡蒂开会，抽了两天去比萨看望他，他夫人和他二人开车专程到火车站接我，晚上全家人请我一同用晚餐，但这已是诀别。他身体已很差，不幸于 2013 年病逝，虽已致悼念信，但也愿借此书作为纪念。

本书作者谢一冈与罗伦佐·弗阿的合影

谈到火灾，记得在1987年，我们制造ALEPH μ子探测器4500多只流光管的车间因冰箱内的正戊烷漏气而引起了一场火灾，将洁净实验室内的一半设备烧毁。幸好因没有通风，产生的二氧化碳窒息了明火才免于大难。因为我是责任人，出现如此重大安全事故，各级公安局保卫部门多次调查，开现场会，我那时心情茫然，两三个月全身发冷，总像犯人似的。当此危难期间，在叶铭汉老所长支持下修复实验室，很多工作要从头开始，好在还有承受能力，暗暗地唱熟悉的老救亡歌曲“跌倒算什么？我们骨头硬，爬起来再前进！”孙中山的“愈挫愈奋”也埋在心头。那时CERN方面伸出积极救援之手，并关心恢复情况。一批专家相继送来了测试器材等以弥补损失，尽快恢复工作条件，并来信慰问，包括海森堡的女婿布卢姆（F. Blum）、费米的外甥卡彭（G. Capon）等。实验室在4个月内全部恢复，没有对我们的工作进度有严重影响。这些都是令我们难忘和使我们感动的。在从事科研事业时，安全也要放在第一位！

洗碗布的“特殊用途”

现在厨房里最普通的塑料海绵洗碗“布”，在30年前国内还不普遍。那时我们承担研制4500只长2～7米的塑料流光管，要用大量的梳状海绵刷。我们发现当时日内瓦的超市卖的塑料海绵洗碗布较为合用，于是全体组员每次回国时用自己的生活费买一大包带回国备用，再用自行设计的冲压机制成合用的石墨刷。终于在三年内完成了总长27千米，并相当于LEP周长或接近北京三环路总长的塑料梳状型材的内石墨电极涂覆任务。当时带这种不值钱的东西回国看来还有点寒酸，但想起组内团结克服困难的精神和30年来中国的大发展与这件事的反差还是值得回忆的！

“我来接你们每个人去上班”

记得在1991年前后的一次晚上，杰克·斯坦伯格请我们中国组在日内瓦他家聚餐，他亲自做了西班牙菜，我们包饺子。餐后已经是午夜12点左右，突然倾盆大雨，他那时已是70多岁的老人，腿还有些不方便，但他坚持开一个吉普车把我们几个中国人从他在日内瓦南侧的家送到北面法国区，记得包括目前在清华大学任教的高原宁等都挤在车后冷成一团。杰克·斯坦伯格把我们每个人送到家并嘱咐说：“天晚了，明早你们不要再赶乘班车（shuttle）了，晚点起来，我来一个一个接你们去上班。”我不禁落下热泪！他从1983年接受过我赠送它的一只景泰蓝瓶后，便拒绝接受一切礼物。所以，后来又几次去CERN，我就送他几包保养身体的枸杞子。有十多年每年我们都互赠圣诞卡。以下照片是2002年他访问中国科学院高能物理研究所时原所长叶铭汉（左二）陪同参观ATLAS组实验室，探测器组组长欧阳群（左一）与本人（右一）在场，以及2009年在CERN同杰克·斯坦伯格最后一次见面的合照。

2002年，杰克·斯坦伯格访问中国科学院高能物理研究所

2009 年，本书作者谢一冈与杰克·斯坦伯格在 CERN 合影

迟到的诺贝尔奖

大约在 1990 年时我祝贺杰克·斯坦伯格获得 1988 年度诺贝尔物理学奖，他有感地对我说："若是我早不在人世几年也就得不到这个奖了。"确实，发现 μ 中微子是得奖前 26 年前的事。而弗雷德里克·莱因斯（F. Reines）于 1995 年得奖是他发现电子中微子以后 40 年的事。看来，越到近期，中微子的重要性越受到关注。这就可以理解本书 3.3 节以莎士比亚戏剧《无事空忙》（*Much ado about nothing*，有的书译为"无为的烦恼"）作题的深刻含义了！这就意味着感叹他们那时对摸不着的神秘的、简直就是 nothing 的小"精灵"中微子在做麻烦的无为事喔！ 2002 年，杰克·斯坦伯格到北京参加杨振宁八十寿辰纪念并到中国科学院高能物理研究所访问时对我说，一定要去吴健雄南京的母校访问并做报告，也是因为早在 20 世纪 50 年代他就和吴健雄通过话，赞扬吴的实验贡献但未获奖。1989 年 1 月吴健雄在给杰克·斯坦伯格的信中表示他对她成就的赞扬使她深受感动并极为感谢。还称"你给我这样罕有的称赞比任何我所期望或重视的科学奖还要更有价值……尽管我从来没有为了得奖而去做研究工作"。所以这次杰克·斯坦伯格要去南京就更有其深刻的意义了！相比之下，卢比亚仅仅在发现 W 和 Z 粒子一年之后的 1984 年就获得了诺贝尔物理学奖。这些"迟到""未获"和"及时"的小故事对我们有什么启发呢？

两面国旗

在该书里有两面中华人民共和国国旗，一面是在ALEPH国际合作海报上，张贴在CERN不少地方（参见本书5.3节）。因为在20世纪80年代中期，作为一个正式的中国组，而且是钱三强亲自批准的，并且有相当数量的自行制作的粒子探测器，有这样的贡献在那时期还是极少见的。组内外国朋友还开玩笑地说：ALEPH穿了个“红色”外衣（red coat）！因为我们组承担的是最外层的μ子探测器，在意大利3个单位的协助下，用这总长27千米的4500只长2～7米的流光管恰好组成65个大型室体，给整个ALEPH庞然大物穿上了中国外套。当看到这面国旗时真有些国家自豪感。

另外一面国旗（参见本书5.4节）是2013年ATLAS的前发言人彼得·詹尼在中国科学院高能物理研究所做“上帝粒子”（即希格斯粒子）发现的报告中的一张幻灯片，它左上角的中国国旗下面展示了参加LHC 4个大型实验中有十几个中国的单位。这比起20世纪80年代那面国旗代表的单位要壮大多了，含金量也大多了。看到国旗，我想起1995年UA1实验组的老朋友，曾任CERN副所长的Hans Hoffmann送我一本ATLAS设计书，并欢迎中国科学院高能物理研究所参加ATLAS合作组。1996年春，我恰在CERN，吴秀兰通知我当天全体会上要表决中国4个单位参加ATLAS的事宜，让我先在CERN大报告厅外等候。待听到全体无异议鼓掌通过时，吴便引我进入。主持人要我向大会做一个发言。除感谢外，我简短地表示全体中国组成员一定努力完成承担的任务，不辜负大家的期望。事隔13年后看到这面国旗，心想确实没有辜负。也相信中国参加LHC的同事们也会感到这面含金量大的国旗的分量，会很自豪的！

“秘书只有一个嘛”和入境的尴尬

1982～1983年，我在CERN的UA1实验组工作，同该实验的发言人卢比亚有一年多的交往，也有幸那时正值中间玻色子W、Z发现的时期。最近看到有些书对他的特点和风度描写甚多。当然，他是一位十分强势、自信的领军人物。有的书描述他固执、不容易合作等，也许这就是强势的一个侧面，有的书中还描述他每三个星期换一个秘书等。他同我本人也有多次接触，给我的感受经常是很随便、诙谐的。例如，有一次我们一起值班，他对我说“一冈，过来一起拉电缆”，我们一边拉一边聊天。另一次值班，他对着大家举起我的一本中文解释的 FORTRAN 语言的书喊道：“大家看中文的 FORTRAN。”我连忙解释道：“这不是中文的 FORTRAN，是用中文解释的 FORTRAN。”有一次我送他一包中国茶叶，他马上弯下腰右手从左向右一甩，感谢并说道：“What can I do for you!”当时我真有点受宠若惊之感！我也看到他对许多人还是很平易的。后来才知道卢比亚还是加速器驱动系统（Accelerator Driven Subcritical Sysrem，ADS）中清洁能源和漂移室有关电路的提出者。他在当了多年 CERN 总所长后又担任意大利能源部主席，又发明过液体时间投影室探测器，在暗物质方面也在着力研究，成果相当全面。我看到了他平和多才的这一面，因此我也对一些人反证说：“我在那一年多时间里，我们 UA1 组的秘书一直只有一个嘛！”

还有一件入境尴尬的事件使我终生难忘。1983 年 1 月 6 日，我同 UA1 实验组的部分同事一同乘飞机去罗马开 W 发现的会议。出机场时只有我一个人被扣留盘查。我赶紧拉住最后入境的同事请求帮助，但说来说去也没有通过。他们把已经走得老远的卢比亚叫回来。他同安保人员交涉了好一阵，才把我带入关。后来我才听说那时正在查缅甸金三角的人走私毒品。我这个黄面孔的就是必查的了！卢比亚果断有力的解释解脱了我的尴尬局面，这一直留在我的记忆里。2015 年，我被邀请参加他被提名为对我国科技有贡献的国际专家奖的答辩会。最近已知被批准。在 2016 年 1 月 8 日参加国家科学技术奖励大会也有幸与他再一次见面。

能承上启下吗?

还是在 20 年前，一次在兰州中国科学院近代物理研究所开会。旁边坐的我老伴的 1957 年毕业的同班同学戴光熙感叹道：“过去开会我们总是称某某老先生，怎么不知不觉，我们也成了老先生了！”是的，我们这一代是在我国核物理和高能物理事业发展中走过来的。我们在老一代的指引下，具体在比我们年长十岁左右的中国科学院高能物理研究所原所长叶铭汉院士、唐孝威院士（照片右第一人）带领下做了一些对高能物理事业添砖加瓦的贡献，应该说起到了承上启下的作用。例如，应丁肇中先生的安排，照片中的几位在 20 世纪 70 年代末在德国 DESY 的 MARKJ 实验组受到几年的训练，后来都成了粒子物理实验方面的骨干，如担任所长、室主任、课题负责人等，照片 4 中从右至

在德国 DESY 的 MARKJ 实验组合影

左为唐孝威院士、吴坚武、郑志鹏、杨保忠（中国科学技术大学）、许咨宗（中国科学技术大学）、两位 MARKJ 组女士（Marks 小姐等）、朱永生、郁忠强、童国梁、张长春、马基茂（以上高能所人员）。20 世纪 70 年代末到 80 年代初，张文裕所长、李政道先生安排组织约 40 人去美国和 CERN，跟随著名科学家学习工作，对培养我国高能物理人才起了重大作用。最早的几位有在费米国家加速器实验室随吴健雄的学生著名科学家莫玮先生（照片中右上）工作的王祝翔（右下）、李金（左下）和张家铨（左上，本书作者之一），他们在中性流实验方面做出了贡献。另外，李云山不仅本人在费米国家加速器实验室工作了两年，而且作为一般科技人员同美国同行建立合作组持续十余年，安排约 15 人陆续参加研究。值得一提的是，CERN-ALEPH 合作组的北京组联系人吴为民由于国际通信联系的迫切需要，经过不懈努力，在 CERN 方面支持协助和中国科学院高能物理研究所内有关人员配合下建立与航天部某研究所及邮电部门至卫星的微波天线联系的网络系统，并于 1986 年 8 月 25 日在国内第一次用 WWW 网络与欧洲日内瓦的 CERN-ALEPH 组实现了通信联系。1988 年夏，以中国科学院高能物理研究所计算中心为主建立了我国第一台同国外联系的 WWW 网络服

王祝翔等在美国费米国家加速器实验室随莫玮先生工作

务器。

后记虽然是零星的，但也是想说的心里话，是难忘的、触动自己心灵的。这不仅对自己是勉励，对逝者是怀念，也是对所有帮助的国际友人和国内先辈的怀念、感谢，还展现他们的风貌和品德。也看到大批同辈人在为高能事业添砖加瓦过程中的辛勤劳动！长江后浪推前浪，“自有后来人”，多位中年科学家已成为重大领域的领军人物并在国际上有显著地位，如中微子振荡方面的中国科学院高能物理研究所现所长王贻芳院士，暗物质、暗能量领域的张新民和张双南、高原宁等取得了国际瞩目的成果。更看到众多具有朝气蓬勃、富于进取、刨根问底的求知精神与好奇心的年轻一代，并感到由衷的快慰。中国是大有希望的！所以也有责任写点什么。因为在介绍本书科普知识的同时，也许更有意义的是不要忘记那些深刻思索、不断创新、坚毅执著的国内外大师们和一般科学工作者的活生生的活动和精神！

本书对无限小（小宇宙）与无限大（大宇宙）领域进行了简略地探索。可以说探索的进程也是无限的，是无穷尽的。天文学家埃德温·哈勃说得好：随着距离的增加我们知道的越来越少，并且知识迅速消失，直到我们无法再发现宇宙中的标志性物体。然而探索不会停止，探索精神比历史更悠久。它永远不会得到满足也永远不会被遏制。

谈到人的思辨和宇宙、自然的关系，伽利略说得好：真正的哲学是写在那本经常在我们眼前打开着的最伟大的书里面的，那本书就是宇宙，就是自然界本身，人们必须去读它。

最后，用既是公元 2 世纪罗马帝国皇帝又是斯多葛派哲学家的马可·奥勒留（Markus Aurelius）的《沉思录》11.5 节中的一句话勉励自己和我们也许是很合宜的：“你擅长做什么？做一个好人吗？但如果不能对宇宙本性和人的本性有一些普遍的了解，又怎么成为一个好人呢？”

谢一冈

2018 年 4 月

作者与审校者简介

谢一冈

男，1936 年 2 月 8 日生于北京。中国科学院高能物理研究所研究员（享受政府特殊津贴，已退休）

1956 年毕业于南开大学物理系，1957～1978 年在南开大学物理系进行原子核物理（中子物理，粒子探测等）与无线电（微电子和微波集成电路等）方面的教学科研工作，任教研室副主任等。1978 年起，在中国科学院高能物理研究所工作，任研究室主任等职。1996 年退休，后返聘至 2006 年。

1982 年以来，参加和主持多项国内与国际科研合作项目。三次担任国家自然科学基金项目负责人。主要从事流光室和流光管以及北京地区宇宙线 μ 子与重粒子强度测量和利用多丝正比室的正电子断层成像的研发和北京谱仪（BES）物理分析。

在国际合作方面，1982～1983 年在欧洲核子研究中心 CERN 参加质子反质子对撞机的 UA-1 上发现中间玻色子 W 和 Z 的实验。1983～1995 年任 CERN 正负电子对撞机 LEP 上的 ALEPH 国际合作实验北京组联系人，负责塑料流光管制造和组装成多个大型室体的任务。1993～1997 年先后任美国对撞机 SSC 上的 GEM 国际合作实验的中国 μ 子探测器组组长和意大利 Frascati 国家实验室 (LNF) 的 KLOE 国际合作组北京组负责人等。

1998～2006 年返聘期间，任欧洲核子研究中心强子对撞机 LHC 上的 ATLAS 国际合作实验北京组顾问和北京正负电子对撞机 BES Ⅲ的 RPC μ 子探测器顾问。2006 至今，先后被聘为中国科学院高能物理研究所粒子天体物理中心中日国际合作组顾问、散裂中子源探测器方面顾问和中国科学院大学物理学院粒子物理组顾问。并协助指导研究生，进行新型粒子探测器的研发工作。

1982 至今，在瑞士、法国、意大利、美国参加国际合作工作累计约 7 年，并出访过多个国家。在国际国内杂志上发表科研成果文章百余篇，其中本人执笔约 40 篇。翻译了《原子核理论》（部分，俄语，已出版）。主要负责编著了

《粒子探测器与数据获取》专著（2003 年由科学出版社出版）；编写了《中国大百科全书》第二版（2009 年发行）与第三版粒子探测器部分。

作为项目主要负责人获中国科学院科技进步奖二等奖一项，三等奖两项。

张家铨

男，1938 年出生在湖北省公安县一个普通的农民家庭。1964 年毕业于中国科学技术大学近代物理系。在原子核物理学和粒子物理学领域从事研究工作三十多年，曾任中国科学院高能物理研究所学术委员会成员和物理委员会委员、中国物理学会会员和高能物理学会第二届理事会理事。

曾经参加了中国第一颗氢弹的试验研究，美国费米国家加速器实验室（FNAL）“μ 中微子－电子散射”国际合作实验，欧洲核子研究中心 (CERN) 正负电子对撞机 LEP 上的“ALEPH”国际合作实验，意大利国家核物理研究院（INFN）Frascati 国家实验室（LNF）“KLOE”国际合作实验和核技术应用等研究工作，退休后仍热心于科普教育。

赵洪明

女，1976 年生。1999 年毕业于河北师范大学物理系 ,2006 年在中科院高能所获理论物理专业博士学位。2006 年至今在《现代物理知识》编辑部工作，任编辑、副编审等职。作为责任编辑，组织了一系列专刊、专题，介绍国内外大型科学装置、最新物理学进展、物理学重要历史事件和著名物理学家等内容。

刘倩

男，物理学博士，中国科学院大学副教授。1981 年出生于湖北枝江，本科毕业于武汉大学物理科学学院，随后进入中国科学院高能物理研究所，2007 年获得博士学位。2007～2011 年在美国夏威夷大学天体物理学院从事粒子物理研究工作。曾负责北京谱仪 BES Ⅲ两大探测器（飞行时间计数器及缪子探测器）的部分设计建造工作，现负责新型粒子探测器，如微结构气体探测器（ MPGD）等的研究工作。参加江门中微子实验并负责其探测器相关的研究工作。承担国家自然科学基金两项，中国科学院重大专项子课题一项，共发表 SCI 文章 20 余篇。

胡红波

男，1964 年 11 月生。1981～1985 年北京大学物理系本科学习，1985～1991 年北京大学物理系研究生，1991 年获博士学位。1991～1993 年在中科院高能物理研究所 BES 实验上做博士后研究。1993～2000 年参加欧洲核子中心 CERN 的 ALEPH 国际合作和美国 SLAC 的 BarBar 国际合作实验。2000 年入选中国科学院“引进国外杰出人才”，现为中国科学院高能物理研究所研究员，参加羊八井中日 AS-γ、中意 ARGO 国际合作实验，以及位于四川稻城我国“十二五”规划优先安排的 16 个重大科技基础设施建设之一的 LHAASO 项目。2006 年曾带领中方团队以国际最高精度测量了银河系北天区宇宙线的各项异性分布，结果在《科学》杂志上发表，被一位审稿人誉为该领域“里程碑”式的成果，被评为 2006 年度中国科学院十大重要创新成果。2008～2014 年任国际纯物理和应用物理学会（IUPAP）的宇宙线分委员会（C4）的委员。